食品卫生微生物检验学

林丽萍　吴国平　主编

中国农业大学出版社
·北京·

内容简介

本书以补充高质量的专业教材为出发点，系统阐述了食品卫生微生物检验的重要意义、基本条件与设备、检测技术及常见食源性病原细菌、病毒和寄生虫的检验依据和方法方面的内容。教材内容取材广泛、结构合理、重点突出，深刻解析了现行食品安全国家标准的食品微生物检验部分。该书可作为本科院校食品质量与安全专业及食品科学与工程专业学生的教材，也适用于作食品安全相关领域的生产、科研和管理工作人员的参考用书。

图书在版编目(CIP)数据

食品卫生微生物检验学 / 林丽萍，吴国平主编. —北京：中国农业大学出版社，2019.2

ISBN 978-7-5655-2184-3

Ⅰ.①食… Ⅱ.①林… ②吴… Ⅲ.①食品微生物—食品检验—高等学校—教材 Ⅳ.①TS207.4

中国版本图书馆 CIP 数据核字(2019)第 041711 号

书　名 食品卫生微生物检验学

作　者 林丽萍　吴国平　主编

策划编辑 司建新　　**责任编辑** 田树君

封面设计 郑　川

出版发行 中国农业大学出版社

社　址 北京市海淀区学清路甲 38 号　　**邮政编码** 100193

电　话 发行部 010-62818525，8625　　读者服务部 010-62732336

编辑部 010-62732617，2618　　出　版　部 010-62733440

网　址 http://www.caupress.cn　　**E-mail** cbsszs@cau.edu.cn

经　销 新华书店

印　刷 涿州市星河印刷有限公司

版　次 2019 年 6 月第 1 版　2019 年 6 月第 1 次印刷

规　格 787×1 092　16 开本　17.5 印张　430 千字

定　价 46.00 元

图书如有质量问题本社发行部负责调换

编 委 会

主　　编　林丽萍　吴国平

副 主 编　舒　梅　牛艳芳　朱龙佼

编 委 会　（以姓氏笔画为序）

牛艳芳（内蒙古师范大学）

朱龙佼（中国农业大学）

李　波（河北出入境检验检疫局燕郊办事处）

吴国平（江西农业大学）

林丽萍（江西农业大学）

郜彦彦（江西农业大学）

彭　珍（南昌大学）

舒　梅（江西农业大学）

前　言

食品卫生微生物检验是保障食品质量安全不可或缺的重要措施。可评判食品生产、运输、流通、销售以及消费环节是否符合卫生要求，为各项管理及部门政策制定提供科学依据。食品微生物检验除研究食品卫生微生物指标的检验方法、检验过程质量控制和制定检验标准外，还涉及各类食品中微生物种类、分布及其生物学特性，重点关注致病性、毒性、致腐性微生物，为食源性疾病的溯源、科学预防食品污染并有效控制有害微生物、防止或者减少食物中毒和人畜共患病的发生提供有力保障，为人民的身体健康保驾护航。食品卫生微生物检验对提高产品质量、避免经济损失、保障进出口食品安全等方面具有政治上和经济上的重大意义。

“食品卫生微生物检验学”是食品质量与安全专业的一门重要专业主干课，是一门涉及多学科并且实用性和应用性非常强的课程。涉及的学科包括食品化学、食品营养学、食品安全学、食品工艺学、临床医学、传染病学、免疫学、医学微生物学、兽医微生物学、食品微生物学等。涉及的检验技术不仅包括显微制片技术、消毒灭菌技术、接种培养技术、菌种保藏技术，还包括微量生化测试技术、免疫标记技术、基因检测技术等新技术。食品种类多，各地区有各地区的特色，在食品来源、加工、运输中等都可能受到各种微生物的污染；微生物的种类非常多，数量巨大。所以作为食品卫生检验初学者和工作者不仅要具备一定的实验操作技能，更要具备一定的扎实的理论素养。

针对目前适合本科院校食品与质量安全相关专业学生使用的食品微生物检验方面教材非常少，或系统性不强、深度不够等问题，为提高教学质量，便于交流，使教学和应用有据可循，编者们在多年教学工作基础上，阅览了大量文献资料，依据现行食品安全国家标准的食品微生物检验部分，以理解检验原理，掌握检验质量控制技术和各食品卫生微生物检验技术为目标，编写了本教材。第一章、第三章至第五章、第七章和第十章由林丽萍编写，其中第五章第六节和第七节由李波编写，第五章第四节和第九节由彭珍编写。第二章由郜彦彦编写，第六章由吴国平编写，第八章和第九章由牛艳芳、朱龙佼和舒梅编写。以上编者均为食品卫生微生物检验一线教学及检验工作者，在成书之际，对各位编者的辛勤工作和无私付出表示感谢。对本书的责任编辑和江西农业大学食品质量与安全专业徐文文、颜礼孟、黄清华、陈妍妍、蒋晴、申涛、肖南海、杨珺、张天添等同学对本书所做的文本校对工作表示感谢。

由于食品卫生微生物检验技术涉及知识范围广，发展速度非常快及受编者学识所限，书中难免有疏漏甚至错误之处，希望广大学者及检验工作者提出宝贵意见，以便今后不断改进和完善，欢迎与编者取得联系。

电子邮箱:jialin1543@163.com

jdwgp@163.com

编者

2018.10

目　　录

第一章 绪　论

学习目标

1. 了解食品中微生物的主要来源，加强对无菌操作概念的认识，理解从原料到加工、贮运、销售等各个环节卫生控制的必要性。

2. 了解常见食品微生物的典型特征及其卫生学意义。

3. 理解致病菌生态对微生物检验的重要意义。

4. 掌握食源性疾病的概念、分类、发病特点、诊断依据、治疗原则及控制疾病传播扩散的措施。

5. 掌握食品卫生微生物检验的概念、意义、检测范围及检验指标。

第一节　食品中微生物的来源

自然界中广泛地存在着各种微生物，地球上除了有明火的地方外，人类所能探索的范围内，如高山、陆地、江河、湖泊、深海、冰川及空气中都广泛地存在着各种微生物。从粮食生产到消费（从农场到餐桌）的任何一个环节都可能发生食品污染，在植物和动物的体表、体内也存在多种微生物。因此，动物性食物、植物性食物或由它们加工成的各种食品，就不可避免地存在着微生物。把这种微生物进入食品的过程叫作食品的微生物污染。

自然界中存在的微生物，有些可以用来制造食品、制药或制酶等，为人类所利用；有些则能使食品腐败变质，使这些食品不能被食用，造成浪费；还有的微生物则能以食品为媒介引起疾病，致使人们健康受损，甚至危及生命。一般不同的环境所存在的微生物在类群、数目等方面不同，由此而引起食品污染的表观现象、程度及危害也有差异。因此，了解食品中微生物的来源，对于保障食品卫生和进行食品微生物的检验都具有重要意义。食品中微生物的来源主要有以下几个方面。

一、来自土壤中的微生物

土壤是微生物的“天然培养基”，在这里有供微生物生长繁殖的大量有机物和无机盐，还有一定量的空气、水分，土壤也具有一定的渗透压、酸碱度和较恒定的温度，这为微生物的生存、繁衍提供了充足的条件。虽然不同土壤微生物的种群和数量可能不同，但总地来说，自然界中的微生物绝大部分都在土壤中有存在，土壤也是食品中微生物的主要源头。

根据对不同土壤的分析统计，每克肥沃土壤中通常含有几亿到几十亿个微生物，贫瘠土壤也含有几百万到几千万个微生物。在这些微生物中，以细菌最多，占土壤中微生物总数的70%～80%，其次是放线菌、霉菌及酵母菌等。按其营养类型来分，主要是异养菌，但自养型的细菌也普遍存在。

土壤微生物的分布主要受到营养状况、含水量、氧气、温度和pH等因素的影响，不同土壤中微生物的种类和数量有很大差异，在地面下3～25 cm是微生物最活跃的场所，肥沃的土壤中微生物的数量和种类较多。果园土壤中酵母菌的数量较多；在酸性土壤中，霉菌较多；碱性土壤和含有机质较多的土壤中，细菌、放线菌较多；在森林土壤中，分解纤维素的微生物较多；在油田地区的土壤中，分解碳氢化合物的微生物较多；在盐碱地中，可分离出嗜盐微生物。

土壤中的微生物除了自身发展外，分布在空气、水、人及动植物体中的微生物也会不断进入土壤中。许多病原微生物就是随着动植物残体以及人和动物的排泄物进入土壤的。土壤中也存在着能够长期生活的土源性病原菌。通常无芽孢菌在土壤中生存的时间较短，而产芽孢菌在土壤中生存时间较长。例如，沙门菌只能生存数天至数周，炭疽芽孢杆菌却能生存数年甚至更长时间。霉菌及放线菌的孢子在土壤中也能生存较长时间

二、来自水体中的微生物

在各种水体，特别是污染水体中存在有大量的有机物质，适宜各种微生物的生长，因此水

体是仅次于土壤的第 2 种微生物天然培养基。水体中的微生物主要来源于土壤、空气、动物的排泄物、动植物尸体、工厂废水和生活污水等。江河、湖泊、池塘、溪流的水体中，微生物的种群和数量随季节和气候条件的不同有显著的变化。河水泛滥和多雨季节，陆地上的污物被冲洗到水流中，因而细菌数目会显著增加。

水体中微生物的数量和种类受各种环境条件的制约。通常水中微生物的数量主要取决于水中有机物质的含量，有机物质含量越多，其中微生物的数量也就越多。由于井水、泉水经过很厚的土层过滤，含有机营养物很少，微生物的种类和数量较少。溪流中，由于营养物缺乏，微生物也不太多，常见的主要是一些革兰氏阴性无芽孢菌。海洋和咸水湖中的微生物主要是一些嗜盐类细菌。江河、湖泊、池塘中的微生物主要来自土壤和生活污水。水也是传染病的媒介。水中最常见的病原微生物主要是一些肠道致病菌，如伤寒沙门氏菌、副伤寒沙门氏菌、霍乱弧菌、痢疾杆菌等，牛瘟病毒、猪瘟病毒、口蹄疫病毒等也可能污染到水体中。

水既是许多食品的原料或配料成分，也是清洗、冷却、冰冻不可缺少的物质，设备、地面及用具的清洗也需要大量用水。生产中所使用的水如果被生活污水、医院污水或粪便污染，会造成严重的微生物污染，还可能造成其他有毒物质对食品的污染，所以水的卫生质量与食品的卫生质量有密切关系。

三、来自空气中的微生物

空气中不具备微生物生长繁殖所需的营养物质和充足的水分条件，加之室外经常接受来自阳光中的紫外线照射，所以空气不是微生物生长繁殖的场所。然而空气中也确实含有一定数量的微生物，可来自土壤、水、人和动植物体表的脱落物和呼吸道、消化道的排泄物。由于微生物身小体轻，能随空气流动四处传播。这些微生物随风飘扬而悬浮在大气中或附着在飞扬起来的尘埃或液滴上。食品在加工、贮运、销售等过程中，均不可避免地与空气直接接触，都有污染各种微生物的可能性。

病原微生物在空气中一般很容易死亡，但结核杆菌、白喉杆菌、葡萄球菌、链球菌、炭疽杆菌、流行性感冒病毒、脊髓灰质炎病毒等也可在空气中存活一段时间。空气中的微生物主要是耐受性较好的霉菌、放线菌的孢子和细菌的芽孢及酵母菌等。不同环境空气中微生物的数量和种类有很大差异，如公共场所、街道、畜舍、屠宰场及通风不良处的空气中微生物的数量较高；空气中的尘埃越多，所含微生物的数量也就越多；室内污染严重的空气微生物数量可达 $10^6 \sim 10^8$ CFU/m^3；海洋、高山、乡村、森林等空气清新的地方微生物的数量较少。

四、来自人体及动物体的微生物

人体及各种动物，如犬、猫、鼠等的皮肤、毛发、口腔、消化道、呼吸道均带有大量的微生物，如未经清洗的动物被毛、皮肤等的微生物数量级可达 $10^5 \sim 10^6$/cm^2。当人或动物被感染后，体内会存有不同数量的病原微生物，其中有些种类是人畜共患病原微生物，如沙门氏菌、结核杆菌、布氏杆菌，这些微生物可以通过直接接触或通过呼吸道、消化道向体外排出而污染食品。蚊、蝇及蟑螂等各种昆虫也都携带有大量的微生物，可能有多种病原微生物，它们接触食品同样会造成污染。

五、来自加工机械及设备的微生物

各种加工机械及设备本身没有微生物所需的营养物质，但在食品加工过程中，由于食品的汁液或颗粒黏附于其内外表面，食品生产结束时机械设备没有得到彻底的清洗和灭菌，使原本少量的微生物得以在其上大量生长繁殖，成为微生物的污染源，这种机械及设备在后续的使用中会通过与食品接触而造成食品的微生物污染。

另外，各种包装材料如果处理不当也会带有微生物。一次性包装材料通常比循环使用的材料所带有的微生物数量要少。塑料包装材料由于带有电荷会吸附灰尘及微生物。

由此，把食品可能遭受到微生物污染的途径分为两大类，即内源性污染和外源性污染。凡是作为食品原料的动植物体在生活过程中，由于本身带有的微生物而造成食品的污染称为内源性污染，也称第一次污染。如畜禽在生活期间，其消化道、上呼吸道和体表总是存在一定类群和数量的微生物。当受到沙门氏菌、布氏杆菌、炭疽杆菌等病原微生物感染时，畜禽的某些器官和组织内就会有病原微生物的存在。外源性污染是食品在生产加工、运输、贮藏、销售、食用过程中，通过水、空气、人、动物、机械设备及用具等而使食品发生的微生物污染称外源性污染，也称第二次污染。

第二节　食品的腐败和致病菌生态

一、食品的腐败

（一）食品的腐败变质与发酵

1. 腐败变质

从广义角度来说，凡引起食品理化性质发生改变的现象，都称为食品腐败变质。狭义角度是指食品在加工、贮藏或运输过程中产生了有害人类身体健康的因素，包括蛋白质类物质的腐败和碳水化合物、脂类物质的酸败。

关于广义的腐败的概念，有两点需要指出：第一，许多发酵食品，比如酸乳，就是通过乳酸细菌这种微生物发酵而制成的，从现象上看，也是一种食品的变质过程，但从变质的性质上看，没有产生有害物质，只是由一种食品变成了另一种食品。所以，应与一般广义上的食品变质区别开来。第二，由于机械作用，使食品的性状发生了改变，它也不属于传统意义上的食品变质范畴，比如，有的食品由于受到挤压、碰撞等形状、质地等发生了变化。

2. 发酵

广义的发酵是指利用微生物或微生物的成分（如酶）等生产各种产品的有益过程。只要是利用微生物生产的产品，均属于发酵的范围，由发酵而生产的食品称为发酵食品。狭义的发酵是指微生物在无氧条件下分解碳水化合物（蔗糖、淀粉等）产生各种有机酸（乳酸、乙酸等）和乙醇等产物的过程。

腐败变质与发酵，相同点都是微生物对物质代谢的结果。区别是发酵产生对人类有益的代谢物，并具有特殊风味；腐败变质则产生对人类无益或有害的代谢物。例如水果(尤其是有机械损伤的水果)在自然环境中存放会被杂菌污染，发生腐败变质而不能食用；而葡萄等水果在特定环境下，经微生物竞争拮抗(或接种优势发酵菌种)，最终可形成果酒、果醋等风味食品。

(二)食品腐败变质的影响因素

导致食品腐败变质的因素有物理的、化学的、生物的。比如油脂的氧化酸败，主要是理化因素引起的；有时发现米、面放久，生虫陈变使之不可食用，这是生物因素——昆虫为之。

食品是否变质，要有内在因素和外在因素的共同作用。大多数食品是动植物组织及其制品，含有有机物(如糖类、蛋白质等)、水分、无机盐，活体的动植物组织还含有生物酶；多数食品是胶体，其结构易破坏和变化；有些食品中含有不饱和脂肪酸、色素、芳香物质等，很容易被氧化，这些因素都是使食品变质的内在因素。光、电、环境中的微生物是食品发生变质的外在因素。在一般情况下，内在因素很容易与外在因素产生作用，尤其是微生物，在自然界分布极其广泛，在食品加工、贮藏、运输、销售等环节中，通过水、空气、土壤、用具、器皿、动物和人而污染食品。在大多数情况下，引起食品变质的主要是生物因素——微生物。

(三)食品微生物的菌相

由于食品的理化性质、所处外界环境条件及加工处理方法等不同因素的限制，食品中所存在的微生物只是自然界中的一小部分。一般这些在食品中常见的微生物称为食品微生物，包括致病性、相对致病性和非致病性微生物。

要注意的是非致病性微生物也是评价食品卫生质量的重要指标，这类微生物往往与食品出现的特异颜色、气味、荧光、磷光及相对致病性有关。而且他们也是研究食品腐败变质原因、过程和控制方法的主要对象。

微生物菌相：将共存于食品中微生物种类及相对数量的构成称为微生物菌相，其中相对数量较大者称为优势菌。在食品正常贮存过程中，导致食品腐败而占优势生长的叫作优势腐败菌。优势菌的变化取决于以下生态条件：

1. 环境因素

环境温度、湿度的变化，氧气有无及气体组成，氧化还原电位的变化等。

2. 食品因素

化学成分(如蛋白质、淀粉、脂肪含量、铁等微量元素含量，生长因子，食品本身的特殊抑菌物质)、水分活度、酸碱度等的改变。

3. 已定居的微生物之间以及已定居微生物与环境中其他微生物之间的拮抗、竞争、共生等相互作用

如在肉食品中，需氧菌的生长导致氧化还原电位下降，使沙门氏菌、大肠杆菌、变形杆菌等兼性厌氧菌快速生长，10℃以下时李斯特菌可能成为优势菌；在冰箱冷藏的猪肉中，碱化普罗威登氏菌可能成为优势菌。

同时也要注意的是食品中的微生物区系处于一个动态变化之中。有学者总结了肉等蛋白质含量高的食品中的细菌变化规律：水系杆菌(低温细菌)→肠杆菌科细菌→乳酸菌→普通球菌→产芽孢菌。其中水系杆菌指假单胞菌、产碱菌、黄杆菌等，普通球菌指葡萄球菌、微球菌。环境因素对微生物区系的变化有较大影响，有试验证实，5℃保存的猪肉分别以两个温度培养

后菌相不同，30℃培养时以假单胞菌为主，保存 2 d 后占 80%以上；35℃培养时以肠杆菌科为主。以 63℃，30 min 低热处理后，食品中剩余菌一般为球菌和产芽孢菌，如果以更低温度处理时，肠杆菌科细菌和乳酸菌为主要残留菌，成为主要菌相。

二、食品中的致病菌生态

（一）食品中常见的优势细菌

食品优势腐败细菌一般有假单胞菌属、黄杆菌属、微球菌属、产碱杆菌属、乳杆菌属、芽孢杆菌属、梭状芽孢杆菌属、肠球菌属、微杆菌属、变形杆菌属、大肠埃希氏菌属、莫拉氏菌属、不动杆菌属等。当然还有霉菌和酵母菌。如假单胞菌属具有很强的利用各种碳源的能力，是大多数食品的主要腐败菌。产碱菌属能利用不同的有机酸和氨基酸为碳源，并能从几种有机盐和酰胺产碱，常与高蛋白食品变质有关。棒杆菌在新鲜食物中经常出现，但不新鲜时失去踪影。

1. 假单胞菌属（*Pseudomonas*）

革兰氏阴性专性需氧菌，直或微弯的杆菌，(0.5～1.0) μm×(1.5～5.0) μm。不产芽孢及荚膜，以单极毛或数根极毛运动，罕见不运动者。氧化酶阳性或阴性，接触酶阳性。进行严格的呼吸型代谢，以氧为最终电子受体。在某些情况下，以硝酸盐为替代的电子受体进行厌氧呼吸。

假单胞菌属广泛分布于自然界，大多数不需要有机生长因子，是大多数食品的主要腐败菌。大多数可在 4℃生长，也是新鲜冷藏食品腐败的重要细菌。具有很强的利用各种碳源的能力，许多种类可产生水溶性蓝绿色素，扩散至周围环境。最适生长温度 28℃或 37℃。营养类型为化能异养型，有的种是兼性化能自养型。

2. 弧菌属（*Vibrio*）和黄杆菌属（*Flavobacterium*）

革兰氏阴性，前者兼性厌氧菌，后者严格好氧菌。直型或弯曲，主要来自海水或淡水，可在低温和 5%食盐中生长，在鱼类等水产品中多见，后者与冷冻肉品及冷冻蔬菜的腐败有关，并以其利用植物中的糖类生产黄、红色素而著称。

弧菌属：短小，(0.5～0.8) μm×(1～5) μm，因弯曲如弧而得名。菌体一端有鞭毛，运动活泼。无芽孢，无荚膜。需氧或兼性厌氧。分解葡萄糖，产酸不产气，不产水溶性色素。大多数还原硝酸盐。钠离子刺激生长，而且大多数生长需要 2%～3%的氯化钠。氧化酶大多数阳性。该菌污染食品后可引起食用者感染性食物中毒，造成腹泻、下痢、呕吐等典型的急性肠胃炎症状。该属中重要的菌种有副溶血性弧菌、霍乱弧菌等，它们都是人和动物的病原菌。

黄杆菌属：直杆状，端圆，通常为 0.5 μm×(1.0～3.0) μm，产生典型的色素（黄色或橙色），但有些菌株不产色素。外环境分离物可在 37℃生长。不运动，无滑动或泳动。接触酶、氧化酶、磷酸酶均阳性。食品主要腐败菌。在只含葡萄糖胺的培养基上不生长。以发酵方式利用葡萄糖。利用糖产酸不产气。大多数利用七叶苷。能液化明胶。广泛分布于土壤及水体中，生肉、乳类、鱼等食物中常见。

3. 盐杆菌属（*Halobacterium*）和盐球菌属（*Halococcus*）

革兰氏阴性专性需氧菌，嗜盐，生长需要浓度为 12%以上的氯化钠，在 20%的氯化钠中能生长。盐杆菌属为杆菌有或无动力。盐球菌属为球菌、无动力。低盐可使细菌由杆状变为球状。可在咸肉和盐渍食品上生长，引起食物变质，并可产生橙红色素，如咸鱼上的红斑。

4. 肠杆菌属(*Enterobacter*)

肠杆菌中除志贺氏菌属及沙门氏菌属外，均是常见的食品腐败菌。革兰氏阴性，无芽孢，需氧或兼性厌氧，多数与水产品、肉及蛋制品腐败有关。其中变形杆菌分解蛋白质能力非常强，是需氧腐败菌的代表；沙雷氏菌可使食物发生表面变红、变黏等改变。

5. 微球菌属(*Micrococcus*)和葡萄球菌属(*Staphylococcus*)

微球菌科的两个代表属，耐受5%～15%的盐浓度。革兰氏阳性菌，过氧化氢酶阳性，微球菌属为需氧菌，葡萄球菌属需氧或兼性厌氧。因营养要求较低而成为食品中极为常见的细菌。可分解食品中的糖类并产生色素(红色、粉色、黄色)。

6. 乳杆菌属(*Lactobacillus*)

革兰氏阳性菌，兼性厌氧，有时微好氧，有氧时生长差，降低氧压时生长较好；有的菌在刚分离时为厌氧菌。通常5% CO_2促进生长。化能异养菌，需要营养丰富的培养基；发酵分解糖代谢终产物中50%以上是乳酸。不还原硝酸盐，不液化明胶，触酶阴性，有些阳性。主要见于乳制品、肉制品、鱼制品、谷物及果蔬制品等环境中，可使其腐败变质，它们也是人和动物的正常菌群，罕见致病。

7. 芽孢杆菌属(*Bacillus*)和梭状芽孢杆菌属(*Clostridium*)

革兰氏阳性菌，芽孢杆菌需氧或兼性厌氧，梭状芽孢杆菌专性厌氧。自然界中分布广泛，是肉类食品中的常见腐败菌。

芽孢杆菌属：细胞呈直杆状，(0.5～2.5) μm×(1.2～10) μm，常以成对或链状排列，具圆端或方端。细胞染色大多数在幼龄培养时呈现革兰氏阳性，以周生鞭毛运动。芽孢椭圆、卵圆、柱状、圆形，能抗许多不良环境。每个细胞产1个芽孢，生孢不被氧所抑制。化能异养菌，具发酵或呼吸代谢类型。通常接触酶阳性。发现于不同的生境，少数种对脊椎动物和非脊椎动物致病。

梭状芽孢杆菌属：细胞杆状，(0.3～2.0)μm×(1.5～2.0)μm，常排列成对或短链，圆或渐尖的末端。通常多形态，幼龄时呈革兰氏阳性，以周生鞭毛运动。芽孢椭圆或球形，芽孢囊膨大。大多数种为化能异养菌；有的为化能自养菌。可以水解糖、蛋白质，或两者都无或两者皆有。它们通常从糖或蛋白胨产生混合的有机酸和醇类。不还原硫酸盐。接触酶通常阴性，专性厌氧，如在空气中生长也是极弱，生孢被抑制。代谢及生理类型极富多样性，最适温度10～65℃。广泛分布在环境中，多个种可产生外毒素。伤口感染或吸收毒素，对动物及人有毒性。

(二)食品中的主要致病细菌及重点检验对象

食品中常见的致病性细菌主要包括葡萄球菌、沙门氏菌、志贺氏菌、致病性大肠杆菌、链球菌、肉毒梭菌、产气荚膜梭菌、蜡样芽孢杆菌、副溶血性弧菌、空肠弯曲杆菌、单核细胞增生李斯特菌、变形杆菌、阪崎肠杆菌、小肠结肠炎耶尔森菌等。

1. 葡萄球菌

源于人和动物。重点检验乳品、熟肉、含有淀粉的干燥的高营养食品。人和动物接触处。

2. 沙门氏菌、志贺氏菌和致病性大肠杆菌

源于粪便。对于沙门氏菌，需重点检验肉、蛋、乳等相关食品。对于志贺氏菌，需重点检验生食的水和未加工蔬菜、水果表面、凉拌菜、冷食肉类等。对于致病性大肠杆菌，需重点检验肉食品、水产和凉拌菜。

3. 链球菌

源于人、动物和植物。重点检验破损鸡蛋、鲜乳、猪头肉。

4. 梭菌

源于土壤。对于肉毒梭菌，需重点检验罐头等密封的贮存食品。鱼和鱼制品需重点检验E型毒素；其他罐头重点检验A、B型毒素。产气荚膜梭菌为人体肠道分布菌，重点检验未充分热加工后长时间较高温（40℃以上）放置的肉及鱼虾类食品。

5. 蜡样芽孢杆菌

源于土壤、灰尘、水。重点检验面粉、大米等谷物及相关食品和乳品。米饭在较高温度（10℃以上）放置时蜡样芽孢杆菌迅速生长。

6. 副溶血性弧菌

源于大海，重点检验海产品和咸菜。

7. 空肠弯曲菌

源于动物和人的粪便。重点检验禽肉、熟肉、乳品。

8. 李斯特菌

源于污水、腐烂植物、人粪便、蔬菜、青饲料，广泛分布于自然界。重点检验禽肉、奶酪。

9. 阪崎肠杆菌

在自然界分布广泛，繁殖迅速。阪崎肠杆菌属条件致病菌，一般情况下，不对人体健康产生危害，但对于免疫力低下者和婴幼儿、新生儿，尤其是早产儿、低体重儿可以致病。重点检测婴幼儿配方奶粉。

10. 小肠耶尔森氏菌

源于动物粪便。重点检验冻肉、海产品、乳制品、未加工蔬菜。

（三）食品中常见的优势真菌

食品中常见酵母主要包括酵母菌属、毕氏酵母属、汉逊酵母属、假丝酵母属、红酵母菌属、球拟酵母属、丝孢酵母属等。

霉菌污染食品引起的危害主要有两个方面：一是霉菌引起食品变质，二是霉菌产生危害人畜健康及生命的毒素。

1. 霉菌污染引起食品变质

FAO数据显示，全球25%的农作物受到不同程度污染，约2%的农作物因霉菌毒素污染严重而失去使用价值。与食品卫生关系密切的霉菌大部分属于半知菌类的曲霉属（*Aspergillus*）、青霉属（*Penicillium*）和镰刀菌属（*Fusarium*）。此外，在食品中常见的霉菌还有毛霉属（*Mucor*）、根霉属（*Rhizopus*）、木霉属（*Trichoderma*）、交链孢霉属（*Alternaria*）和芽枝霉属（*Cladosporium*）等。

霉菌污染食品的程度以及被污染食品卫生质量的评定可从两个方面进行：

（1）霉菌的污染度，即单位重量或容积的食品或100粒粮食上霉菌菌落总数，表示食品带染霉菌情况。目前我国多个食品安全标准规定了霉菌菌落总数的限量值，见表1-1。

（2）霉菌菌相的构成，即食品中霉菌的种类和数量的相对构成。比如作物在田间生长期即带染的一些霉菌（田野霉），主要包括交链孢霉、弯孢霉、芽枝霉以及头孢霉等，对粮食并无损害，或为条件致病菌，粮食中如以这些霉菌占优势，并不表示粮食发生了霉变。粮食收割后污染的一些霉菌，如青霉、曲霉、毛霉、木霉等，其中青霉、曲霉可检出，并不表示霉变，它们在一定条件下大量繁殖会使粮食霉变；而毛霉、根霉、木霉常在粮食霉变的后期检出，此时表示粮食已经发霉变质。

表 1-1 部分食品霉菌限量值

食品种类	霉菌限量/(CFU/g)	现行相关标准
糕点、面包	150	GB 7099—2015
夹心饼干、非夹心饼干	50	GB 7100—2015
饮料(固体饮料)	20(50)	GB 7101—2015
蜜饯	50	GB 14884—2016
蜂蜜	200	GB 14963—2011
食品工业用浓缩液(汁、浆)	100	GB 17325—2015
茶饮料	10	GB 7101—2015
果、蔬汁饮料	20	GB 7101—2015
果冻	20	GB 19299—2015
坚果与籽类食品(烘炒)	25	GB 19300—2014
发酵乳	30	GB 19302—2010
冲调谷物制品	100	GB 19640 — 2016
即食藻类干制品	300	GB 19643 — 2016
稀奶油、奶油和无水奶油	90	GB 19646—2010

2. 霉菌产生危害人畜健康及生命的毒素

目前已知的霉菌毒素有300多种，谷物中污染较严重，对人畜危害较严重的霉菌毒素主要包括黄曲霉毒素（Aflatoxin，AF）、赭曲霉毒素A(Ochratoxin A，OTA)、杂色曲霉毒素(Sterigmatocystin，ST)、玉米赤霉烯酮(Zearalenone，ZEN)、脱氧雪腐镰刀菌烯醇（Deoxynivalenol，DON)、T-2(Trichothecenes）毒素等。毒性作用表现为：肝脏毒、肾脏毒、神经毒、光致敏性皮炎毒、造血组织毒等，部分霉菌毒素已证明具有致突变性及致癌性。

3. 霉菌产毒的特点

霉菌产毒仅限于少数产毒霉菌的部分菌株，霉菌产毒取决于菌株本身的生物学特性，外界条件的不同，或二者兼有。

(1)霉菌中仅少数菌种能够产毒，少数产毒霉菌只有一部分菌株可以产毒。目前已发现的霉菌毒素约300种，其中少部分在自然条件下可引起动物及人中毒。

(2)同一产毒菌株的产毒能力有可变性和易变性，如产毒菌株经过累代培养可完全失去产毒能力，而非产毒菌株在一定条件下可出现产毒能力。

(3)产毒菌种所产生的霉菌毒素不具有严格的专一性，即一种菌种或菌株可以产生几种不同的毒素，而同一霉菌毒素也可由几种霉菌产生。如杂色曲霉毒素可由杂色曲霉属、黄曲霉和构巢曲霉产生；而岛青霉可产生岛青霉素、黄天精、红天精等几种毒素。

(4)产毒霉菌产生毒素需要一定条件。主要受基质(食品类型)、水分、湿度、温度及空气流通等情况影响。

4. 霉菌产毒条件

(1)基质：霉菌在天然食品上比在人工培养基上更易繁殖。但不同食品上的霉菌有一定的菌相。如玉米、花生中黄曲霉及其毒素检出率较高。小麦和玉米中以镰刀菌及其毒素污染为主。大米中以青霉及其毒素较常见。

(2)水分：粮食的水分在17%～18%，是霉菌繁殖产毒的最佳条件。以食品中能被微生物利用的水分对霉菌的增殖产毒影响较大，通常将这部分水分称为水分活度(water activity，简称 A_w)。食品的 A_w 值越小，越不利于微生物的繁殖。对粮食而言，A_w<0.7，一般霉菌不能生长。

(3)湿度：霉菌繁殖需要一定的湿度，不同霉菌要求的湿度条件也不同。相对湿度<80%时，主要是灰绿曲霉、局限青霉、白曲霉易繁殖；相对湿度为80%～90%时，大部分曲霉、青霉、镰刀菌易繁殖；相对湿度>90%时，毛霉和酵母菌属易繁殖。一般非密闭条件下，相对湿度<70%时，霉菌不能产毒。

(4)温度：大多数霉菌繁殖适宜的温度为25～30℃，<0℃或>30℃时，不能产毒或产毒力弱；而毛霉、根霉、黑曲霉、烟曲霉适宜产毒温度为25～40℃；梨孢镰刀菌、尖孢镰刀菌、拟枝孢镰刀菌、雪腐镰刀菌在0℃或-7～-2℃产毒。

(5)通风：大部分霉菌繁殖和产毒需要在有氧条件下，但毛霉、庆绿曲霉是厌氧菌并可耐受高浓度 CO_2。

(四)不同性质的食品变质

微生物能引起食品变质，但不是每种微生物对所有食品的变质作用都一样。也就是说不同性质的食品变质，可能是由不同种类的微生物引起的。这是因为不同微生物对营养物质的需求是有选择性的，了解这一点，对食品中微生物的类型分析与检验都具有重要作用。

1. 分解蛋白质的微生物

含蛋白质的食品一旦被微生物分解造成败坏变质，会产生难闻的气味，这种变质，在食品生化上一般叫作腐败。难闻气味的产生，主要是微生物分解蛋白质中的某些氨基酸产生的有毒的胺类。如尸胺、腐胺、组胺等。

分解蛋白质的微生物主要是细菌，其次是霉菌和酵母菌。不能产生胞外酶的细菌分解蛋白质的能力极弱。使食品蛋白质分解变质主要是产生胞外酶的细菌，主要有芽孢杆菌属、单胞菌属、变形杆菌属、梭状芽孢杆菌属等，在以蛋白质为主体的食品上能良好生长，即使在无糖分存在的情况下也能较好生长。还有一些细菌，对蛋白质的分解能力虽然没有上述细菌强，但也有一定的分解能力。主要有葡萄球菌属、八叠球菌属、小球菌属、产碱杆菌属、埃希氏菌属等。

按食品种类分，引起鱼贝类食品变质的细菌主要是球菌属、假单胞菌属、黄色杆菌属、无色杆菌属、赛氏杆菌属等；引起禽畜肉食品变质的主要是一些好氧性细菌，如兼氧性芽孢杆菌、变形杆菌等。

使蛋白质类食品变质的霉菌主要有青霉属、曲霉属、根霉属、毛霉属、木霉属和复端孢霉属中的多种霉菌。尤其是沙门柏干酪青霉、洋葱曲霉，分解蛋白质能力特别强，当环境中存在较多糖类时，更能促进蛋白酶的形成，分解蛋白质能力更强。

一般来说，酵母菌分解蛋白质的能力比较弱，就目前的研究结果来看，红棕色舒逊氏酵母、越南酵母、巴氏酵母、啤酒酵母等，能将凝固的蛋白质缓慢分解。红酵母属中有的酵母能分解酪蛋白，导致乳制品变质。

2.分解糖类的微生物

含糖类和脂肪多的食品被微生物分解产酸而变质败坏，这种变质，一般称为酸败。其本质是糖类在微生物糖酶(脂肪在脂酶)的作用下，生成了多种有机酸。

分解食品中糖类的微生物主要是酵母菌，其次是霉菌和细菌。

绝大多数酵母菌不能直接分解淀粉、纤维素之类大分子糖类，然而多数能利用有机酸、二糖、单糖等；比如蔗糖含量高的食品，细菌生长受抑制，但酵母菌能生长繁殖。果汁、果酱、蜂蜜、果胶、酱油等易被酵母菌污染而引起变质。

大多数霉菌能分解含简单糖类多的食品。几乎所有霉菌都有分解淀粉的能力。能分解大分子纤维素、果胶的霉菌很少；能分解果胶质的霉菌主要有黑曲霉、米曲霉、灰绿曲霉、毛霉等。分解纤维素的霉菌有绿色木霉、黑曲霉、土曲霉、烟曲霉等，其中绿色木霉分解纤维素能力特别强。霉菌还有利用某些简单有机酸或醇的能力。

分解淀粉能力较强的细菌有芽孢杆菌属和梭状芽孢杆菌属，如枯草芽孢杆菌、蜡状芽孢杆菌、淀粉梭状芽孢杆菌、酪酸梭状芽孢杆菌等。分解纤维素和半纤维素的细菌仅是芽孢杆菌属和八叠球菌属的少数种。能分解果胶质的细菌有欧氏杆菌属、芽孢杆菌属、梭状芽孢杆菌属中的一些种，它们能分泌果胶酶，软化果蔬组织。绝大多数细菌能直接利用单糖、双糖，有少数细菌还能直接利用有机酸和醇类。

3.分解脂肪的微生物

脂肪是加工某些食品的主要原料，也是某些食品的重要成分。脂肪被微生物分解变质主要产生酸败气味。其本质是脂肪在微生物酶作用下分解生成有机酸等。

分解脂肪的微生物主要是霉菌，其次是细菌和酵母菌。

能分解脂肪的霉菌的种类较多，最常见能分解脂肪的霉菌有黄曲霉、黑曲霉、烟曲霉、灰绿曲霉、娄地曲霉、无根根霉、脂解毛霉、爪哇毛霉、白地霉和芽枝霉等。

分解脂肪能力强的细菌并不多。常见的有假单胞菌属、黄杆菌属、无色杆菌属、产碱杆菌属、赛氏杆菌属、小球菌属、葡萄球菌属及芽孢杆菌属中的一些种。

能分解脂肪的酵母菌也不多。常见的有解脂假丝酵母，这种酵母不发酵糖类，但分解脂肪和蛋白质的能力很强。因此，肉类食品和乳制品败坏时，也应考虑酵母菌引起变质的可能性。

在自然界中，没有一种微生物适宜在各种不同组分组成的食品上生长，同时，也没有一种食品能适应所有微生物生长，细菌、酵母菌、霉菌这三大类微生物对不同营养物质的分解能力均显示了一定的选择性。因此，根据食品组成成分的特点，能推测引起食品变质败坏的主要微生物的可能类群，针对性制定并检测食品中的指示微生物。

三、研究致病菌生态对微生物检验的意义

(1)由于不同食物的生态环境不同，其腐败的优势菌也不同。因此可选择一些微生物作为特定食品的指示菌。明串珠菌常出现于高糖食品。热杀索氏菌、乳酸杆菌、假单胞菌经常出现于肉类食品中，因此它们被选作食肉新鲜度的指标菌。水容易被致病菌污染，而一些菌如肠球菌、产气荚膜梭菌、军团菌等在水中存活时间较长，因此它们成为水污染的指标菌。

(2) 特定生态对微生物生长有特殊的选择作用，实践中可营造特殊生态条件，培养目的菌。微生物检验中使用的各种培养条件，特别是选择培养基就是在提供特殊的生态环境。如同动物肠道一样，胆汁等各种消化液成分的不同比例，氮气、氧气、二氧化碳、氢气、甲烷的不同

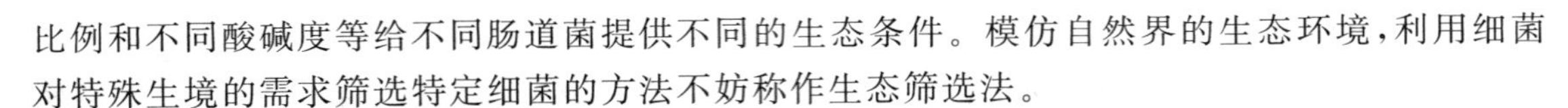

比例和不同酸碱度等给不同肠道菌提供不同的生态条件。模仿自然界的生态环境，利用细菌对特殊生境的需求筛选特定细菌的方法不妨称作生态筛选法。

一种细菌与一种特殊生态环境相对应。如提供完全适合特定目的菌生长的生态环境，就比较容易分离到目的菌。鲜肉和鲜鱼在不同温度放置以后，普通变形杆菌、奇异变形杆菌、摩根氏菌和碱化普罗威登氏菌均出现生长。如果放置10℃以下主要出现碱化普罗威登氏菌。

副溶血性弧菌是生长于海水和海泥中的细菌。当海水温度大于20℃时暴发性增殖，污染鱼贝类。这种菌生长很快，每10 min分裂1次。鱼贝类的副溶血性弧菌污染过程研究中"汽水域"越来越受到关注。所谓"汽水域"指河水进入海口处和涨潮时海水倒入河水处。这种地方盐分比海水少，盐水浓度发生变化。这种菌在汽水域和盐分低的泥土及海底泥土中过冬，到夏天海水温度升高后暴发生长，由"汽水域"扩散到沿岸海水中。

李斯特菌在青贮饲料中容易出现，因此李斯特菌病也叫作青贮饲料病。是由于青草发酵不正常造成的。另外在羊群中李斯特菌的携带率最高。近年来在西方国家李斯特菌有关的食物中毒事件频发，可能与食品中经常使用添加剂（如乳酸、甘氨酸）有关系，因为这样扰乱了原来的微生物生态环境，李斯特菌得以有条件竞争，成为优势菌。

小肠结肠炎耶尔森氏菌多栖息于猪的咽喉，可能与猪的嘶叫造成细胞膜或血管破裂有关。猪是小肠结肠炎耶尔森氏菌的主要携带者，引起食物中毒的食品有含猪肉食品、巧克力、豆腐等，随冷藏肉和沙拉的普及而流行。这样看来，脂肪成分可能是小肠结肠炎耶尔森氏菌生长的关键因素。

从致病菌感染的生态出发研究致病菌最关键的生长条件，可以找到分离致病菌的方法。如皮肤的正常菌群为凝固酶阴性的葡萄球菌、微球菌、棒杆菌、短杆菌等，当汗液成分发生变化时会生长一些过路菌，如金黄色葡萄球菌、大肠杆菌、绿脓杆菌、变形杆菌、粪产碱菌、不动杆菌、丙酸杆菌等。不动杆菌在汗液增加时明显增多。对汗液成分变化的研究可能对致病菌的筛选方法研究有帮助，因为志贺氏菌等通过人的手指传播。流行病学调查显示，在志贺氏菌流行季节可以从病人相关的门把手、椅子、床单、儿童玩具、衣服等地方检出志贺氏菌。汗液可能是粪便外的另一种致病菌传播媒介物。大肠杆菌O157:H7、霍乱、伤寒、副伤寒的流行似乎也与正常汗液成分的变化有关。

四、不同类型食品中常见的微生物

（一）肉与肉制品中常见微生物

健康畜禽的肉、血液以及有关脏器组织一般是无菌的。按加工过程的顺序进行取样检验，前面工序的肉可检出的菌数少，越到后面的工序和最后的肉包装之前，细菌污染越严重。

动物经长途运输、疲劳、饥饿等，都能降低机体的抵抗力，是造成细菌由肠道侵入血液和组织的有利条件。除屠宰中不同程度地可使肉污染微生物外，肉的运输和保藏也可使肉继续受到污染，甚至冷藏的肉在1 cm^2表面上往往也有数万至千万个细菌。如果空气不洁净，周围温度又相当高，细菌在营养丰富的条件下能迅速繁殖，1 cm^2肉面上的细菌数可达亿万个。

尽管肉面上存在大量的细菌，但细菌侵入到肉的深部却是很慢很少的。只有在肉的深部肌肉组织受到破坏时，微生物才能很快地侵入。

肉食品上的菌丛主要是肠道细菌。肉的需氧性腐败是由肉表面开始的，逐渐扩散至深部，这时可见到厌氧性腐败。引起需氧性腐败的细菌主要是革兰氏阴性菌，如变形杆菌、阴沟杆菌、产气杆菌、大肠杆菌等。肉深部可见到的厌氧菌有腐败杆菌、产芽孢梭状杆菌和溶组织杆菌等。有时,需氧和厌氧性腐败菌同时存在。

肉的发霉多在空气湿度高时发生,肉面上常见的霉菌有曲霉、毛霉、根霉等。鲜肉在冷库内贮存较久,往往可以使霉菌在肉面上繁殖。肉制品如腊肉、火腿、香肠、板鸭等在贮存过程中,也容易使霉菌繁殖。在肉与肉制品上栖生的霉菌,有的能起腐败变质作用,有些霉菌,如黄曲霉菌、杂色曲霉等能产生毒性物质。

畜禽的肉除污染较多的非病原性微生物外,还可以污染各种不同的病原微生物,其中病菌病毒是最易污染的。畜禽肉上污染病菌病毒,是由于健康畜禽与病畜病禽混宰造成的。

家畜家禽的传染病相当多,有些(如炭疽病、结核病、布氏杆菌病、钩端螺旋体病、口蹄疫等)都是人畜共患的传染病,都能通过肉食品传染给人。

沙门氏菌是自然界分布最广泛的肠道致病菌,而且对人类、家畜家禽、野生禽兽能引起不同的沙门氏菌病,并造成人、畜、禽之间的循环污染。在过去十几年中,沙门氏菌作为食品传播性疾病的致病因子,已引起世界各国越来越多的注意。

肉制品大多要经过浓盐或高温处理,肉上的微生物(包括病原微生物),凡不耐盐和高温的都会死亡。但形成的芽孢或孢子却不受高浓度盐或高温的影响而保存下来,如肉毒杆菌的芽孢体可以在腊肉、火腿、香肠中存活。

(二)乳与乳制品中常见的微生物

乳是营养价值最丰富的食品之一,也是一种最便于微生物繁殖的食品。由于动物乳房表面、挤乳者的手和工具、盛器以及较差的饲养乳畜的卫生条件都能引起微生物污染。如果动物乳房内有微生物存在,乳汁中也就不可避免地有微生物存在。这些菌群有的能分解乳液中的碳水化合物,有的能分解乳液中的蛋白质,有的能强力分解脂肪,还有些肠道杆菌能使乳液产酸产气,最常见的是大肠埃希氏菌、沙门氏菌、布氏杆菌等。

酵母和霉菌在乳液中经常可以被检出,最常见的有胞壁酵母、洪氏球拟酵母、球拟酵母、乳酪粉胞霉、黑念珠霉、蜡叶芽枝霉、乳酪青霉、灰绿曲霉、黑曲霉、灰绿青霉等。

乳液中还可能带有各种病原微生物,并通过乳液感染于人。所以鲜乳在出售前必须经过消毒处理才安全可靠。买回的鲜乳必须经过煮沸后才能饮用。

乳制品中的炼乳常常因微生物而腐败变质。

(三)蛋与蛋制品中常见的微生物

根据鲜蛋特有的结构情况以及所具有的生理特点,鲜蛋应是无菌的,因为鲜蛋有一层完整的蛋壳包裹。蛋壳从外向内是由蛋壳外膜(一层可溶性胶体)、蛋壳、蛋壳内膜、蛋白膜构成,这样可以保护蛋的内容物不受微生物侵蚀。再者禽蛋中蛋白质具有强碱性,pH 一般在 8.0～9.6,这样的环境一般不适宜微生物生长,鲜蛋内还含有一定的抗菌物质——溶菌酶,从理论上讲鲜蛋应是无菌的。但是,事实上鲜蛋中却经常可以发现微生物存在,这是由以下几个环节污染所致。

卵巢内的污染:当蛋黄在卵巢内形成时,细菌可直接侵入蛋黄,如鸡白痢沙门氏菌、鸡伤寒沙门氏菌等,这些属垂直传播的禽病病原菌。

产蛋时污染:泄殖腔内的微生物可以上行至输卵管,造成蛋壳形成前的污染。

蛋壳的污染:蛋壳上有许多 4～40 μm 大小的气孔。在收购、运输、贮存的过程中,外界的微生物可以黏附到蛋壳的表面。有人调查发现蛋壳表面有各种细菌、霉菌及霉菌孢子等沾污，有时数量可达$(4\sim5)\times10^5$个。当鲜蛋处于温暖潮湿的条件下，微生物可逐渐从蛋壳气孔侵入内部。微生物种类很多，细菌如枯草芽孢杆菌、变形杆菌、产碱杆菌、荧光假单胞杆菌等，霉菌如芽枝霉、分枝孢霉、毛霉、根霉、葡萄孢霉、交格链孢霉和青霉等。

（四）水产品中常见的微生物

鱼类的组织比畜禽类脆弱，含水量高，更容易发生腐败变质。引起鱼类腐败变质的微生物主要是水中的微生物，如假单胞菌属、无色杆菌属、黄杆菌属等。淡水中还有产碱杆菌、气单胞杆菌属和短杆菌属等。

鱼类变质首先表现出浑浊、无光泽，表面组织因被分解而变得疏松，鱼鳞脱落，鱼体组织溃烂，进而组织分解产生吲哚、粪臭素、硫醇、氨、硫化氢等。发臭的程度与腐败的程度相一致。无论鱼体原来带有多少细菌，当觉察到腐败状况时，菌数一般可达10^8个/g，pH往往高达7～8。

鱼类贮存一般采用冻藏或盐腌。冻藏温度多采用－30～－25℃速冻。盐腌时食盐浓度在10%以上，能抑制一般细菌的生长，但也有一些嗜盐细菌，如副溶血性弧菌、玫瑰微球菌、盐地赛氏杆菌、盐制品假单胞菌、红皮假单胞菌、盐杆菌属在这一盐浓度下还可以生长繁殖，这些菌往往造成鱼类发生赤变现象。

（五）清凉饮料中常见的微生物

清凉饮料中的微生物含量一般都较少，而果类制品如果汁，常带有各种微生物，特别在果汁制造过程中，能污染更多的微生物。但是，果汁的pH较低，糖度较高，这些因素都能抑制某些微生物的繁殖。

果汁中经常可以检出酵母，其中以假丝酵母属、圆酵母属、隐球酵母属和红酵母属等为主。例如葡萄果汁中，最多的酵母为柠檬形克勒克氏酵母，其次为葡萄酒酵母，其他如卵形酵母、路氏酵母等也有发现。在柑橘果汁中存在的啤酒酵母、葡萄酒酵母、圆酵母等，主要是加工过程中污染到果汁中去的。

果汁中霉菌以青霉属最为多见，如扩展青霉、皮壳青霉，其他还有构巢曲霉、烟曲霉等。果汁中还存在乳酸菌、琥珀酸杆菌、肠道杆菌等。由于加工不良，污染严重，还可以污染沙门氏菌、痢疾杆菌、葡萄球菌、链球菌及肉毒杆菌等致病菌。

（六）调味品中常见的微生物

调味品包括酱油、酱类和醋等以豆类、谷类为原料发酵而成的食品。往往由于原料污染及加工制作、运输中不注意卫生而污染上肠道细菌、球菌及需氧和厌氧芽孢杆菌。

（七）冷食菜、豆制品中常见的微生物

冷食菜多为蔬菜和熟肉制品不经加热而直接食用的凉拌菜。该类食品由于原料、半成品、炊事员及炊事用具等消毒灭菌不彻底造成细菌的污染。豆制品是以大豆为原料制成的含有大量蛋白质的食品，该类食品大多因加工后由于盛器、运输及销售等环节不注意卫生而沾染了存在于空气、土壤中的细菌。这两类食品如不加强卫生管理极易造成食物中毒及肠道疾病的发生。

（八）糖果、糕点、果脯中常见的微生物

糖果、糕点、果脯等此类食品大多是以糖、牛奶、鸡蛋、水果等为原料而制成的甜食。部分

食品有包装纸，污染机会较少，但由于包装纸、盒不清洁，或没有包装的食品放于不洁的容器内也可造成污染。带馅的糕点往往因加热不彻底，存放时间长或温度高，可使细菌大量繁殖。带有奶花的糕点存放时间长时，细菌可大量繁殖，造成食品变质。因此，对这类食品进行微生物学检验还是很有必要的。

(九)酒类中常见的微生物

酒类一般不进行微生物学检验，进行检验的主要是酒精度低的发酵酒。因酒精度低，不能抑制细菌生长。污染主要来自原料或加工过程中不注意卫生操作而沾染水、土壤及空气中的细菌，尤其散装生啤酒，因不加热往往生存大量细菌。

(十)粮食中常见的微生物

粮食最易被霉菌污染，由于遭受到产毒霉菌的侵染，不但发生霉坏变质，造成经济上的巨大损失，而且能够产生各种不同性质的霉菌毒素，人畜和家禽食入后常常引起许多种急性和慢性的中毒症。因此，加强对粮食中的霉菌检验具有重要意义。

五、VBNC 现象

VBNC 现象即活的但不可培养微生物(viable but non culturable)，指某种原因细菌会进入一种有代谢活力但在常规培养条件下不能形成菌落的状态。大体可以把不可培养细菌分为两类，一类是常见的已知的细菌，如霍乱弧菌等，它们在某些条件下能够进入不可培养状态；另一类是未知的至今还未曾获得分离培养的细菌，其存在一般通过其 16S rRNA 的 PCR 扩增和测序来确定。

检验原则：可检测有生理活性的细菌数与可培养的细菌数，然后计算二者之差，即为 VBNC 菌。有生理活性细菌数测定一般采用 CFDA(羟基二乙酰荧光素)、CTC(5-氰-2,3-二甲苯基-四唑鎓的盐酸盐)、DVC(直接活菌计数法)等方法。

由于生存环境的变化，一些致病菌可进入 VBNC 状态，有试验证实自然界中约 99.9%以上的细菌用常规方法是培养不出来的，而且活的生物可能给 VBNC 状态的细菌提供了促使它恢复生长的物质。所以进入 VBNC 状态的细菌仍能使人致病，研究 VBNC 状态细菌的恢复生长，对致病菌的流行、致病机理及检验均有帮助。

第三节 食源性疾病

食品是人体暴露化学性致病因子和生物性致病因子的主要来源，食用受病原体或其他化学性致病因子污染的食品可引起对食用者的健康危害，并给有关国家、地区、家庭或个人带来沉重的经济负担。据世界卫生组织(WHO)估计，工业化国家每年有 30%的人罹患食源性疾病(foodborne diseases)。虽然发展中国家提供的疾病资料不够完整，但估计每年有数百万人发生腹泻，其中有很大一部分是由污染的食品引起的，因此发展中国家的食品安全问题可能更为严重。

食源性疾病是一个困扰世界各国的问题。FAO(世界粮农组织)和 WHO 曾经断言："由食品污染引起的疾病是构成对人类健康的最为广泛的威胁之一，同时也是导致社会生产力下降的重要原因之一。"因此，如何有效地预防和控制食源性疾病是世界各国极为关注的公共卫生问题之一。

在许多工业化国家里，最近几十年中，已检测到如沙门氏菌、弯曲杆菌及大肠杆菌 O157 感染呈上升的发病趋势。食品生产及流通的全球化、新的食品加工技术的应用、人们饮食方式的改变、消费者中对食源性病原菌易感人群的增加、人口和食品流通的广泛性、发展中国家对肉和禽的需求量增加、致病菌菌株的突变，以及各种新的病原菌和传播媒介的出现和流行等因素都是导致食源性疾病发病率升高的原因。

一、食源性疾病的概念

"食物中毒"一词源于自古以来人们对食物引起的一类疾病的感性认识和经验总结，并且一度被当作预防医学和食品卫生学的专业术语沿用。然而食物中毒病原学的研究表明，食物中不仅存在可以引起人体毒性反应的化学性致病因子，也存在可以引起机体感染的生物性致病因子，显然"食物中毒"一词不能全面客观和科学地反映食物中各种病原物质所致疾病的基本特性，而且易产生歧义。

一些学者指出，"食物中毒"是一种不确切的提法，WHO 则认为把食物传播引起的一类疾病称为"食物中毒"是一种错误。20 世纪 80 年代以来，一些学者使用"食源性疾病"一词代替历史上沿用的"食物中毒"，认为以"食源性疾病"表示各种经食物传播的疾病更为确切和科学，逐渐被国际社会接受和采纳。1984 年 WHO 将"食源性疾病"一词作为正式的专业术语，以代替历史上使用的"食物中毒"一词，并将"食源性疾病"定义为"通过摄食方式进入人体内的各种致病因子引起的通常具有感染或中毒性质的一类疾病"。

对食物中毒和食源性疾病的病因认识与名称的变化反映了人类对食物传播引起的一类疾病的长期的从感性到理性的认识过程及其研究成果，以"食源性疾病"一词科学概括食品中各类致病因子所引起的感染性疾病或中毒性疾病，并代替传统所称的"食物中毒"是现代食品卫生学所取得的重要研究成果和进展之一。根据当前人们对"食源性疾病"的科学认识，可以将食源性疾病的发生发展概括为以下 3 个基本特征：①在食源性疾病暴发流行过程中，食物本身并不致病，只是起了携带和传播病原物质的媒介（vehicle）作用；②导致人体罹患食源性疾病的病原物质是食物中所含有的各种致病因子（pathogenic agents）；③人体摄入食物中所含有的致病因子可以引起以急性中毒或急性感染两种病理变化为主要发病特点的各类临床综合征（syndromes）。

二、食源性疾病的分类

食源性疾病种类较多，其分类可按各种方式进行，如引起发病的食物种类、致病因子、发病机制和临床症状等。目前多按致病因子或发病机制进行分类。

（一）按致病因子分类

1. 细菌性食源性疾病

又可分为感染型细菌性食源性疾病和毒素型细菌性食源性疾病两类。细菌性食源性疾病是由于所摄入的食品中含有一定数量的病原菌或细菌代谢产物（细菌毒素），从而引起发病。典型的感染型细菌性食源性疾病如各种血清型沙门菌感染等。感染型细菌性食源性疾病的主要临床表现除胃肠道综合征外，多伴有发热症状。常见的毒素型细菌性食源性疾病有金黄色葡萄球菌毒素中毒、蜡样芽孢杆菌毒素中毒等。毒素型细菌性食源性疾病的临床表现通常以上消化道综合征(即以恶心、呕吐为突出症状)为主,一般不发热。

2. 食源性病毒感染

如轮状病毒引起的急性胃肠炎和甲肝病毒引起的甲型肝炎等。甲型肝炎因发病潜伏期较长,要确定引起感染的食物有时较为困难。

3. 食源性寄生虫感染

如旋毛虫病、绦虫病和阿米巴痢疾等。

4. 食源性化学性中毒

通常是由于某些化学毒物污染食品或在食品加工制作过程中误用某些化学毒物所致。

5. 食源性真菌毒素中毒

某些真菌天然存在的毒素和食品中某些产毒霉菌在生长繁殖过程中产生的代谢物质引起的中毒,前者如某些野蕈含有的蕈毒素中毒,后者包括各种霉菌毒素引起的中毒。

6. 动物性毒素中毒

某些动物性食品本身所含有的有毒成分引起的中毒性疾病,如有毒河豚引起的河豚中毒,有毒贝类引起的贝类中毒等。

7. 植物性毒素中毒

某些植物性食品本身所含有的有毒成分引起的中毒性疾病,如菜豆所含的皂苷引起的中毒和鲜黄花菜所含的秋水仙碱中毒等。

(二)按发病机制分类

1. 食源性感染

食源性感染通常是由摄入受细菌、病毒或寄生虫污染的食品所引起的 3 类感染性疾病。食源性感染有以下 2 种发病形式:① 经食物摄入人体内的细菌、病毒或寄生虫侵入并在肠黏膜或其他组织中繁殖;② 经食物摄入人体内的细菌侵入和在肠道内繁殖,并释放毒素损害周围的组织或影响正常器官或组织的功能。这种类型的感染有时被称为毒素介导性感染。病毒或寄生虫不会引起毒素介导性感染。

2. 食源性中毒

食源性中毒是摄入已受到某种毒物污染的食品所引起的一类中毒性疾病。食品中各种毒物的来源主要有:① 某些细菌繁殖过程中产生的细菌毒素;② 有毒化学物质(如有毒重金属等);③ 动植物或真菌天然存在或形成的毒素(如某些有毒鱼类、有毒贝类和某些有毒野生蕈类等)。

三、食源性疾病传播方式

除了环境中的有毒化学物质通常可以通过食物链污染各种食用动植物及其制品而对人体健康产生危害外,大多数病原体(包括细菌、病毒和寄生虫等病原微生物)可以通过粪-口途径(faecal-oral route)引起疾病的传播。目前已知通过粪-口途径传播的各种病原体都可以通过食品传播。也就是说,某种病原体从人或动物的粪便排出后,可通过一定的路径污染某种食品,然后被人摄入体内从而引起疾病的传播,见图 1-1。

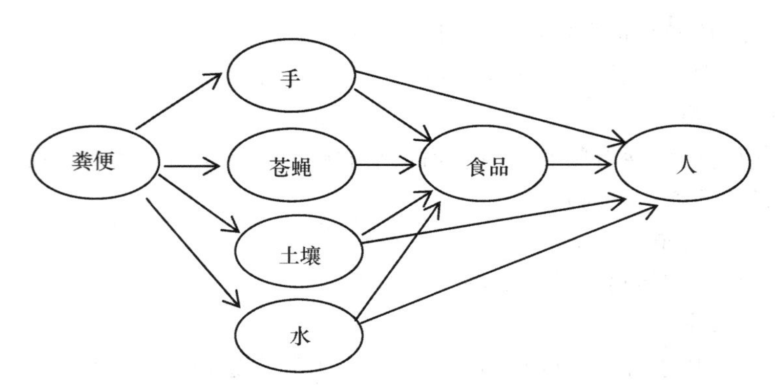

图 1-1 食源性病原体粪-口传播途径

食用以下方式处理的食品有可能引起食用者感染发病：①污染食品未经充分加热以杀灭所存在病原体，或者生食已受病原体污染的食品；②已盛放过污染食品的设备容器再被用来盛放另一种不再加热处理而供食用的食品。

此外，感染或携带病原体的食品加工人员如不注意个人卫生和食品卫生，很可能会引起所加工食品的污染。如供人食用，就会导致食用者感染发病。

四、病原体的携带状态

人体可以携带某种食源性感染性病原体而并不出现任何明显的疾病症状或发病，这种现象称为病原体的带菌状态，携带病原体的个体称为病原携带者。由于病原体可随人的粪便排出体外，因此病原携带者是对他人的潜在感染源。

病原携带者的特点及其公共卫生意义主要表现在以下几个方面：

(1) 病原携带者可能是处在某种感染性疾病潜伏期的病人。潜伏期的病人在发病前可以排出病原体。如甲肝病人在出现典型的临床症状前 2 周就可以从粪便中排出甲肝病毒。

(2) 有些人在食用污染食品或被感染后，并不出现明显的发病症状，而处于亚临床感染或轻度感染，这种人被称为健康带菌者(healthy carriers)。健康带菌者可以在不知不觉中排出病原体并传播给其他人。健康带菌者如从事食品加工制作活动，具有相当大的传播疾病的危险性。

(3) 病原携带者可能是某种感染性疾病恢复期的病人。有些疾病病人在发病症状消失后 24～48 h 内仍然可以从粪便中排出病原体。如各种肠道病毒、沙门氏菌和志贺氏菌等病原体都有类似情况。约有 1%的沙门氏菌病病人可持续 1 年从粪便中排出病原体。

(4) 病原携带者的带菌状态可以是一时性的，也可以持续较长的时间。多数病原携带者在经过数周或数月以后，带菌情况可以自然而然地消失。然而，也有一些带菌者可以变为慢性带菌者。如部分伤寒沙门菌带菌者从粪便中排出病原体的时间可以长达 1 年以上。

病原携带者携带病原体的特点在食源性疾病调查与控制工作中具有重要意义，因为不仅具有临床发病症状的病人可以将病原体和疾病传播给其他人，而且潜伏期和恢复期病人以及没有临床发病症状的健康带菌者也可以排出病原体，从而引起疾病的传播。在对一起甲肝暴发事件采取的调查控制措施中，为了确定病人和对密切接触者开展预防性注射免疫球蛋白(IG)的工作，首先应当搞清楚病人出现症状的日期，然后才能以此为线索查找和确定该病人出现发病症状前 2 周可能与之有过密切接触的人员。

五、食源性疾病的发病特点

食源性疾病的病变部位主要局限在胃肠道，但有些病原体可以通过胃肠道转移到其他组织，从而引起全身或肠外组织病症，鉴于食源性疾病的发病特点，大多数病人表现为急性胃肠炎症状，病程通常可持续 24～48 h，有时病人突然发病，平均潜伏期一般为 2～36 h 不等。食源性疾病的症状与体征轻重不一，可表现为胃肠道轻度不适，也可导致死亡等严重后果。尽管食源性疾病的症状与体征表观不一，但最为常见的症状有呕吐、腹痛和腹泻。许多病原体可以随病人的粪便排出体外，因此，也是其他人感染疾病的可能来源。

（一）食源性感染的发病特点

食源性感染是某种病原微生物在人体内生长繁殖引起的，由于病原微生物在人体内生长繁殖通常需要一定的时间，因此食源性感染的发病潜伏期(incubation period)要比大多数食源性中毒性疾病的潜伏期长得多。如以时间算，感染性疾病的发病潜伏期一般以天数计，而中毒性疾病常以小时计。如沙门氏菌感染的发病潜伏期一般为 12～48 h，但最长也可有 4 d。另外，食源性感染的症状主要包括腹泻、恶心、呕吐和腹痛，而且感染经常伴有发热症状。

能引起感染的病原微生物常常具有定向(colonization)特点或某种黏附因子(adherence factors)，使得病原微生物可以侵犯肠道的某个特定部位，并在肠道内繁殖。如贾第鞭毛虫主要侵犯并在小肠内繁殖，当繁殖到一定的虫体数量时，就可以覆盖整个肠黏膜的表层，干扰食物中营养物质在肠道内的吸收和利用。霍乱弧菌可在肠道内繁殖并释放一种毒素，刺激并引起肠壁细胞分泌大量的液体。有时病人可因严重脱水而死亡。志贺氏菌可以侵袭并侵入肠黏膜层，引起志贺菌病或通常所称的“细菌性痢疾”。

有些病原微生物可以通过肠道转移并引起其他组织的感染。如甲肝病毒起初主要感染肠道细胞，但随后可以扩散到肝细胞，出现以肝脏损害为主的甲型肝炎的典型临床表现。伤寒沙门氏菌可经口进入肠道，然后侵入肠壁淋巴，并进入血液扩散到全身，引起典型的伤寒发病症状。大多数沙门氏菌血清型能穿透肠壁上层，但不会进入其他组织。O157:H7 大肠埃希菌和其他大肠埃希菌产毒菌株产生的毒素能够附着在肠壁、肾脏和中枢神经系统细胞上，影响细胞的蛋白质合成，并导致细胞死亡。根据病原菌所产毒素的不同作用部位，可以引起出血性结肠炎(HC)、溶血性尿毒综合征(HUS)或血栓性血小板减少性紫癜(TTP)等病症。

有些食源性感染可以引起某些并发症或后遗症，病变常可累及心血管、肾脏、关节、呼吸系统或免疫系统等。食源性疾病引起的并发症或后遗症的发病率目前尚不十分清楚，一般认为可能在 5%以下。

（二）食源性中毒的发病特点

除了食品受化学毒物污染和有毒动植物引起食源性中毒外，大多数食源性中毒是由病原菌在食品中生长繁殖期间所产生的毒素引起的。因此，即使没有摄入活的病原菌，但是如摄入食品中已有的毒素，也会引起发病。各种细菌毒素和海藻毒素是目前已知最重要的一些毒素。要判断食品是否含有某种毒素，单靠色、香、味等食品的感官变化是很难分辨出来的。

由于机体很快就可以受到有毒物质的影响或出现机体清除有毒物质的反应，中毒性疾病引起的临床表现很快就可以显现出来。因为其不像感染性病原体侵入肠道和在肠道内生长繁殖需要一定的时间，所以中毒性疾病的发病潜伏期通常可以分钟或以小时计。如金黄色葡萄球菌毒素中毒的潜伏期为 1～6 h，平均为 4 h。麻痹性贝类中毒(PSP)的最短发病潜伏期仅为 15 min。

中毒性疾病最常见、有时甚至是唯一的发病症状是呕吐，其他发病症状可以有恶心、腹泻以及感觉和运动功能障碍(如味觉、触觉、肌肉运动等)等。发热在中毒性疾病中十分少见，因此如要确定中毒性疾病的病因，鉴别其是否具有发热是一项重要的诊断参考指标。

对细菌毒素引起的食源性中毒来讲，食品中必然会有产毒菌株生长繁殖并产生毒素。但在有些情况下，产毒菌株可以污染食品，并不一定产毒。因此，食品中如存在产毒菌株并不意味着该食品具有毒素危害。另一方面，假如某种食品中产毒菌株已有生长繁殖并已产毒，虽然目前该食品中的产毒菌株已被灭活，但其所产毒素仍可能存在，因此如食用仍有发生中毒性疾病的风险。

由于上述原因，食品中所含毒素的检测要比食品中致病菌检测更有意义。但是毒素检测要比致病菌的检测费用更高，技术难度也较大。目前，许多新的分子检测技术正在被越来越多地用来替代传统使用的生物学检测方法。如果尚无食品中某种毒素的检测方法，但在食品中检出了大量的某种产毒菌株，可以作为存在该病原菌所产毒素的关联性依据。

六、食源性疾病的诊断依据及治疗原则

(一)食源性疾病的诊断依据

1. 食源性疾病的流行病学特点

流行病学是研究人群中疾病频率分布和影响因素的一种科学方法。在实际应用中，流行病学专业人员经常利用统计学和概率分析的方法分析发病人群和造成发病的原因。在食源性疾病事件中取得反映病例的人、时、地三个分布特点及发病与进食关系的调查资料。通过对流行病学资料的分析，获得发病潜伏期、疾病的持续期、突出的临床症状和涉及的人群信息。可以确定疾病的性质与特点，形成病因假设，并最终验证和确定疾病原因。

食源性疾病的大多数病人为单个病例(single disease)，其分布通常呈散发状态，与已确认的某起暴发事件无关。这些病人多数可能继发于家庭、聚会或野餐等暴露场所。单个病例与进食某种特定的食品或与某个特定的进食场所之间的关系常常很难确定，除非病人具有较明显的临床特征或在食品中也检出与病人相同的致病物质。

食源性疾病暴发事件(outbreaks of foodborne disease)常常是某一人群共同进食或共同食用某种食物后，在较短时间内相继发生较多相似症状的病人而被察觉的。在暴发事件发生原因的调查过程中，如果实验室分析结果一时不能得出结论，把重点放在潜伏期的调查分析上十分重要。根据潜伏期并结合临床发病症状的分析常常有助于确定引起暴发事件的某种致病因子。

2. 食源性疾病的临床表现

对食源性疾病的临床鉴别诊断可按表 1-2 描述的各类食源性疾病的临床表现进行分析判断。如果病人具有以下 1 种或数种症状与体征时应考虑采集病人有关的临床样品，通过临床实验室检验提供重要的诊断线索：①突发性恶心、呕吐、腹泻；②血样腹泻；③腹泻导致脱水；④持续腹泻(每天不成形粪便 3 次或 3 次以上，持续数天)；⑤发热；⑥神经症状(如麻木、运动障碍、头面部神经麻痹)；⑦急腹症。

表 1-2 食源性疾病的临床鉴别诊断

临床表现	可能与食物有关的病原或病种
胃肠炎(以呕吐为主要症状,也可以出现腹泻)	病毒性胃肠炎(婴幼儿以轮状病毒多见,儿童与老人则主要为诺如病毒)或由各种毒素(如致吐毒素、金黄色葡萄球菌毒素、蜡样芽孢杆菌毒素)和重金属引起的食源性疾病
非炎症性腹泻(急性水样腹泻,一般不发热,无里急后重感,有些病人可能出现发热)	一般来讲,各种肠道病原体(细菌、病毒、寄生虫)都可以引起此类病症,但较为典型的有:肠产毒大肠埃希菌、霍乱弧菌、肠道病毒(星状病毒、肠道病毒、轮状病毒)、隐孢子虫和圆孢子虫等
炎症性腹泻(侵袭性胃肠炎,粪便带有较多血液,可出现发热症状)	志贺氏菌属、弯曲菌属、沙门氏菌属、肠侵袭性大肠埃希菌、肠出血性大肠埃希菌、副溶血性弧菌、溶组织内阿米巴和耶尔森肠杆菌等
慢性腹泻(持续≥14 d)	对持续腹泻病人应做食源性寄生虫检验,如圆孢子虫、隐孢子虫、溶组织内阿米巴和贾第鞭毛虫等
神经症状(如麻痹、呼吸困难、支气管痉挛等)	肉毒毒素、有机磷农药、铊中毒、组胺中毒、西加毒素中毒、河豚毒素中毒、神经毒性贝类毒素中毒、麻痹性贝类毒素中毒、失忆性贝类毒素中毒、毒蕈中毒、急性感染性多神经炎(由空肠弯曲菌引起的感染性腹泻的并发症)等
全身症状	李斯特菌、布鲁杆菌、旋毛虫、弓形虫、创伤弧菌、甲型肝炎等

3. 食源性疾病的病原学诊断

根据实验室检验,从可疑食品或病人的呕吐物、粪便等检验样品中检出能引起与该病特有临床表现相一致的病原菌或毒素。许多疾病的临床确诊、致病食物和致病因子、污染来源和传播途径等的判断都需要实验室提供检验依据。

如果病人出现免疫反应,具有发热、血样腹泻、腹痛等发病症状,需要进行粪便培养。如病人粪便中白细胞增高,提示病人为弥散性结肠炎,且病原体为某些侵袭性病原菌,如志贺氏菌、沙门氏菌、空肠弯曲菌和侵袭性大肠埃希菌等,也应当采集粪便样品,送实验室进行粪便培养。

对于出现免疫反应,患慢性或持续性腹泻或经采用抗菌治疗但腹泻未见好转的病人,应当采集粪便样品进行寄生虫检查。对发病潜伏期较长的胃肠道疾病也要考虑进行粪便寄生虫检查。

如怀疑病人罹患的病症为细菌性感染或全身感染时,应进行血液培养。

应用抗原直接测定方法和分子生物学检验技术可迅速确定临床样品中某些细菌、病毒和寄生虫。

有些情况下还可以结合病人临床发病特点,采集病人的呕吐物或可疑食品等检验样品送医疗机构或公共卫生机构的微生物实验室和化学实验室进行检验。

(二)食源性疾病的治疗原则

对食源性疾病病人采用何种治疗处理措施,主要取决于临床诊断和实验室病原学检验结果,并确定该种食源性疾病是否有特异性治疗方法。

(1) 对胃肠型食源性疾病患者进行对症治疗、支持治疗和抗感染治疗。许多急性胃肠炎或食源性疾病具有自愈特点,如病情轻微,一般不需要特殊治疗处理即可痊愈。如病人有呕吐或腹泻症状,需要补液和采取相应的对症治疗措施,及时纠正水与电解质紊乱及酸中毒。对轻症病人和中等程度病情的病人宜采用口服补液的方法,对出现严重脱水的病人可采取静脉输液。高热者用物理降温或退热药。

由于许多抗生素对婴幼儿可能有严重的毒副作用，因此不提倡使用。对重症者应及时选用抗菌药物。抗生素应当根据以下情况酌情使用：①病人的临床症状与体征；②临床样品中检出的病原体；③抗生素的药敏试验；④采用抗生素治疗的适应性。

(2) 对神经型食源性疾病患者进行抗毒素治疗、对症治疗和化学疗法。用催吐、洗胃等方式以促使毒物排出。及时注射抗毒素，在起病后 24 h 内或瘫痪发生前注射最有效。近年有人采用盐酸胍以改善神经肌肉传递功能，增加肌肉张力，缓解中毒症状。

(三)食源性疾病的治疗措施

1. 一般治疗措施

(1)清除已经摄取的食物。如果怀疑病人为某种食源性疾病，特别是由于摄入某种化学毒物或毒素引起的食源性中毒，应尽快采取措施清除已摄取的食物，包括紧急催吐、洗胃和导泻，以最大限度地将随食物摄入体内的病原物质或毒物排出消化道，减少病原物的吸收和对机体的毒害作用。

催吐方法：对意识清醒的病人可采用催吐的方法清除已摄入的食物。可给病人灌服 100～300 mL 洗胃液(1∶2 000 高锰酸钾溶液、0.5%硫酸铜溶液或 3%盐水等)，然后可用机械方法刺激咽喉部促其呕吐。如此反复进行，直至呕吐液较为澄清为止。

洗胃方法：一般采用胃管洗胃，将胃管经口腔插入，一头连接注射器或胃肠减压器。每次注射 200～300 mL 洗胃液(1∶5 000 高锰酸钾溶液或 0.2%～0.5%鞣酸溶液，也可用温盐水)，抽吸后再注入新的洗胃液。如此反复多次进行，直至吸出的灌洗液较为澄清为止。对有痉挛或抽搐的病人应禁忌洗胃。

导泻方法：除采用催吐和洗胃方法清除已摄入的食物外，还可给病人口服或经胃管注入导泻剂，使已进入肠腔的食物迅速排出。常用导泻剂有 50%硫酸镁 50 mL(具有中枢神经抑制作用的毒物引起中毒的病人忌用)。体质极度衰弱、已有严重脱水者及孕妇禁用导泻。

(2)清除已吸收进入体内的毒物。对已吸收的毒物可以采取血液净化治疗或加速毒物排泄的方法，使毒物排出体外。尤其是对食源性中毒引起的危重病人，可视具体病因和病情应用血液净化技术以清除体内的毒物或毒素。

血液净化。根据毒物的特性及病情，可选用血液透析、腹膜透析、血液灌流、换血等净化血液的方法清除已进入人体内的毒物或毒素。

利尿。许多毒物或毒素经机体吸收后，可以其原形或其在体内代谢形成的代谢物经肾脏排出体外，因此采取利尿措施有利于加速毒物或毒素从体内的排出。

(3)对症与支持治疗。可以通过缓慢注射戊巴比妥钠等镇静剂，以抑制中毒性中枢兴奋现象，控制惊厥。同时应注意采取改善病人体能、抗感染和提高机体免疫力等对症治疗与支持治疗措施，采取支持治疗措施主要应考虑以下两个方面。

①维持心血管与呼吸功能：对于出现呼吸抑制等毒作用的病人，可给予吸氧和使用呼吸兴奋剂，以维持病人的呼吸功能。

②补充液体和电解质：主要用于纠正酸中毒。轻、中度病人宜采用口服补充的方法，对严重脱水的病人可通过静脉输液和补充电解质。

2. 特殊治疗措施

(1)食源性感染。对于出现全身感染症状的细菌性感染，可根据药敏试验的结果选用效果较为明显的抗生素进行治疗。病毒性感染目前尚无特殊治疗措施，只能采取对症治疗与支持治疗，不使用抗生素。寄生虫感染可根据人体感染寄生虫虫种，选用特定的抗寄生虫药物进行治疗。

(2)食源性中毒。目前临床上治疗效果较为确切的几种食源性中毒的特殊治疗措施有：

肉毒中毒的抗毒素治疗：肉毒杆菌毒素中毒可采用3价肉毒抗毒素(A、B和E混合型肉毒抗毒素)或单价抗毒素治疗。应用抗毒素要早用、足量，使用前应做马血清过敏试验。

组胺中毒的抗组胺治疗：如口服盐酸苯海拉明、盐酸异丙嗪或氯苯吡胺等，以降低人体对组胺的毒性反应和消除中毒症状。不宜服用抗组胺药物者，可静注10%葡萄糖酸钙10 mL，1～2次/d。

有机磷农药中毒的抗胆碱与胆碱酯酶复能治疗：抗胆碱药物有阿托品、山莨菪碱等，中、重度中毒患者需配合使用解磷定、氯磷啶等胆碱酯酶复能剂。

亚硝酸盐中毒的解毒治疗：可使用亚甲蓝(美兰)解毒剂治疗。

氟乙酰胺中毒的解毒治疗：乙酰胺(解氟灵)为氟乙酰胺中毒的特效解毒剂。

砷化合物中毒的解毒治疗：首选二巯基丙磺酸钠。

七、控制食源性疾病传播扩散的措施

在食源性疾病调查过程中，如果已查明或有足够的证据确认发病是由某种污染食品所致，并且疾病的传播方式以及引起疾病暴发的原因也已基本调查明确，公共卫生部门或食品安全监督机构应针对不同情况及时采取措施，以控制疾病可能引起的进一步传播扩散。

(一)纠正食品生产加工过程中的不当操作行为

为加强食品加工制作过程中的安全控制，减少食品加工制作过程中病原体污染、残留或生长繁殖的危险性，WHO提出了食品安全制备的十条基本原则：

(1)食品原料选购应符合食品卫生要求；

(2)食品应当烧熟煮透；

(3)已烹制的食品应尽快食用；

(4)熟食应妥善保存；

(5)保存的熟食食用前应充分加热；

(6)避免生熟食品交叉感染；

(7)加工制作食品要洗手；

(8)厨房设备要保持清洁卫生；

(9)食品应防止被昆虫或啮齿动物叮咬；

(10)使用清洁卫生的水。

(二)对污染食品的控制处理

根据实际情况对污染食品采取以下控制措施。

(1)食品企业可根据政府食品安全管理机构或卫生部门的建议，积极采取措施停止销售尚未出售的污染食品，并作废弃处理或销毁处理。

(2)如污染食品已上市销售，政府食品安全管理机构或当地卫生部门可通过媒体向社会发布食品安全警示或公告等方式，提醒消费者；食品加工企业、食品供应商、政府食品安全管理机构或卫生部门可根据具体情况追回或回收市场上销售供应的污染食品。

(3)如果怀疑某种食品可能与食源性疾病暴发事件有关,在尚无可靠流行病学与实验室证据的情况下,为控制疾病可能引起进一步的传播扩散,根据有关规定对可疑食品可先行采取暂时封存控制的措施。

(三)对食品企业采取停业或停产的控制措施

(四)对感染或带菌的食品加工人员的限制性措施

对该类人员采取限制或调离的措施,使之脱离与食品的直接接触,对需要治疗的应及时采取适当的治疗措施。并对该类人员接触过的食品进行分析鉴定,如属污染食品应按"对污染食品的控制处理"内容进行处理。暴发事件如可能涉及企业食品加工人员,应进行必要的健康检查和相关病原体的筛检。

第四节　食品微生物检验的重要意义

一、食品微生物检验学的概念及特点

(一)概念

食品微生物检验学就是运用微生物学的理论与方法,研究食品相关微生物的种类、数量、性质、活动规律及其对人和动物健康的影响;建立微生物检验方法并制定食品卫生微生物学检验标准的一门应用性学科。目的就是要为生产出安全、卫生、符合标准的食品提供科学依据。要使生产工序的各个环节得到及时控制,不合格的食品原料不能投入生产,不合格的成品不能投放市场,更不能被消费者接受,因而要保证食品的卫生安全,对食品进行微生物检验至关重要。

(二)特点

(1)研究对象种类多。食品微生物检验所涉及的两个重要的对象都具有种类多,数量大,范围广的特点。世界范围内,甚至全国各地区的食品种类众多,各具特色,制作工艺多样。在食品原料来源、加工、生产、运输、销售等过程都可能受到各种微生物的污染。微生物群体同样非常庞大,种类非常多,数量非常巨大。这也为食品微生物检验带来很大的难度。

(2)涉及学科范围广。食品微生物检验是微生物学的一个分支学科,以微生物学为基础,还涉及物理学、生物学、生物化学、分析化学、工艺学、免疫学、发酵学等学科的知识。与传染病学、流行病学、寄生虫病学、环境卫生学等专业学科相关。根据不同的食品以及不同的微生物,采取的检验方法也不同。

(3)实用性及应用性强。本学科在保障人类健康方面起着重要的作用。通过检验,掌握微生物的特点及活动规律,识别有益的、腐败的、致病的微生物,在食品生产和保藏实践中,可以充分利用有益微生物为人类服务,同时控制腐败菌和病原微生物的活动,防止食品变质和因食品污染而导致的危害,保证食品的卫生安全。还可指导人们改进食品加工工艺,使食品加工制作、贮运、销售等环节的卫生管理科学化,为安全管理制度的制定和实施提供科学依据。

(4)检验工作有法可依。食品微生物检验还在许多方面受法律法规约束和保护。世界各

国及相关国际组织机构已建立了食品安全管理体系和法规，均规定了食品微生物检验指标和统一的标准检验方法，并以法规形式颁布。食品微生物检验的试验方法、操作流程和结果报告必须遵守相关法规、标准的规定。如《中华人民共和国国家标准——食品安全国家标准食品微生物学检验》中的具体规定，这是法定的检验依据。另外，根据食品的消费去向，还可选择遵从相应行业标准、地方标准及欧盟标准等。

二、食品微生物检验的发展史

人类很早就开始利用微生物的许多特性为人类的生产、生活服务，古代人类虽未观察到微生物，但早已将微生物学知识用于工农业生产和疾病防治中，公元前 2 000 多年的夏禹时代，就有仪狄酿酒的记载。北魏（公元 386—534 年）《齐民要术》一书中详细记载了制醋的方法。长期以来民间常用的盐腌、糖渍、烟熏、风干等保存食物的方法，实际上正是通过抑制微生物的生长而防止食物的腐烂变质。在预防医学方面，我国自古就有将水煮沸后饮用的习惯。东汉伟大的医学家张仲景通过调查研究发现“伤寒的流行与环境季节有关”，并在《金匾要略》中记载“秽饭、馁肉、臭鱼，食之皆伤人”“ 六畜自死，皆疫死，则有毒，不可食之”“肉中有如朱点者，不可食之”。明朝李时珍在《本草纲目》中指出，将病人的衣服蒸过后再穿就不会传染上疾病，说明已有消毒的记载。

食品微生物检验学的发展与整个微生物学的发展是分不开的，随着人们利用有益微生物和控制有害微生物水平的不断提升中逐渐形成发展起来，大致分为 4 个时期。

（一）致病菌检测阶段（19 世纪中叶至 20 世纪初）

首先观察到微生物的是荷兰人列文虎克（Antoni van Leeuwenhoek，1632—1723）于 1676 年用自磨镜片制造了世界上第一架显微镜（约放大 300 倍），并从雨水、牙垢等标本中第一次观察和描述了各种形态的微生物，为微生物的存在提供了有力证据，并确定了细菌的 3 种基本形状：球菌、杆菌和螺旋菌。从此，人们对微生物的形态、排列、大小等有了初步的认识，但仅限于形态学方面，进展不大。其主要原因是受到了自然发生说的阻碍。

19 世纪是近代微生物学发展非常迅速的一个时期，法国科学家巴斯德（Louis Pasteur，1822—1895）首先经试验证明有机物质的发酵与腐败是微生物作用的结果，而不是发酵产生了微生物，而酒类变质是因污染了杂菌，从而推翻了当时盛行的自然发生说。巴斯德的研究开创了微生物生理学时代。人们认识到不同微生物间不仅有形态学上的差异，在生理学特性上亦有所不同，进一步肯定了微生物在自然界中所起的重要作用。自此，微生物开始成为一门独立学科。巴斯德在酒病、蚕病、狂犬病、鸡霍乱和炭疽病的病原体研究和预防方面作出了卓越的贡献，他发明的巴氏消毒法至今仍然用于各种液态食品的工业化生产。同时代的德国细菌学家柯赫（Robert Koch，1843—1910）对病原细菌的研究作出了突出的贡献。证实了炭疽杆菌是炭疽病的病原菌，发现了肺结核病的病原菌，证实了霍乱是由霍乱弧菌引起的。在病原细菌学研究过程中，建立了证明某种微生物是否为某种疾病病原体的基本原则，即著名的柯赫原则（或柯氏法则）。

19 世纪末至 20 世纪初，在巴斯德和柯赫光辉业绩的影响下，国际上形成了寻找病原微生物的热潮。由于国际间交往的增加，尤其是第一次世界大战的爆发，一些烈性传染病的全球大流行，一提到微生物，就会联想到疾病与灾难，促使人们必须将视线集中在病原微生物的研究方面。有关食品微生物学方面的研究也主要是检测致病菌。

(二)指示菌检测阶段(20世纪初至20世纪中叶)

19世纪以后,随着大城市、大工业中心的形成,造成人口的高度集中,生活和居住条件日益恶化,环境的污染直接威胁着人类的健康与生命,促使人们对污水、污物的处理与净化、饮用水的集中供给与消毒、食品工业的卫生管理与监督检验等一系列重要的卫生问题给予了越来越多的重视;第二次世界大战以后,科学技术的发展,促进了工农业生产的发展。但由于盲目开发资源和无序生产造成环境污染、公害泛滥,导致食品污染问题日益严重。人们不得不全力开展食品中危害因素、种类、来源的调查,危害物质的研究,含量水平的检测以及各种监督管理与控制措施的建立和完善等。

同时相关学科,如食品微生物学、食品毒理学、病理学、传染病学及现代生物检测技术不断发展,各种检测手段的灵敏度不断提高。英、美、法、日等国是最早制定专门的食品安全与卫生法律、法规的国家。如1951年法国的《取缔食品伪造法》、1860年英国的《防止食品掺假法》、1906年美国的《食品、药品、化妆品法》、1947年日本的《食品卫生法》等。我国于1995年开始先后颁布了《中华人民共和国食品卫生法》《环境保护法》和《传染病法》等。

各种微生物的检验方法和检验标准的制定,是食品微生物检验的重要研究内容之一。通过这些方法和标准,可以检测并判断水、空气、土壤、食品、日常用品以及各类公共场所的安全卫生状况。但从这些样品中直接检测目的病原微生物有一定的难度,原因是在环境中病原微生物数量少、种类多、生物学性状多样,检验和鉴定的方法比较复杂。因此,需要寻找某些带有指示性的微生物,这些微生物应该在环境中存在数量较多,易于检出,检测方法较简单,而且具有一定的代表性。根据其检出的情况,可以判断样品被污染的程度,并间接指示致病微生物有无存在的可能,以及对人群是否构成潜在的威胁。

指示菌是在常规安全卫生检测中,用以指示检验样品卫生状况及安全性的指示性微生物。检验指示菌的目的,主要是以指示菌在检样中存在与否以及数量多少为依据,对照相应标准,对检品的饮用、食用或使用的安全性做出评价。

指示菌可分为3种类型:

(1)评价被检样品的一般卫生质量、污染程度以及安全性,最常用的是菌落总数、霉菌和酵母菌数。

(2)特指粪便污染的指示菌,主要指大肠菌群。其他还有肠球菌、亚硫酸盐还原梭菌等。这类微生物的检出标志着检品受过人、畜粪便的污染,而且有肠道病原微生物存在的可能性。

(3)其他指示菌,包括某些特定环境不能检出的菌类,如特定菌、某些致病菌或其他指示性微生物。

(三)微生态制剂检测阶段(20世纪中叶至20世纪末)

19世纪人们就发现并开始认识厌氧菌,但是到20世纪70年代,了解到厌氧菌主要是无芽孢专性厌氧菌后,才开始重新重视对这类菌的研究。厌氧菌广泛分布在自然界(如土壤、沼泽、湖泊、海洋和淤泥)以及动植物体内,尤其是广泛存在于人的皮肤和肠道。他们在人出生后数小时就定居,是人体中存在的主要微生物菌群之一。微生态平衡时,与人体“和平共处”。生态失调时,成为人体感染的主要条件致病菌,形成厌氧菌感染症。由此,市场上出现了以乳酸菌、双歧杆菌为主,以调节微生态平衡为目的的各种微生态制剂时,检验其菌株的特性和数量就成了20世纪末食品微生物检测的一项重要内容。

（四）现代基因工程菌和尚未能培养菌的检测（20世纪末至今）

生物化学和分子生物学的发展，促进了微生物学的飞跃发展，从细胞水平进入亚细胞及分子水平研究。随着转基因动物、植物和基因工程菌被批准使用的数目以及进入商品化生产的种类日益增多，食品微生物检测的任务也在加大。目前也发现了一些尚未能培养的微生物。同时，这也促进了食品微生物检验技术的发展。

微生物的应用技术、实验方法方面也有极其迅速的发展。如电镜技术的进步，再配合生物化学、电泳、免疫化学等方法，使人们对各种微生物的特性、抗原构造都有了进一步的认识，可对微生物的种属做出确切的分类和鉴定。荧光抗体技术、单抗技术、核酸探针技术、PCR等技术的应用，进一步推动了微生物检验学的发展。人们得以从分子水平探讨病原微生物的基因结构与功能、致病物质基础及诊断方法，使人们对病原微生物的活动规律有了更深刻的认识。相继发现了一些新的食源性病原微生物，如空肠弯曲菌、耶尔森氏菌、大肠埃希菌O157：H7、诺如病毒及蛋白质侵染因子等。

三、食品微生物学检验的任务和重要意义

（一）食品微生物检验的任务

（1）研究各类食品中微生物种类、分布及其特性；

（2）研究食品的微生物污染及其控制，提高食品的卫生质量；

（3）研究微生物与食品保藏的关系；

（4）研究食品中的致病性、中毒性、致腐性微生物；

（5）研究各类食品中微生物的检验方法及标准。

（二）食品微生物检验的意义

国家食品安全标准一般包括3方面内容，即感官指标、理化指标、微生物指标。食品微生物检验是食品卫生监测必不可少的重要组成部分。

首先，它是衡量食品卫生质量的重要指标之一，也是判定被检食品能否食用的科学依据。

其次，通过食品微生物检验，可以判断食品加工环境及食品卫生情况，能够对食品被微生物污染的程度作出正确的评价，为各项卫生管理工作提供科学依据，为预防传染病和食物中毒提供有效的防控措施。

再次，食品微生物检验贯彻“预防为主”的卫生方针，可以有效防止或者减少食物中毒和人畜共患病的发生，保障人民的身体健康；同时，它对提高产品质量，避免经济损失，保证出口等方面具有政治上和经济上的重大意义。

四、食品微生物检验的范围

食品不论在产池或加工前后，均可能遭受微生物的污染。污染的机会和原因很多，一般有食品生产环境的污染，食品原料的污染，食品加工过程的污染等，根据食品被细菌污染的原因和途径，食品微生物检验的范围应包括以下几点：

（1）生产环境的检验：包括食品生产车间用水、空气、地面、墙壁等的微生物检验。

（2）原辅料检验：包括食用动物、谷物、添加剂等一切原辅材料。

（3）食品加工、储藏、销售诸环节的检验：包括食品从业人员的卫生状况检验，以及加工工

具、运输车辆、包装材料的检验等。

(4) 食品的检验:重要的是对出厂食品、可疑食品及中毒食品的检验。

五、食品微生物检验的指标

食品微生物检验的指标就是根据食品卫生的要求,从微生物学的角度,对不同食品所提出的与食品有关的具体指标要求。国家卫生和计划生育委员会与国家食品药品监督管理总局联合发布的食品微生物指标主要有菌落总数、大肠菌群和致病菌 3 项。

微生物指标还应包括病毒,如肝炎病毒、猪瘟病毒、鸡新城疫病毒、口蹄疫病毒、狂犬病毒、猪水泡病毒等;另外,从食品检验的角度考虑,寄生虫也被很多学者列微生物检验的范围。如旋毛虫、住肉孢子虫、带绦虫、肺吸虫、弓形体、姜片吸虫、华支睾吸虫等。

思考题

1. 食品中微生物的来源有哪些?
2. 食品微生物菌相及优势腐败菌的概念是什么?
3. 研究致病菌生态对食品微生物检验有什么重要意义?
4. 霉菌污染食品的卫生学意义是什么?
5. 霉菌产毒的条件及特点如何?
6. 什么是 VBNC 现象?研究其有何意义?
7. 食源性疾病发生和发展的特征(基本要素)是什么?
8. 食源性疾病病原体的传播方式有哪些?
9. 食源性感染与食源性中毒的发病特点各是什么?
10. 病原携带者的特点及其公共卫生意义表现在哪些方面?
11. 食源性疾病的诊断依据及治疗原则是什么?
12. 控制食源性疾病传播扩散的措施有哪些?
13. 介绍食品微生物检验中指示菌的概念和类型。
14. 食品微生物检验的概念是什么?其检验范围和指标有哪些?

第二章

食品微生物检验的基本条件与设备

学习目标

1. 掌握建立食品微生物检验室的基本要素和技术要求。
2. 掌握无菌室的结构、要求、消毒方法、无菌情况检查方法。
3. 熟悉食品微生物检验中常用仪器设备的使用方法、功能监测和日常维护方法。

食品微生物检验，即运用微生物学的理论与技术，研究食品中微生物的种类、特性，建立检验方法和制定检验标准。有关食品微生物检验的基本条件、技术和样品的获得都是保证食品检验结果准确可靠的必要条件。本章介绍食品微生物检验室的基本条件与设备。后续两章将介绍食品微生物检验的基本技术要求和获得微生物检验样品的原则、指导方案和具体方法等。

第一节　微生物检验室

食品微生物检验实验室的构建应符合所涉及微生物的生物安全级别。根据检验食品微生物的种类，判定本单位检验室应具备的生物安全防护等级，遵循相关法律法规、准则（质量管理规范）和标准与操作规范的要求，开展检验室的建设工作。

一、病原微生物的分类和生物安全实验室的分级

（一）病原微生物的分类

《病原微生物实验室生物安全管理条例》（国务院令第 424 号，2016 年修订）中指出，国家根据病原微生物的传染性、感染后对个体或者群体的危害程度，将病原微生物分为 4 类：

第 1 类病原微生物是指能够引起人类或者动物非常严重疾病的微生物，以及我国尚未发现或者已经宣布消灭的微生物。人间传染的病原体代表：天花病毒、埃博拉病毒、马尔堡病毒、拉沙热病毒、黄热病毒等。

第 2 类病原微生物是指能够引起人类或者动物严重疾病，比较容易直接或者间接在人与人、动物与人、动物与动物间传播的微生物。人间传染的病原体代表：脊髓灰质炎病毒、狂犬病毒、口蹄疫病毒、高致病性禽流感病毒、艾滋病毒（Ⅰ型和Ⅱ型）、炭疽芽孢杆菌、结核分枝杆菌、鼠疫耶尔森菌、马皮疽组织胞浆菌等。

第 3 类病原微生物是指能够引起人类或者动物疾病，但一般情况下对人、动物或者环境不构成严重危害，传播风险有限，实验室感染后很少引起严重疾病，并且具备有效治疗和预防措施的微生物。人间传染的病原体代表：腺病毒、肝炎病毒（甲型、乙型、丙型、丁型、戊型）、带状疱疹病毒、副伤寒沙门菌（甲、乙、丙型）、伤寒沙门菌、志贺氏菌属、流感嗜血杆菌、肺炎链球菌、白假丝酵母菌、交链孢霉属、黄曲霉、烟曲霉等。

第 4 类病原微生物是指在通常情况下不会引起人类或者动物疾病的微生物。人间传染的病原体代表：豚鼠疱疹病毒、小鼠乳腺瘤病毒等。

第 1 类、第 2 类病原微生物统称为高致病性病原微生物。

（二）生物安全实验室分级

根据对所操作生物因子采取的防护措施，将实验室生物安全的防护水平分为一级、二级、三级和四级，一级防护水平最低，四级防护水平最高。各级实验室的设施和设备要求遵照《实验室生物安全通用要求》（GB 19489—2008）执行。

一级生物安全防护水平：能够安全操作对实验室工作人员和/或动物无明显致病性的、对环境危害程度微小的、特性清楚的病原微生物的生物安全水平。这样的环境不需要配备生物安全柜。

二级生物安全防护水平：能够安全操作对实验室工作人员和/或动物致病性低的、对环境有轻微危害的病原微生物的生物安全水平。一些可能涉及或者产生有害生物物质的操作过程都应该在生物安全柜内进行，最好使用二级生物安全柜。

三级生物安全防护水平：能够安全地从事本国和外国的、具有可能经呼吸道传播以及引起严重的或致死性疾病的、对人引发的疾病具有有效的预防和治疗措施的病原微生物工作的生物安全水平。需要保护一切在周围环境中的操作者免于暴露于这些有潜在危险的物质中。通常使用二级或者三级的生物安全柜是必需的。

四级生物安全防护水平：能够安全地从事从国外传入的能通过气溶胶传播、实验室感染高度危险、严重威胁人和/或动物生命和危害环境的、没有特效预防和治疗方法的微生物工作的生物安全水平。对于实验室的进出应当严格地进行控制，实验室一定要单独地建造或者建造在一栋大楼中与其他任何地方都分离开的独立房间内，并且要求有详细的关于研究的操作手册进行参考，配备三级生物安全柜是必须的。

生物安全实验室(biosafety laboratory)，即通过防护屏障和管理措施达到生物安全要求的微生物实验室和动物实验室。根据实验室所处理对象的生物危害程度和采取的防护措施，将生物安全实验室分为四级。以 BSL-1、BSL-2、BSL-3、BSL-4(bio-safety level，BSL)表示仅从事体外操作的生物安全实验室。以 ABSL-1、ABSL-2、ABSL-3、ABSL-4(animal bio-safety level，ABSL)表示包括从事动物活体操作的生物安全实验室。食品微生物检验的实验室一般应具备二级生物安全的级别，见表 2-1。

表 2-1　生物安全实验室的分级

分级	生物危害程度	操作对象
一级	低个体危害，低群体危害	对人体、动植物或环境危害较低，不具有对健康成人、动植物致病的致病因子
二级	中等个体危害，有限群体危害	对人体、动植物或环境具有中等危害或具有潜在危险的致病因子，对健康成人、动物和环境不会造成严重危害。有有效的预防和治疗措施
三级	高个体危害，低群体危害	对人体，动植物或环境具有高度危害性，通过直接接触或气溶胶使人传染上严重的甚至是致命疾病。或对动植物和环境具有高度危害的致病因子。通常有预防和治疗措施
四级	高个体危害，高群体危害	对人体、动植物或环境具有高度危害性，通过气溶胶途径传播或传播途径不明，或未知的、高度危险的致病因子。没有预防和治疗措施

二级、三级、四级生物安全实验室的入口，应明确标示出生物防护级别、操作的致病性生物因子、实验室负责人姓名、紧急联络方式等，并应标示出国际通用的生物危险符号(图 2-1)，颜色应为黑色，背景为黄色。

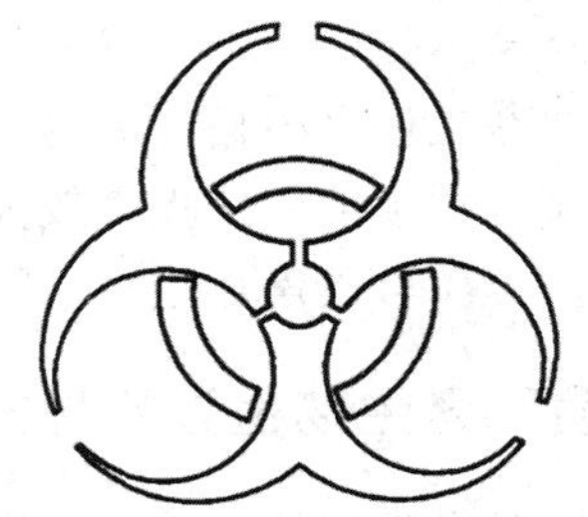

图 2-1　国际通用生物危险符号

(三)生物安全柜和超净工作台

生物安全柜(biosafety cabinet，BSC)是包括微生物检验在内的医学实验室非常重要的安全防护设备，是处理危险性微生物时所用的箱形空气净化安全装置。

生物安全柜气流原理和实验室通风橱一样，不同之处在于排气口安装有高效粒子过滤器(high efficiency particulate air filter, HEPA),对直径为0.3 μm微粒有99.97%的过滤效率。由前窗操作口向内吸入负压气流保护人员的安全,而排出的气流须经HEPA过滤来保护环境不受污染。比无菌超净工作台更加注意保护环境以及操作者安全,并可有效避免实验操作材料间的交叉污染。所有可能使致病微生物及其毒素溅出或产生气溶胶的操作,不能用超净工作台代替生物安全柜。

生物安全柜可分为Ⅰ、Ⅱ、Ⅲ级,满足不同的生物研究和防护要求。三者之间有一定区别(表2-2)。

表2-2 生物安全实验室等级适用的生物安全柜

生物安全实验室等级	生物安全柜等级	人员防护	实验品防护	环境防护
1～3	Ⅰ	有	无	有
1～3	Ⅱ	有	有	有
4	Ⅲ	有	有	有

Ⅰ级生物安全柜本身无风机,依赖外接通风管中的风机带动气流,由于不能对试验样品或产品提供保护,目前已较少使用。

Ⅱ级生物安全柜是目前应用最为广泛的柜型。与Ⅰ级生物安全柜一样,Ⅱ级生物安全柜也有气流流入前窗开口,被称作"进气流",用来防止在微生物操作时可能生成的气溶胶从前窗逃逸。与Ⅰ级生物安全柜不同的是,未经过滤的进气流会在到达工作区域前被进风格栅俘获,因此试验品不会受到外界空气的污染。

Ⅱ级生物安全柜依照入口气流风速、排气方式和循环方式等分为4个级别:A1型、A2型、B1型和B2型。除A1型外,均适合产生毒性化学物质或放射性物质的操作。Ⅱ级A型生物安全柜的特点是没有硬管式排气管道,HEPA滤过气体的30%排入实验室,70%组成覆盖样品垂直气流中的一部分。A1型、A2型的不同之处是A1型生物安全柜允许污染风道和静压箱为正压,而A2型的只允许为负压。Ⅱ级B型生物安全柜内HEPA滤过气体通过硬管道排出,B1型生物安全柜排出气体中有30%可循环,B2型为100%全排。

Ⅲ级生物安全柜是为4级实验室生物安全等级而设计的,是目前最高安全防护等级的安全柜。柜体完全气密,100%全排放式,所有气体不参与循环,工作人员通过连接在柜体的手套进行操作,俗称手套箱(glove box),试验品通过双门的传递箱进出安全柜以确保不受污染,适用于高风险的生物试验。

超净工作台(clean bench)是通过风机将空气吸入预过滤器,经由静压箱进入高效过滤器过滤,将过滤后的空气以垂直或水平气流的状态送出,使操作区域达到相应洁净度要求,保护操作对象不受污染,并保护工作人员和实验室环境。

超净工作台根据气流的方向分为垂直流超净工作台和水平流超净工作台,垂直流工作台由于风机在顶部所以噪声较大,但是垂直风有利于保证人的身体健康,多用于医药工程行业;水平流工作台噪声比较小,适合于电子行业,对身体健康影响不大。

二、食品微生物检验质量控制的概念

食品微生物检验按照一定的检测程序和质量控制措施确定单位样品中某种或某类微生物的数量或存在状况。食品微生物检验存在微生物污染来源复杂、检验耗时长、微生物指标不得复检等因素，且要保证一小份样品的检验结果能够代表一整批样品的卫生状况，对检验操作应有严格的质量管理和控制要求。同时食品微生物检验结果也为政府部门行政执法、食品安全风险监测和评估提供相关的技术支持；为疾病预防、控制以及食品中毒判断提供可靠依据。所以，食品微生物检验的质量控制是微生物检验室建设和管理工作的基础。

食品微生物检验质量控制是微生物实验室为了保证检验结果实事求是地反映客观存在而建立的操作程序体系。以此来保证目标菌的培养、分离、鉴定及血清学等试验的准确性，避免因操作变化导致检验结果出现差错。实验室质量控制规范的食品微生物检测部分规定了管理要求、技术要求、过程控制要求、内部质量控制和外部质量评估方面的要求。具体可依据《检验和校准实验室能力的通用要求》(GB/T 27025—2008)、《实验室质量控制规范　食品微生物检验》(GB/T 27405—2008)、《食品安全国家标准　食品微生物学检验　总则》(GB 4789.1—2016)和《食品安全国家标准 培养基和试剂的质量要求》(GB 4789.28—2013)等的规定开展相关建设和管理工作，本节主要介绍食品微生物检验室需满足的技术要求。

三、食品微生物检验质量控制的技术要求

食品微生物检验的技术要求是微生物检验质量保证的核心和基础，主要目的是确保每个工作日检测结果的连贯性及其与特定标准的一致性。主要技术要求内容包括了对检验人员，设施和环境条件、设备、培养基和试剂、质控菌株和实验室安全防护的规定和要求。

(一)对检验人员的要求

实验室管理者应确保所有操作专门设备、从事检测和(或)校准、评价结果、签署检测报告和校准证书的人员的能力。检验人员是食品微生物检验中的核心。相应的岗位人员应具备相应的技术能力及相应技术能力证明(证书及证件等)；并且要接受《食品安全法》及其相关法律法规、质量管理规范和有关专业技术培训、考核，经过考核合格后方能上岗。检验人员必须工作作风严谨细致，具有极强的责任心和很强的观察能力，善于发现问题并解决问题。

当使用在培员工时，应对其安排适当的监督和检查。食品微生物检验室需建立检验人员的上岗资格、培训、技能、经历等档案，不得聘用国家法律法规禁止从事食品检验工作的人员。实验室应通过内部质量控制、能力验证或使用标准菌株等方法客观评估检测人员的能力，必要时对其进行再培训并重新评估。当使用一种非经常使用的方法或技术时，在检验前确认微生物检验人员的操作技能是十分必要的。

《食品安全国家标准　食品微生物学检验　总则》(GB 4789.1—2016)中2.1部分对检验人员的要求如下：

(1)应具有相应的微生物专业教育或培训经历，具备相应的资质，能够理解并正确实施检验。

(2)应掌握实验室生物安全操作和消毒知识。

(3)应在检验过程中保持个人整洁与卫生，防止人为污染样品。

(4)应在检验过程中遵守相关安全措施的规定，确保自身安全。

(5)有颜色视觉障碍的人员不能从事涉及辨色的实验。

(二)设施和环境条件

微生物检验室要求高度清洁卫生，要尽可能地为检验创造有利的条件。具体应满足以下

要求。

1. 房屋要求

(1)足够宽敞、通风,有良好的照明。

(2)房屋墙面地面应采用易清洁和消毒的材料,具备整洁、稳固、适用的实验台,台面、橱柜应选耐酸碱防腐蚀的材料。

(3)配有纱窗、空调、防风防尘设备和空气过滤装置。

(4)应有安全适宜的电源和充足的水源。

2. 结构要求

一般微生物检验实验室从功能上分两大区域:实验区和非实验区。具体构成如图 2-2 所示。

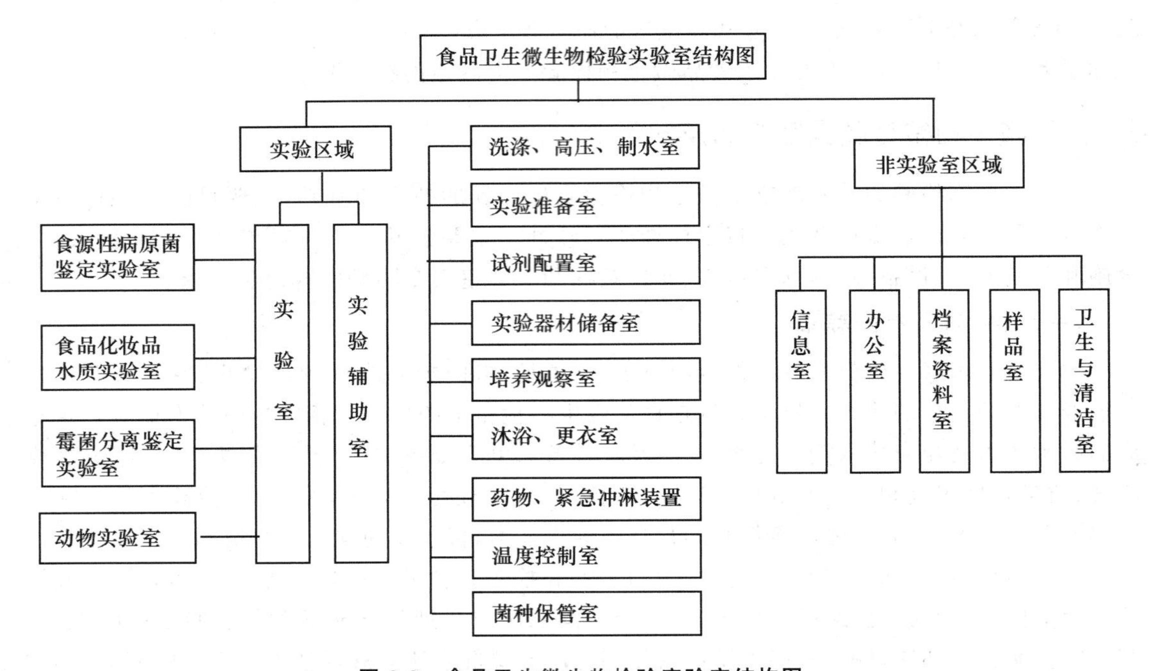

图 2-2 食品卫生微生物检验实验室结构图

非实验区包括办公室、档案资料室、样品室、信息室、卫生清洁室。这个区域是对外交流、业务联系、化验人员进行原始记录等各项工作的场所,非化验室人员交往较多的场所,应设在整体综合化验室的最外层,只需要桌、椅、电脑等简单设施即可。此区域禁止带入微生物检验样本。

实验区是微生物检验实验室的核心区域,按作用分为实验室和辅助实验室。实验室根据检验项目和内容设有病原菌检验鉴定室、常规检验室、动物实验室等。辅助实验室主要是为实验室做准备的一些功能实验室。例如灭菌室、配剂室、培养室等。

所有这些区域、功能室的平面布局和流程要科学合理、流程简捷、洁污分明、层次清晰。尽可能做到人流、物流分开,严重污染的区域与洁净区域设立缓冲区,同时达到去污有效,能有效地切断感染途径,降低感染率。

3. 布局要求

《食品安全国家标准 食品微生物学检验 总则》(GB 4789.1—2016)中 2.2 部分对环境

与设施的要求如下：

（1）实验室环境不应影响检验结果的准确性。

（2）实验区与办公区域明显分开。

（3）实验室工作面积和总体布局应满足从事检验工作的需要，实验室布局宜采用单方向工作流程，避免交叉污染。

（4）实验室内环境的温度、湿度、洁净度及照度、噪声等应符合工作要求。

（5）食品检验应在洁净区域进行，洁净区域应有明显标示。

（6）病原微生物分离鉴定工作应在二级或以上生物安全实验室进行。

4. 卫生管理制度

微生物检验室应制定合理、完善的卫生管理制度。

（1）根据所检测的微生物危害等级不同，在实验室内穿着相应的防护服，离开工作区域时脱下防护服。这对分子生物学实验室和危害等级Ⅱ级以上实验室尤其重要。

（2）定期对操作环境和无菌室进行消毒。

（3）微生物检验室应备有自动或脚踩式洗手池和固定的消毒设施。

（4）对废弃物，应投入指定的容器内，经无害化处理后方可排放，以防某些病原微生物传播。

（5）需在无菌条件下工作的区域应明确标示并能有效地控制、监测和记录。

（三）仪器设备的要求

1. 总则

（1）满足开展相关检测项目的要求。

（2）实验设备应放置于适宜的环境条件下，便于维护、清洁、消毒与校准，并保持整洁与良好的工作状态，不宜频繁移动。

（3）实验设备应定期进行检查和/或检定（加贴标识）、维护和保养，以确保工作性能和操作安全，只要发现设备故障，应立即停止使用。

（4）实验设备应有日常监控记录或使用记录。

2. 维护

应定期验证和维护设备，以确保其处于良好工作状态。应根据使用频率在特定时间间隔内进行维护，并保存相关记录。

新购置的玻璃器皿用5%氢氧化钠和3%稀酸分别浸泡24 h，清洗后使用。一次性使用和重复使用的玻璃器皿应洁净无菌，建议实验室使用专门处理污染物的高压灭菌锅。以下设备需要清洁、维护，定期进行损坏检验，必要时灭菌：

（1）一般设备：滤器、玻璃和塑料容器（瓶子、试管）、玻璃或塑料的带盖培养皿、取样器具、镍铬合金或一次性接种针或接种环等。

（2）测量器具：温度计、计时器、天平、酸度计、菌落计数器等。

（3）定容设备：吸管、自动分液器、微量移液器等。

（4）其他设备：水浴锅、培养箱、超净工作台或生物安全柜、高压灭菌锅、均质器、冷藏器、冷冻柜等。

3. 校准和性能验证

实验室选择使用的校准服务应确保其测量可溯源至国际单位制（International System of

Units,SI);若测量无法溯源到SI单位或与之无关时,应能够溯源到诸如有证标准物(参考物质)、约定的方法和(或)协议标准等。根据设备类型、性能状况以及经验和实际需要,确定设备使用性能验证的频率。应在设备使用前确认其性能,使用后要记录。定期维护以保证设备处于良好的工作状态。

4.具体要求

(1)温度计。实验室必须要有工作温度计和参照温度计。工作温度计用于日常温度检查。参照温度计用于校正工作温度计。参照温度计单点(或零点)校准每年1次,工作温度计用参考温度计核查,每年1次。日常检查、校准检查、运行检查等都应做好相应记录。

(2)培养箱、水浴箱、冰箱、干热灭菌箱和冷冻箱的温度控制。初次使用前,此后每两年1次和每次维修后,确定温度的稳定性和均匀性。一般显示值与实测值相差不大于±1℃,箱体内各点温差(内部的温度均衡性)以及温度波动同样不大于±1℃。每个工作日1次或每次使用前对温度进行监测。可将工作温度计置甘油中,放入待测箱体内,观察工作温度计的温度。每月进行1次清洁和消毒内表面维护。水浴锅要倒空,清洁消毒后再注水。

(3)高压灭菌锅的温度控制。初次使用前,此后每两年1次和每次维修后确定运转特性。高压灭菌锅使用时,内置物品不能太多,单位体积内的内容物(如每瓶内的培养基)不能太多(最多不超过1 000 mL)。高压灭菌锅温度波动范围:(110±2)℃,(115±2)℃和(121±2)℃。每次使用前监测温度和时间。按生产商推荐频率检查衬垫,清洁和排空内室;每年1次全面检修及压力容器的安全检查和压力表的校准。

高压灭菌锅可用生物指示菌法(常用)、化学变色纸片及高压灭菌锅温度计等方法进行监测。生物指示菌法是一种高压灭菌锅的效果显示法,取嗜热脂肪芽孢杆菌(ATCC 7953)菌液或菌片(0.5～5)×10^6 CFU/片,一同灭菌后无菌取出,投入到溴甲酚紫葡萄糖蛋白胨水培养基中,56℃培养48 h。培养基不变色表明灭菌彻底,培养基由紫色变为黄色时,判定为灭菌不合格。

(4)生物安全柜和超净工作台。生物安全柜和超净工作台,均在初次使用前,此后每年1次和每次维修后确定性能。每两周进行1次微生物监测,每次使用前进行气流监测。每年1次或按生产商推荐频率进行全面检修和机械检查。

(5)显微镜。显微镜应有作业指导书,日常维护记录及自校记录。显微镜应置于无振动,避免灰尘、防潮等要求的环境。每个工作日或每次使用前,检查调准装置。每年进行1次全面维修保养。

(6)pH计。每个工作日或使用前应用至少2种标准液进行调整。要求误差不超过0.02。缓冲液使用有效期:pH 4.00约1年;pH 7.00约6个月;pH 9.00约6个月。每次使用前清洁电极,定期进行电极敏感性检测及极性恢复。

(7)天平。放置要求无振动、无气流影响及水平台面上。天平要有使用记录。天平作为计量仪器是列入国家强制检定的范围,一般每年1次进行校准。每个工作日或每次使用前进行清洁、清零检查并称取核查砝码的重量。每年进行1次检修。

(8)容积的控制。应对定容设备进行初始验证,以后应定期检查以确保其准确度。对于一次性定容设备,应要求供应商具备保证产品质量稳定可靠的质量体系。

保证高压灭菌后的稀释剂满足标准用量。采取称重法来测定蒸发量,体积100 mL的稀释剂起重量为101 g。高压灭菌结束体积偏差不得超过1%。采取高压灭菌后定量分装,可避免因高压造成的体积误差。对保存的定量液体应在使用时注意补充容积。小剂量容器吸管、容量瓶、量筒等玻璃器皿校准周期一般为1～2次/年。小剂量容器日常使用检查可每周进行1次，包括容器的完整性，并做好相应的记录。

(9)厌氧培养装置。每次使用时用厌氧指示剂确认，化学标记为美蓝；生物学指标为铜绿假单胞菌。每次使用后进行清洁和消毒。

(10)紫外线灯。检测方法有仪器测试法和生物测试法。具体见下一节“无菌室内的消毒与灭菌措施”部分。

(11)其他微生物检测专用仪器。细菌鉴定仪、酶标仪等设备，工作中常用阳性对照检测其功能的正常性。仪器的检定则按检定或自校作业指导书进行。仪器的使用登记、校准计划、校准记录等文件存档。仪器专人使用，操作者应持证上岗。

(四)培养基的质量要求和控制

培养基的制备和质量要求按照GB 4789.28—2013的规定执行。商品化的培养基应按照厂商提供的说明书配制和使用。

1.培养基配制的质量控制

培养基的制作过程必须统一。尤其是含有有毒物质(如胆盐或其他选择剂)的成分时，应遵守良好实验室规范和生产厂商提供的使用说明书。称量干粉培养基时，建议佩戴口罩或在通风柜中操作，以防吸入含有有毒物质的培养基粉末。实验室使用各种基础成分制备培养基时，应按照配方准确配制，并记录相关信息。培养基或添加剂的剂量、pH、高温灭菌的时间或温度都需遵照规定。培养基名称、本批配置量、配方、配制日期和配制人员姓名都必须详细记录，以便溯源。

微生物检验用培养基配制的流程、pH调节、分装及灭菌要求与一般培养基配置的要求一致。检验用培养基制备用水有较严格的要求，电导率在25℃时不应超过25 μS/cm(相当于电阻率≥0.04 MΩ·cm)，最好在5 μS/cm以下，除非另有规定要求。水的微生物污染不应超过10^3CFU/mL。应按GB 4789.2，采用平板计数琼脂培养基，在(36±1)℃培养(48±2) h进行定期检查微生物污染情况。

2.平板的制备和储存

倾注融化的培养基到平皿中，使之在平皿中形成厚度至少为3 mm(直径90 mm的平皿，通常要加入18～20 mL琼脂培养基)。将平皿盖好皿盖后放到水平平面使琼脂冷却凝固制成平板。如果平板需储存，或者培养时间超过48 h或培养温度高于40℃，则需要倾注更多的培养基。在平板底部或侧边做好标记，标记的内容包括名称、制备日期和(或)有效期。也可使用适宜的培养基编码系统进行标记。

配制好的培养基(尤其是糖发酵管)不宜久放。因为培养基吸收空气中的二氧化碳，会使培养基变酸，从而影响细菌的生长。凝固后的培养基应立即使用或存放于暗处和(或)(5±3)℃冰箱的密封袋中，以防止培养基成分的改变。建议平板不超过2～4周，瓶装及试管装培养基不超过3～6个月，培养基中有不稳定添加成分，建议即配即用，不可二次融化。干粉培养基含有活性物质或遇热易分解的物质应仔细查看存放条件，多数也须放在2～8℃条件保存。含有高浓度胆盐的培养基存放于10～15℃。

对于采用表面接种形式培养的固体培养基，应先对琼脂表面进行干燥；揭开皿盖，将平板倒扣于烘箱或培养箱中(温度设置为25～50℃)；或放在有对流的无菌净化台中，直到培养基表面的水滴消失为止。注意不要过度干燥。

3. 培养基的有效性试验

每一批新制或新购的培养基使用前均需取标准菌株试验；培养基的试验结果需要加以记录，包括试验日期、实验者的签名、检验项目及结果等。一般检验项目包括无菌检查、理化指标及生长特性。

（1）无菌检查。每批配好的培养基须进行无菌试验。分别从初始和最终制备的培养基中抽取或制备至少1个（或1%）平板或试管，置37℃培养18 h或按特定标准中规定的温度时间进行培养，证明无菌生长为合格。

（2）理化指标。检查其颜色与透明度，培养基应澄清，无浑浊。培养基灭菌后冷却至25℃时，pH应在标准pH±0.2范围内。

（3）生长特性。以测试菌株在培养基上的生长率、选择性和特异性评价培养基的有效性。可采用定量方法、半定量方法和定性方法。采用定量方法时，应使用参比培养基，一般细菌采用胰蛋白胨大豆琼脂（TSA）或肉汤，一般霉菌和酵母采用沙氏葡萄糖琼脂，对营养有特殊要求的微生物采用适合其生长的不含抑菌剂或抗生素的培养基。

生长率：生长率测试采用定量的方法。将标准储备菌株接种到非选择性肉汤培养过夜或采用其他方法，制备10倍系列稀释的菌悬液。常用每平板的接种水平为20～200 CFU，最好不少于50 CFU。选择合适稀释度的工作菌悬液0.1 mL，均匀涂布接种于待测平板和参比平板。每一稀释度接种两个平板。可使用螺旋平板法或倾注法进行接种，并按标准规定的培养条件培养平板。选择菌落数适中的平板进行生长率的计算。即待测培养基平板上得到的菌落总数与参比培养基平板上获得的菌落总数（该菌落总数应≥100 CFU）之比。

目标菌在培养基上应呈现典型的生长。非选择性分离和（选择性）计数固体培养基上目标菌的生长率应不小于0.7。选择性分离固体培养基上目标菌的生长率一般不小于0.5，最低应为0.1。

选择性：采用半定量方法计算生长指数，具体方法依据GB 4789.28—2013。对于非选择性分离和计数固体培养基，目标菌应有典型的菌落外观、大小和形态。目标菌的生长指数G大于或等于6时，培养基可以接受。非选择培养基的G值通常较高。选择性分离和计数固体培养基上，非目标菌的生长指数G一般小于或等于1，至少应小于5。

非选择性分离和计数固体培养基上目标菌半定量测试方法：将标准储备菌株接种到非选择性肉汤培养过夜作为工作菌悬液。用1 μL接种环进行平板划线（图2-3）。A区用接种环按0.5 cm的间隔划4条平行线，按同样的方法在B区和C区划线，最后在D区内划1条连续的曲线。同时接种两个平板，划线时可在培养基下面放1个模板图，并按标准规定的培养条件培养平板。

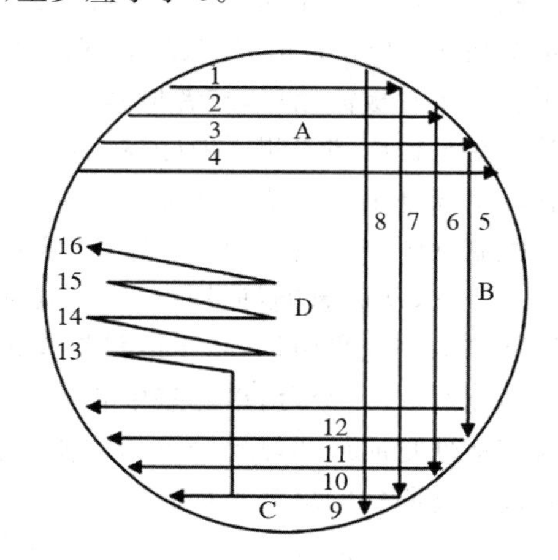

图 2-3 目标菌半定量划线法接种模式图

操作时用接种环而不用接种针，接种环应完全浸入培养基中。取1满环接种物，将接种环接触容器边缘3次可去除多余的液体。划线时，接种环与琼脂平面的角度应为20°～30°。接种环压在琼脂表面的压力和划线速度前后一致，整个划线过程应快速连续，移取液体培养物时应将接种环伸入培养液下部以防止环上产生气泡或泡沫。

通常用同一个接种环对 A-D 区进行划线，操作过程不需要对接种环灭菌。但为了得到低生长指数 G，在接种不同部分时应更换接种环或对其灭菌。

培养后，评价菌落的形状、大小和生长密度，并计算生长指数 G。每条有比较稠密菌落生长的划线则 G 为 1，每个培养皿上 G 最大为 16。如果仅一半的线有稠密菌落生长，则 G 为 0.5。如果划线上没有菌落生长、生长量少于划线的一半或菌落生长微弱，则 G 为 0。记录每个平板的得分总和便得到 G。如，菌落在 A 区和 B 区全部生长，而在 C 区有一半线生长，则 G 为 10。

选择性分离和计数固体培养基上非目标菌的半定量测试方法：将标准储备菌株接种到非选择性肉汤培养过夜作为工作菌悬液。用 1 μL 接种环取选择性测试工作菌悬液 1 环，在待测培养基表面划 6 条平行直线（图 2-4），同时接种 2 个平板，划线时可在培养基下面放 1 个模板图，按标准规定的培养条件培养平板。操作时用接种环而不用接种针，接种环应完全浸入培养基中。取一满环接种物，将接种环接触容器边缘 3 次可去除多余的液体。划线时，接种环与琼脂平面的角度应为 20°～30°。接种环压在琼脂表面的压力和划线速度前后一致，整个划线过程应快速连续，移取液体培养物时应将接种环伸入培养液下部分以防止环上产生气泡或泡沫。

培养后按以下方法对培养基计算生长指数 G。每条有比较稠密菌落生长的划线则 G 为 1，每个培养皿上最多为 6 分。如果仅一半的线有稠密菌落生长，则 G 为 0.5。如果划线上没有菌落生长、生长量少于划线的一半或菌落生长微弱，则 G 为 0。记录每个平板的得分总和便得到 G。同时接种两个平板。

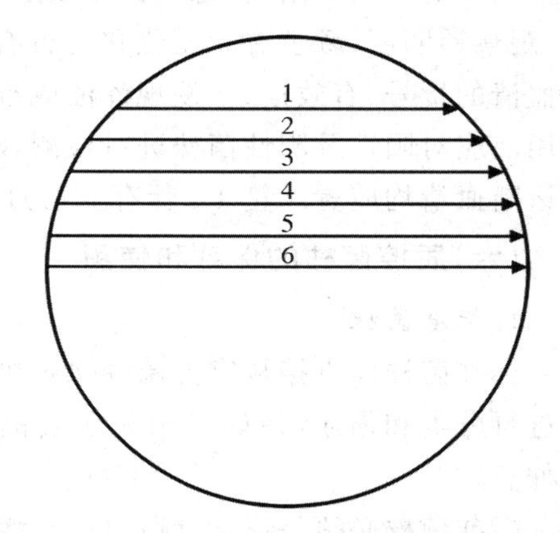

图 2-4　非目标菌半定量划线法接种模式图

特异性：上述生长率和选择性试验中已经包含了特异性试验。非选择性增菌培养基、选择性增菌培养基和选择性液体计数培养基的特异性也可以采用定性方法测试。将标准储备菌株接种到非选择性肉汤培养过夜，进行 10 倍系列稀释至 10^{-3}，或采用其他方法，制备成 10^5～10^7 CFU/mL 的菌悬液作为工作菌悬液。用 1 μL 接种环取一环工作菌悬液直接接种到用于性能测试的液体培养基中，按适合的培养时间和温度进行培养。

用目测的浊度值（如 0～2）评估培养基。目标菌的浊度值应为 2（表示严重的混浊），非目标菌的浊度值应为 0（表示无混浊）或 1（表示很轻微的混浊）。

（五）试剂、染色液及抗血清

实验室应建立试剂检查、接收（拒收）和贮存的程序，确保所有试剂和培养基质量符合相关检测的需要。应使用有证的国家或国际质控微生物（标准微生物），在初次使用和保存期限内验证并记录每一批对检测起决定作用的试剂的适用性，不得使用未达到相关标准的试剂。

1. 染色液的质量控制

染色液要标明配置或购入日期，选用适当的标准菌株作阳性及阴性对照鉴定。

革兰氏染色用金黄色葡萄球菌和大肠埃希菌制备浓菌悬液进行质量控制，每次质控与标本检测同步进行。

表 2-3 各种染色液的质控菌株

染色液	阳性对照菌	阴性对照菌	监控频度
革兰氏染色液	金黄色葡萄球菌	大肠埃希菌	每次
抗酸染色液	结核分枝杆菌		每次
异染颗粒染色液	白喉棒杆菌		每次
荚膜染色液	肺炎克雷伯菌		每批
鞭毛染色液	普通变形杆菌	福氏志贺氏菌	每次

2. 试剂的质量控制

各类试剂，在配制或购入后均应进行“有效”试验，用已知阳性及阴性菌株进行试验。试剂须根据要求配制，适当储存。对较稳定的试剂如靛基质试剂应在配制时及每周予以检测，凡不稳定的试剂每天使用时均应检测，合格后才能使用。

3. 诊断血清的质量控制

购入的沙门氏菌属、志贺氏菌属、致病性大肠杆菌等的诊断血清必须立即记录其购入日期、观察透明度、颜色有无变化和是否有沉淀物，然后置 4℃ 冰箱保存。使用前应注意检查诊断血清的批号、有效期，如发现浑浊或有絮状沉淀物时，很可能系污染所致，不能再继续使用。使用前应对阳性及阴性菌株进行检测，观察其效价及特异性。不得将诊断血清置室温保存，各种诊断血清均应置冰箱 4℃保存。每月用标准菌株进行 1 次检测。

(六)质控菌株的保藏和使用

1. 标准菌株

标准菌株即直接从官方菌种保藏机构获得并至少定义到属或种的水平的菌株。按菌株特性进行分类和描述，最好是来源于食品或水的菌株。实验室应保存能满足实验需要的标准菌株。

标准菌株必须是形态、颜色反应、生理生化及血清学特性典型而稳定的菌株；实验结果重复性好，极少发生变异；国际社会认可；来源于专门机构或专业权威机构保存的、可溯源的菌株。

标准菌株的保存、传代按照 GB 4789. 28 的规定执行。

对实验室分离菌株(野生菌株)，经过鉴定后，可作为实验室内部质量控制的菌株。

2. 质控菌株的保藏及使用

(1)一般要求。为成功保藏及使用菌株，不同菌株应采用不同的保藏方法，可选择使用冻干保藏、利用多孔磁珠在－70℃保藏、使用液氮保藏或其他有效的保藏方法。

(2)商业来源的质控菌株。对于从标准菌种保藏中心或其他有效的认证的商业机构获得原包装的质控菌株，复苏和使用应按照制造商提供的使用说明书进行。

(3)实验室制备的标准储存菌株。用于性能测试的标准储备菌株(将标准菌株在实验室转接 1 代后得到的 1 套完全相同的独立菌株)，在保存和使用时应注意避免交叉污染，减少菌株突变或发生典型的特性变化；标准储备菌株应制备多份，并采用超低温(－70℃)或冻干的形式保存。在较高温度下储存时间应缩短。标准储存菌株用作培养基的测试菌株时应在文件中充分描述其生长特性。标准储存菌株不应用来制备标准菌株。

(4)储存菌株。储存菌株(从标准储存菌株转接1代获得的培养物)通常从冻干或超低温保存的标准储备菌株进行制备。制备储存菌株应避免导致标准储存菌株的交叉污染和(或)退化。制备储存菌株时,应将标准储存菌株制成悬浮液转接到非选择培养基中培养,以获得特性稳定的菌株。对于商业来源的菌株,应严格按照制造商的说明书执行。储存菌株不应用来制备标准储存菌株或标准菌株。

(5)工作菌株。工作菌株由储存菌株或标准储存菌株制备。工作菌株不应用来制作标准菌株、标准储存菌株或储存菌株。

(七)实验室安全防护

在微生物检验室工作要时刻谨记,检验对象中可能有病原微生物,如果不慎发生意外不仅可能招致自身感染,还可能造成病原微生物的传播。实验室应以安全管理体系文件为依据,制订实验室安全手册。实验室安全负责人应负责制订年度安全计划,并开展安全检查。

1.实验室工作中的安全事项

(1)随身物品勿带入检验室,必需的文具、实验数据、笔记本等带入后要远离操作区。

(2)进入检验室应穿工作服,自检验室进入无菌室时要戴口罩、工作帽,换专用鞋。

(3)不在检验室内接待客人、不抽烟、不饮食及不用手抚摸头部、面部。

(4)样品检验前应登记生产日期、批号;详细记录样品检验序号、检验日期、检验程序和结果。

(5)室内保持整洁,样品检验完毕后及时清理桌面。凡是要丢弃的培养物应经高压灭菌后处理,污染的玻璃仪器高压灭菌后再洗刷干净。

(6)易燃药品如酒精、二甲苯、醚、丙酮等应远离火源,妥为保存。易挥发性的药品如醚、氯仿、氨水等,应放在冷藏箱内保存。

(7)贵重仪器,在使用前应加以检查。使用后要登记使用日期、使用人员、使用时间等。

(8)工作完毕,要仔细检查烘箱、电炉是否切断电源,自来水开关是否拧紧,培养箱、电冰箱的温度是否正常、门是否关严,所用器皿、试剂是否放回原处,工作台是否用消毒液抹拭等。

(9)离开检验室前一定要用肥皂把手洗净,脱去工作衣、帽、专用鞋。关闭门窗以及水、电、天然气等开关,以确保安全。

(10)所有电器插座均应有牢固的地线装置,以防止设备带电,造成操作人员触电事故。室内必须配置干粉或二氧化碳灭火器,以备电器或化学品燃烧灭火使用。

2.几种意外情况的处理

(1)遇火险,立即关闭电源开关、天然气(煤气、液化气)开关,如果酒精、乙醚、汽油着火,切勿用水,应以沙土灭火(实验室应备有防火沙包)。

(2)皮肤破伤,先除尽异物,用蒸馏水或生理盐水洗净后,涂以2%碘酒。

(3)灼烧伤,涂以凡士林油、5%的鞣酸或2%的苦味酸。

(4)化学药品腐蚀伤,若为强酸腐蚀,先用大量清水冲洗,再用5%碳酸氢钠或氢氧化铵溶液洗涤中和之;若为强碱腐蚀,用大量水冲洗后,再用5%醋酸或5%硼酸溶液洗涤中和之;若是眼部受伤,经上述步骤处理后,最后滴入橄榄油或液体石蜡1~2滴。

(5)如有病原微生物污染了手,应立即将手浸泡于3%来苏儿或5%石炭酸溶液中10~

20 min，再用肥皂及水洗涮。

(6)如有污染物进入嘴内，要立即吐出，并以大量清水漱口，切勿使漱口水咽下，必要时可服用有关药物，以防发生感染。病原微生物污染工作服时，应立即脱下，并用高压蒸汽灭菌器消毒。

3.有毒有菌污染物处理要求

微生物实验所用实验器材、培养物等未经消毒处理，一律不得带出实验室。

(1)经培养的污染材料及废弃物应放在严密的容器或铁丝筐内，并集中存放在指定地点，待统一进行高压灭菌。建议实验室使用专门处理污染物的高压灭菌锅。

(2)经微生物污染的培养物，必须经 121℃ 30 min 高压灭菌。

(3)接种环用前均需火焰灭菌，染菌的吸管，使用后放入 3%来苏儿溶液或 5%苯酚溶液或 84 消毒液中，最少浸泡 24 h(消毒液体不得低于浸泡物的高度)再经 121℃ 30 min 高压灭菌。

(4)涂片染色的冲洗液，一般可直接冲入下水道，烈性菌的冲洗液必须冲在烧杯中，经高压灭菌后方可倒入下水道，染色的玻片放入 5%来苏儿溶液中浸泡 24 h 后，煮沸洗涤。做凝集试验用的玻片或平皿，必须高压灭菌后洗涤。

(5)打碎的培养物，立即用 5%来苏儿液喷洒和浸泡被污染部位，浸泡半小时后再擦拭干净。

(6)污染的工作服或进行烈性菌试验所穿的工作服、帽、口罩等，应放入专用消毒袋内，经高压灭菌后方能洗涤。

四、食品微生物检验室内部质量控制和外部质量评估

(一)内部质量控制

内部质量控制是由实验室对其所承担工作进行连续评估的所有程序组成，其主要目的是确保每个工作日检测结果的连贯性及其与特定标准的一致性。

实验室应制定周期性检查程序以证实检测可变性(例如检测者之间的差异和设备或材料之间的差异等)处于控制之下，该程序应覆盖实验室的所有检测项目和所用检测人员。应包括但不限于以下方法：

(1)使用添加已知水平的标准培养物(包括目标微生物和背景微生物)的样品；

(2)使用标准物质(包括能力验证样品)；

(3)平行试验；

(4)检测结果的平行评估。

这些检查的时间间隔受到检验程序和实际检测次数影响。建议将实际检测与内部质量控制结合起来，以便监控试验操作。

(二)外部质量评估

实验室应尽可能参加与其检测范围相关的外部质量评估计划(如能力验证)和实验室间对比试验。实验室使用外部质量评估计划不仅可评定检测结果的偏差，还可以检查整个质量管理体系的有效性。

食品微生物检验质量控制是一个全方位的、极其复杂的管理体系，是避免影响微生物检验因素的重要保证。在质量控制过程中，必须严格按照质量管理体系完成每一个细节控制，确保

检测结果的准确性和可靠性，避免或降低检测质量事故，赢得社会认可和充分的信任。检测人员要恪守职业道德，树立严谨的科学态度和质量观，通过环环相扣的质量控制来保证检测结果的准确性和可靠性，不断提高和保证检验精度和灵敏度，为保证食品安全奠定坚实的基础。

第二节　无菌室

无菌室(洁净室)通过空气净化和空间消毒为微生物实验提供一个相对无菌的工作环境，是病原微生物检测的重要场所与最基本的设施，它是病原微生物检验质量保证的重要基础。根据检验所涉及的微生物指标，确定无菌室应达到的洁净度级别，按相应的标准，如《实验室生物安全通用要求》(GB 19489—2008)、《生物安全实验室建筑技术规范》(GB 50346—2011)、《洁净厂房设计规范》(GB 50073—2013)等规定进行建设和配备。

一、食品微生物检验对无菌室的要求

为保证食品微生物检验的实验要求，无菌室应具备以下条件：

(1)有能开展无菌检查、病原微生物限度检查和无菌采样各自严格分开的无菌室或者隔离系统。

(2)有能开展菌种处理与病原微生物检测鉴别的独立的局部A级的无菌洁净室。

(3)有能开展病原微生物检定或能进行细菌内毒素检查(凝胶法或定量法)、抗菌作用测定的各自分开的半无菌实验室。

洁净区各级别空气悬浮粒子的标准见表2-4。

表2-4　洁净区各级别空气悬浮粒子的标准

洁净度级别(2020版GMP)	悬浮粒子最大允许粒数/m^3				对应洁净度级别(1998版GMP)
	静态		动态		
	≥0.5 μm	≥5 μm	≥0.5 μm	≥5 μm	
A级	3 520(ISO5)	20	3 520(ISO5)	20	100级
B级	3 520(ISO5)	29	352 000(ISO7)	2 900	100级
C级	352 000(ISO7)	2 900	3 520 000(ISO8)	29 000	10 000级
D级	3 520 000(ISO8)	29 000	不作规定	不作规定	100 000级

二、无菌室的结构与要求

(一)无菌室的结构

无菌室的面积和容积不宜过大，以适宜操作为准，一般可为9～12 m^2(应按每个操作人员占用面积不少于3 m^2设置)。无菌室通常包括缓冲间和工作间两大部分。缓冲间与工作间的比例可为1∶2，高度2.5 m左右为宜。缓冲间与工作间之间应具备灭菌功能的样品传递箱。

工作间的内门与缓冲间的门尽量迂回，避免直接相通，以减少无菌室内的空气对流，保持工作间的无菌条件。缓冲间应有足够的面积以保证操作人员更换工作服和鞋帽。操作间内不应安装下水道。

(二)无菌室内的要求

(1)无菌室内墙壁为浅色、光滑,应尽量避免死角,以便于洗刷消毒;工作台、地面和墙壁可用新洁尔灭或过氧乙酸溶液等擦洗消毒。

(2)无菌室内设有固定的工作台,高度约 80 cm,工作台应保持水平,无渗漏,耐腐蚀,易于清洁、消毒。

(3)无菌室内光照应分布均匀,工作台面的光照度应不低于 540 lx。

(4)窗户应装有两层玻璃以防外界的微生物进入,有空调设备、空气净化装置,温度控制在18~26℃,相对湿度 45%~65%。

(5)缓冲间与操作间均应设置能达到空气消毒效果的紫外灯或其他适宜的消毒装置。

(6)室内设备简单,禁止放置杂物。无菌室内应备有专用的开瓶器、金属勺、镊子、剪刀、接种针、接种环,每次使用前后应在酒精灯火焰上灼烧灭菌。

(三)无菌室的管理

无菌室应制定清洁、消毒、灭菌、使用和应急处理程序。使用前和使用后应进行有效的消毒。无菌室的灭菌效果应至少每两周验证一次。要建立使用登记制度,记录以下内容:使用日期、时间、使用人、设备运行状况、温度、湿度、洁净度、洁净工作等。

三、无菌室内的消毒与灭菌措施

(一)紫外线消毒

根据《实验室质量控制规范　食品微生物检测》(GB/T 27405—2008),在室温 20~25℃时,220 V 30 W 紫外灯下方垂直位置 1.0 m 处 253.7 nm 紫外线辐射强度应≥70 $\mu W/cm^2$,低于此值时应更换紫外灯。应有适当数量、分布均匀的紫外灯。杀菌前做好一切准备工作,无人条件下,采取紫外线消毒,作用时间应≥30 min,室内温度<20℃或>40℃,相对湿度大于60%时,应适当延长照射时间。间隔 30 min 后方可进入室内工作。

紫外灯消毒与杀菌效果评价有仪器测试法和生物测试法,具体方法依照《消毒与灭菌效果的评价方法与标准》(GB 15981—1995)。

仪器测试法是通过专用仪器检测紫外灯管发射的紫外光强度。仪器测试法在电压 220 V时,普通 30 W 直管型紫外线灯,在室温为 20~25℃的使用情况下,紫外强度测定仪在灯管垂直位置 1 m 处测定 253.7 nm 紫外线辐射强度应≥70 $\mu W/cm^2$。

生物测试法采用载体定量消毒试验,要求每个载体回收菌量达$(0.5\sim5)\times10^6$ CFU/片,开启紫外线灯 5 min 后,将染菌载体平放于灭菌器皿中,水平放于适当距离照射,于 4 个不同间隔时间各取出 2 个染菌载体,分别投入 2 个盛有 5 mL 洗脱液(1%吐温 80,1%蛋白胨生理盐水)试管中,振打 80 次。经适当稀释后,取 0.5 mL 洗脱液,做平板倾注,放 37℃培养 48 h,计活菌数。以不做照射的处理为阳性对照,计算杀灭率。

用于紫外线消毒效果监测的指标菌依消毒对象不同而不同,表面消毒时选用枯草芽孢杆菌黑色变种(ATCC 9372)或大肠杆菌(8099 或 ATCC 25922)。用于饮水消毒时选用大肠杆菌(8099 或 ATCC 25922)或 F2 噬菌体。用于空气消毒时选用白色葡萄球菌(8032)。染菌载体为脱脂玻片或铝箔片,菌片应现用现制备。检测时将菌片直接置于紫外线灯的垂直下方。

消毒效果以对自然菌杀灭率为90%以上；指标菌杀灭率99.9%以上为消毒合格。一般紫外灯的使用时限为300 h，当暴露在紫外灯下的平板菌落数与对照比较减少80%以下时，需更换灯管。

(二)臭氧消毒

封闭的无菌室内，无人条件下，采用20 mg/m^3浓度的臭氧，作用时间应≥30 min，消毒后室内臭氧浓度≤0.2 mg/m^3时方可入内作业。

(三)表面消毒

无菌室内应备有盛放3%来苏儿或5%石炭酸溶液的玻璃缸，内浸纱布数块；备有75%酒精棉球，用于样品表面消毒及意外污染消毒。

(四)喷洒及熏蒸

根据无菌室的净化情况和空气中含有的杂菌种类，可采用不同的化学消毒剂。例如霉菌较多时，可用5%石炭酸全面喷洒室内，再用甲醛熏蒸；如果细菌较多，可采用甲醛与乳酸交替熏蒸。一般情况下也可酌情间隔一定时间用2 mL/m^3甲醛溶液或20 mL/m^3丙二醇溶液熏蒸消毒。

(五)甲醛熏蒸

无菌室的熏蒸消毒主要采取甲醛熏蒸消毒法。

1. 加热熏蒸

按熏蒸空间计算量取甲醛溶液，盛放在小铁筒内，用铁架支好，在酒精灯内注入适量酒精，将室内各种物品准备妥当后，点燃酒精，关闭门窗，任甲醛溶液煮沸挥发。酒精灯内酒精的量最好能在甲醛溶液蒸发完后即自行熄灭。

2. 氧化熏蒸

准备一瓷碗或玻璃容器，称取高锰酸钾(甲醛用量的1/2)倒入，另外量取定量的甲醛溶液，室内准备妥当后，把甲醛溶液倒在盛有高锰酸钾的器皿内，立即关门。几秒钟后，甲醛溶液即沸腾而挥发。高锰酸钾是一种强氧化剂，当其与一部分甲醛溶液作用时，由氧化作用产生的热可使其余的甲醛溶液挥发为气体。熏蒸后关门密闭应保持12 h以上。

甲醛溶液熏蒸对人的眼、鼻有强烈刺激，在一定时间内不能入室工作。为减轻甲醛对人的刺激作用，熏蒸后12 h，再量取与甲醛溶液等量的氨水，迅速放入室内，同时敞开门窗放出剩余的有刺激性的气体。

四、无菌室无菌程度的测定

一般采用自然沉降法测定无菌室的无菌程度。①将已经灭菌的营养琼脂培养基分别倒入已灭过菌的培养皿内，每皿约15 mL培养基，启开皿盖放于无菌室内，距地面80 cm的取样点处，暴露15 min。②取样点的选择应基于人员流量情况和做实验的频率。一般情况下，无菌室面积≤30 m^2时，从所设定的一条对角线上选取3点，即中心1点，两端各距墙1 m处各取1点；无菌室面积≥30 m^2时，选取东、南、西、北、中5点，其中周边4点均距墙1 m。③将培养皿盖盖好，置于(36±1)℃恒温箱培养(48±1) h后，观察菌落生长情况，统计菌落数。④如大于相关标准所设定的风险值，应分析原因，并采取适当的措施。

第三节 微生物检验室常用的仪器设备

GB 4789.1—2016 附录 A 中给出了微生物实验室常规检验用品和设备，初学者可以此为指导，配置微生物检验室内常用的仪器设备。这些常规检验用品和设备的使用方法在“食品微生物学”课程中已有学习，在此不再详述。

A.1 设备

A.1.1 称量设备：天平等。

A.1.2 消毒灭菌设备：干烤/干燥设备，高压灭菌、过滤除菌、紫外线等装置。

A.1.3 培养基制备设备：pH 计等。

A.1.4 样品处理设备：均质器（剪切式或拍打式均质器）、离心机等。

A.1.5 稀释设备：移液器等。

A.1.6 培养设备：恒温培养箱、恒温水浴箱等装置。

A.1.7 镜检计数设备：显微镜、放大镜、游标卡尺等。

A.1.8 冷藏冷冻设备：冰箱、冷冻柜等。

A.1.9 生物安全设备：生物安全柜。

A.1.10 其他设备。

A.2 检验用品

A.2.1 常规检验用品：接种环（针）、酒精灯、镊子、剪刀、药匙、消毒棉球、硅胶（棉）塞、吸管、吸球、试管、平皿、锥形瓶、微孔板、广口瓶、量筒、玻棒及 L 形玻棒、pH 试纸、记号笔、均质袋等。

A.2.2 现场采样检验用品：无菌采样容器、棉签、涂抹棒、采样规格板、转运管等。

思考题

1. 介绍病原微生物的分类和生物安全实验室的分级。
2. 食品微生物检验质量控制的概念和内容如何？
3. 建立食品微生物检验室应考虑哪些方面？
4. 无菌室的结构有哪些？无菌室的无菌程度如何检测？

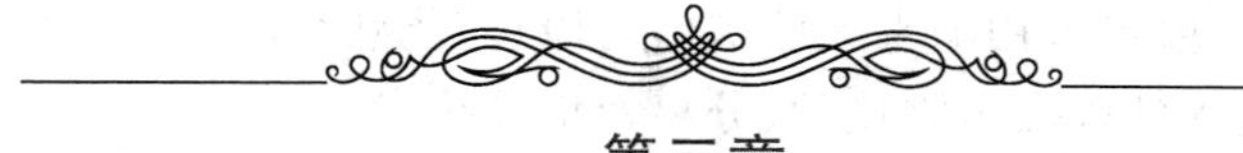

第三章

食品微生物检验的基本理论与技术

学习目标

1. 熟练掌握一般微生物检验技术的原理与操作。
2. 掌握常见生理生化试验原理、操作及注意事项。
3. 掌握食源性疾病的发病机制及影响因素。
4. 掌握常用选择性抑菌物质的作用机理与适用范围。

第一节　一般检验技术

食品微生物检验涉及的一般检验技术有显微技术，染色技术，消毒灭菌技术，微生物接种、分离、培养和菌种保藏技术等。要求检验人员：

1. 熟练掌握显微镜的使用方法，熟练掌握各类微生物的形态、构造的观察及制片技术方法。

2. 熟悉常见细菌、霉菌、酵母菌的群体形态特征，能熟练地测定微生物的表观特征指标。

3. 充分理解微生物检验室常用消毒灭菌措施的原理，能熟练应用相关仪器设备。

4. 能正确、熟练地应用各种微生物接种、分离及培养技术。

5. 掌握微生物检验室菌种保藏的技术和方法。

此部分内容在《食品微生物学》中已有学习，在此不再详述。

第二节　细菌生长及生理生化试验

一、培养及生理特征试验

1. 耐热试验

对细菌液体培养物进行一定温度不同时间处理（如 60℃ 10 min、20 min、30 min、40 min，芽孢菌用 100℃ 2 min、4 min、6 min、8 min、10 min、15 min、20 min 等）后，在其最适生长温度培养 24～48 h，菌落计数法比较细菌的耐热性。

2. 最适、最高、最低生长温度测定

对某一细菌的同一培养液在不同温度（4、20、30、36、41、45、55、65 和 75℃）下培养，比浊法（450～650 nm）测定其生长量。37℃以上时应置于水浴测定，需 3 次移种生长者才能确认。

3. 耐渗试验

观察微生物在不同糖浓度（5%、10%、15%、20%、30%、40%、50%、60%和 70%）下的生长状况。

4. 耐盐和需盐试验

观察微生物在不同氯化钠浓度（如 2%、5%、7%、10%和 15%）下的生长状况。取幼龄菌液接种培养，培养 3 和 7 d，与未接种的对照管相比，测定生长情况。

5. 水分活度对微生物生长的影响

配制不同糖浓度或盐浓度，换算相应的水分活度，检测微生物的生长情况。下面列出水分活度与氯化钠浓度、蔗糖浓度的对应关系：A_w 分别为 1、0. 99、0. 98、0. 94、0. 90 和 0. 86 时，相对应的氯化钠浓度（质量分数）分别为 0、1. 74%、3. 43%、9. 38%、14. 18%和 18. 18%；相对应的蔗糖浓度（质量分数）分别为 0、15. 45%、26. 07%、48. 22%、58. 54%和 65. 63%。

6. 嗜酸碱试验

观察副溶血性弧菌在 pH 为 3、5、7、9、11、13 下的生长状况。测定其生长量作评判指标。

7. 紫外线杀菌试验

在 265 nm 波长紫外灯下，取产气肠杆菌液体培养物 0.5 mL(菌体浓度：菌落计数为 200～250)涂布于营养琼脂上，放在一定距离如 50 cm、100 cm 的位置，照射 2 min 后按菌落计数培养，比较照射前后的生长情况，以确定紫外灯的杀菌能力。

8. 抗生素(或抑菌剂)抑菌试验

观察微生物在不同种类抗生素或不同浓度抗生素存在下的生长状况。一般用纸片法，观察抑菌圈大小。

9. 染料抑菌试验

把结晶紫、煌绿、孔雀绿等染料加入培养基中使其最终浓度达到 10 万～50 万倍等不同稀释度，观察对不同细菌的不同抑制效果。

10. 不同抑菌剂的协同抑菌试验

不同抑菌剂(如 2%氯化钠和 0.5%甘氨酸)分别作用于大肠杆菌(抑菌剂浓度可以改变)，测试抑菌效果。同时检验二者合用时的抑菌效果。可用菌落计数法测定抑菌效果。

11. 胆汁抑菌试验

肠球菌能在含 40%胆汁的培养基中生长，某些链球菌、片球菌、大多数乳球菌、明串珠菌和气球菌也能生长。有些菌发生自溶现象。

12. 细菌受伤试验

对大肠杆菌液体培养物冷冻(－5℃、－15℃、－30℃)处理 10～20 h，用菌落计数法测定细菌的存活率。

13. 不同试剂对受伤菌恢复作用的试验

如把丙酮酸钠(最终浓度 1%)、硫酸镁(最终浓度 0.025%)等加到营养琼脂培养基中，试验它们分别对热受伤(60℃ 5 min 处理)的葡萄球菌恢复作用的影响。以不加丙酮酸钠、硫酸镁的培养基分别做对照。

14. 受伤菌恢复试验

取经过－15℃处理 20 h 的大肠杆菌液体培养物做几个合适的稀释液(0.1%蛋白胨为稀释剂)，直接用结晶紫中性红胆盐葡萄糖琼脂培养计数。做另一半相同的稀释液在 37℃温箱恢复 3 h，再用同一培养基培养计数。

15. 动力实验

用接种针在含 0.35%～0.6%的琼脂或更低含量琼脂的半固体培养基上穿刺培养。无动力的，沿穿刺线生长，不扩散。有动力的，向周围扩散生长。而且不同菌沿穿刺线扩散生长有不同形状，如李斯特菌为伞形倒松树状。

16. 葡萄糖氧化-发酵型试验(O/F 试验)

又称 Hugh-Leifson(HL)试验。细菌在分解葡萄糖的过程中，必须以分子氧作为电子受体，称为氧化型(O)，氧化型细菌在无氧环境中不能分解葡萄糖；可以进行无氧降解的，称为发酵型(F)，此类细菌无论在有氧或无氧的环境中都能分解葡萄糖；不分解葡萄糖的，称为产碱型(－)。当氧化型微生物产酸量较少时，所产生的酸常常被培养基中的蛋白胨分解所产生的胺中和，而不表现产酸。为此，Hugh 和 Leifson 提出一种含有低有机氮的培养基，用以鉴定细菌利用糖类产酸是属氧化型或发酵型。

如表 3-1 所示，在两个含 1%葡萄糖的半固体培养基中穿刺接种后，一个封口，另一个不封口。封口的滴加熔化的凡士林或1%琼脂，约1 cm高。适温培养1、2、3、7和14 d。对比观察封口和不封口的产酸情况。氧化型：不封口的产酸，封口的不变；发酵型：两个管均产酸；产碱型：两个管均不变。这一试验广泛用于细菌代谢类型的鉴定。如微球菌属可氧化葡萄糖，而葡萄球菌属则能发酵葡萄糖。一般用葡萄糖作为糖类代表。也可利用这一基础培养基来测定细菌从其他糖类或醇类产酸的能力。

培养基：蛋白胨2 g，氯化钠5 g，磷酸氢二钾0.3 g，葡萄糖10 g，琼脂4 g，0.2%溴麝香草酚蓝12 mL，蒸馏水1 000 mL，pH 7.2。

表3-1 O/F试验

项目	葡萄糖		乳糖		蔗糖		代表菌
	不封口	封口	不封口	封口	不封口	封口	
产碱型	—	—	—	—	—	—	粪产碱菌
氧化型	A	—	—	—	—	—	绿脓杆菌
	A	—	A	—	A	—	类鼻疽伯克霍尔德氏菌
发酵型	A	A	—	—	—	—	痢疾志贺氏菌
	A	A	A	A	—	—	宋内氏志贺氏菌
	A	A	—	—	A	A	普通变形杆菌
	A	A	A	A	A	A	霍乱弧菌

注：A代表产酸；—代表不生长。源自坂崎利一。

17.微需氧性试验

将接种的培养物分别在含0、5%、10%、20%氧气的厌氧罐中培养。观察生长情况。

18.需氧厌氧实验

在厌氧培养基——硫乙醇酸钠培养基中接种。由于加了硫乙醇酸钠，降低了氧化-还原电位，适合厌氧菌深层生长，表面由于接触氧气，适合需氧菌生长，以亚甲蓝(美蓝)为指示剂，观察氧化-还原电位的变化情况。专性需氧：表层生长，深层不长。专性厌氧：表层不长，深层生长。兼性厌氧：均生长。也可用普通培养基，分别进行普通培养和厌氧培养。

19.甘氨酸耐受试验

1%甘氨酸可抑制细胞壁合成，有净菌作用。有些细菌能直接吸收并在细胞内积累甘氨酸，消除这种净菌作用而生长。

20.奥普托辛(Optochin)试验

将待检菌涂布于血琼脂平板表面；取浸泡过Optochin的滤纸片置于平板上共同培养，观察抑菌环的大小。肺炎球菌的抑菌环直径常>20 mm，甲型溶血性链球菌抑菌环<12 mm。

21.杆菌肽敏感试验

(1)原理：A群链球菌对杆菌肽几乎是100%敏感，而其他群链球菌对杆菌肽通常耐药。故此试验可对链球菌进行鉴别。

(2)培养基：血琼脂培养基。

(3)试验方法：用灭菌的棉拭子或涂布器取待检菌的肉汤培养物，均匀涂布于血平板上，用灭菌镊子夹取每片含有0.04 mL杆菌肽的纸片置于上述平板上，(36±1)℃培养18～24 h，观察结果。用已知的阳性菌株作对照。

(4)结果判断:如有抑菌圈出现即为阳性。临床上判断结果的依据为抑菌环>10 mm 者对杆菌肽敏感,抑菌环<10 mm 者对杆菌肽有耐药性。

(5)应用:主要用于 A 群与非 A 群链球菌的鉴别。从临床分离的菌种中有 5%～15%非 A 群链球菌也对杆菌肽敏感。

二、生理生化试验

(一)基本概念

不同种类的细菌,由于其细胞内新陈代谢的酶系不同,对营养物质的吸收利用、分解排泄及合成产物的产生等都有很大的差别,细菌的生理生化试验就是检测某种细菌能否利用某种(些)物质及其对某种(些)物质的代谢及合成产物,确定细菌合成和分解代谢产物的特异性,借此来鉴定细菌的种类。

生理生化试验,即利用生物化学方法测定微生物代谢产物、代谢方式和条件等来鉴别微生物的类别、属种的试验。生化反应常用来鉴别一些在形态和其他方面不易区别的微生物。因此微生物生化反应是微生物分类鉴定中的重要依据之一。

1. 生理生化试验常用的方法

①在培养基中加入酸碱指示剂,经接种、培养后通过观察培养基颜色变化进行判断;②在培养基中加入某种试剂,观察它们同细菌代谢产物所生成的颜色反应;③根据酶作用的反应特性,测定酶的存在;④根据细菌对理化条件和药品的敏感性,观察细菌的生长情况。

试验结果的判定:根据检验目的要求判定,常用阳性和阴性来表示结果。

2. 酸碱指示剂

通常是指随着溶液 pH 的改变而伴随着颜色变化的一类物质(表 3-2)。这类指示剂或失去质子由酸式转化为碱式,或得到质子由碱式转化为酸式,从而发生颜色改变,所以这类指示剂也称为 pH 指示剂。在微生物鉴定、检测过程中,经常要用到此类试剂。

表 3-2　常用酸碱指示剂变色范围

序号	名称	变色范围(pH)	颜色变化
1	溴甲酚紫	5.2～6.8	黄至紫
2	甲基红	4.4～6.2	红至黄
3	石蕊	5.0～8.0	红至蓝
4	酚红	6.8～8.0	黄至红
5	中性红	6.8～8.0	红至黄
6	酚酞	8.2～10.0	无至红
7	麝香草酚蓝	1.2～2.8	红至黄
		8.0～9.6	黄至紫蓝
8	溴麝香草酚蓝	6.0～7.6	黄至蓝

3. 生理生化试验注意事项

利用生理生化试验鉴定微生物种属时,为了提高试验的准确性及待检菌的检出率,应注意待检菌应是新鲜培养物，一般采用培养 18～24 h 的培养物做生理生化试验；待检菌应是纯种培养物；遵守观察反应的时间，观察结果的时间多为 24 h 或 48 h；应做必要的对照试验；至少挑取 2～3 个待检的疑似菌落分别进行试验，以提高阳性检出率。

（二）微生物检验中常用的生理生化试验

1. 糖（醇、苷）类发酵试验

（1）原理：细菌分解糖的能力与该菌是否含有分解某种糖的酶密切相关，是受遗传基因所决定的，是细菌的重要表型特征，有助于鉴定细菌。含糖培养基中加入酸碱指示剂，接种细菌若能分解培养基中的糖类产酸，则使指示剂呈酸性反应。若产气可使液体培养基中的小倒管（Durham 管）中有气泡，微小气泡亦为产气阳性，若为半固体培养基，则检视沿穿刺线和管壁及管底有无微小气泡，有时还可看出接种菌有无动力，若有动力，培养物沿穿刺线可呈弥散生长。

（2）培养基：可用市售各种糖或醇类的微量发酵管或自制糖发酵培养基。

（3）试验方法与结果判断：以无菌操作，用接种针或环移取纯培养物少许，接种于发酵液体培养基中，若为半固体培养基，则用接种针作穿刺接种。接种后，置（36±1）℃培养，每天观察试验现象，结果判定用符号表示（以溴甲酚紫指示剂为例）："－"表示不产酸或不产气，培养基仍为紫色；"＋"表示只产酸而不产气，培养基变黄色；"⊕"表示产酸又产气，培养基变黄，并有气泡。

（4）穿刺接种要点：无菌操作要求与其他接种方法相同，但使用的接种针要挺直，用接种针挑取菌种，将沾有菌种的接种针自培养基中心垂直刺入半固体培养基中，直到接近管底，但勿穿透，然后按原穿刺线慢慢拔出。穿刺时要做到手稳、动作轻巧快速。

（5）应用：糖（醇、苷）类发酵试验是鉴定细菌的生理生化反应中最常用的试验方法，特别是肠杆菌科细菌的鉴定。如大肠杆菌能分解乳糖和葡萄糖，而沙门氏菌只能分解葡萄糖，不能分解乳糖。在进行大肠杆菌群测定时，就是根据这一原理而采用乳糖发酵试验进行验证的。大肠杆菌有甲酸解氢酶，能将分解糖所生成的甲酸进一步分解成二氧化碳和氢气，故产酸又产气，而志贺氏菌无甲酸解氢酶，分解葡萄糖仅产酸而不产气。

2. 吲哚（靛基质）试验

（1）原理：有些细菌含有色氨酸酶，能分解蛋白胨中的色氨酸生成吲哚（靛基质）。吲哚本身没有颜色，不能直接看见，但当加入对二甲基氨基苯甲醛试剂时，该试剂与吲哚作用，形成红色的玫瑰吲哚。

（2）培养基（蛋白胨水）：蛋白胨 20 g，氯化钠 5 g，蒸馏水 1 000 mL，pH 7.4。每管分装 4～5 mL，121℃高压蒸汽灭菌 15 min。

注：培养基中不能含葡萄糖，因为产生吲哚者大多能发酵糖，利用糖时，不产生吲哚；另外，蛋白胨中应含有丰富的色氨酸，每批蛋白胨买来后，应先用已知菌种鉴定后方可使用；色氨酸酶作用最适 pH 范围是 7.4～7.8，pH 过低或过高，产生吲哚少，易出现假阴性。

（3）吲哚试剂：以下两种试剂选其一即可。

柯凡克（Kovac）试剂：将 5 g 对二甲基氨基苯甲醛溶于 75 mL 戊醇（或异戊醇）中，然后缓慢加入浓盐酸 25 mL。

欧-波（Ehrlich）试剂：将 1 g 对二甲基氨基苯甲醛溶于 95 mL 无水乙醇中，然后缓慢加入浓盐酸 20 mL。避光保存。

(4)试验方法与结果判断:试管试验法:以接种环将待检菌新鲜斜面培养物接种于蛋白胨水溶液中,置(36±1)℃培养24～48 h(必要时可延长至4～5 d);加入柯凡克试剂约0.5 mL,轻摇试管,阳性者于试剂层呈深红色;或加入欧-波试剂约0.5 mL,沿管壁流下,覆盖于培养液表面,阳性者于液面接触处呈玫瑰红色。

本反应在缺氧时产生吲哚少,也可加少量乙醚(或二甲苯),振荡,收集吲哚。经充分振荡使吲哚萃取至乙醚溶剂中,静置1～3 min后,待乙醚层浮于培养液的上面,此时沿管壁缓慢加入吲哚试剂(加入吲哚试剂后切勿摇动试管,以防破坏乙醚层影响结果观察),如有吲哚存在,乙醚层呈现玫瑰红色,此为吲哚试验阳性反应,否则为阴性反应。

(5)应用:主要用于肠杆菌科细菌的鉴定。如大肠埃希氏菌、变形杆菌等可利用色氨酸产生吲哚。

3. 甲基红(Methyl Red,MR)试验和VP(Voges-Proskauer)试验

(1)MR试验原理:细菌在分解代谢过程中分解葡萄糖产生丙酮酸,某些细菌可进一步将丙酮酸分解为乳酸、琥珀酸、醋酸和甲酸等,使培养基的pH降至4.5以下,加入甲基红指示剂出现红色,此为甲基红试验阳性。有些细菌分解葡萄糖产酸量少,或产生的酸度维持在pH 6.2以上,加入甲基红指示剂呈黄色,此为甲基红试验阴性。

(2)VP试验原理:有些细菌发酵葡萄糖产生丙酮酸,丙酮酸缩合,脱羧成乙酰甲基甲醇,后者在强碱环境下,被空气中的氧气氧化为二乙酰(丁二酮),二乙酰与蛋白胨中的胍基发生反应,生成红色化合物,即VP反应阳性。

(3)培养基(葡萄糖蛋白胨水培养基):蛋白胨7.0 g,葡萄糖5.0 g,磷酸氢二钾(或氯化钠)5 g,蒸馏水1 000 mL,pH 7.0～7.2,每管分装1 mL,121℃高压蒸汽灭菌15 min。

注:由于芽孢杆菌产酸量少,芽孢杆菌的试验中,则以5 g氯化钠代替磷酸二氢钾,来解除磷酸盐的缓冲作用。

(4)试剂

甲基红试剂:10 mg甲基红溶于30 mL 95%乙醇中,然后加入20 mL蒸馏水。

VP试剂:甲液:α-萘酚-乙醇溶液(α-萘酚6 g,无水乙醇100 mL)。乙液:KOH溶液(KOH 40 g,蒸馏水100 mL)。将甲液和乙液分别装于棕色瓶中,于4～10℃保存。或:硫酸铜1 g,浓氨水40 mL,10% KOH 950 mL,蒸馏水10 mL。

(5)试验方法与结果判断:MR试验方法:取一种细菌的24 h培养物,接种于葡萄糖蛋白胨水培养基中,置(36±1)℃培养48～72 h,取出后加甲基红试剂3～5滴,凡培养液呈红色者为阳性,以"+"表示;橙色者为可疑(或弱阳性),以"±"表示;黄色者为阴性,以"-"表示。

VP试验方法:取与MR试验相同的培养液,加入0.5 mL甲液,再加入0.2 mL乙液,充分振摇试管,观察结果。阳性反应立刻或于数分钟内出现红色,如为阴性,应将试管放在(36±1)℃下保温4 h再进行观察。或者可以用等量的硫酸铜试剂于培养液中混合,静置,强阳性者约5 min后就可产生粉红色反应。

(6)应用:MR与VP这两个试验密切相关,常一起使用,一般情况下对于同一种菌MR试验为阳性,则VP试验为阴性,可用于肠杆菌科种类的鉴定。而蜂房哈尼氏亚菌属和奇异变形杆菌MR试验与VP试验常同为阳性。对于MR试验,产气肠杆菌甲基红试验阴性,而大肠埃希菌属、沙门氏菌属、志贺氏菌属、柠檬酸杆菌属、变形杆菌属等为阳性。

4. 有机酸为唯一碳源试验

(1)原理:检查细胞膜上有无运输有机酸的蛋白质。有机酸常常抑制细菌生长,而有些细菌能以柠檬酸等有机酸为唯一碳源生长。西蒙氏柠檬酸盐培养基用于肠杆菌科细菌的培养,适合需氧生长,即柠檬酸被彻底分解,pH 升高。以溴麝香草酚蓝为指示剂,有细菌生长时,培养基由绿变蓝。柯氏柠檬酸盐培养基使用降低氧化-还原电位物质,用于芽孢杆菌分类。

(2)培养基

西蒙氏柠檬酸钠培养基:氯化钠 5 g,硫酸镁($MgSO_4 \cdot 7H_2O$)0.2 g,磷酸二氢铵 1 g,磷酸氢二钾 1 g,柠檬酸钠 5 g,琼脂 20 g, 0.2%溴麝香草酚蓝溶液 40 mL,蒸馏水1 000 mL,pH 6.8。121℃灭菌 15 min 后制成斜面。

柯氏柠檬酸盐培养基:柠檬酸钠 3 g,葡萄糖 0.2 g,酵母浸膏 0.5 g,单盐酸半胱氨酸 0.1 g,磷酸二氢钾 1 g,氯化钠 5 g,0.2%酚红溶液 6 mL,琼脂 20 g,蒸馏水 1 000 mL。121℃灭菌 15 min 后制成斜面。

在有机氮或葡萄糖存在时,细菌利用柠檬酸的能力发生变化。在纯合成培养基上,柠檬酸不能通过大肠杆菌的细胞膜,但有葡萄糖时却可以通过,可以利用柠檬酸为碳源。一些芽孢菌也有类似情况。但对志贺氏菌,即使有有机氮或葡萄糖存在,也不能利用柠檬酸。

其他用于唯一碳源试验的有机酸有黏液酸、醋酸、丙二酸、酒石酸等。其中黏液酸、酒石酸最终分解产酸;醋酸试验产碱。

(3)试验方法与结果判断

西蒙氏柠檬酸盐试验:将被检菌纯培养物划线接种,于(36±1)℃培养 4 d。阳性者可见菌体生长良好,培养基从草绿色转为蓝色;阴性者斜面上无细菌生长,培养基仍保持原色(草绿色)。

柯氏柠檬酸盐试验:将被检菌纯培养物划线接种,于(36±1)℃培养 7 d。阳性者可见菌体生长良好,培养基变为红色。

(4)应用:此试验常作为肠杆菌科中各种属间的鉴别试验,埃希菌属、变形杆菌属、志贺氏菌属、爱德华菌属、魔根菌属等为阴性,其他菌属通常为阳性。

5. 硫化氢试验

(1)原理:细菌利用含硫底物(硫代硫酸钠、胱氨酸或半胱氨酸等),产生 H_2S,与培养基中的硫酸亚铁(或醋酸铅)发生反应,形成黑色的硫化铅或硫化亚铁。

(2)培养基:可用成品微量发酵管、硫酸亚铁琼脂或三糖铁琼脂斜面。

硫酸亚铁琼脂配方:牛肉膏 3 g,酵母浸膏 3 g,蛋白胨 10 g,硫酸亚铁 0.2 g,硫代硫酸钠 0.3 g,氯化钠 5 g,琼脂 12 g,蒸馏水 1 000 mL,pH 7.4。115℃高压灭菌 15 min,取出直立待其凝固。

(3)试验方法与结果判断:用接种针蘸取纯培养物,穿刺接种醋酸铅琼脂或三糖铁培养基,(36±1)℃培养 24~48 h 或更长时间,培养基变黑者为阳性。或将纯培养物接种于肉汤,肝浸汤琼脂斜面或血清葡萄糖琼脂斜面,在试管壁和棉花塞间夹 6.5 cm×0.6 cm 大小的试纸条(浸有饱和醋酸铅溶液),于(36±1)℃培养,观察纸条变黑者为阳性。

(4)应用:肠杆菌科中的沙门氏菌属、柠檬酸杆菌属、爱德华菌属和变形杆菌属多为阳性,其他菌属为阴性。沙门氏菌属中的甲型副伤寒沙门氏菌、仙台沙门菌和猪霍乱沙门菌等为阴性,部分伤寒沙门菌菌株也为硫化氢阴性。

6. 尿素酶试验

(1)原理:某些细菌能产生尿素酶,将尿素分解产生氨,氨使培养基变碱,酚红指示剂变为红色,即培养基由黄色变为红色,为阳性,以此鉴别细菌。

(2)培养基(尿素琼脂):蛋白胨 1 g,氯化钠 5 g,葡萄糖 1 g,磷酸二氢钾 2 g,0.4%酚红溶液 3 mL,琼脂 20 g,蒸馏水 1 000 mL,20%尿素溶液 100 mL,pH 7.2±0.1。将除尿素和琼脂以外的成分配好,并校正 pH,加入琼脂,加热溶化并分装。121℃灭菌 15 min。冷至 50~55℃,加入经过滤除菌的尿素溶液。尿素的最终浓度为 2%,最终 pH 应为 7.2±0.1。分装于灭菌试管内,放成斜面备用。

(3)试验方法与结果判断:挑取待试菌纯种培养物在尿素琼脂斜面划线接种,也可挑取少量接种到尿素液体培养基中,(36±1)℃培养 4~6 h 或 24 h,观察结果。

阳性者由于产生碱性物质使培养基变成红色,不变色者为阴性结果。

(4)应用:主要用于肠杆菌科中变形杆菌族的鉴定。奇异变形杆菌和普通变形杆菌尿素酶阳性,雷极普罗菲登斯菌和摩氏摩根菌阳性,斯氏和碱化普罗菲登斯菌阴性。

7. 苯丙氨酸脱氨酶试验

(1)原理:若细菌具有苯丙氨酸脱氨酶,能将培养基中的苯丙氨酸脱氨变成苯丙酮酸,苯丙酮酸能使三氯化铁指示剂变为绿色。变形杆菌和普罗菲登斯菌以及莫拉氏菌有苯丙氨酸脱氨酶。

(2)培养基:*DL*-苯丙氨酸 2 g(或 *L*-苯丙氨酸 1 g),氯化钠 5 g,酵母浸膏 3 g,磷酸氢二钠 1 g,琼脂 12 g,蒸馏水 1 000 mL。分装于小试管内,121℃高压蒸汽灭菌 10 min,制成斜面。

试剂:10% $FeCl_3$水溶液。

(3)试验方法与结果判断:将被检菌移种于苯丙氨酸琼脂斜面,(36±1)℃培养 18~24 h,向试管内滴加 0.2 mL(或 4~5 滴)10%三氯化铁溶液于生长面上,变绿色者为阳性。

8. 氨基酸脱羧酶试验

(1)原理:若细菌能从赖氨酸、鸟氨酸或精氨酸脱去羧基(—COOH),导致培养基 pH 变碱,如指示剂溴麝香草酚蓝就显示出蓝色,试验结果为阳性。若细菌不产生氨基酸脱羧酶,使氨基酸脱羧,培养基由于糖被利用而变黄色。

(2)培养基:蛋白胨 5 g,酵母浸膏 3 g,葡萄糖 1 g,蒸馏水 1 000 mL,0.2%溴麝香草酚蓝溶液 12 mL。调整 pH 至 6.8,在每 100 mL 基础培养基内加入需要测定的氨基酸,*L*-氨基酸按 0.5%加入,*DL*-氨基酸按 1%加入。所加氨基酸应先溶解于 1.5% NaOH 溶液内(如 *L*-*α*-赖氨酸 0.5 g+1.5% NaOH 溶液 0.5 mL,*L*-*α*-鸟氨酸 0.5 g + 1.5% NaOH 溶液 0.5 mL)。加入氨基酸后,再调整 pH 至 6.8,对照培养基不加氨基酸,分装于灭菌小试管内,每管 0.5 mL,上面滴加一滴液体石蜡。115℃高压蒸汽灭菌 10 min。

(3)试验方法与结果判断:从琼脂斜面挑取培养物少许,接种于试验用培养基内。将试管放在(36±1)℃培养 18~24 h,观察结果。阳性者培养液先变黄后变为蓝色,阴性者无碱性产物,但因葡萄糖产酸而使培养基变为黄色,对照管应为黄色,对照管用于判断待检菌是否生长,是否利用葡萄糖。

(4)应用:主要用于肠杆菌科中细菌的鉴定。赖氨酸和鸟氨酸脱羧酶试验对沙门菌均为阳性,但伤寒沙门菌和鸡沙门菌鸟氨酸为阴性,甲型副伤寒沙门菌赖氨酸为阴性,志贺氏菌也为阴性;宋内志贺氏菌为鸟氨酸阳性,柠檬酸杆菌中少数为鸟氨酸阳性,埃希菌属结果不定。

9.明胶液化试验

(1)原理:明胶是一种动物蛋白质,某些细菌具有明胶液化酶,明胶经分解后,可失去胶化能力,使半固体的明胶培养基成为流动的液体。

(2)培养基(明胶培养基):明胶12~15 g,普通肉汤100 mL。将明胶加入肉汤内,水浴中加热溶解,调pH至7.2,分装试管,115℃高压蒸汽灭菌10 min,取出后迅速冷却,使其凝固。

明胶耐热性差,若在100℃以上长时间灭菌,会破坏其凝固性,在制备培养基时应注意。

(3)试验方法与结果判断:分别穿刺接种被检菌18~24 h培养物于明胶培养基,置20~22℃下培养,每天观察,记录明胶液化状况。明胶低于20℃凝成固体,高于24℃则自行呈液化状态。因此,培养温度最好在22℃。但有些细菌在此温度下不生长或生长极为缓慢,则可先放在(36±1)℃培养,每天取出,放4℃冰箱内30 min后观察,具有明胶液化酶者,虽经低温处理,明胶仍呈液态而不凝固。

也可于普通琼脂加入1%明胶倾注平板后,划线接种待检菌,经(36±1)℃培养24~48 h,如细菌液化明胶,则在菌落周围出现明胶液化带。

(4)应用:普通变形杆菌、奇异变形杆菌、沙雷菌和阴沟肠杆菌等能液化明胶,肠杆菌科中的其他细菌很少能液化明胶。有些厌氧菌如产气荚膜梭菌、脆弱类杆菌也能液化明胶。另外,许多假单胞菌也能产生明胶酶而使明胶液化。

10.KCN试验

(1)原理:氰化钾可抑制某些细菌的呼吸酶系统。细胞色素、细胞色素氧化酶、过氧化氢酶和过氧化物酶均以铁卟啉作为辅基,氰化钾能与铁卟啉结合,使这些酶失去活性,使细菌生长受到抑制。

(2)氰化钾培养基:蛋白胨10 g,氯化钠5 g,磷酸二氢钾0.225 g,磷酸氢二钠5.64 g,蒸馏水1 000 mL,0.5%氰化钾20 mL,pH 7.6。

制法:将除氰化钾以外的成分配好后分装于烧瓶内,121℃高压灭菌15 min。放在冰箱内使其充分冷却。每100 mL培养基加入0.5%氰化钾溶液2.0 mL(最后浓度为1∶10 000),分装于12 mm×100 mm灭菌试管,每管约4 mL,立刻用灭菌橡皮塞塞紧,放在4℃冰箱内,至少可保存2个月。同时,将不加氰化钾的培养基作为对照培养基,分装试管备用。

注意事项:氰化钾是剧毒药物,使用时应小心,切勿沾染,以免中毒。夏天分装培养基应在冰箱内进行。试验失败的主要原因是封口不严,氰化钾逐渐分解,产生氢氰酸气体逸出,以致药物浓度降低,细菌生长,因而造成假阳性反应。试验时对每一环节都要特别注意。培养基用毕,每管加几粒硫酸亚铁和0.5 mL 20% KOH以解毒,然后清洗。

(3)试验方法及结果判断:接种和结果观察:用幼龄菌接种于加氰化钾的测定培养基和未加氰化钾的空白培养基中,适温培养24~48 h,观察生长情况。

能在测定培养基上生长者,表示氰化钾对测定菌无毒害作用,为阳性。若在测定培养基和空白培养基上均不生长,表示空白培养基的营养成分不适于测定菌的生长,必须选用其他合适的培养基。而测定菌在空白培养基上能生长,在含氰化钾的测定培养基上不生长,为阴性结果。

(4)应用:本试验常用于肠杆菌科各属的鉴别。肠杆菌科中的沙门菌属、志贺氏菌属和埃希菌属细菌的生长受到抑制,而其他各菌属的细菌均可生长。

11. 三糖铁(TSI)试验

(1)原理:本试验可同时观察细菌利用糖产酸或产酸产气及产生硫化氢情况。该试验用培养基含有乳糖、蔗糖和葡萄糖的比例为 10:10:1,只能利用葡萄糖的细菌,葡萄糖被分解产酸可使斜面先变黄(酚红指示剂),但生成的少量酸,因接触空气而完全氧化,加之细菌利用培养基中含氮物质,生成碱性产物,故使斜面后来又变红,底部由于是在厌氧状态下,酸类不被氧化,所以仍保持黄色。而发酵乳糖或蔗糖的细菌则产生大量的酸,使斜面变黄,底层也呈现黄色。

(2)培养基:蛋白胨 20 g,牛肉膏 5 g,乳糖 10 g,蔗糖 10 g,葡萄糖 1 g,氯化钠 5 g,硫酸亚铁铵[$Fe(NH_4)_2(SO_4)_2 \cdot 6H_2O$]0.2 g,硫代硫酸钠 0.2 g,琼脂 12 g,酚红 0.025 g,蒸馏水 1 000 mL,pH 7.4。将除琼脂和酚红以外的各成分溶解于蒸馏水中,校正 pH,加入琼脂,煮沸使琼脂溶化,加入 0.2%酚红水溶液 12.5 mL,摇匀。分装试管,装量宜多些,以便得到较高的底层。121℃高压灭菌 15 min,放置高层斜面备用。

(3)试验方法与结果判断:以接种针挑取待试菌可疑菌落或纯培养物,穿刺接种并涂布于斜面,置(36±1)℃培养 18~24 h,观察结果。

糖发酵情况:如果斜面碱性(红色)/底层碱性(红色),则表明试验菌不发酵葡萄糖、乳糖和蔗糖;如果斜面碱性(红色)/底层酸性(黄色),则表明试验菌只发酵葡萄糖,不发酵乳糖和蔗糖;如果斜面酸性(黄色)/底层酸性(黄色),则表明试验菌至少分解乳糖或蔗糖中的一种。

分解糖类产气情况:如果培养基中有气泡,或者培养基呈裂开现象,或者琼脂被气体推挤上去,表明试验菌分解葡萄糖、乳糖或者蔗糖,有气体产生。

H_2S 产生情况:如果培养基底部形成黑色,表明试验菌可分解含硫化合物,生成硫化氢。

12. ONPG 试验

(1)原理:细菌分解乳糖依靠两种酶的作用,一种是 *β*-半乳糖苷酶透性酶(*β*-galactosidase permease),它位于细胞膜上,可运送乳糖分子渗入细胞。另一种为 *β*-半乳糖苷酶(*β*-galactosidase),亦称乳糖酶(lactase),位于细胞内,能使乳糖水解成半乳糖和葡萄糖。具有上述两种酶的细菌,能在 24~48 h 发酵乳糖,而缺乏这两种酶的细菌,不能分解乳糖。乳糖迟缓发酵菌只有 *β*-半乳糖苷酶(胞内酶),缺乏 *β*-半乳糖苷酶透性酶,因而乳糖进入细菌细胞很慢;而经培养基中 1%乳糖较长时间的诱导,产生相当数量的透性酶后,始能将乳糖运送至细胞内,乳糖才能被乳糖酶分解,故呈迟缓发酵现象。邻硝基酚 *β-D*-半乳糖苷(ortho-nitrophenyl-*β-D*-galactopyranoside,ONPG)可迅速进入细菌细胞,被乳糖酶水解,释出黄色的邻位硝基苯酚,故由培养液变黄可迅速测知 *β*-半乳糖苷酶的存在。

(2)ONPG 培养基:邻硝基酚 *β-D*-半乳糖苷(ONPG)60 mg,0.01 mol/L 磷酸缓冲液(pH 7.5)10 mL,灭菌 1%蛋白胨水 30 mL。先将前两种成分混合溶解,滤过除菌,在无菌条件下与 1%蛋白胨水混合,分装于 10 mm×75 mm 试管,每管 0.5 mL,无菌检验后备用。购不到 ONPG 时,可用 5%的乳糖,并降低蛋白胨含量为 0.2%~0.5%,可使大部分迟缓发酵乳糖的菌在 1 d 内发酵。

(3)试验方法与结果判断:取一环细菌纯培养物接种在 ONPG 培养基,置(36±1)℃培养 1~3 h 或 24 h,如有 *β*-半乳糖苷酶,会在 3 h 内产生黄色的邻硝基酚;如无此酶,则在 24 h 内不变色。

由于本试验对于迅速及迟缓发酵乳糖的细菌均可在短时间内呈现阳性,因此可用于迟缓发酵乳糖细菌的快速鉴定。埃希菌属、柠檬酸杆菌属、克雷伯菌属、肠杆菌属、哈夫尼亚菌属和沙雷菌属等均为阳性反应，沙门氏菌、变形杆菌和普罗菲登斯菌属等为阴性反应。

13.硝酸盐还原酶试验

(1)原理：硝酸盐还原反应包括两个过程。一是在合成过程中，硝酸盐还原为亚硝酸盐和氨，再由氨转化为氨基酸和细胞内其他含氮化合物；二是在分解代谢过程中，硝酸盐或亚硝酸盐代替氧作为呼吸酶系统中的终末氢受体。能使硝酸盐还原的细菌从硝酸盐中获得氧而形成亚硝酸盐和其他还原性产物。但硝酸盐还原的过程因细菌不同而异，有的细菌仅使硝酸盐还原为亚硝酸盐，如大肠埃希菌和产气荚膜梭菌；有的细菌则可使其还原为亚硝酸盐和离子态的铵；有的细菌能使硝酸盐或亚硝酸盐还原为氮，如沙雷菌和假单胞菌等；有些细菌还可以将其还原产物在合成代谢中完全利用。硝酸盐或亚硝酸盐如果还原生成气体的终端产物，如氮或氧化氮，就称为脱硝化作用。

硝酸盐还原试验系测定是否产生硝酸盐还原酶，在酸性环境下，亚硝酸盐能与对氨基苯磺酸作用，生成重氮苯磺酸。再与甲萘胺结合形成紫红色的偶氮化合物 *N*-*α*-萘胺偶氮苯磺酸。

(2)培养基：蛋白胨 5 g，硝酸钾 0.2 g，蒸馏水 100 mL。将上述成分放于蒸馏水中加热溶解，调 pH 至 7.4，滤纸过滤，分装试管，每管约 5 mL，121℃高压蒸汽灭菌 20 min。在上述培养基中加入硫乙醇酸钠 0.1 g 即成厌氧菌用的硝酸盐培养基。

硝酸盐还原试剂

甲液：对氨基苯磺酸 0.8 g 溶于 2.5 mol/L 冰醋酸 100 mL，先用 2.5 mol/L 冰醋酸 30 mL，溶解对氨基苯磺酸，再加冰醋酸至 100 mL。放入带玻璃塞的玻璃瓶中 4～10℃保存。

乙液：甲萘胺 0.5 g 溶于 2.5 mol/L 冰醋酸 100 mL，稍加热溶解，用脱脂棉过滤，放棕色瓶中，4～10℃保存。

(3)试验方法与结果判断：把纯菌培养物接种到硝酸盐培养基中，在(36±1)℃培养 18～24 h，加入甲液和乙液各 3～5 滴，观察结果。硝酸盐还原为亚硝酸盐，应立刻或数分钟内显红色；若无颜色出现，加少量锌粉，随后出现红色则是真正的阴性试验。也可用小倒管检测产气情况。

(4)应用：本试验在细菌鉴定中广泛应用。肠杆菌科细菌均能还原硝酸盐为亚硝酸盐；铜绿假单胞菌等假单胞菌可产生氮气；有些厌氧菌如韦荣球菌等试验也为阳性。

14.氧化酶试验

(1)原理：氧化酶即细胞色素氧化酶，是细胞色素呼吸酶系统的终端呼吸酶。做氧化酶试验时，此酶并不直接与氧化酶试剂发生反应，而是首先使细胞色素 c 氧化，然后氧化型的细胞色素 c 再使对苯二胺氧化，产生颜色反应，如果和 *α*-萘酚结合，会生成吲哚酚蓝(靛酚蓝)，呈蓝色反应。此试验与氧气和细色素 c 的存在有关。

(2)试剂：1%盐酸四甲基对苯二胺溶液或 1%盐酸二甲基对苯二胺溶液，注意试剂配制好后盛于棕色磨口玻璃瓶内，置冰箱中避光保存两周。1% *α*-萘酚-乙醇溶液。

(3)试验方法

滤纸法：取白色洁净滤纸条，蘸取纯培养物少许，加试剂 1 滴，阳性者立即呈现粉红色，5～10 s 内呈深紫色。再加 *α*-萘酚 1 滴，阳性者于 0.5 min 内呈现蓝色，阴性于 2 min 内不变色。

菌落法：以毛细滴管取试剂，直接滴加于菌落上，其显色反应同滤纸法。

本试验应避免接触含铁物质，否则易出现假阳性。可以采用铜绿假单胞菌作为阳性对照菌，采用大肠埃希菌作为阴性对照菌。

（4）应用：可用于区别假单胞菌与氧化酶阴性肠杆菌科的细菌，肠杆菌科阴性，假单胞菌属通常阳性。奈瑟菌属细菌均为阳性，莫拉菌属细菌阳性。

15. 过氧化氢酶（触酶）试验

（1）原理：本试验是检测细菌有无触酶的存在。过氧化氢的形成看作是糖需氧分解的氧化终末产物，因为过氧化氢的存在对细菌是有毒性的，需氧微生物产生过氧化氢酶将其分解，放出氧气，解除毒性。

（2）试剂：3% H_2O_2（临用时配制）。

（3）试验方法：可用接种环取菌置于载玻片的中央，加 1 滴 3% H_2O_2，立即观察有无气泡出现，也可在菌落和 H_2O_2混合物之上放一张盖玻片，可帮助检出轻度反应，还可降低细胞的气溶胶颗粒的形成。或直接将 3% H_2O_2加到培养琼脂斜面或平板上直接观察有无气泡出现（血琼脂平板除外）。

（4）应用：绝大多数含细胞色素的需氧和兼性厌氧菌均产生过氧化氢酶，但链球菌属为阴性。此外，金氏杆菌属的细菌也为阴性。分枝杆菌的属间鉴别则用耐热触酶试验。有的乳杆菌接触过氧化氢后，过一会儿才产生少量气体，判为阴性。

16. 卵磷脂酶试验

（1）原理：有些细菌能产生卵磷脂酶，即 α-毒素，在有钙离子存在时，能迅速分解卵磷脂，生成甘油酯和水溶性磷酸胆碱。当这些微生物在卵黄琼脂培养基上生长时，菌落周围会形成浑浊带，在卵黄胰胨培养液中生长时，可出现白色沉淀。

（2）培养基：10%卵黄琼脂平板。

（3）试验方法与结果判断：将分离得到的待试菌纯种培养物划线接种于卵黄琼脂平板上，也可将其点种在培养基上。置（36±1）℃培养 3～6 h。观察结果。

卵磷脂酶阳性的菌株，（36±1）℃培养 3 h，就会在菌落周围形成乳白色浑浊环，6 h 后可扩展至 5～6 mm。

（4）应用：此试验主要用于厌氧菌的鉴定。产气荚膜梭菌、诺维梭菌为卵磷脂酶试验阳性，其他梭菌不产生卵磷脂酶。蜡样芽孢杆菌也产生卵磷脂酶。

17. 血浆凝固酶试验

（1）原理：血中加入柠檬酸钠（或肝素）可防止血浆凝固。产生血浆凝固酶的金黄色葡萄球菌能将此血浆凝固。葡萄球菌产生的血浆凝固酶有两种。一种存在于细菌细胞壁上，直接作用于血浆中的纤维蛋白，使菌体迅速凝结成块（25 s 内出结果），这是玻片法依据。另一种是胞外酶，能使血浆中的凝血酶原变为凝血酶，再使血浆中的纤维蛋白凝固，这是试管法要求观察 1～6 h 的原因。多数致病性葡萄球菌在 0.5～1 h 之内出现明显凝固。国标采用试管法检测血浆凝固酶。

（2）试验方法

玻片法：取未稀释的血浆及生理盐水各 1 滴，分别滴于洁净玻片上，挑取分离得到的待试菌纯种培养物，分别与生理盐水及血浆混合，立即观察结果。

试管法：取新鲜配制兔血浆 0.5 mL，放入小试管中，再加入待试菌 BHI 肉汤 24 h 培养物 0.2～0.3 mL，振荡摇匀，置（36±1）℃培养箱或水浴锅内，每半小时观察一次，观察 6 h。同时，以血浆凝固酶试验阳性和阴性葡萄球菌菌株的肉汤培养物作为对照。也可用商品化的试剂，按说明书操作，进行血浆凝固酶试验。

(3)结果判断：玻片法中的血浆中有明显颗粒出现，且盐水中无自凝者为阳性结果；试管法中的小试管在 6 h 内呈现凝固(即将试管倾斜或倒置时，呈现凝块)，或凝固体积大于原体积的一半，被判定为阳性结果。

(4)应用：在检验葡萄球菌属时，常以其能否凝固抗凝的人或兔血浆作为区别其是否有致病性的依据。

18.链激酶试验

(1)原理：链球菌能产生链激酶(即溶纤维蛋白酶)，该酶能激活人体血液中的血浆蛋白酶原为血浆蛋白酶，而后溶解纤维蛋白。产生链激酶的链球菌主要有 A、C 及 G 等群。

(2)试验方法：取草酸钾人血浆 0.2 mL，加入无菌生理盐水 0.8 mL，再加入试验菌 18～24 h 肉汤培养物 0.5 mL，混合后，再加入 0.25%氯化钙水溶液 0.25 mL(如氯化钙已潮解，可适当加大到 0.3%～0.35%)，振荡摇匀，置于(36±1)℃水浴锅中 10 min，血浆混合物自行凝固(凝固程度至试管倒置内容物不流动)，然后观察凝固块重新完全溶解的时间。

草酸钾人血浆配制：草酸钾 0.01 g 放入灭菌小试管中，再加入 5 mL 健康人血，混匀，经离心沉淀，吸取上清液即为草酸钾人血浆。

(3)结果判断：在 24 h 内凝固块完全溶解为阳性，24 h 后不溶解即为阴性。

(4)应用：在检验溶血性链球菌时，常以它们能否溶解凝固的人血浆来判断是否为 A 型溶血性链球菌，溶解时间越短，表示该菌产生的链激酶越多，强烈者可在 15 min 内完全溶解凝固的血浆。

19.溶血试验

(1)原理：有些细菌能分解红细胞。菌落周围形成狭窄的草绿色溶血环，叫作甲型(α)溶血；形成透明溶血环，叫作乙型(β)溶血。链球菌产生两种溶血素：对氧不稳定的溶血素 O 和对氧稳定的溶血素 S。溶血性链球菌在血平板上形成的透明溶血环是由对氧稳定的链球菌溶血素 S 引起，是一种多肽。无溶血作用的也叫作 γ 溶血。血平板一般 pH 6.8，这样不仅可提高血红细胞的保存性，而且溶血环明显。需要注意的是加葡萄糖的血平板会使有些菌的溶血性发生变化，如 A 型和某些 B 型链球菌在加有葡萄糖的血平板上呈甲型溶血，而在不加葡萄糖的血平板上呈乙型溶血。

(2)培养基(血琼脂)：豆粉琼脂(牛心浸粉 15 g，氯化钠 5 g，豌豆浸粉 3 g，琼脂 20 g，蒸馏水 1 000 mL，pH 7.4～7.6)100 mL，脱纤维羊血(或兔血)5～10 mL。已灭菌的豆粉琼脂，冷至 50～55℃时无菌操作加入 5%～10% (V/V)预温至 37℃的无菌脱纤维羊血(或兔血)，混匀，倾入无菌平皿。

(3)试验方法及判断：将培养物接种于血平板培养基上，(36±1)℃培养 24～48 h，观察结果。α(甲型)溶血：不完全性溶血，血琼脂平板上菌落周围出现较窄的半透明的草绿色溶血环；β(乙型)溶血：呈完全性溶血，血琼脂平板上菌落周围出现较宽的透明溶血环；γ(丙型)溶血：不产生溶血素，血琼脂平板上菌落周围无溶血环。

(三)其他常用生化试验

1.淀粉酶试验

有些细菌产生淀粉酶，把淀粉分解为极限糊精(6 个糖分子连成链)或双糖(不同微生物产生不同的淀粉酶)。直链淀粉遇碘变成深蓝色,支链淀粉遇碘变成红色。利用这一原理,用卢戈氏碘液检查细菌分解淀粉的能力。因此细菌产生淀粉酶时,菌落周围淀粉被分解,加碘液时不变色。而淀粉未分解的地方变蓝色或红色。

2. 酪蛋白分解试验

酪蛋白即牛奶蛋白。是一种完全蛋白质,不溶于水。有些细菌能分解蛋白质,但其中大部分不能分解完全蛋白质,只有加入少量蛋白胨以后才能分解。酪蛋白被分解处,固体培养基变透明。

3. DNA 分解试验

DNA 酶分解 DNA 为寡核苷酸链,后者与甲苯胺蓝结合形成粉红色物质。测定耐热核酸酶时,需要将培养物 100℃处理 15 min。金黄色葡萄球菌的核酸酶需要钙离子激活,100℃处理 15 min 也不被破坏,区别于微球菌产生的核酸酶。也有通过透明圈观察的。DNA 被分解处培养基变透明。

产生胞外 DNA 酶的有金黄色葡萄球菌、A 群链球菌、白喉棒杆菌、黏质沙雷氏菌、绿脓杆菌、芽孢杆菌属和弧菌属细菌。

4. 卵黄分解试验

细菌产生蛋白酶,分解卵黄磷脂蛋白,平板上出现透明圈。卵磷脂酶或磷脂酶将卵黄中的卵磷脂等磷脂分解为磷酸胆碱等磷脂的极性基团部分和不溶于水的甘油酯,菌落产生乳光,菌落周围出现乳白色浑浊带(分解卵磷脂),如产气荚膜梭菌。有的细菌产生脂肪酶进一步将甘油酯分解为水溶性的脂肪酸和甘油,脂肪酸遇钙、镁等离子沉淀,平板上出现白色浑浊带,如金黄色葡萄球菌。有时浑浊带在有多种酶参与下形成。有的在菌落表面出现虹彩样,或珍珠层样(长脂肪链膜造成)。凡出现透明圈,或浑浊沉淀,或虹彩样,或珍珠层样(如 G 型以外的肉毒梭菌、A 型诺氏梭菌、生孢梭菌)的均为卵黄反应阳性。菌落周围出现白色浑浊带的视为卵磷脂酶阴性,但也可能是其他磷脂酶。

5. 石蕊牛奶试验

牛奶中含有丰富蛋白质和糖类,不同细菌分解能力不同,在石蕊牛奶中有不同代谢反应:① 产酸,使石蕊牛奶变成粉红色。② 产气,发酵乳糖产生的气体可冲开上面凡士林。③ 凝固,酸产生太多时,使酪蛋白凝固。④ 胨化,酪蛋白被分解为胨,培养基上层变清,底部可能有被酸凝固的蛋白。⑤ 产碱,细菌不发酵乳糖,但分解蛋白质,产生碱性物质,溶液因石蕊变成蓝色。⑥ 白色,石蕊被还原成白色。⑦ 暴烈发酵,因酸凝固的蛋白质被产生的大量气体破坏。⑧ 无变化。反应用牛乳需要脱脂处理。培养梭菌时加微量铁粉。

6. 马尿酸盐水解试验

马尿酸盐水解酶为某些细菌产生的胞内酶。马尿酸盐水解酶水解马尿酸为苯甲酸和甘氨酸,用三氯化铁与苯甲酸反应生成褐色沉淀来确认。或用甘氨酸与茚三酮作用产生紫色化合物(氨-还原型茚三酮-茚三酮)来确认。

7. 克氏双糖铁试验

原理类似三糖铁试验。培养基分上下两层。更容易理解。底层因葡萄糖发酵而产酸。斜面用于观察细菌有无利用乳糖的能力。注意要在 18～24 h 内观察。12 h 后,糖可能未充分发酵,无法改变指示剂颜色,超过 24 h,蛋白质可能分解产碱。柠檬酸铁铵和硫代硫酸钠的作用同三糖铁试验。在小肠结肠炎耶尔森氏菌检验中使用改良克氏双糖铁的原因在于耶尔森氏菌属在克氏双糖铁上表现一致，而在三糖铁上表现不一致。因此克氏双糖铁适合其他致病性耶尔森氏菌一同检验。

8. TTC(2,3,5-氯化三苯四氮唑)试验

TTC 为氧化-还原指示剂，氧化型无色，还原型茶红色。有的细菌可将其还原成不溶性的三苯基甲臜。当鲜乳中有抑制嗜热链球菌的抗生素时，其生长受到抑制，不能还原 TTC；如果不含抗生素时该菌可以生长，还原 TTC 为茶红色。一定浓度(1/5 000)的 TTC 抑制部分革兰氏阳性菌(如梭菌、溶血性链球菌、枯草芽孢杆菌和部分棒杆菌)的生长。利用不同细菌对 TTC 的还原力不同，用于快速检测大肠菌群(氢气和甲酸有还原性)。还用于菌落总数的测定，如芝麻酱的检验，可使菌落显红色。

9. 丙二酸钠试验

有些细菌如亚利桑那菌，能利用丙二酸钠作为碳原，分解成碳酸钠，使培养基变碱，用溴麝香草酚蓝变蓝来检出。

10. 七叶苷分解试验

七叶苷被细菌分解成七叶亭(6,7-二羟基香豆素)。七叶亭与柠檬酸铁铵中的铁反应产生黑色物质。

11. 葡萄糖胺试验

有些菌可以胺盐作唯一氮源，在培养基上生长产酸。生长极小者也应作为阳性。

12. 精氨酸双水解

细菌的精氨酸双水解作用是将精氨酸经过两步水解，生成有机胺和无机胺。酰胺酶及脱羧酶在厌氧条件下活性高，所以要用灭菌的液体石蜡封盖液体培养基。

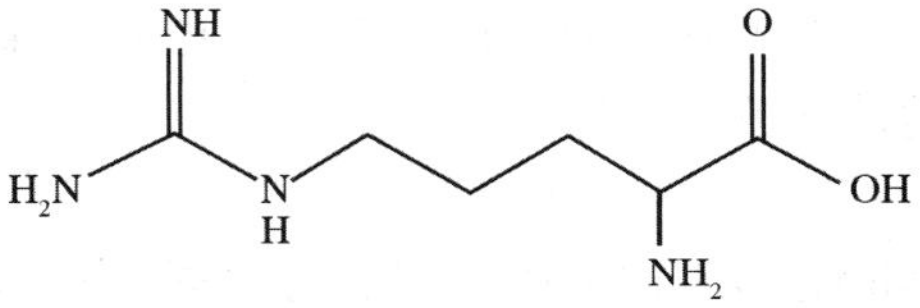

13. SIM 试验

产硫化氢试验、吲哚试验和动力试验同时完成。有时在培养基上部产生褐色带，这是由于吲哚丙酮酸和柠檬酸铁铵中的铁结合的结果。

第三节　食源性疾病发病机制及其影响因素

污染食品中含有的各种病原体主要通过胃肠道(gastrointestinal,GI)进入人体内。一般来讲，人体对各种病原体具有一定的抵抗能力，但如果摄入体内的病原体数量较多，或者当机体免疫力下降时，就可以引起疾病。儿童、老年人和免疫水平低下或有缺陷的人群是食源性疾病的高危人群，而且病后病情往往较重。不同人在食用相同的污染食品后，所表现的病情也常常轻重不一，其疾病严重程度的差异和变化主要取决于病原体的毒力、宿主的健康状况和病原体的数量等诸多因素。病原体引起疾病所必需的最低菌量因不同病原体而有所不同，也因不

同宿主而有所不同。

污染食物中含有的各种病原体主要通过胃肠道(GI)进入人体内,是否会引起疾病主要取决于3方面因素:①宿主的免疫力;②病原体的毒力(包括侵袭力和毒素)和侵入数量;③进食的食物种类。

一、机体的防御系统

(一)宿主的免疫力

人体对微生物的抵抗力,有的是天生具有的,称为先天性免疫。因其并非专门针对某一种病原微生物,故又称非特异性免疫。个体因受病原微生物感染或接种疫苗而获得的免疫称获得性免疫。这种免疫一般仅针对所感染的病原微生物或该疫苗所能预防的疾病,故又称特异性免疫。非特异性免疫和特异性免疫紧密配合,共同发挥作用(图3-1)。

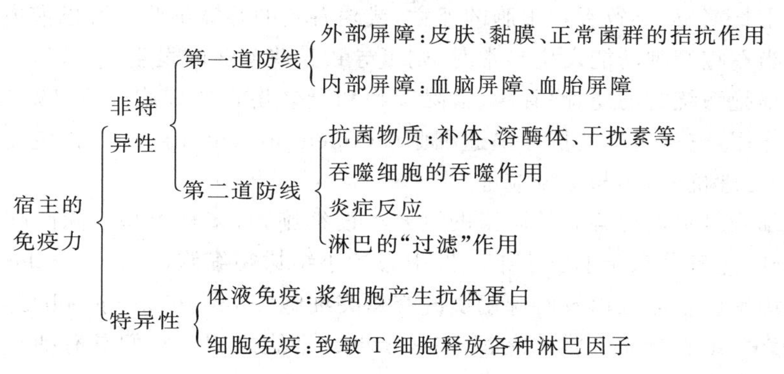

图3-1　宿主的免疫力

(二)屏障结构

1. 皮肤和黏膜屏障

这是宿主对病原体的"第一道防线"或"机械防线",健康完整的皮肤和黏膜是阻止病原菌侵入的强有力屏障。其作用主要有3方面:①机械性阻挡和排除作用;②化学物质的抗菌作用,如汗腺分泌的乳酸、皮脂腺分泌的脂肪酸、胃黏膜分泌的胃酸(pH 2左右)以及泪腺、唾液腺、乳腺和呼吸道黏膜分泌的溶菌酶等,都有抑菌或杀菌作用;③正常菌群的拮抗作用。

2. 血脑屏障

一种可阻挡病原体及其有毒产物或某些药物从血流透入脑组织或脑脊液的非专有解剖构造,具有保护中枢神经系统的功能,主要由软脑膜、脉络丛、脑血管及星状胶质细胞组成。这些组织结构致密,病原菌及其他大分子物质常不易通过,故能保护中枢神经系统。婴幼儿因血脑屏障未发育完善,故易患脑膜炎或乙型脑炎等传染病。

3. 血胎屏障

血胎屏障是由母体子宫内膜的底蜕膜和胎儿的绒毛膜滋养层细胞共同构成。当它发育成熟(约妊娠3个月)后,此屏障不妨碍母胎之间的物质交换,但能防止母体内病原微生物的穿过,从而保护胎儿免受感染。

(三)吞噬细胞

当病原体一旦突破"第一道防线"即表皮和黏膜屏障结构后,就会遇到宿主非特异性防御系统中的"第二道防线"的抵抗，吞噬细胞的吞噬作用就是其中重要的一环。单核吞噬细胞系统(monoeuclear phagocyte system)又称单核巨噬细胞系统，是高等动物体内具有强烈吞噬能力的巨噬细胞，与其前身细胞所组成的一个细胞系统，是机体防御结构的重要组成部分。

单核吞噬细胞系统的细胞，有骨髓中的定向干细胞、原单核细胞、幼单核细胞，血液内的单核细胞和多种器官中的巨噬细胞。后者包括结缔组织的巨噬细胞，肝内的库普弗(kupffer)细胞，肺的尘细胞、淋巴结和脾的巨噬细胞，胸膜腔和腹膜的巨噬细胞，神经组织的小胶质细胞以及骨组织的破骨细胞等。它们的特点是均来源于血中的单核细胞，细胞核为单个，细胞膜表面具有抗体和补体的受体，有活跃的吞噬作用等。

吞噬细胞的作用：吞噬处理异物(包括微生物)和衰老的机体自身成分。细菌不能被杀死的吞噬作用称为不完全吞噬；能杀灭细菌的称为完全吞噬。不完全吞噬可使细菌在吞噬细胞内受到保护，免受体液中特异性抗体、非特异性抗菌物质或抗菌药物的作用。有时细菌甚至能在吞噬细胞内生长繁殖，导致吞噬细胞的死亡，或随游走的吞噬细胞经淋巴液或血液播散到人体其他部位。当吞噬细胞功能发生异常时，则可导致某些疾病的发生。

单核吞噬细胞系统的功能，除吞噬、清除异物和衰老伤亡的细胞外，巨噬细胞在免疫应答中还具有重要作用：它是主要的抗原呈递细胞(antigen presenting cell)，在免疫应答的起始阶段，巨噬细胞能处理抗原，参与免疫应答。

抗原呈递细胞是免疫应答起始阶段的重要辅助细胞，有多种类型。除巨噬细胞是处理抗原的主要细胞外，还有分布于淋巴小结生发中心的小结树突细胞(follicular dendritic cell)、分布于脾和淋巴结胸腺依赖区以及胸腺髓质的交错突细胞(interdigitating cell)等。它们的共同特点是细胞有许多细长分支的胞质突起，伸展于淋巴细胞之间。它们具有捕获或传递抗原或长期保留抗原的作用。

(四)抗菌物质

在正常人体的体液和组织中存在多种具有抗菌作用的物质，如补体、溶菌酶、干扰素等。这些物质对某些细菌可分别表现出抑菌、杀菌或溶菌等作用，常配合其他杀菌因素发挥作用。

1. 补体

存在于正常机体体液中的非特异性的血清蛋白，包括30余种蛋白质成分，主要由肝细胞和巨噬细胞产生。补体能被任何抗原-抗体复合物激活，由无活性形式转变为对病原体具有杀灭作用的活性形式，称为补体激活。激活后的补体就能参与破坏或清除已被抗体结合的抗原或细胞。

2. 干扰素

宿主淋巴细胞在病毒等多种诱生剂刺激下产生的一类低分子量糖蛋白。具有广谱抗病毒的功能。干扰素作用于宿主细胞，使之合成抗病毒蛋白、控制病毒蛋白质合成，影响病毒的组装释放，具有广谱抗病毒功能；同时，还有多方面的免疫调节作用。

(五)炎症反应

炎症是机体受到有害刺激时所表现的一系列局部和全身性防御应答，可以看作是非特异免疫的综合作用结果，其作用是清除有害异物、修复受伤组织、保持自身稳定性。以红、肿、痛、热和功能障碍为主要症状。

炎症既是一种病理过程，又是一种防御病原体的积极方式：可动员大量的吞噬细胞聚集在炎症部位；血液中的抗菌因子和抗体发生局部浓缩；死亡宿主细胞的堆积可释放抗微生物物质；炎症中心氧浓度下降和乳酸积累，进一步抑制病原菌的生长；适度的体温升高可以加速免疫反应的进程；炎症引起的升温（"发烧"）有助于白细胞穿过静脉血管壁进入淋巴组织、加速免疫应答，以便与细菌等病原体进行更好的斗争。

（六）免疫应答

免疫应答是指发生在活生物体内的特异性免疫的系列反应过程。这是一个从抗原刺激开始，经抗原特异性淋巴细胞对抗原的识别（感应），使它们发生活化、增殖、分化等一系列变化，最终表现出体液免疫或细胞免疫效应。能识别异己、具有特异性和记忆性是免疫应答的 3 个突出特点。

免疫应答过程可分 3 个阶段，即感应阶段、增殖分化阶段以及效应阶段。根据参与的免疫活性细胞的种类和功能的不同，免疫应答又可分为细胞免疫和体液免疫。细胞免疫，指机体在抗原刺激下，一类小淋巴细胞（依赖胸腺的 T 细胞）发生增殖、分化，进而直接攻击靶细胞或间接地释放一些淋巴因子的免疫作用。体液免疫，指机体受抗原刺激后，来源于骨髓的一类小淋巴细胞（B 细胞）进行增殖并分化为浆细胞，由它合成抗体并释放到体液中以发挥其免疫作用。

图 3-2 中 TD 抗原（胸腺依赖性抗原）指需要 T 细胞辅助和巨噬细胞参与才能激活 B 细胞产生抗体的抗原性物质。包括血细胞、血清成分、细菌细胞等。TI 抗原（非胸腺依赖性抗原），指它在刺激机体产生抗体不需要 T 细胞辅助的抗原或是对 T 细胞依赖程度很低的抗原。包括一些多糖、脂类和核酸类抗原，例如细菌荚膜多糖、LPS 或鞭毛蛋白等，它们一般仅引起机体产生体液免疫中的初次应答，而不引起再次应答。

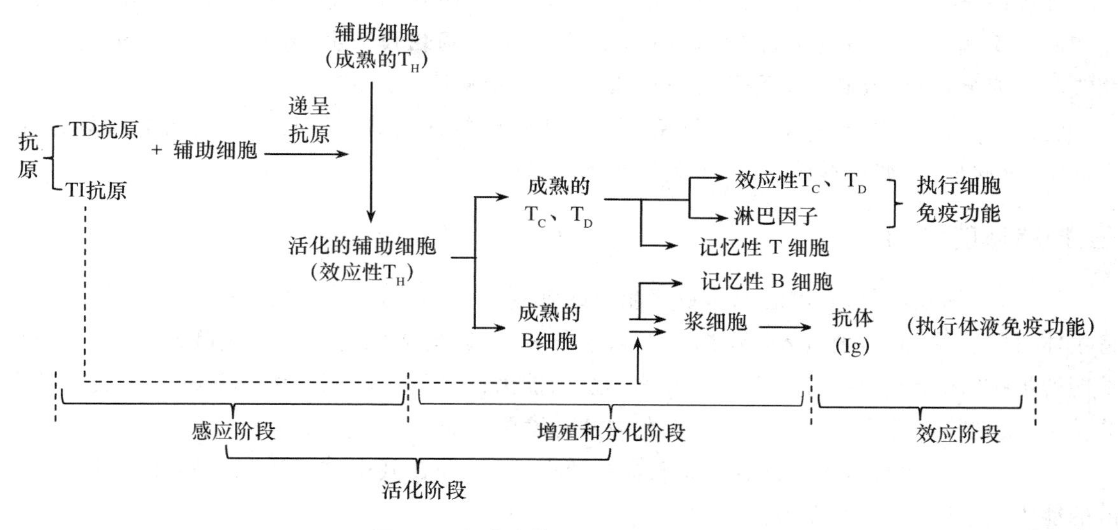

图 3-2　免疫应答过程和类型示意图

二、人体胃肠道防御系统

（一）胃肠道消化液（酶）：胃酸、胆汁酸、消化酶

（1）胃酸。胃液的酸性比较高，pH 2 左右。在胃的酸性环境下，许多病原微生物可被杀灭。如果胃的酸性降低或胃 pH 增高，增加了病原体在胃内存活和进入小肠的机会，同时也增

加了肠道感染病原体的机会。如沙门氏菌、空肠弯曲菌如随牛奶或其他对胃酸起缓冲作用的食物进入体内，胃酸对其杀灭作用会显著下降，对人体的感染菌量也较其他食物低得多。

引起胃酸降低的因素有：①食品的缓冲作用，如牛奶中的某些成分可以引起酸性下降；②服用抗酸剂，如服用缓冲剂可以引起胃酸下降；③某些药物具有抑制胃酸分泌的作用，从而引起胃酸分泌减少；④施行胃切除术，由于部分或全部胃体切除，引起胃酸分泌减少。

(2)胆汁酸和消化酶。胆汁酸是在人体的肝脏内生成的，主要用来帮助消化与吸收脂肪。胆汁酸可以抑制许多病原微生物在人体内的生长繁殖。一般认为，胆汁酸是抑制肉毒杆菌在成人肠道内产生肉毒毒素的重要原因。然而，有些病原微生物并不受胆汁酸的影响，如大肠埃希菌、沙门氏菌和志贺氏菌等。

在整个胃肠道，各种消化酶类的活性较为活跃。许多消化酶可以抑制或灭活各种微生物，如唾液中的溶菌酶可以有效地杀灭和消解某些微生物。但在某种情况下，如存在肉毒毒素时，胃肠道的酶类对毒素可以起到激活的作用。

(二)胃肠道免疫系统

胃肠道也有相对独立的免疫系统，防御和抑制病原体的侵袭。如利用酶破坏、减少某些大分子物质的吸收，胃肠道蠕动及产生相应的抗体等方式。

(三)胃肠道正常菌群

动物研究表明，成年动物体内的正常菌群可以抑制病原微生物在肠道特定部位定居和生长繁殖。

食源性病原体必须具有与正常菌群竞争的优势，能在肠黏膜寄生或能逃避肠道免疫系统才能引起疾病。有些病原体能产生趋附因子，使其易在肠黏膜寄生；有的病原体可生成酶、毒素或其他成分，改变或破坏肠黏膜的渗透压，从而易于病原体的侵入。

肠道中正常菌群：类杆菌、双歧杆菌、大肠杆菌、厌氧性链球菌、粪链球菌、葡萄球菌、白色念球菌、乳酸杆菌、变形杆菌、产气荚膜梭菌等。

三、病原体的毒力

毒力，又称致病力，表示病原体致病能力的强弱。对细菌性病原体来说，毒力就是菌体对宿主体表的吸附，向体内侵入，在体内定居、生长和繁殖，向周围组织的扩散蔓延，对宿主防御功能的抵抗，以及产生损害宿主的毒素等一系列能力的总和。不同的细菌其毒力组成有很大的差别，现把构成毒力诸因素归结为侵袭力和毒素两方面。

(1)侵袭力：指病原体所具有的突破宿主防御功能，并在其中进行生长繁殖和实现蔓延扩散的能力，包括以下 3 种能力。

①吸附和侵入能力：如 *Salmonella* spp.(若干沙门氏菌)和 *Vibrio* spp.(若干弧菌)等生活在人体肠道的致病菌可通过其菌毛而吸附在肠道上皮上，淋病奈瑟氏球菌的菌毛可使其牢牢吸附于尿道黏膜的上皮表面等。吸附后，有的病原体仅在原处生长繁殖并引起疾病，如霍乱弧菌；有的侵入细胞内生长、产毒，并杀死细胞、产生溃疡，如痢疾志贺氏菌；有的则通过黏膜上皮细胞或细胞间质，侵入表层下部组织或血液中进一步扩散，如溶血链球菌引起的化脓性感染等。菌毛(fimbria)在吸附中起着主要的作用，例如，在已知的 160 种不同血清型的 *Escherich-*

ia coli 中，绝大多数都是只生活在大肠中与宿主互生的无毒正常菌群，只有 O157 等极少数菌株才可黏附在小肠黏膜上并能产生毒素和引起腹泻。研究表明，后者在细胞表面具有特殊的菌毛蛋白——定居因子抗原。

②繁殖与扩散能力：不同的病原体有不同的繁殖、扩散能力，但主要都是通过产生一些特殊酶完成的，例如：

透明质酸酶：旧称"扩散因子"(spreading factor)，可水解机体结缔组织中的透明质酸，引起组织松散、通透性增加，有利于病原体迅速扩散，因而可发展成全身性感染。链球菌属、葡萄球菌属、梭菌属的若干种可产此酶。

胶原酶：能水解胶原蛋白(collagen)以利于病原体在组织中扩散。可引起气性坏疽的病原菌——产气荚膜梭菌等可产此酶。

血浆凝固酶：能使血浆加速凝固成纤维蛋白屏障，借以保护病原体免受宿主吞噬细胞的吞噬和抗体的攻击作用。部分可引起疖子和丘疹的金黄色葡萄球菌株可产此酶。

链激酶：又称血纤维蛋白溶酶，能激活血纤维蛋白溶酶原(胞浆素原)，使之变成血纤维蛋白溶酶(胞浆素)，再由后者把血浆中的纤维蛋白凝块水解，从而有利于病原体在组织中扩散。溶血链球菌和酿脓链球菌可产此酶。在医疗实践上，高纯度的细菌链激酶已被用于治疗急性血栓栓塞性疾病，如心肌梗死、肺栓塞以及深部静脉血栓疾病等。

卵磷脂酶：可水解各种组织的细胞，尤其是红细胞。如产气荚膜梭菌(*Clostridium perfringens*)的毒力和蛇毒主要都由此酶引起。

③ 抵抗宿主防御功能的能力：种类很多，如一些 *Streptococcus* spp. 可产生溶血素抑制白细胞的趋化性；一些 *Staphylococcus* spp. 可产生 A 蛋白，它与调理素(抗体 IgG)相结合后，可抑制白细胞对细菌的吞噬；痢疾志贺氏菌可通过抑制宿主肠道上皮抗菌肽基因的转录而有利于自己的大量繁殖等。

(2)毒素：细菌毒素可分外毒素和内毒素两个大类(表 3-3)。

①外毒素：指在病原细菌生长过程中不断向外界环境分泌的一类毒性蛋白质，有的属于酶，有的属于酶原，有的属于毒蛋白。若将产生外毒素细菌的液体培养基用滤菌器过滤除菌，即能获得外毒素。

若用 0.3%～0.4%甲醛溶液对外毒素进行脱毒处理，可获得失去毒性但仍保留其原有免疫原性的生物制品，称作类毒素。将其注射机体后，可使机体产生对相应外毒素具有免疫性的抗体(抗毒素)。常用的类毒素有白喉类毒素、破伤风类毒素和肉毒类毒素等。

②内毒素：是 G^- 细菌细胞壁外层的组分之一，其化学成分是脂多糖。因为它在活细胞中不分泌到体外，仅在细菌死亡后自溶或人工裂解时才释放，故称内毒素。若将内毒素注射到温血动物或人体内后，会刺激宿主细胞释放内源性的热源质(pyrogen)，通过它对大脑控温中心的作用，就会引起动物发高烧。与外毒素相比，内毒素的毒性较低，例如，它对实验鼠的 LD_{50} 为每鼠 200～400 μg，而外毒素——肉毒毒素则每鼠仅 25 pg($1\ pg = 10^{-6}\ \mu g$)。

由于内毒素具有生物毒性，又有极强的化学稳定性(在 250℃下干热灭菌 2 h 才完全灭活)，因此，在生物制品、抗生素、葡萄糖液和无菌水等注射用药中，都严格限制其存在。但在脑膜炎的诊断中，则要检出脑脊液中是否有内毒素(即 G^- 细菌的指示物)的存在。为此，希望有一种内毒素的灵敏检出法。以往曾用家兔发热试验法检测，但因此法既费时(2～3 d)、费工、费钱，又灵敏度较低（～2 ng/mL，1 ng=10^{-9} g），故从1968年起，已逐步被一种更专一、更简便、更快速（1 h）和更灵敏（10～20 pg/mL）的鲎试剂法（limulus assay）即鲎变形细胞溶解物试验法所取代。

鲎俗称“马蹄蟹”，是一类属于节肢动物门、螯肢亚门、肢口纲、剑尾目、鲎科的无脊椎动物，是已有3亿年历史的“活化石”。全世界现存种有3属5种。鲎具有开放性血管系统，每只可采血100～300 mL，其血清呈蓝色，内含血蓝蛋白和外源凝集素。鲎血中仅含一种变形细胞，其裂解产物可与G^-细菌的内毒素和脂磷壁酸（膜磷壁酸）等发生特异性和高灵敏度的凝胶化反应。

表 3-3 外毒素与内毒素的比较

项目	外毒素	内毒素
产生菌	革兰氏阳性菌为主	革兰氏阴性菌
化学成分	蛋白质	脂多糖（LPS）
释放时间	一般随时分泌	菌体死亡后裂解释放
致病特异性	不同外毒素各不相同	不同病原菌的内毒素基本相同
毒性	强	弱
抗原性	完全抗原，抗原性强	不完全抗原，抗原性弱
制成类毒素	能	不能
热稳定性	差	耐热性强

四、高危人群

儿童、老年人、免疫力低下者由于自身特殊的生理特点以及免疫力的问题是食源性疾病的高危人群（也称易感人群）。同时与食源性疾病致病因子密切接触的其他人群亦是食源性疾病发病的高危人群（或称暴露人群）。

儿童处于不断的生长发育时期，营养物质的需要量相对成人较多，消化系统的负担较重，但功能尚未发育完善，这就形成了小儿生理功能和机体需要不相适应的矛盾。小儿消化系统以外的疾病，如感冒、肺炎和其他疾病，均容易影响小儿的消化功能，造成食欲不好、呕吐或腹泻。有时这些表现在原发疾病恢复后的一段时间才能恢复。同时由于小儿免疫系统尚未发育成熟，故当有病原菌入侵时极易引发疾病。

人到了40岁以后，机体形态和功能逐渐出现衰老现象。老年人在身体形态和功能方面均发生了一系列的变化，主要表现在：①机体组织成分中代谢不活跃的部分比重增加，比如65岁与20岁相比，体脂多出部分可达体重的10%～20%；而细胞内水分却随年龄增长呈减少趋势，造成细胞内液量减少，并导致细胞数量减少，出现脏器萎缩。②器官机能减退，尤其是消化吸收、代谢功能、排泄功能及循环功能减退，如不适当加以调整，将会进一步促进衰老过程的发展。进入老年期后体力活动减少，消化和吸收功能减退，易导致食欲减退。同时随着年龄的增加，免疫器官功能退化，正常免疫功能减弱，故老年人容易受细菌、病毒和其他病原体的感染。

五、感染剂量和毒性剂量

同一病原物污染的食品对不同个体的感染剂量和中毒剂量不同，对于相同个体，不同病原微生物污染的食品引起疾病的感染剂量和中毒剂量也不同。

（一）疾病或疾病罹患率的剂量-反应关系

对引起人体感染的病原因子（如各种病原微生物）而言，引起疾病的临界点被称为感染量

(infective dose)。引起人体毒性反应的病原因子(如细菌毒素和各种化学毒物等)致病的临界点称为毒性剂量(toxic dose)。

一般情况下,食源性疾病的发生频率与病情的严重程度随病原因子摄入体内且超过疾病临界点的数量的不断增加而增加,这种现象又被称为疾病或疾病罹患率的剂量-反应关系(dose-response relationship)。

(二)感染剂量和毒性剂量的确定

对食源性疾病病原物质感染量或毒性剂量的研究,目前主要采取自愿者试食和分析食物中毒暴发资料两方面获取食源性疾病与病原菌数量之间的关系数据。

1. 自愿者试食方法

就是选择一批自愿者,经口食用含有一定菌量的受试食品,然后根据受试者出现所观察的发病症状与摄入菌量之间的概率模型预测计算出病原菌的最低感染量或毒性剂量。

从现有的资料来看,食源性病原菌致病菌量范围一般认为在 10^6～10^8 CFU/g,但也有部分食源性病原菌,其致病菌量在 10～10^3 CFU/g。

2. 自愿者试食方法的局限性

由于以上预测方法存在着采样和实验室技术等方面的局限性,因此对类似研究结果的解释应当十分注意。另外试验结果还受受试人健康状况及进食的食品种类影响。如某些食品(牛奶)成为一些感染性物质或毒性物质增强其感染性或发病率的良好传播媒介。

另外,食源性疾病的发生还与细菌血清型、菌株毒力强弱、摄入量以及感染的人群的特征等有着密切关系。

第四节　食品微生物检验中常用的抑菌物质

食品卫生微生物检验已有 100 多年的历史,从过去传统的检验方法发展到目前的快速检测,由完全依赖使用培养基向其他方法发展,如免疫技术、核酸技术、发光技术等。但这些技术尚有自身无法彻底解决的一些问题,如检验结果出现假阳性、假阴性的问题,不能区别活菌死菌问题等。同时这些新方法也都需要传统的增殖富集目的菌的方法。而增殖富集目的菌则需要弄清选择性培养基中的抑菌物质的抗菌谱。

食品卫生微生物检验中常用的抑菌物质可分为以下几类:无机盐类、氨基酸类、醇类、有机酸及其盐类和衍生物、表面活性剂类、染料类、抗生素类和气体类。

一、无机盐类

常用的无机盐类有氯化钠、叠氮化钠、氯化锂、氯化镁、亚硫酸盐类、亚硒酸盐类和亚碲酸盐。

抑制革兰氏阴性菌的有叠氮化钠(阻断氧化酶)、氯化锂。叠氮化钠还抑制大部分乳酸菌。链球菌、肠球菌、葡萄球菌、红斑丹毒菌、部分微球菌、部分乳酸杆菌、部分气球菌耐一定浓度的叠氮化钠。

氯化锂抑制假单胞菌外的革兰氏阴性菌,还抑制链球菌、肠球菌。

亚硫酸盐类。攻击细菌酶系统,如氧化酶,一般不利于需氧细菌生长。亚硫酸盐在酸性条件下产生二氧化硫，破坏细胞膜系统，造成渗漏。对革兰氏阳性菌和革兰氏阴性菌都有抑制和杀灭作用。亚硫酸盐一般抑制酶类，尤其是强烈抑制有巯基的酶类。对亚硫酸盐最敏感的是NAD依赖型的酶促反应。在大肠杆菌中抑制由苹果酸到草酰乙酸的反应。另外还抑制霉菌和酵母（需要的浓度比抑制细菌的浓度高）。

亚硫酸盐类有效杀菌成分为SO_2，pH 5.1以上时抗菌效果下降。与—SH有反应。不同类型的亚硫酸盐中有效SO_2含量是不相同的，纯的二氧化硫为100%，亚硫酸为78.0%，亚硫酸钠为50.8%，亚硫酸氢钠为61.2%，焦亚硫酸钠为67.4%，低亚硫酸钠为73.6%，焦亚硫酸钾为57.7%。肠杆菌科细菌较其他菌更耐二氧化硫。个别假单胞菌也较其他菌更耐二氧化硫。革兰氏阳性菌的耐力较差，包括芽孢杆菌。个别乳杆菌、短杆菌耐力较好。

亚硒酸盐类。一定浓度的亚硒酸盐类，较强抑制大多数革兰氏阳性菌。假单胞菌属和变形杆菌属耐药。亚硒酸氢盐效果最好。

亚碲酸盐抑制气单胞菌等革兰氏阴性菌，用于分离棒杆菌属、李斯特菌属等属。亚碲酸钾的毒性来自其强氧化性，如果将亚碲酸钾还原为元素碲，则其毒性不复存在。在一些细菌中存在与亚碲酸盐还原有关的基因，有的菌在染色质上，有的菌在质粒上。而亚碲酸钾还原为碲的原理主要是亚碲酸钾通过细菌细胞膜上的磷酸盐通道进入细胞，而后在细胞内侧硝酸盐还原酶的作用下，亚碲酸钾的Te(Ⅱ)被硝酸盐还原酶中的谷胱甘肽或硫醇还原而脱毒。一些菌能在含一定浓度的亚碲酸盐的培养基上生长，如霍乱弧菌、志贺氏菌、大肠杆菌O157:H7、红斑丹毒菌、白喉棒杆菌、金黄色葡萄球菌、微球菌、芽孢杆菌、链球菌等。除部分抑制作用外，还用作指示系统。

亚硫酸盐、亚硒酸盐、亚碲酸盐一般不利于细菌生长。有些菌能在短时间内分别使它们转变为硫化氢、硒-连多硫酸盐和黑色的碲，解除部分毒性（与半胱氨酸的巯基作用，抑制酶活性）。无还原或利用这些化学物质能力的细菌被抑制生长或推迟生长。

柠檬酸盐-胆盐（或去氧胆酸钠）-硫代硫酸盐系统适合柠檬酸盐阳性的肠杆菌科细菌生长，但不利于大多数好氧革兰氏阴性菌的生长（硫代硫酸钠的降低氧化还原电位的作用和柠檬酸的络合作用）。添加一定浓度的氯化钠适合依赖钠生长的柠檬酸盐阳性的弧菌生长。能生长的大多数都是革兰氏阴性发酵型的细菌。

用于提高渗透压的有氯化镁。在沙门氏菌检验中，4%的氯化镁加上酸性条件，抑制变形杆菌外的大部分细菌，对变形杆菌也有一定抑制。

氯化钠是使用最广泛的选择剂。由于不同细菌的耐盐能力相差很大，所以氯化钠是非常有用的选择剂。

二、氨基酸类

常用的有甘氨酸，需要较高浓度。其他有抗菌作用的氨基酸有丙氨酸、丝氨酸、苏氨酸、色氨酸、苯丙氨酸、胱氨酸、精氨酸等。因经济原因多使用甘氨酸。当然不同氨基酸对细菌的选择性也不同。

甘氨酸：降低水分活度。在中性附近溶解度高，只存在于自由水中。而微生物生长需要的是自由水，因此在中性附近使用效率高。pH 6以下时效果差。也有人证明甘氨酸代替丙氨酸进入反应，抑制UDP-乙酰胞壁酰-*L*-丙氨酸合成酶系，从而抑制细菌细胞壁合成，因此有抑菌作用。有试验表明，一定浓度的甘氨酸能抑制枯草杆菌等大多数芽孢杆菌、假单胞菌、大肠杆菌、黄杆菌、不动杆菌、产碱菌、节杆菌、短杆菌、微球菌等，而对葡萄球菌、肠球菌、李斯特菌、乳杆菌、气单胞菌、变形杆菌、溶藻性弧菌等少数弧菌、棒杆菌、八叠球菌、蜡样芽孢杆菌、侧胞芽孢杆菌等少数芽孢杆菌抑制弱或无抑制。大体上抑制需氧菌、部分兼性厌氧菌和大多数芽孢杆菌。有的大肠杆菌等肠道杆菌和有的枯草杆菌也耐甘氨酸。与其他抑制剂(如氯化钠、柠檬酸钠、醋酸、乙醇、溶菌酶等)合用常有协同作用。甘氨酸的另一重要作用是提高培养基的渗透压，在食品工业中用于肉制品、水产制品、面条、酱菜、豆腐、豆馅的防腐。

三、甘油和苯乙醇

甘油：低浓度对细菌无伤害，但有些细菌不能利用甘油作为碳源。产荧光假单胞菌、热杀索丝菌等菌，能利用甘油作为碳源。在培养耐渗霉菌、酵母时使用甘油降低水分活度，以抑制不耐干燥的杂菌。有的细菌也耐高浓度甘油。

苯乙醇(2.5 mL/L)：一定浓度下抑制大肠杆菌、变形杆菌等革兰氏阴性杆菌，不抑制葡萄球菌和链球菌。

四、有机酸及其盐类和衍生物

1. 柠檬酸

低浓度下抑制革兰氏阳性球菌类(0.1%抑制微球菌属和葡萄球菌属)，高浓度下抑制革兰氏阴性杆菌(浓度在0.5%以上抑制肠杆菌科细菌和芽孢杆菌及霉菌、酵母，0.5%的浓度用于筛选乳酸菌)。pH 6.0以下时有抑菌效果。柠檬酸与其他抑制剂合用常有协同作用。

有机酸抗菌需要酸性条件。非解离的小分子有机酸易透过菌体内，有抗菌性。大于等于六碳的有机酸不能透过革兰氏阴性菌的细胞壁。柠檬酸透过细胞膜需要膜上特殊蛋白质。短链脂肪酸对革兰氏阴性菌和阳性菌同样抑制，长链有机酸干扰细胞膜的渗透性，一般抑制革兰氏阳性菌。

2. 柠檬酸盐、草酸盐

与胆盐或去氧胆酸盐合用，用于抑制耐胆盐的革兰氏阳性球菌。与破坏细胞膜的其他抑制剂(如胆盐、去氧胆酸钠)合用常有协同作用。络合渗漏的钙、镁等重要的无机离子，从而使这些无机离子参与的酶失效。有些乳杆菌属、金黄色葡萄球菌及有些节杆菌易受柠檬酸盐抑制。草酸盐的抑菌性比柠檬酸盐更强，甚至能抑制假单胞菌。草酸对大肠杆菌和伤寒沙门氏菌有很强抑制作用。

3. 乙酸及乙酸盐

抑制醋杆菌属和一些乳酸菌、产丙酸菌外的大部分细菌。对革兰氏阴性菌抑制效果好。

醋酸铊抑制大多数革兰氏阳性菌和革兰氏阴性菌。主要用于抑制革兰氏阴性菌(0.2 g/L)。还用于区分粪肠球菌和屎肠球菌。

4. 山梨酸

破坏氨基酸等营养物质的吸收；与蛋白质中的巯基结合，使蛋白质失活。抑制触酶阳性菌，对部分触酶阴性菌也有效。还抑制需氧菌、霉菌、酵母。对乳杆菌属无效。

5. Irgasan

水杨酸的多种衍生物，如2,3,4′-三氯-2′-羟二酚。抑制真菌。

6. 单脂肪酸甘油酯

抑制革兰氏阳性菌和弧菌(包括产芽孢菌),高浓度时抑制霉菌和酵母,有磷酸盐、柠檬酸盐、EDTA 等络合剂时还抑制革兰氏阴性菌;蔗糖酯抑制革兰氏阳性菌(包括产芽孢菌)。抗菌效果与碳链长度关系密切。脂肪酸单甘酯因链长,容易与蛋白质链裹在一起,降低或失去抑菌性,使用时要注意。

7. 脂肪酸

饱和脂肪酸中最具抗菌性的是 C_{12},单不饱和脂肪酸中最具抗菌性的是 $C_{16:1}$,多不饱和脂肪酸中最具抗菌性的是 $C_{18:2}$。它们通常对革兰氏阳性菌和酵母菌有抑制作用。C_{12-18} 对细菌抑制最有效,C_{10-12} 对酵母抑制最有效。

中长链脂肪酸的抑菌性受 pH 影响小,短链脂肪酸则在酸性条件下效果好。

壬二酸抑制丙酸杆菌和葡萄球菌,还抑制部分真菌。

大肠菌群经过 EDTA 或柠檬酸等整合剂处理后,对脂肪酸的敏感性增加。经过热处理的革兰氏阴性菌对长链脂肪酸敏感。

五、表面活性剂类

表面活性剂指能改变液体表面张力的物质。

胆盐(5 g/L)(胆酸与牛磺酸的钠盐、胆酸与甘氨酸的钠盐及少量去氧胆酸钠的混合物。3 号胆盐为精制胆盐,1.5 g 3 号胆盐相当于 5 g 普通胆盐,3 号胆盐还抑制肠球菌):使细胞膜渗漏。抑制肠道内生长菌以外的大多数细菌,主要是革兰氏阳性菌(不能抑制肠球菌、链球菌、葡萄球菌、产气荚膜梭菌、部分芽孢杆菌等革兰氏阳性菌)和部分革兰氏阴性菌如大部分黄杆菌和莫拉氏菌属。因分子大,一般不能透过革兰氏阴性菌的细胞壁(肠道中的常见细菌:大肠杆菌、变形杆菌、肺炎克雷伯氏菌、肠杆菌、柠檬酸杆菌、假单胞菌、粪产碱菌、芽孢杆菌、八叠球菌、肠球菌、葡萄球菌、链球菌、微球菌、棒杆菌、丙酸杆菌、乳杆菌和严格厌氧菌如梭状芽孢杆菌、拟杆菌、梭杆菌、真杆菌、消化链球菌、韦荣球菌、双歧杆菌。其中厌氧菌占 99%以上)。这些肠道中的细菌能耐一定浓度的胆盐。胆汁对大肠杆菌、绿脓杆菌、金黄色葡萄球菌、霍乱弧菌的生长有促进作用。

去氧胆酸钠抑制肠球菌、芽孢杆菌、梭菌、乳杆菌等革兰氏阳性菌。

十二烷基硫酸钠(月桂基硫酸钠,英文商品名 Teepol)、Cetrimide 等。降低细胞表面张力,破坏革兰氏阳性菌的细胞膜,促进细胞自溶。Cetrimide 为 3 种含不同烷链(十二烷基、十四烷基、十六烷基)三甲基溴化胺的混合物,低浓度抑菌,高浓度杀菌。对革兰氏阳性菌更有效抑制,对绿脓杆菌无效。十六烷基三甲基溴化胺用于绿脓杆菌的分离。十二烷基硫酸钠比胆盐更有利于受伤大肠菌群的恢复生长。

季铵盐类物质。阳离子表面活性剂。破坏细胞膜并使蛋白质变性。遇阴离子表面活性剂、蛋白质等有机物或磷酸根离子等时效力减弱。一般对绿脓杆菌、结核杆菌无效。如十六烷基氯化吡啶鎓、氯化苯甲烃铵等。有一些物质能用于致病菌检验,如胆碱。

六、染料类

1. 三苯甲烷类

作用于细胞膜、细胞壁,含季铵盐结构,如结晶紫(氯化六甲基副玫瑰苯胺。掺有四甲基和五甲基的叫龙胆紫)、孔雀绿、煌绿、品红等。低浓度下抑制革兰氏阳性菌和许多真菌,高浓度(提高10倍,一般使用时稀释10万~50万倍)抑制革兰氏阴性菌和阳性菌。煌绿对芽孢杆菌的抑菌作用强于对梭状芽孢杆菌的抑制,还抑制霉菌、酵母。煌绿、孔雀绿用于分离伤寒沙门氏菌以外的沙门氏菌(沙门氏菌比大肠杆菌、志贺氏菌更耐受煌绿、孔雀绿。伤寒沙门氏菌、副伤寒沙门氏菌和有些鼠伤寒沙门氏菌、都柏林沙门氏菌对三苯甲烷类染料敏感)。

2. 荧光类

伊红、孟加拉红等有抑制细菌的作用,一般用于抑制革兰氏阳性菌。强光照射下有杀菌作用,孟加拉红还抑制霉菌扩散生长。

3. 吖啶类

吖啶黄等。作用于大范围的革兰氏阴性菌和革兰氏阳性菌。干扰DNA合成。低浓度时对革兰氏阳性菌的抑制更有效。在李斯特菌检验中用于抑制革兰氏阳性菌(10 mg/L),包括保加利亚乳杆菌和嗜热链球菌。高浓度还抑制大多数革兰氏阴性菌。样品中存在核酸类物质或核苷酸类物质时抑菌性降低。这种降低抑菌的作用还需要氨基酸,尤其是苯丙氨酸。

七、抗生素类

抗生素的作用经常取决于使用浓度。同一抗生素不一定对某属的所有菌都有抑制效果。杂菌多时抑制作用下降。以下抗生素已用于细菌分离培养基,目前在致病菌的分离方法研究中越来越广泛使用抗生素。

(一)作用于细胞壁的抗生素类

(1)β-内酰胺类。有羧苄青霉素、氨苄青霉素、头孢霉素C、头孢克肟(Cefixime)、头孢磺啶(Cefsulodin)、头孢他啶(Ceftazidime,复达欣)、头孢替坦(Cefotatan)、头孢哌酮(Cefoperazone)、拉氧头孢二钠(Moxalatan)、头孢噻啶(Cephaloridine=Ceporan)、替卡西林钠(Ticarcillin)。抑制革兰氏阳性菌和部分革兰氏阴性菌。

羧苄青霉素抑制肠道杆菌、假单胞菌、不动杆菌、嗜血杆菌等革兰氏阴性菌以及不产生β-内酰胺酶的链球菌、拟杆菌、某些梭菌和真杆菌。主要用于抑制革兰氏阳性菌。

氨苄青霉素抑菌作用类似青霉素。抑制革兰氏阳性菌和部分革兰氏阴性菌如肠道杆菌和部分厌氧菌。

替卡西林钠为抗假单胞菌青霉素,抑制革兰氏阴性菌和某些厌氧菌。

头孢霉素C用于抑制脆弱拟杆菌。对金黄色葡萄球菌、艰难梭菌无效。抑制部分革兰氏阴性菌和革兰氏阳性菌。对革兰氏阴性菌有较强抗性。

头孢噻啶抑制葡萄球菌、链球菌、大肠杆菌等。不能抑制肠球菌。

头孢菌素C抑制革兰氏阳性菌。

头孢菌素抑制表皮葡萄球菌、奈瑟氏球菌、产气荚膜梭菌、李斯特菌、枯草杆菌、白喉棒杆菌、大肠杆菌、沙门氏菌、志贺氏菌、克雷伯氏菌、放线菌。对假单胞菌、沙雷氏菌、柠檬酸杆菌、产气肠杆菌、拟杆菌等无效。

拉氧头孢二钠抑制多种革兰氏阴性菌和革兰氏阳性菌。包括变形杆菌等肠道杆菌、假单胞菌、葡萄球菌、棒杆菌、蜡样芽孢菌等。对厌氧菌也有较强抑制作用。耐β-内酰胺酶。主要用于抑制革兰氏阴性菌。李斯特菌和有的肠球菌耐药。对不动杆菌抑制效果差。

头孢磺啶抑制绿脓杆菌和大部分肠道杆菌,不能抑制肠球菌。

头孢克肟抑制链球菌和大部分肠道杆菌，但不抑制肠球菌、绿脓杆菌、李斯特菌、多数葡萄球菌、不动杆菌、多数肠杆菌属和大肠埃希氏菌。脆弱拟杆菌、梭菌耐药。

头孢哌酮抑制大多数需氧和兼性厌氧的革兰氏阴性菌。假单胞菌耐药。

头孢他啶抑制假单胞菌、莫拉氏菌、不动杆菌、大部分肠道杆菌、葡萄球菌、链球菌、丹毒丝菌、部分拟杆菌。部分金黄色葡萄球菌、表皮葡萄球菌、肠球菌、肠杆菌、李斯特菌、艰难梭菌、脆弱拟杆菌耐药。

头孢替坦用于抑制脆弱拟杆菌。抑制葡萄球菌、链球菌、大部分肠道杆菌、不动杆菌、部分拟杆菌、部分梭菌。假单胞菌、不动杆菌、艰难梭菌、肠球菌耐药。

头孢类抑制肠球菌外的大多数革兰氏阳性菌。第三代头孢类抗生素（培养基常用）还抑制大部分肠道杆菌。有的还抑制假单胞菌。

（2）糖肽类。有万古霉素、太古霉素（Teicoplanin）。二者作用类似，抑制葡萄球菌、链球菌、肠球菌、棒杆菌、产芽孢菌等大多数革兰氏阳性菌。对革兰氏阴性菌无效。片球菌属、明串珠菌属耐药。

（3）肽类。杆菌肽由枯草杆菌和地衣芽孢杆菌产生，阻止细胞膜上脂质体再生，影响肽聚糖的合成。抑制革兰氏阳性菌和部分革兰氏阴性菌。与青霉素G的作用相似。主要抑制革兰氏阳性菌，如革兰氏阳性球菌、棒杆菌、梭菌等。

（4）其他有丝氨酸、磷霉素。环丝氨酸影响叶酸的吸收，抑制革兰氏阳性菌、革兰氏阴性菌和结核分枝杆菌，包括绿脓杆菌、蕈状芽孢杆菌、金黄色葡萄球菌、大肠杆菌、变形杆菌、粪肠球菌。梭菌耐药。培养基中主要用于抑制肠球菌。

磷霉素为广谱抗生素。对大多数革兰氏阳性菌和革兰氏阴性菌都有效。如葡萄球菌、肠球菌、部分链球菌、大肠杆菌、沙门氏菌、志贺氏菌、绿脓杆菌、产碱杆菌、产气荚膜梭菌、炭疽杆菌等。抑制细胞壁合成的第一步。李斯特菌、个别克雷伯氏菌、肠杆菌、变形杆菌耐药。

（二）作用于细胞膜的抗生素类

包括多黏菌素B和E（Colistin黏菌素）、两性霉素B等。多黏菌素与细胞膜上的磷酸基团牢固结合。其蛋白部分为亲水部分，脂肪酸部分为疏水部分。使细胞膜透性增加，使小分子渗漏。抑制大部分假单胞菌、链球菌、部分肠道杆菌。革兰氏阳性菌和革兰氏阴性球菌、变形杆菌、布鲁氏菌、沙雷氏菌、脆弱拟杆菌一般耐药。

两性霉素B抑制大范围真菌和阿米巴。细菌因不含胆固醇而不受其影响。

（三）抑制DNA合成的抗生素类

包括萘啶酮酸、新生霉素等。

萘啶酮酸（40 μg/L）抑制革兰氏阴性菌，主要用于抑制肠道杆菌。但对假单胞菌、多数变形杆菌无效。更低浓度时对大肠埃希氏菌、不动杆菌无效。

新生霉素抑制葡萄球菌、链球菌、棒杆菌等革兰氏阳性菌和部分革兰氏阴性菌（如变形杆菌、奈瑟氏菌、嗜血杆菌）。对大肠杆菌、柠檬酸杆菌、假单胞菌的有些种也有一定抑制作用。主要用于抑制革兰氏阳性菌。对革兰氏阴性菌作用较弱。

（四）作用于DNA指导下的RNA聚合酶的抗生素类

利福霉素、利福平：抑制革兰氏阳性菌（尤其是球菌，有的链球菌耐药）和结核分枝杆菌以及部分革兰氏阴性菌。

(五)作用于蛋白质合成的抗生素类

氨基糖苷类有卡那霉素、链霉素、新霉素、庆大霉素、艮他霉素;大环内酯类有红霉素、竹桃霉素;四环素类有土霉素、四环素、金霉素;其他的有氯霉素、褐霉酸、放线菌酮等。一般对革兰阳性球菌和革兰阴性菌都有效。

(1)氨基糖苷类。卡那霉素抑制革兰氏阴性菌和阳性菌。主要用于抑制芽孢杆菌、肠道杆菌、弧菌、葡萄球菌等。对假单胞菌无效。对厌氧菌、链球菌、肠球菌抑制效果差。

链霉素、新霉素抑制革兰氏阳性球菌、革兰氏阴性菌和部分分枝杆菌。有不少肠道杆菌对链霉素有抗性。新霉素主要用于抑制肠道杆菌。

艮他霉素抑制革兰氏阴性菌和阳性菌。主要用于抑制革兰氏阴性菌,尤其对绿脓杆菌有效。

庆大霉素抑制革兰氏阴性菌和阳性菌。抑制几乎所有革兰氏阴性菌和葡萄球菌。D 群链球菌、厌氧拟杆菌、梭菌耐药。

(2)大环内酯类和四环素类。红霉素:对葡萄球菌属、各组链球菌和革兰阳性杆菌均具抗菌活性。对除脆弱拟杆菌和梭杆菌属以外的各种厌氧菌亦具抗菌活性。

竹桃霉素:抗菌谱同红霉素。但抑菌作用较红霉素弱。

土霉素:抑制革兰氏阳性菌和革兰氏阴性菌。如葡萄球菌、链球菌、单核细胞增生李斯特菌、炭疽杆菌、梭菌、放线菌、弧菌、布鲁菌属、弯曲杆菌、耶尔森氏菌等部分肠道杆菌等。肠球菌属对其耐药。临床常见病原菌对土霉素耐药现象严重,包括葡萄球菌等革兰阳性菌及多数革兰阴性杆菌。

四环素和金霉素的作用类似土霉素。

(3)氯霉素。抑制革兰氏阴性菌和阳性菌。而对革兰氏阴性菌作用较强,特别是对伤寒、副伤寒杆菌作用最强。

(4)褐霉酸。具有甾体骨架的抗生素。主要抑制革兰氏阳性菌,尤其是葡萄球菌、白喉棒杆菌、梭菌。对链球菌抑制作用弱。

(5)放线菌酮。能抑制 RNA 的合成,作用于 mRNA,干扰细胞的转录过程,阻止蛋白质的合成,抑制真菌。

(六)叶酸拮抗物

包括磺胺嘧啶、三甲氧苄二氨嘧啶(TMP,即甲氧苄氨嘧啶)。

因大多数细菌需自我合成叶酸,磺胺嘧啶为广泛抑制剂。作用于多数球菌和一些杆菌。如葡萄球菌、链球菌、痢疾杆菌、变形杆菌、大肠杆菌、沙门氏菌、芽孢杆菌、白喉棒杆菌、布鲁氏菌、奈瑟氏菌、肺炎球菌、放线菌等。肠球菌、绿脓杆菌、部分梭菌、部分李斯特菌、脆弱拟杆菌、衣原体耐药。

三甲氧苄二氨嘧啶为磺胺增效剂。抑制二氢叶酸酶,使二氢叶酸无法变成四氢叶酸。也是广泛抑制剂。抑制如葡萄球菌、链球菌、李斯特菌、肠杆菌科等大多数革兰氏阴性菌,但不能抑制绿脓杆菌等假单胞菌、非肠杆菌科肠道杆菌、乳酸杆菌、肠球菌。与磺胺嘧啶合用,双重阻止叶酸合成。

(七)乙酰辅酶 A 的抑制剂

呋喃妥因、呋喃唑酮(Furazolidone),对大多数革兰氏阳性菌和革兰氏阴性菌都有抑制,如葡萄球菌、大肠杆菌、痢疾杆菌、淋球菌等。已出现许多耐药菌株。对变形杆菌、克雷伯氏菌、沙雷氏菌作用较弱。对绿脓杆菌无效。呋喃妥因用于假单胞菌的选择性分离，呋喃唑酮也叫痢特灵，与甘露醇高盐琼脂结合，用于葡萄球菌和微球菌共同存在时选择性培养微球菌。

在使用抗生素为选择剂时，尽量避免使用作用于DNA的药物，以保证目的菌的遗传稳定，从而避免目的菌改变代谢性质。另外在使用抑制剂时要注意浓度和用量、活性单位等。一些抑制剂用量变化，能造成抑菌谱的变化。

如果是在含抑菌剂的培养基中培养的微生物，需接种到不含抑菌剂的培养基（如营养琼脂）中培养，然后再进行试验。理由是移到不含抑菌剂的培养基中培养，以确认是纯菌落。有些杂菌虽然在有抑制剂（如萘啶酮酸）时不能增殖，但菌体变大，可能处于活动状态。当移到无抑制剂的生化试验培养基时可能迅速生长。当位于目的菌菌落位置时，可能一同被挑取，干扰目的菌的测试。

八、气体类

二氧化碳：在沙门氏菌检验中得到很好利用。TTB增菌液中的碳酸钙就起提供二氧化碳的作用。也可以考虑使用复合气体选择剂。现代气调法是一种很有效的贮存食物的方法，结合其他选择剂，也可用于微生物的选择性培养上。

有的气体作用于细胞色素系统。不同细菌的细胞色素系统差异很大，硫化氢、二氧化硫、一氧化碳等许多气体作用于细胞色素系统。C、S、N、P的氢化物和氧化物形成的气体都可能作用于细胞色素系统，对细菌产生选择性。如硫化氢对大肠杆菌的规模有抑制作用。气体选择剂和复合的气体选择剂有待开发。

思考题

1. 什么是生化试验？
2. 做生化试验有哪些注意事项？
3. 糖发酵试验中，杜氏小管起什么作用？
4. VP试验与MR试验的最初作用物以及最终产物有什么异同？
5. 硫化氢及吲哚各是细菌分解哪一类氨基酸的产物？
6. 阐述TSI试验原理，志贺氏菌、沙门氏菌及大肠杆菌各自在TSI培养基上的实验现象如何。
7. 阐述ONPG试验的原理，并举例说明哪些细菌可以24 h内发酵乳糖，哪些不能发酵乳糖，哪些可以迟缓发酵乳糖。
8. 介绍溶血性细菌溶血类型及特点。
9. 血浆凝固酶的试验原理是什么？
10. 人体免疫防御系统包括哪些内容？
11. 免疫应答的阶段、类型和特点分别是什么？
12. 人体胃肠道防御系统包括哪些内容？
13. 病原体毒力的构成要素有哪些？
14. 食源性疾病的高危人群包括哪些人？
15. 感染剂量与毒性剂量与食源性疾病的发生有何关系？这两个剂量如何确定？

第四章

食品卫生细菌学检验技术

学习目标

1. 熟悉食品卫生微生物检验的基本程序和要求，重点掌握检验样品采集原则、指导思想及具体方法。

2. 熟悉食品生产环境检验样品的采集方法。

3. 熟练掌握食品安全国家标准规定的细菌总数、大肠菌群数的检验程序、操作技术，并能获得正确的检验结果，给出规范的检验报告。

4. 熟悉相关细菌学食品安全标准。

第一节 食品微生物检验的一般程序

食品微生物检验是一门应用微生物学理论与实验方法的科学，是对食品中微生物的存在与否及种类和数量的确证。众所周知，微生物学是一门实践性非常强的学科，它有一套自己独特的研究方法。要学习好微生物检验，还必须具有医学微生物学、兽医微生物学、食品微生物学、传染病学、病理学等学科的基础，熟悉食物中毒的临床症状、流行病学及各种致病菌的生物学特性；掌握各种致病菌、霉菌和病毒的检验程序。

食品微生物检验的一般步骤，可按图 4-1 的程序进行，此图对各类食品各项微生物指标的检验具有一定的指导性。

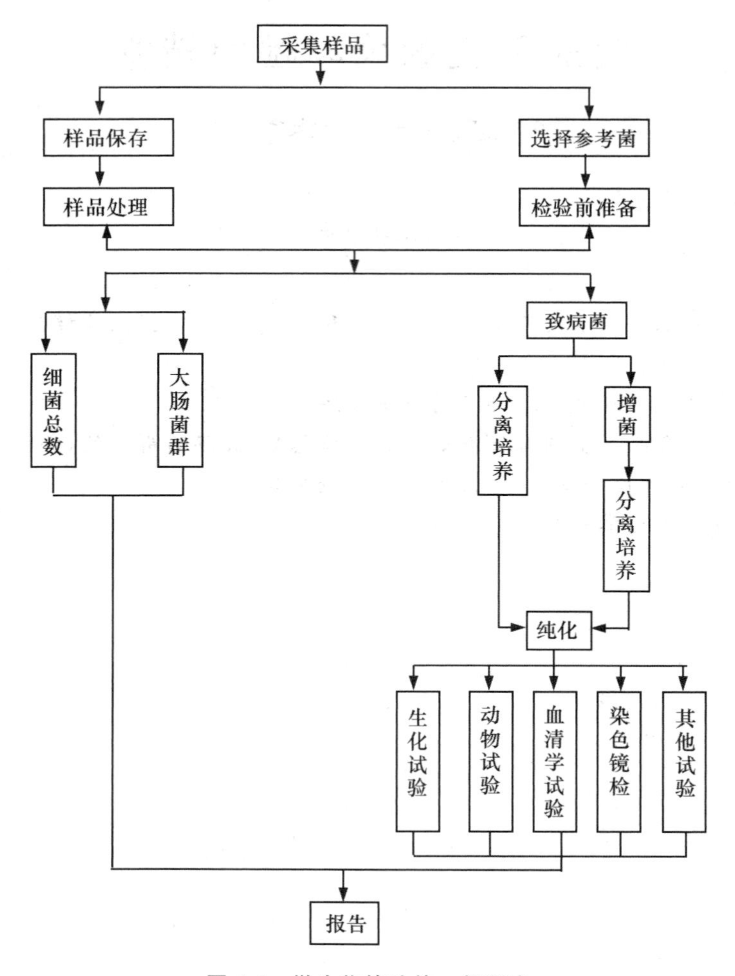

图 4-1 微生物检验的一般程序

一、检验前准备

(1)准备好所需的各种仪器设备，如冰箱、恒温水浴箱、显微镜等。

(2)各种玻璃仪器，如吸管、平皿、广口瓶、试管等均需刷洗干净，湿法(121℃，20 min)或干法(160～170℃，2 h)灭菌，冷却后送无菌室备用。

(3)准备好实验所需的各种试剂、药品，做好普通琼脂培养基或其他选择性培养基，根据需要分装试管或灭菌后倾注平板，或保存在(46±1)℃的水浴中，或保存在4℃的冰箱中备用。

(4)无菌室灭菌，如用紫外灯法灭菌，时间应不少于30 min，关灯半小时后方可进入工作；如用超净工作台或生物安全柜，需提前开机。必要时对无菌室的无菌程度进行检查。

(5)检验人员的工作衣、帽、鞋、口罩等灭菌后备用。工作人员进入无菌室后，在实验没完成前不得随便出入无菌室。

二、食品微生物检验样品的采集

(一)采样原则

1. 所采样品必须遵循随机性、代表性原则

在食品的检验中，样品的采集是极为重要的一个步骤。所采集的样品必须具有代表性，这就要求检验人员不但要掌握正确的取样方法，而且要了解食品加工的批号、原料来源、加工方法、保藏条件、运输、销售环节以及销售人员的责任心和卫生知识水平等。样品按重量可分为大样、中样、小样3种。大样指一整批样品。中样是从样品各部分取的混合样，一般为200～250 g。小样又称为检样，一般以25 g为准，用于检验。样品的种类不同，取样的数量及取样的方法也不一样。但是，一切样品的采集必须具有代表性，即所取的样品能够代表食物的所有成分。如果采集的样品没有代表性，即使一系列检验工作非常精密、准确，其结果也毫无价值，甚至会出现错误的结论。

2. 采样必须符合无菌操作的要求，防止一切外来污染

一件用具只能用于一个样品，防止交叉污染。

3. 在保存和运送过程中应保证样品中微生物的状态不发生变化

采集的非冷冻食品一般在0～5℃冷藏，不能冷藏的食品立即检验。冷冻食品应保持冷冻状态。

4. 采样标签应完整、清楚

每件样品的标签须标记清楚，尽可能提供详尽的资料。标签要牢固，具有防水性，字迹不会被擦掉或脱色。标签内容包括采样人、采样地点、时间、样品名称、来源、批号、数量、保存条件等信息。进入加工区之前应当预先标识，附加样品号码在采集过程中确定。

(二)取样方案

取样及样品处理是任何检验工作中最重要的组成部分，以检验结果的准确性来说，实验室收到的样品是否具代表性及其状态如何是关键问题。如果取样没有代表性或对样品的处理不当，得出的检验结果可能毫无意义。如果根据一小份样品的检验结果去说明一大批食品的质量或一起食物中毒事件的性质，那么设计一种科学的取样方案及采取正确的样品制备方法是必不可少的条件。

采用什么样的取样方案主要取决于检验的目的。例如，用一般的食品的卫生学微生物检验去判定一批食品合格与否；查找食物中毒病原微生物；鉴定畜禽产品中是否含有人兽共患病原体等。目的不同，取样方案也不同。

1.食品卫生学微生物检验的取样方案

目前国内外使用的取样方案多种多样，如一批产品采若干个样后混合在一起；按百分比抽样；按食品的危害程度不同抽样；按数理统计的方法决定抽样个数等。不管采取何种方案，对抽样代表性的要求是一致的。最好对整批产品的单位包装进行编号，实行随机抽样。下面列举当今世界上较为常见的几种取样方案。

(1)ICMSF 的取样方案。国际食品微生物规范委员会(简称 ICMSF)的取样方案是依据事先给食品进行的危害程度划分来确定的，将所有食品分成 3 种危害度。Ⅰ类危害：老人和婴幼儿食品及在食用前可能会增加危害的食品；Ⅱ类危害：立即食用的食品，在食用前危害基本不变；Ⅲ类危害：食用前经加热处理，危害减小的食品。另外，将检验指标对食品卫生的重要程度分成一般、中等和严重 3 档。

综合危害程度和检验指标对食品卫生的重要性，采用统计学方法形成，又将该取样方案分成二级法和三级法。

n：同一批次产品应采集的样品件数；

c：最大可允许超出 m 值的样品数；

m：微生物指标可接受水平的限量值(三级采样方案)或最高安全限量值(二级采样方案)；

M：微生物指标的最高安全限量值。

二级法：设有 n、c 和 m 值，在 n 个样品中，允许有 $\leqslant c$ 个样品其相应微生物指标检验值大于 m 值。

三级法：设有 n、c、m 和 M 值，在 n 个样品中，允许全部样品中相应微生物指标检验值小于或等于 m 值；允许有 $\leqslant c$ 个样品其相应微生物指标检验值在 m 值和 M 值之间；不允许有样品相应微生物指标检验值大于 M 值，见表 4-1。

表 4-1　ICMSF 按微生物指标的重要性和食品危害度分类后确定的取样方案

取样方法	指标重要性	指标菌	食品危害度		
			Ⅲ(轻)	Ⅱ(中)	Ⅰ(重)
二级法	一般	菌落总数 大肠菌群 大肠杆菌 葡萄球菌	$n=5$ $c=3$	$n=5$ $c=2$	$n=5$ $c=1$
	中等	金黄色葡萄球菌 蜡样芽孢杆菌 产气荚膜梭菌	$n=5$ $c=2$	$n=5$ $c=1$	$n=5$ $c=1$
三级法	中等	沙门氏菌 副溶血性弧菌 致病性大肠杆菌	$n=5$ $c=0$	$n=10$ $c=0$	$n=20$ $c=0$
	严重	肉毒梭菌 霍乱弧菌 伤寒沙门氏菌 副伤寒沙门氏菌	$n=15$ $c=0$	$n=30$ $c=0$	$n=60$ $c=0$

例如：$n=5$，$c=2$，$m=100$ CFU/g，$M=1\ 000$ CFU/g，含义是从一批产品中采集5个样品，若5个样品的检验结果均小于或等于m值（≤100 CFU/g），则这种情况是允许的；若≤2个样品的检验结果（x）位于m值和M值之间（100 CFU/g<x<1 000 CFU/g），则这种情况也是允许的；若有3个及以上样品的检验结果位于m值和M值之间，则这种情况是不允许的；若有任一样品的检验结果大于M值（>1 000 CFU/g），则这种情况也是不允许的。

（2）美国FDA的取样方案。美国食品药品监督管理局（FDA）的取样方案与ICMSF的取样方案基本一致，所不同的是严重指标菌所取的15、30、60个样可以分别混合，混合的样品量最大不超过375 g。也就是说所取的样品每个为100 g，从中取出25 g，然后将15个25 g混合成1个375 g样品，混匀后再取25 g作为试样检验，剩余样品妥善保存备查。各类食品检验时混合样品的最低数量见表4-2。

表4-2　各类食品检验时混合样品的最低数量

食品危害	混合样品的最低数量
Ⅰ	4
Ⅱ	2
Ⅲ	1

（3）世界粮农组织（FAO）规定的食品微生物质量。FAO/WHO 2013年版《食品安全应急中应用风险分析原则和程序指南》一书中列举了各种食物的微生物限量标准和取样方案。

（4）我国食品卫生学微生物检验取样方案。参照国际食品微生物规范委员会（ICMSF）的取样方案，根据检验目的、食品特点、批量、检验方法、微生物的危害程度等确定采样方案。各类食品的采样方案按食品安全相关标准的规定执行。

2. 食品安全事件中食品样品的采集

（1）由批量生产加工的食品污染导致的食品安全事故，食品样品的采集和判定原则按ICMSF的取样方案和各类食品安全相关标准规定的采样方案执行。重点采集同批次食品样品。

（2）由餐饮单位或家庭烹调加工的食品导致的食品安全事故，重点采集现场剩余食品样品，以满足食品安全事故病因判定和病原确证的要求。

3. 人畜共患病病原微生物检验的取样

当怀疑某一动物产品可能带有人兽共患病病原体时，应结合畜禽传染病学的基础知识，采取病原体最集中、最易检出的组织或体液送实验室检验。

（三）样本选择

样本选择可以分为有随机选择和针对性选择两种。

（1）在现场抽样时，可利用随机抽样表进行随机抽样。随机抽样表可用计算机随机编制而成，包括1万个数字。以一批600包样品为例，说明使用方法：

①先将一批产品的各单位产品（如箱、包、盒等）按顺序编号。将一批600包的产品编为1、2、…、600；

②随意在表上点出1个数字，查看该数字所在的行和列。如点在第48行、第10列的数字上；

③根据单位产品编号的最大位数(本例为3位数),查出所在行的连续列数字,即第48行、第10、11和12列,若其数字为245,则编号与该数相同的那一份单位产品,即为一件应抽取的样品;

④继续查下一行的相同连续列数字,即第49行的第10、11和12列的数字,该数字所代表的单位产品为另一件应抽取的样品;

⑤依次按上述方法查下去。当遇到所查数超过最大编号数量。如第50行的第10、11和12列的数字为931,大于600,则舍去此数,继续查下一行相同列数,直到完成应抽样品件数为止。

(2)有针对性地选择是根据已掌握的情况,如怀疑某种食物可能是食物中毒的原因食品,或者感观上已初步判定出该食品存在卫生质量问题,而进行有针对性的选择采集样本。

(四)食品微生物检验采样方法

确定了抽样方案以后,抽样方法对抽样方案的有效执行和保证样品的有效性、代表性至关重要。抽样必须遵循无菌操作程序,抽样工具如整套不锈钢勺子、镊子、剪刀等应当高压灭菌,防止一切可能的外来污染。容器必须清洁、干燥、防漏、广口、灭菌,大小适合盛放检样。抽样全过程中,应采取必要的措施防止食品中固有微生物的数量和生长能力发生变化。确定检验批次,应注意产品的均质性和来源,确保检样的代表性。

按照上述采样方案,能采取最小包装的食品就采取完整包装,必须拆包装取样的应按无菌操作进行。

1. 预包装食品

应采集相同批次、独立包装、适量件数的食品样品,每件样品的采样量应满足微生物指标检验的要求。①独立包装小于、等于1 000 g的固态食品或小于、等于1 000 mL的液态食品,取相同批次的包装。②独立包装大于1 000 mL的液态食品,应在采样前摇动或用无菌棒搅拌液体,使其达到均质后采集适量样品,放入同一个无菌采样容器内作为一件食品样品;大于1 000 g的固态食品,应用无菌采样器从同一包装的不同部位分别采取适量样品,放入同一个无菌采样容器内作为一件食品样品。

2. 散装食品或现场制作食品

用无菌采样工具从n个不同部位现场采集样品,放入n个无菌采样容器内作为n件食品样品。每件样品的采样量应满足微生物指标检验单位的要求。

对于散装固体或冷冻食品取样还应注意检验目的,若需检验食品污染情况,可取表层样品;若需检测其品质情况,应采取深部样品。

3. 食源性疾病及食品安全事件的食品样品

采样量应满足食源性疾病诊断和食品安全事件病因判定的检验要求。

三、样品的运送

采样后,在检样送检过程中,要尽可能保持检样原有的物理和微生物状态,不要因送检过程而引起微生物数量的减少或增多。具体可采取以下措施:

(1)所有盛样容器必须有和样品一致的标记且要无菌,装样后尽可能密封,以防止环境中的微生物进一步污染。标签应记明产品标志、号码和样品顺序号以及其他需要说明的情况。

(2)采集好的样品应及时送到食品微生物检验室，越快越好，一般不应超过 3 h，如果路途遥远，可将不需冷冻的样品保持在 1～5℃的环境中，勿使其冻结，以免细菌遭受破坏；如需保持冷冻状态，则需保存在泡沫塑料隔热箱内（箱内有干冰可维持在 0℃以下，或采用其他冷藏设备），应防止反复冰冻和融解。

(3)水产品因含水分较多，体内酶活力较旺盛，易变质。因此采样后 3 h 内送检，运送途中一般应加冰保存。

(4)送检样品不得加入任何防腐剂；对某些易死亡的病原菌的检验样品，在运送过程中可采用运送培养基。

(5)样品送检时，必须认真填写申请单，以供检验人员参考。

(6)检验人员接到送检单后，应立即登记，填写序号，并按检验要求放在冰箱或冰盒中，并积极准备，尽早进行检验。

四、食品微生物检验样品的处理

由于食品样品种类多，来源复杂，各类预检样品并不是拿来就能直接检验，要根据食品种类、性状及检验指标，经过预处理后才能进行有关的各项检验。如检测致病菌，常常需要增菌处理；而检测细菌总数，则往往需要将样品制备成稀释液。样品处理应在无菌室内进行，检样的量至少需要 10 g，一般在 25～50 g。检样与稀释剂或培养基的比例一般为 1∶9。样品处理好后，应尽快检验。

（一）液体样品

液体样品，指黏度不超过牛乳的非黏性食品，可直接用灭菌吸管准确吸取 25 mL 样品加入 225 mL 蒸馏水或生理盐水及有关的增菌液中，制成 1∶10 稀释液。吸取前要将样品充分混合，在开瓶、开盖等打开样品容器时，一定要注意表面消毒，无菌操作。用点燃的酒精棉球灼烧瓶口灭菌，用石炭酸纱布盖好，再用灭菌开瓶器将盖打开。含有二氧化碳的液体饮料先倒入灭菌的小瓶中，覆盖灭菌纱布，轻轻摇荡，待气体全部逸出后再进行检验。

（二）固体或黏性液体食品

此类样品无法用吸管吸取，可用灭菌容器称取检样 25 g，加至预热 45℃的灭菌生理盐水或蒸馏水 225 mL 中，摇荡溶解或使用振荡器震荡溶解，尽快检验。从样品稀释到接种培养，一般不超过 15 min。

(1)固体食品的处理。固体食品的处理相对复杂，处理方法有以下几种。

捣碎均质方法：将 100 g 或 100 g 以上样品剪碎混匀，从中取 25 g 放入带 225 mL 稀释液的无菌均质杯中 8 000～10 000 r/min 均质 1～2 min，这是对大部分食品样品都适用的办法。

剪碎振摇：将 100 g 或 100 g 以上样品剪碎混匀，从中取 25 g 进一步剪碎，放入带有 225 mL 稀释液和适量直径为 5 mm 左右玻璃珠的稀释瓶中，盖紧瓶盖，用力快速振摇 50 次，振幅不小于 40 cm。

研磨法：将 100 g 或 100 g 以上样品剪碎混匀，取 25 g 放入无菌乳钵充分研磨后再放入带有 225 mL 无菌稀释液的稀释瓶中，盖紧盖后充分摇匀。

整粒振摇法：有完整自然保护膜的颗粒状样品（如蒜瓣、青豆等）可以直接称取 25 g 整粒样品置入带有 225 mL 无菌稀释液和适量玻璃珠的无菌稀释瓶中，盖紧瓶盖，用力快速振摇 50 次，振幅在 40 cm 以上。冻蒜瓣样品若剪碎或均质，由于大蒜素的杀菌作用，所得结果大大低于实际水平。

胃蠕动均质法：也称拍击式均质法，这是目前较广泛采用的一种均质样品的方法，将一定量的样品和稀释液放入无菌均质袋中，开机均质。均质器有一个长方形金属盒，其旁安有金属叶板，可打击塑料袋，金属叶板由恒速马达带动，前后移动而撞碎样品。可有效地分离检验样品表面和被包含在内的微生物，样品使用一次性无菌均质滤袋隔离操作，保证卫生和安全，不需进行系统清洗。

均质比搅拌效果好。均质可以充分使细菌从食品颗粒上脱离；使细菌在液体中分布均匀；食品中营养物质可以更多地释放到液体中，有利于细菌的生长。

(2)冷冻样品的处理。冷冻样品必须事先在原容器中解冻，解冻温度为：2～5℃不超过 18 h 或 45℃不超过 15 min。样品解冻后，无菌操作称取检样 25 g，置于 225 mL 无菌稀释液中，制备均匀的 1:10 混悬液。

(3)粉状或颗粒状样品的处理。用灭菌勺或其他适用工具将样品搅拌均匀后，无菌操作称取检样 25 g，置于 225 mL 灭菌生理盐水中，充分振摇混匀或使用振荡器混匀，制成 1:10 稀释液。

五、样品检验及报告

(一)检验方法的选择

(1)每种指标都有 1 种或几种检验方法，应根据不同的食品、不同的检验目的来选择恰当的检验方法。可参考现行有效的国家标准、行业标准(如出口食品微生物检验方法)、FAO 标准、FDA 标准、日本厚生省标准、欧共体标准等。总之应根据食品的消费去向作为相应检验方法的选择依据。

(2)食品微生物检验方法标准中对同一检验项目有两个及两个以上定性检验方法时，应以常规培养方法为基准方法，具体遵循标准中规定的适用范围。

(3)食品微生物检验方法标准中对同一检验项目有两个及两个以上定量检验方法时，应以平板计数法为基准方法，具体遵循标准中规定的适用范围。

(二)记录、报告及检验后样品的处置

1. 记录

检验过程中应及时、准确地记录观察到的现象、结果和数据等信息。以下检验过程原始数据记录样表(表 4-3)仅供参考。

2. 报告

实验室应按照检验方法中规定的要求，准确、客观地报告每一项检验结果。样品检验完毕后，检验人员应及时填写报告单，签名后送主管人核实签字，加盖单位印章，以示生效，并立即交给食品卫生监督人员处理。

3. 检验后样品的处置

检验结果报告发出后，被检样品方能处理；食品微生物检验室必须备有专用冰箱存放样

品；检出致病菌的样品要经过无害化处理；检验结果报告后，剩余样品和同批产品不进行微生物项目的复检。

表 4-3　微生物检验原始记录

<table>
<tr><td>样品编号</td><td></td><td>规格 * 数量</td><td colspan="2"></td><td>收样日期</td><td colspan="2"></td></tr>
<tr><td>样品名称</td><td></td><td>样品状态</td><td colspan="2"></td><td>检验日期</td><td colspan="2"></td></tr>
<tr><td>检验环境</td><td colspan="4">温度　　℃，　相对湿度　　%</td><td>检毕日期</td><td colspan="2"></td></tr>
<tr><td>检验项目</td><td colspan="7">□菌落总数　□霉菌和酵母菌数　□大肠菌群
□沙门氏菌　□志贺氏菌　□金黄色葡萄球菌
□副溶血性弧菌　□溶血性链球菌　□________</td></tr>
<tr><td>检验依据</td><td colspan="7">GB 4789.3—2016</td></tr>
<tr><td>检测设备及编号</td><td colspan="7">□培养箱　□CO_2 培养箱　□霉菌培养箱
□天平　□生物显微镜　□细菌鉴定仪
□灭菌锅　□________</td></tr>
<tr><td>检测项目</td><td>培养基</td><td>10.0 g (mL)×3</td><td>1.0 g (mL)×3</td><td>0.1 g (mL)×3</td><td>0.01 g (mL)×3</td><td>0.001 g (mL)×3</td><td>空白对照</td></tr>
<tr><td rowspan="7">大肠菌群</td><td rowspan="3">□LST 发酵管
□乳糖胆盐发酵管</td><td></td><td></td><td></td><td></td><td></td><td></td></tr>
<tr><td></td><td></td><td></td><td></td><td></td><td></td></tr>
<tr><td></td><td></td><td></td><td></td><td></td><td></td></tr>
<tr><td>□BGLB 发酵管</td><td></td><td></td><td></td><td></td><td></td><td></td></tr>
<tr><td>□EMB 平板</td><td></td><td></td><td></td><td></td><td></td><td></td></tr>
<tr><td>□革兰氏染色</td><td></td><td></td><td></td><td></td><td></td><td></td></tr>
<tr><td>□乳糖发酵管</td><td></td><td></td><td></td><td></td><td></td><td></td></tr>
<tr><td>⋮</td><td></td><td></td><td></td><td></td><td></td><td></td><td></td></tr>
</table>

检验员：　　　　　　　　　　　　　　核验：

培养基配置：见培养基配置记录。

样品制备：按 GB 4789.3—2016 要求进行。

第二节　食品生产环境微生物检验样品的采集与制备

一、饮用水的卫生要求及水样的采集与制备

（一）饮用水的卫生要求

为保障人类饮水的卫生、安全，饮用水应满足以下几点要求：①流行病学上安全。水中不含病原微生物、病毒、寄生虫卵等，没有传染病的危险。②毒理学上可靠。水中不含有毒物质，或者有毒物质的浓度在近期或长期饮用过程中不会产生毒害作用。③生理学上有益无害。水质成分或化学组成适合人体生理需要，有必要的营养物质而不会造成损害或不良影响。④感

官上良好。水的外观和物理特性不会使人有不愉快的感觉，没有臭味（表4-4）。

表4-4　饮用水、水源水卫生标准

生活饮用水、水源水	大肠菌群/100 mL	菌落总数/(CFU/mL)
生活饮用水 GB 5749—2006 生活饮用水卫生标准	不得检出（包括总大肠菌群、耐热大肠菌群、大肠埃希氏菌）	<100
地表水 GB 3838—2002 地表水环境质量标准	200～10 000个/L耐热大肠菌群	—
地下水 GB/T 14848—2017 地下水质量标准	≤3	≤100

（二）采样容器

常用的采水器为分层采水器，由桶体、上盖和活动底板等组成。取样时液体从采水器中通过，底部有配重，可以在需要的深度提取样品。采水器为不锈钢或有机玻璃材质，确保对水样的组成不产生影响，且易于洗涤，对先前的样品不能有任何残留。取样容器用自来水和洗涤剂洗涤，并用自来水彻底冲洗后用质量分数为10%的盐酸溶液浸泡过夜，然后依次用自来水、蒸馏水洗净，高温灭菌后烘干使用。特殊采样器的清洗方法可参照仪器说明书。

另外还有水质自动采样器，可以根据采样要求实现多种采样方式（定量采样、定时定量采样、定时流量比例采样、定流定量采样和远程控制采样）及多种装瓶方式（每瓶单次采样、单采和每瓶多次采样、混采）。可实现对江、河、湖泊、企业排放水等科学监测的采样。

（三）水样采集

同一水源、同一时间采集几类检测指标的水样时，应先采集供微生物学检测的水样。注意无菌操作，以防杂菌混入。采样时应直接采集，不得用水样涮洗已灭菌的采样瓶，并避免手指和其他物品对瓶口的污染。采样时不可搅动水底的沉积物。采集测定油类水样时，应在水面至水面下300 mm采集柱状水样，全部用于测定。

水源水采集：水源水指集中式供水水源地的原水。水源水采样点通常应选择汲水处。采取江、湖、河、水库、蓄水池、游泳池等地面水源的水样时，一般在居民常取水的地点，应先将无菌采水器浸入水下10～15 cm处，井水在水下50 cm深处采集水样，流动水区应分别采取靠岸边及水流中心的水。

末梢水采集：指出厂水经输水管网输送至终端（用户水龙头）处的水。采样时，须先用清洁布将水龙头拭干，再用酒精灯灼烧水龙头灭菌，然后将水龙头完全打开，畅流5～10 min排出沉积物后，再将水龙头关小，采集水样。经常取水的水龙头放水1～3 min后即可采集水样。

出厂水采集：出厂水指集中式供水单位水处理工艺过程完成的水。采样点应设在出厂水进入输送管道以前处。

二次供水采集：指集中供水在入户之前经再度储存、加压和消毒或深度处理，通过管道或容器输送给用户的供水方式。二次供水的采集应包括水箱（或蓄水池）进水、出水以及末梢水。

分散式供水采集：指用户直接从水源取水，未经任何设施或仅有简易设施的供水方式。水样采集应根据实际情况确定。

用于微生物指标检测的水样，采样量应达到500 mL。采取经氯处理的水样（如自来水、游泳池水）时，每125 mL水样加入0.1 mg硫代硫酸钠除去残余氯（GB/T 5750.2—2006《生活饮用水标准检验方法 水样的采集和保存》），避免剩余氯对水样中微生物的毒杀作用，而影响结果的真实性。

（四）水样的运送和保存

水样采取后，应于2 h内送到检验室。如果路途较远，应连同水样瓶置于6～10℃的冰瓶内运送，运送时间不得超过6 h，洁净的水最多不超过12 h。水样送到后，应立即进行检验，如条件不许可，则可将水样暂时保存在冰箱中，但不超过4 h。

运送水样时应避免玻璃瓶摇动水样溢出后又回流瓶中，从而增加污染。最好将样品装箱运输，装运用的箱和盖都要用泡沫或瓦楞纸板作衬里或隔板，并使箱盖适度压住样品瓶。

（五）水样的卫生学检验

进行水的微生物学检验，特别是肠道细菌的检验，在保证饮水和食品安全及控制传染病上有重要意义。检验时应将水样摇匀，一般振摇5～10 min。

实验室一般只检验水中的菌落总数和大肠菌群最近似数，以此来判定水的卫生质量。具体依照GB/T 5750.12《生活饮用水标准检样方法 微生物指标》执行。

水样一般不进行病原菌的检验。在水源性传染病（霍乱、伤寒、痢疾）流行时，对可疑的水源作病原菌检验。将灭菌滤膜或滤板安装在滤菌器内，将1 000～3 000 mL水样通过滤菌器，然后取滤膜或滤板放入相应增菌液内（如碱性蛋白胨水或亚硒酸盐肉汤、GN肉汤等）进行增菌培养，然后按有关病原菌的检验方法进一步进行检验。

二、空气卫生要求及空气样品的采集与制备

（一）空气中的微生物标准

空气中的卫生指标是以常存于口腔和鼻腔中的链球菌作为卫生指标的，通常以每立方米空气中菌落总数的多少及链球菌数的多少来表示。只有在特殊情况下才进行病原微生物的检查（表4-5）。

表4-5 室内空气的卫生标准

项目	菌落总数	溶血性链球菌
限量值	≤2 500 CFU/ m³（撞击法）	≤36 CFU/ m³（撞击法）
数据来源	GB/T 18883—2002 室内空气质量标准	GB/T 18203—2000 室内空气中溶血性链球菌卫生标准

（二）空气的消毒方法

在进行微生物检验、外科手术、生物制品制造以及其他方面的微生物学研究时必须保持周围空气中无菌，这也就需要对空气进行消毒或灭菌。

在密闭的场所内，可采用稀释的消毒液喷雾，以达到灭菌或使其沉降的目的。用紫外灯光照射无菌室，也可以杀死空气中的微生物，时间应不少于45 min，还应注意关闭紫外灯后不能立即开日光灯，应保持15 min左右的黑暗，从而彻底杀灭微生物。

此外，还可以应用熏蒸法来消灭空气中的微生物，最常用的消毒剂是福尔马林。由于福尔

马林刺激性过大，可代之以醋酸熏蒸，过氧乙酸、戊二醛、含氯消毒剂等效果也很好。

（三）空气样品的采集与制备

空气体积大、菌数相对稀少，并因气流、日光、温度、湿度和人、动物的活动，使细菌在空气中的分布和数量不稳定，即使在同一室内，分布也不均匀，检查时常得不到准确的结果。这样就必须使用特殊的仪器，收集定量的、有代表性的空气样品，才能获得有意义的检验结果。

空气采样的方法有以下 3 种，即直接沉降法、过滤法、气流撞击法，其中以气流撞击法最为完善，因为这种方法能较准确地表示出空气中细菌的真正含量。

1. 直接沉降法

在检验空气中细菌含量的各种沉降法中，郭霍氏简单平皿法是最早使用的方法之一。其方法就是将营养琼脂平板或血琼脂平板放在空气中暴露一定时间（t），然后 37℃ 培养 48 h，计算所生长的菌落数，按奥梅梁斯基氏计算法，即在面积 A 为 100 cm^2 的培养基表面，5 min 沉降下来的细菌数相当于 10 L 空气中所含的细菌数。1 m^3 空气中的细菌数可按如下公式计算：

$$1\ m^3\text{细菌数} = 1\,000 \div (\frac{A}{100} \times \frac{t}{5} \times 10) \times N = \frac{50\,000}{At}N$$

式中：A—平板面积，cm^2；

t—平板暴露时间，min；

N—平板平均菌落数，CFU/平皿。

由于应用上述方法检验出空气中的细菌数比克罗托夫仪器获得的菌数少 2/3 左右。因此，有人建议将面积 100 cm^2 的培养基（培养皿直径约为 11 cm）暴露 5 min 后，即放入 37℃ 下培养 24 h，所得的细菌数可看作 3 L（而不是 10 L）空气中所含有的细菌数，则：

$$1\ m^3\text{细菌数} = 1\,000 \div (\frac{A}{100} \times \frac{t}{5} \times 3) \times N = \frac{167\,000}{At}N$$

直接沉降法空气样品采集步骤：①制备营养琼脂平板。②设置采样点。应根据现场的大小，选择有代表性的位置作为空气细菌检测的采样点。通常设置 5 个采样点，即室内墙角对角线交点为一采样点，该交点与四墙角连线的中点为另外 4 个采样点。采样高度为 0.8～1.2 m。采样点应远离墙壁 1 m 以上，并避开空调、门窗等空气流通处。③将营养琼脂平板置于采样点处，打开皿盖，暴露 10～15 min，盖上皿盖，翻转平板，置（36±1）℃ 恒温箱中，培养 48 h。④计数每块平板上生长的菌落数，求出全部采样点的平均菌落数，以每平皿菌落数（CFU/皿）报告结果。

2. 过滤法

常用的是古雅柯夫法。其原理是使定量的空气通过吸收剂，而后将吸收剂培养，计算出菌落数。

使空气通过盛有定量无菌生理盐水及玻璃珠的三角瓶。液体能阻挡空气中的尘粒通过，并吸收附着其上的细菌。通过空气时须振荡玻璃瓶数次，使得细菌充分分散于液体内，然后将此生理盐水 1 mL 接种至计数琼脂培养基，在（36±1）℃ 下培养 48 h，计算菌落数。由已知吸收空气的体积和液体量推算出 1 m^3 空气中的细菌数。若欲检查空气中病原微生物，可接种于特殊培养基上观察。

$$1\ m^3细菌数 = \frac{1\,000\,NV}{V'}$$

式中：V—吸收液体积，mL；

V'—滤过空气量，L；

N—平板平均菌落数，CFU/皿

3. 气流撞击法

采用撞击式空气微生物采样器采样，通过抽气动力作用，使空气通过狭缝或小孔而产生高速气流，从而使悬浮在空气中的带菌粒子撞击到营养琼脂平板上，经37℃，48 h培养后，计算每立方米空气中所含的细菌菌落数的采样测定方法。

$$1\ m^3细菌数 = \frac{1\,000 \times N}{V \times t}$$

式中：V—每分钟气体流量，L；

t—时间，min；

N—平板平均菌落数，CFU/皿

虽然微生物在空气中是不均匀的分散相，时空变化也较大，任何方法取样的结果都不能百分之百得到微生物实际数量，培养基种类、培养温度和时间也会限制一些微生物长出的数量，仪器取样也只是比平皿沉降取样更接近一些实际数量，但实际调查结果表明，仪器法和平皿直接沉降法的测定结果都能反映空气微生物污染趋势。

（四）空气样品的检验

1. 空气中菌落总数的测定

空气中菌落总数的测定选用计数营养琼脂培养基，按上述方法取样，经培养后计数。

2. 空气中链球菌的检验

链球菌的检验可应用上述空气样品采集方法中的任一种，只要用血琼脂平板代替计数营养琼脂平板即可。一般用血琼脂平板做沉降法检验，经培养后，计算培养基上溶血性链球菌和绿色链球菌数，经涂片、革兰氏染色、镜检证实。

3. 空气中霉菌的检验

空气中霉菌的检验，可用马铃薯琼脂培养基或玉米粉琼脂培养基，置空气中做直接沉降法检验，(27±1)℃培养3～5 d后，计算霉菌菌落数。

三、食品生产工具用具样品的采集与处理

（一）食品生产工具用具检验的卫生学意义

食品的原料都是含菌的，在食品的生产过程中，经过清洗、紫外线照射、蒸煮、烘烤、超高温等杀菌工艺后，微生物含量急剧下降或达到商业性无菌状态。但是，这些经过高温制作的食品在冷却、输送、灌装、封口、包装过程中，往往会被微生物二次污染。因此，除保持空气的清洁度和生产人员的卫生外，保持与食品直接接触的各种机械设备的清洁卫生和无菌，是防止和减少成品二次污染的关键。目前，各大食品厂一般以CIP(cleaning in place)就地清洗系统为防范措施。但为了确保食品生产设备的卫生安全，对设备的微生物检查需要制度化，以便监督生产，保证每批产品的卫生质量。

(二)工具用具卫生检验样品的采集

1. *冲洗法*

对一般容器和设备,可用一定量无菌生理盐水反复冲洗与食品接触的表面,然后用倾注平板法检查此冲洗液中的活菌总数,必要时进行大肠菌群或致病菌项目的检验。大型设备,可以用循环水通过设备,采集定量的冲洗水,用滤膜法进行微生物检测。

2. *表面擦拭法*

设备表面或环境表面的微生物检验,也常用表面擦拭法进行取样,一般是用刷洗法或海绵擦拭法。

刷子擦洗法:用无菌刷子在无菌溶液中蘸湿,反复刷洗设备表面 200～400 cm^2 的面积,然后把刷子放入盛有 225 mL 无菌生理盐水的容器中充分洗涤,将此含菌液进行微生物检验。

海绵擦拭法:用无菌镊子或戴橡皮手套拿取体积为 4 cm×4 cm×4 cm 的无菌海绵或无菌脱脂棉球,浸蘸无菌生理盐水,反复擦洗设备表面 100～200 cm^2,然后将带菌棉球或海绵放入 225 mL 无菌生理盐水中,进行充分洗涤,将此含菌液进行微生物检验。

一般要求每平方厘米的菌落总数在 5 以下,5～25 时需要处理机械或环境,大于 25 时要及时处理。也可浸蘸涂抹液取样。涂抹液配方:0.1%蛋白胨、0.1%硫代硫酸钠、0.5%吐温 80 和 0.7%的卵磷脂。

(三)工具用具卫生的微生物检验法

一般情况下,设备卫生的微生物检验只进行菌落总数的测定,报告设备表面每平方厘米的含菌量。特殊情况下,需再进行大肠菌群检测、致病菌或特殊目标菌检验。

四、土壤样品的采集与制备

一般情况不做土壤中微生物检验,只有在一些特殊情况下才进行,例如,当大批水果罐头受微生物的污染而腐败变质时,为追查原因,可取水果产地的土壤进行检验分析;当某食堂或饭店发生食物中毒时,可取食堂或饭店环境中的土壤进行检验分析,以便寻找病原菌,提供中毒证据。其样品采集与处理方法如下:

先用灭菌刀或铲除去土壤表层,再用烧灼灭菌的采样勺采取土壤 200～300 g,置于无菌容器内,并标明采取地点、深度、日期和时间。

将土壤置乳钵中研磨均匀,称取 50 g 加入盛有 450 mL 无菌水的广口瓶中,充分振摇均匀,成为 1∶10 的稀释液。然后根据检测需要依次做梯度稀释,根据要求进行细菌总数、大肠菌群、霉菌、酵母菌及致病菌等指标的检测。

第三节　食品卫生细菌学菌落总数检验技术

一、菌落总数的概念及卫生学意义

(一)菌落总数(aerobic plate count)

食品检样经过处理,在一定条件下(如培养基成分、培养温度和时间、pH、需氧性质等)培养后,所得单位质量(g)、容积(mL)或表面积(cm^2)检样中形成菌落的总数。

(二)检验菌落总数的卫生学意义

主要作为判别食品被污染程度的标志。用来检查食品原料的清洁程度、食品处理是否得当、新鲜程度和品质等，以便为被检验样品进行卫生学评价时提供依据。也可以应用这一方法观察细菌在食品中繁殖的动态，分析食品的腐败变质和推测其货架期。一般食品中菌落数多于10万个就足以引起细菌性食物中毒；如果人的感官能察觉食品因细菌的繁殖而发生变质时，细菌数大约已达到10^6～10^7个/g(mL或cm^2)。但有时食品中细菌含量很高，由于时间短暂或细菌繁殖条件不具备，就看不到变质现象。例如细菌难以生长的一些干制食品或冰冻食品。从食品卫生观点来看，食品中菌落总数越多，说明食品质量越差，病原菌污染的可能性越大。

二、平板菌落计数法的原理

(一)平板菌落计数法的依据

平板菌落计数法又称标准平板活菌计数法(standard plate count，SPC法)，是根据对样品做足够稀释后，样品中的微生物在固体培养基上能形成肉眼可以辨别的单个菌落的生理及培养特性进行的。也就是说，一个菌落即代表一个菌体细胞。但食品检样中的细菌细胞是以单个、成双、链状、葡萄状或成堆的形式存在，因而在营养琼脂平板上出现的菌落可以来源于细胞块，也可以来源于单个细胞，因此平板上所得需氧和兼性厌氧菌菌落的数字不应报告为活菌数，而应以单位质量、容积或表面积内的菌落数或菌落形成单位数(colony forming units，CFU)报告之。

(二)平板菌落计数法检验实际总菌落数的可行性

每种细菌都有其一定的生理特性，培养时只有分别满足不同的培养条件(如培养温度、培养时间、pH、需氧性质等)，才能将各种细菌培养出来。但在实际工作中，细菌菌落总数的测定一般都只用一种常用方法，即平板活菌计数法，因而并不能准确测出每克或每毫升样品中的实际总活菌数，如厌氧菌、微嗜氧菌和嗜冷冻菌在此条件下不生长，有特殊营养要求的一些细菌也受到了限制，因此，所得结果只反映一群在普通营养琼脂中发育的、嗜温的、需氧和兼性厌氧的细菌菌落总数。

由于自然界中这类细菌占多数，其数量的多少能反映出样品中的细菌总数，因此，此方法测定得到食品中的细菌总数已得到广泛认可。此外，菌落总数并不能区分细菌的种类，所以有时被称为杂菌数或需氧菌数。

三、操作步骤

食品中菌落总数测定具体程序依据GB 4789.2—2016《食品安全国家标准　食品微生物学检验菌落总数》测定。

(一)检样的稀释

按食品微生物检验样品的处理方法处理不同类型的样品，制成1∶10的样品匀液，用1 mL无菌吸管或微量移液器吸取1∶10样品匀液1 mL，沿管壁缓慢注于盛有9 mL稀释液的无菌试

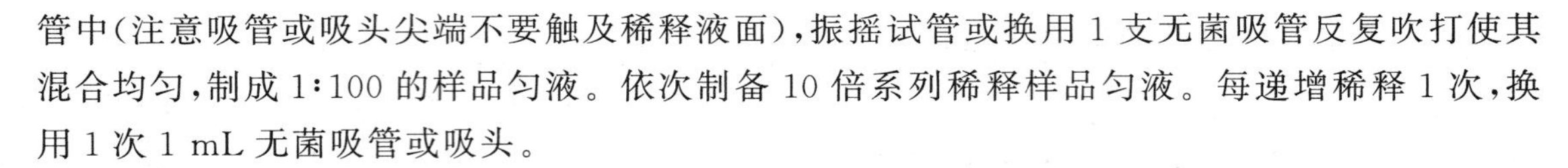

管中(注意吸管或吸头尖端不要触及稀释液面),振摇试管或换用 1 支无菌吸管反复吹打使其混合均匀,制成 1∶100 的样品匀液。依次制备 10 倍系列稀释样品匀液。每递增稀释 1 次,换用 1 次 1 mL 无菌吸管或吸头。

(二)接种

根据对样品污染状况的估计,选择 2～3 个适宜稀释度的样品匀液(液体样品可包括原液),在进行 10 倍递增稀释时,吸取 1 mL 样品匀液于无菌平皿内,每个稀释度做两个平皿。同时,分别吸取 1 mL 空白稀释液加入两个无菌平皿内作空白对照。

及时将 15～20 mL 冷却至 46℃的平板计数琼脂培养基(可放置于(46±1)℃恒温水浴箱中保温)倾注平皿,并转动平皿使其混合均匀。

(三)培养

待琼脂凝固后,将平板翻转,(36±1)℃培养(48±2) h。水产品(30±1)℃培养(72±3) h。

如果样品中可能含有在琼脂培养基表面弥漫生长的菌落时,可在凝固后的琼脂表面覆盖一薄层琼脂培养基(约 4 mL),凝固后翻转平板,上述条件进行培养。

(四)菌落计数

可用肉眼观察,必要时用放大镜或菌落计数器,记录稀释倍数和相应的菌落数量。菌落计数以菌落形成单位(colony-forming units,CFU)表示。

(1)选取菌落数在 30～300 CFU、无蔓延菌落生长的平板计数菌落总数。低于 30 CFU 的平板记录具体菌落数,大于 300 CFU 的可记录为多不可计。每个稀释度的菌落数应采用两个平板的平均数。

(2)其中 1 个平板有较大片状菌落生长时,则不宜采用,而应以无片状菌落生长的平板作为该稀释度的菌落数;若片状菌落不到平板的一半,而其余一半中菌落分布又很均匀,即可计算半个平板后乘以 2,代表一个平板菌落数。

(3)当平板上出现菌落间无明显界线的链状生长时,则将每条单链作为 1 个菌落计数。

四、结果与报告

(一)菌落总数的计算方法

(1)若只有 1 个稀释度平板上的菌落数在适宜计数范围内,计算两个平板菌落数的平均值,再将平均值乘以相应稀释倍数,作为单位样品中菌落总数结果。

(2)若有两个连续稀释度的平板菌落数在适宜计数范围内时,按式(1)计算:

$$N = \frac{\sum C}{(n_1 + 0.1n_2)d} \quad \cdots\cdots(1)$$

式中:N—样品中菌落数;

$\sum C$—平板(含适宜范围菌落数的平板)菌落数之和;

n_1—第 1 个稀释度(低稀释倍数)有效平板的个数;

n_2—第 2 个稀释度(高稀释倍数)有效平板的个数;

d—稀释因子(第 1 稀释度)。

示例：

稀释度	1∶100(第 1 稀释度)	1∶1 000(第 2 稀释度)
菌落数	232,244	33,35

$$N=\frac{\sum C}{(n_1+0.1n_2)d}=\frac{232+244+33+35}{[2+(0.1\times 2)]\times 10^{-2}}=\frac{544}{0.022}=24\ 727$$

上述数据经“四舍五入”后，表示为 25 000 或 2.5×10^4。

(3)若所有稀释度的平板上菌落数均大于 300 CFU，则对稀释度最高的平板进行计数，其他平板可记录为多不可计，结果按平均菌落数乘以最高稀释倍数计算。

(4)若所有稀释度的平板菌落数均小于 30 CFU，则应按稀释度最低平板的平均菌落数乘以稀释倍数计算。

(5)若所有稀释度(包括液体样品原液)平板均无菌落生长，则以小于 1 乘以最低稀释倍数计算。

(6)若所有稀释度的平板菌落数均不在 30～300 CFU，其中一部分小于 30 CFU 或大于 300 CFU 时，则以最接近 30 CFU 或 300 CFU 的平均菌落数乘以稀释倍数计算。

(二)菌落总数的报告

(1)菌落数在 100 CFU 以内时，按“四舍五入”原则修约，以整数报告。

(2)大于或等于 100 CFU 时，第 3 位数字采用“四舍五入”原则修约后，取前两位数字，后面用 0 代替位数；也可用 10 的指数形式来表示，按“四舍五入”原则修约后，采用两位有效数字。

(3)若所有平板上为蔓延菌落而无法计数，则报告菌落蔓延。

(4)若空白对照上有菌落生长，则此次检验结果无效。

(5)称重取样以 CFU/g 为单位报告，体积取样以 CFU/mL 为单位报告，面积取样以 CFU/cm^2 为单位报告。

五、菌落总数测定注意事项

本实验需要注意的在于如何减少误差的产生。误差主要来源于菌落计数、菌落分布、吸管容积和稀释操作 4 个方面。

(一)菌落计数与报告

(1)选择适宜的稀释度匀液接种。根据对样品污染状况的估计，选择 2～3 个适宜稀释度的样品匀液(液体样品可包括原液)，如果对样品含菌量估计不足，尽可能选择多个适宜稀释度的样品匀液接种培养。

(2)及时计数。到达规定培养时间，应立即计数。如果不能立即计数，应将平板放置于 0～4℃，但不得超过 24 h。

(3)合理预判。从温箱内取出平皿进行菌落计数时，应先分别观察同一稀释度的两个平皿和不同稀释度的几个平皿内平板上菌落生长情况。平行试验的 2 个平板的菌落数应该接近，不同稀释度的几个平板上菌落数则应与检样稀释倍数成反比，即检样稀释倍数越大，菌落数越低，稀释倍数越小，菌落数越高。如果稀释度大的平板上菌落数反比稀释度小的平板上菌落数高，则系检验工作中发生的差错。也可能因抑菌剂混入样品中所致，均不可用作检验计数报告的依据。为避免此类事故发生，检验实践中，同一个检验项目，往往由 2 名检验人员共同执行完成。

(4)提高计数分辨率。在某些情况下，为了防止食品颗粒与菌落混淆不清，可在营养琼脂中加入 2,3,5-氯化三苯四氮唑(TTC)，培养后菌落呈红色，易于分辨。必要时还可使用放大镜或自动菌落计数器检查，以防遗漏。

加 TTC 的方法。培养基冷却至 45℃左右，每 100 mL 计数琼脂加 1 mL 0.5%的 2,3,5-氯化三苯四氮唑。细菌有还原能力，菌落呈红色。因 TTC 本身对革兰氏阳性菌有抑制，注意与未加 TTC 的培养基进行对照。

加入平皿内的检样稀释液(特别是 10^{-1} 的稀释液)，有时带有食品颗粒，在这种情况下，为了避免与细菌菌落发生混淆，可作一检样稀释液与琼脂混合的平皿，不经培养，于 4℃环境中放置，以便在计数检样菌落时用作对照。

(5)规范报告。当检验的菌落数为 1～100 CFU 时，按实际数字报告；大于 100 CFU 时，只记录左数头两位数字(用两位有效数字作报告，可避免产生虚假的精确概念)，左数第 3 位数字则用四舍五入法计算，从第 2 位数字之后都记为 0，为了缩短数字后面的 0 的个数，也可用 10 的指数来表示。

(二)菌落分布误差

菌落分布误差是指同一样品多次测定结果的平均与离散值的差，菌落分布误差来源有二：样品菌相中细菌之间的拮抗、互生等作用造成不同稀释度之间的菌落分布误差；样品稀释液的不均匀造成的同一稀释度 2 个平行平板之间的误差。消除微生物之间相互作用带来的误差靠最大限度地稀释，这样平板上菌落之间的距离远而相互作用降低。但相应另一后果是稀释误差偏高。充分均质及取样前的振摇是保证样品稀释液均匀分布的重要措施。

(三)吸管容积

取样或加样时，吸管的规格应等于或近似等于所要吸取的溶液的体积。以 B 级吸管为例，使用 1 mL 吸管，误差为 0.01 mL；使用 2 mL 的吸管，误差为 0.02 mL；若使用 5 mL 吸管，误差为 0.03 mL。如果用 2 mL 吸管 1 次加 2 个平行平皿，由于稀释液的不均性，有时会造成 2 个平行平皿的菌落数不平行。放液至容器时，刻度吸管垂直，容器倾斜 45°，液体自标线流至口端(留有残液)，A 级吸管等待 15 s，B 级吸管等待 3 s。同时转动吸管。另外应按照吸管注明的要求，吹或不吹最后部分。使用移液枪和一次性枪头可较大限度减少这种误差。

(四)稀释操作

(1)去除菌落计数检验影响因素。检验的稀释液一般用灭菌生理盐水，如果对含盐量较高的食品(如酱品等)进行稀释，则宜用无菌蒸馏水。若进行细菌学检验，酸性食品用 100 g/L 灭菌的碳酸钠调 pH 至中性后再进行检验。检样如系微生物类制剂(如酸乳、酵母菌饮料)，则平板计数中应相应地将有关微生物(乳酸杆菌、酵母菌等)排除，不可并入检验的菌落总数内作报告。一般在校正检验的 pH 7.6 后，再进行稀释和培养，此类嗜酸性微生物往往不易生长。

(2)追加对照实验。用作样品稀释的液体，每批都要有空白对照。如果在琼脂对照平板上出现几个菌落时，要查找原因，如可通过追加对照平板，以判定是空白稀释液、培养基，还是平皿、吸管或空气可能存在的污染。

(3)正确使用吸管。进行样品的梯度稀释时，每递增稀释一次，必须另换1支1 mL灭菌吸管或吸头，并小心沿试管壁加入，不要触及试管内稀释液，以防吸管尖端外侧部分黏附的检液也混入其中。

从吸管筒内取出灭菌吸管时，不要将吸管尖端触及其他仍留在容器内的吸管的外露部分；而且吸管在进出装有稀释液的玻璃瓶和试管时，也不要触及瓶口及试管口的外侧部分；因为这些部分都可能接触过手或其他沾污物。

(4)矿泉水和自来水等的检测一般不稀释，直接取样进行计数琼脂平板培养。对水质有特殊要求的样品，可采取水质分析滤膜过滤的方法浓缩样品。

(五)接种与培养

(1)培养基温度不宜过高。用于倾注平皿的营养琼脂应预先加热使其融化，保温于(46±1)℃恒温水浴中待用。温度太高影响细菌生长，太低琼脂易凝固不能与检液充分混匀，倾注平皿时，每皿内倾入15～20 mL，平板过厚影响观察，太薄又易干裂，最后将培养基底部带有沉淀的部分弃去。

为了防止细菌增殖及产生片状菌落，在样品稀释液加入平皿后，应在20 min内倾入计数琼脂培养基，并立即使之与琼脂混合均匀。琼脂凝固后，在数分钟内即应将平皿翻转予以培养，这样可避免菌落蔓延生长，并防止冷凝水落到培养基表面影响菌落形成。

(2)培养温度应根据食品种类而定。由于36℃为与温血动物身体密切相关微生物的最适生长温度，所以卫生学检验中常用此温度。水产品因来自淡水或海水，水的温度较低，采用30℃培养。嗜冷菌和冷营细菌的培养温度为6.5℃，时间为10 d，或4.5℃ 14 d，用于冷冻食品的检验。嗜热菌的培养温度为55℃，时间为3 d，用于罐头食品的检验。

六、霉菌和酵母菌计数

按照GB 4789.15霉菌和酵母计数规定执行。基本操作过程类似菌落总数。所用培养基为孟加拉红琼脂培养基、马铃薯葡萄糖琼脂培养基(PDA)。稀释液为无菌水。培养温度为(28±1)℃，时间为5 d。

菌落计数，选择菌落在10～150 CFU的平板报告之，其余规则同GB 4789.2菌落总数测定。

第四节　食品卫生大肠菌群检验技术

一、大肠菌群的概念及卫生学意义

(一)大肠菌群

一群在36℃条件下培养48 h能发酵乳糖、产酸产气的需氧和兼性厌氧革兰氏阴性无芽孢杆菌。该菌群主要来源于人畜粪便，作为粪便污染指标评价食品的卫生状况，推断食品中肠道致病菌污染的可能。该菌群可通过巴氏杀菌法灭菌，因此大肠菌群也是食品经63℃ 15 min或同等程度热处理的标志。

大肠菌群主要包括大肠埃希氏菌属、柠檬酸杆菌属、克雷伯氏菌属、肠杆菌属和沙门氏菌第三亚属。

由表4-6可以看出，大肠菌群中大肠埃希氏菌Ⅰ型和Ⅲ型的特点是，对吲哚、甲基红、VP和柠檬酸盐利用4个生化试验（IMViC）反应结果分别为“＋＋－－”，通常称为典型大肠杆菌；而其他类大肠杆菌则被称为非典型大肠杆菌。

表4-6　常见大肠菌群不同种的特征

	吲哚	甲基红	VP	柠檬酸盐	硫化氢	明胶	动力	44.5℃生长
大肠杆菌Ⅰ	＋	＋	－	－	－	－	＋/－	＋
大肠杆菌Ⅱ	－	＋	－	－	－	－	＋/－	－
大肠杆菌Ⅲ	＋	＋	－	－	－	－	＋/－	－
拟列Ⅳ	－	＋	－	－	－	－	＋/－	＋
弗氏柠檬酸杆菌Ⅰ	－	＋	－	＋	＋/－	－	＋/－	－
弗氏柠檬酸杆菌Ⅱ	＋	＋	－	＋	＋/－	－	＋/－	－
肺炎克雷伯氏菌Ⅰ	－	－	＋	＋	－	－	－	－
肺炎克雷伯氏菌Ⅱ	＋	－	＋	＋	－	－	－	－
拟列Ⅲ	－	－	＋	－	－	－	－	－
肺炎克雷伯氏菌Ⅳ	－	－	＋	＋	－	－	－	＋
阴沟肠杆菌Ⅰ	－	－	＋	＋	－	＋/－	＋	－
阴沟肠杆菌Ⅱ	＋	－	＋	＋	－	＋/－	＋	－
阴沟肠杆菌	－	－	＋	＋	－	＋	＋	－
胡萝卜软腐欧文氏菌	－	－	＋	＋	＋	＋	＋	－

注：＋阳性；－阴性；/或者。

（二）卫生学意义

（1）作为粪便污染食品的指标菌，大肠菌群最可能数（most probable number，MPN）值越低则说明食品受粪便污染程度及对人体健康危害程度越低。

（2）作为肠道致病菌污染食品的指针，大肠菌群数量越多则肠道致病菌存在的可能性就越高，但两者之间并不总是呈平行关系。

（三）大肠菌群、大肠埃希氏菌和粪大肠菌群的区别

（1）大肠菌群。在一定培养条件下能发酵乳糖、产酸产气的需氧和兼性厌氧革兰氏阴性无芽孢杆菌。

（2）大肠埃希氏菌。大肠埃希氏菌（*Escherichia coli*）俗称大肠杆菌，广泛存在于人和温血动物的肠道中，能够在44.5℃发酵乳糖产酸产气，IMViC生化试验结果为＋＋－－或－＋－－的革兰氏阴性杆菌。

自1892年沙尔丁格（Schardinger）提出将大肠杆菌用作粪便污染的指示菌，已有100余年的历史，至今仍被认为是粪便污染的最直接最贴切的指示菌。由于其检验程序复杂，后来才有了大肠菌群的应用。

（3）粪大肠菌群。粪大肠菌群（faecal coliform），也称耐热大肠菌群。指一群在44.5℃培

养 24～48 h 能发酵乳糖、产酸产气的需氧和兼性厌氧革兰氏阴性无芽孢杆菌。

包括大肠杆菌和产气克雷伯氏菌。

粪大肠菌群的唯一来源是粪便，因此，唯有粪大肠菌群是粪便污染的确切指标，在被检验样品中，如果有粪大肠菌群存在，在大肠菌群检验中也被计入。如果大肠菌群和粪大肠菌群数均高，多考虑为近期污染；如果大肠菌群数高，而粪大肠菌群数低，则应着重考虑粪便的远期污染。

二、粪便污染指示菌

(一)粪便污染食品的指示性

作为理想的粪便污染的指标菌应具备以下几个特性，才能起到比较正确的指标作用。

(1)存在于肠道内特有的细菌，才能显示出指标的特异性。

(2)在肠道内占有极高的数量，即使被高度稀释后，也能被检出。

(3)在肠道以外的环境中，其抵抗力大于肠道致病菌或相似，进入水中不再繁殖。

(4)检验方法简便，易于检出和计数。

正常粪便中符合理想指示菌条件和特性的细菌主要有 3 种类群，即大肠杆菌、粪链球菌和产气荚膜梭菌。在粪便中大肠杆菌数最多，其在外界环境中的存活期限与主要肠道致病菌大致相同，可作为粪便污染食品、饮水等的指示菌。粪链球菌在粪便中数量中等，其存活期较病原菌要短一些，仅可作为近期粪便污染的指标，同时它对低温的耐受性比大肠杆菌强，有不少人认为，以它作为冷冻食品中粪便污染的指示菌更为确切。产气荚膜梭菌在粪便中数量最少，且其形成的芽孢在外界存活的时间较长，以它作为指示菌不如前两种细菌。

许多研究者的调查证明，人、畜粪便对外界环境的污染是大肠菌群在自然界存在的主要原因。在腹泻患者所排粪便中，非典型大肠杆菌常有增多趋势，这可能与机体肠道发生紊乱，大肠菌群在型别组成的比例上因而发生改变所致；随粪便排至外环境中的典型大肠杆菌，也可因条件的改变，使生化性状发生变异，因而转变为非典型大肠杆菌。由此看来，大肠菌群无论在粪便内还是在外环境中，都是作为一个整体而存在的，它的菌型组成往往是多种的，只是在比例上因条件不同而有差异。因此，大肠菌群的检出不仅反映检样被粪便污染总的情况，而且在一定程度上也反映了食品在生产加工、运输、保存等过程中的卫生状况，所以具有广泛的卫生学意义。国际公认，将大肠菌群的存在作为粪便污染的指标具有一定的意义。

(二)肠道致病菌污染食品的指示性

在食品卫生微生物检验中，可作为粪便污染指标菌依据的上述条件，粪便中数量最多的是大肠菌群，而且大肠菌群随粪便排出体外后，其存活时间与肠道主要致病菌大致相似，在检验方法上，也以大肠菌群的检验计数简便易行。因此，我国选用大肠菌群作为粪便污染指标菌是比较适宜的。

当然，大肠菌群作为粪便污染指标菌也有一些不足之处：

(1)饮用水中含有较少量大肠菌群的情况下，有时仍能引起肠道传染病的流行。而新颁布的饮用水卫生标准(GB 5749—2006)中重新规定了饮用水中大肠菌群不得检出，所以这一条不足已不存在。

(2)大肠菌群在一定条件下能在水中生长繁殖。

(3)在外界环境中,有的沙门氏菌比大肠菌群更有耐受力。

三、检验原理

(一)大肠菌群 MPN 计数法(第一法)

MPN 法是统计学和微生物学结合的一种定量检测法。待测样品经系列稀释并培养后,根据其未生长的最低稀释度与生长的最高稀释度,应用统计学概率论推算出待测样品中大肠菌群的最大可能数。适用于大肠菌群含量较低的食品中大肠菌群的计数。

由于用 MPN 表示结果,因此一定要掌握好稀释度的选择。较理想的结果应是最低稀释度的 3 管为阳性,而最高稀释度的 3 管为阴性。

(二) 大肠菌群平板计数法(第二法)

大肠菌群在固体培养基中发酵乳糖产酸,在指示剂的作用下形成可计数的红色或紫色,带有或不带有沉淀环的菌落。适用于大肠菌群含量较高的食品中大肠菌群的计数。

四、MPN 法操作步骤

食品中大肠菌群计数具体程序依据 GB 4789.3—2016《食品安全国家标准　食品微生物学检验大肠菌群》计数。

(一) 样品的稀释

按食品微生物检验样品的处理方法处理不同类型的样品,制成 1∶10 的样品匀液,样品匀液的 pH 应在 6.5~7.5,必要时分别用 1 mol/L NaOH 或 1 mol/L HCl 调节。

根据对样品污染状况的估计,依次制成 10 倍递增系列稀释样品匀液。每递增稀释 1 次,换用 1 支 1 mL 无菌吸管或吸头。从制备样品匀液至样品接种完毕,全过程不得超过 15 min。

(二)初发酵试验

每个样品选择 3 个适宜的连续稀释度的样品匀液(液体样品可以选择原液),每个稀释度接种 3 管月桂基硫酸盐胰蛋白胨(LST)肉汤,每管接种 1 mL(如接种量超过 1 mL,则用双料 LST 肉汤),(36±1)℃培养(24±2) h,观察倒管内是否有气泡产生,(24±2) h 产气者进行复发酵试验(证实试验),如未产气则继续培养至(48±2) h,产气者进行复发酵试验。未产气者为大肠菌群阴性。

(三)复发酵试验(证实试验)

用接种环从产气 LST 肉汤管中分别取培养物 1 环,移种于煌绿乳糖胆盐肉汤(BGLB)管中,(36±1)℃培养(48±2) h,观察产气情况。产气者,计为大肠菌群阳性管。

(四)大肠菌群最可能数(MPN)的报告

按确证的大肠菌群 BGLB 阳性管数,检索 MPN 表,报告每 g(mL)样品中大肠菌群的 MPN 值。

五、标准 GB 4789.3—2016 与 GB/T 4789.3—2003

以大肠菌检测第一法(大肠菌群 MPN 计数)为例,2003 标准(旧标准),2016 标准(新标准)中同样采用了 3 个稀释度九管法,同样使用 MPN 表。新标准为避免划线法的缺陷,采用了2次发酵法。采用煌绿乳糖胆盐肉汤(BGLB)复发酵,不受样品中非乳糖的干扰进行乳糖发酵,也避免了许多芽孢杆菌等杂菌的干扰。但该法也存在缺点,会有假阳性结果出现。由于煌绿遇胆盐活性降低,有时不能彻底抑制芽孢杆菌,有可能阳性结果是由芽孢杆菌引起。

为避免此缺陷,BGLG中产气的,划线接种于EMB平板上培养,挑取典型菌落染色镜检。

新标准给出的方法也存在微弱产气的问题。解决方法是从BGLG产气管取1环菌接种于只有蛋白胨和乳糖的发酵管,观察产气。不产气时判断为阴性。另外,硝酸盐可抑制大肠菌群发酵乳糖产气,在检验含硝酸盐的食品如腌肉等时要注意(可镜检或延长培养时间加以确认)。

由此,新标准的LST-BGLB两步发酵法,在检验过程中也会遇到一些问题,解决问题的方案往往要借助旧标准的原理及方法。这里有必要将新标准与旧标准做一比较。

(一)由原来的三步试验改成两步

初发酵,月桂基硫酸盐胰蛋白胨肉汤(LST)替代了乳糖胆盐发酵培基。

旧标准中的方法包括初发酵(乳糖胆盐发酵)、分离培养(伊红美蓝)和证实试验(乳糖复发酵和革兰氏染色)。

(二)确证实验

煌绿乳糖胆盐肉汤(BGLB)替代了乳糖复发酵培养基,取消了革兰氏染色实验。

(三)培养时间

由24 h延长至48 h。

(四)报告

每100 mL(g)大肠菌群的MPN值,修改为报告每1 mL(或1 g)大肠菌群的MPN值。

(五)培养基选择抑制剂不同

(1) 乳糖胆盐发酵管:蛋白胨20 g,猪胆盐(或牛、羊胆盐)5 g,乳糖10 g,0.04%溴甲酚紫水溶液25 mL,蒸馏水1 000 mL,pH 7.4。

胆盐作用:使细胞膜渗漏。抑制肠道内生长菌以外的大多数细菌,主要是革兰氏阳性菌(不能抑制肠球菌、链球菌、葡萄球菌、产气荚膜梭菌、部分芽孢杆菌等革兰氏阳性菌)和部分革兰氏阴性菌如大部分黄杆菌和莫拉氏菌属。

(2)月桂基硫酸盐胰蛋白胨肉汤:胰蛋白胨或胰酪胨20.0 g,氯化钠5.0 g,乳糖5.0 g,磷酸氢二钾2.75 g,磷酸二氢钾2.75 g,月桂基硫酸钠0.1 g,蒸馏水1 000 mL,pH 6.8±0.2。

十二烷基硫酸钠(月桂基硫酸钠)作用:降低细胞表面张力,破坏革兰氏阳性菌的细胞膜,促进细胞自溶,该抑制剂比胆盐更有利于受伤大肠菌群的恢复生长。

(3)煌绿乳糖胆盐(BGLB)肉汤:蛋白胨10.0 g,乳糖10.0 g,牛胆粉(oxgall或oxbile)溶液200 mL,0.1%煌绿水溶液13.3 mL,蒸馏水800 mL,pH 7.2±0.1。

煌绿作用:三苯甲烷类抑制剂,含季铵盐结构。作用于细胞膜、细胞壁。该抑制剂对芽孢菌抑制作用较强。沙门氏菌比大肠杆菌、志贺氏菌更耐受煌绿、孔雀绿。伤寒沙门氏菌、副伤寒沙门氏菌和有些鼠伤寒沙门氏菌、都柏林沙门氏菌对三苯甲烷类染料敏感。

思考题

1. 食品微生物检验的一般程序包括哪些内容?
2. 食品微生物检验样品的采集遵循什么原则?
3. 如何进行微生物检验样品的采集?
4. 列举当今世界上较为常见的几种微生物取样方案。
5. 怎样对不同水质进行采样?
6. 对空气进行采样的方法有哪些? 哪种方法更为准确?
7. 如何将无菌意识贯穿于整个微生物检验过程?
8. 测定食品、饮料等产品的菌落总数有什么意义?
9. 画出平板菌落计数法测定菌落总数的示意图。
10. 菌落总数检验试验,菌落计数的原则是什么?
11. 菌落总数的检验试验中,有哪些注意事项?
12. 菌落总数测定试验,如何根据样品的特性选择培养温度和时间?
13. 什么是大肠菌群? 大肠菌群包括哪些类型的微生物?
14. 检测大肠菌群的卫生学意义是什么?
15. 简述 LST-BGLB 法检测大肠菌群的优缺点。

第五章

食品中常见细菌性病原微生物及检验

学习目标

1. 掌握细菌对刺激的应答和耐高渗机制在微生物检验中的应用。

2. 知道致病菌检验的原则和步骤。

3. 熟悉常见细菌性食源性疾病的流行病学特点与预防措施。

4. 掌握常见细菌性病原微生物的生物学特性，并能利用这些特性对病原菌进行初步鉴别。

5. 掌握常见的病原微生物的检验原理、流程、方法及相关注意事项，并能正确熟练操作。

6. 熟悉相关食源性病原细菌食品安全标准。

第一节　目的细菌的分离方法

一、细菌对刺激的应答

外界刺激诱导细菌产生对刺激的应答机制，而且变得比原来更耐刺激，但一旦撤去刺激，在最适环境培养几代后又失去耐受刺激的能力，恢复原来的状态。

刺激包括冷冻、加热、化学物质等各种非正常条件。有试验表明大肠杆菌在 pH 5.0 下放置一段时间后，在 pH 3～4 的条件下也能生长良好；50℃下放置短时间后 60℃下也能生长。

Mazzotta 等试验表明适宜酸性条件的单核细胞增生性李斯特菌可以在 pH 3.5 的条件下生存，甚至获得对乳酸链球菌素的抗性。同样用 0.1% H_2O_2 短时间处理的单核增生性李斯特菌与对照菌相比较，获得对 0.5% H_2O_2、5%乙醇、7%的氯化钠、pH 5.0 以及 45℃温度条件的抗性。这说明这种现象在食品中也存在。因此利用未适应刺激的细胞研究的结果用于食品加工或防腐时有可能不能防止刺激适应菌的生长繁殖，不能起到杀菌的作用。在致病菌检验方法研究中也可能遇到这种问题，因此有必要了解细菌适应刺激的机制。

过去认为适应刺激的机制主要在于细胞膜成分的改变，尤其是脂质成分的改变。如细菌从低温向高温适应时，细胞膜由低分子不饱和脂肪酸转向蓄积高分子饱和脂肪酸。但近年来发现了有关耐刺激的刺激蛋白质(stress protein)和热激蛋白质(shock protein)。其中有的蛋白质的作用因刺激种类而异，有的蛋白质对各种刺激都有作用，是非特异的。如 σ^B 或 σ^{37} 在革兰氏阳性菌中用来适应各种刺激。σ^{38} 在革兰氏阴性菌中用来适应各种刺激和饥饿。σ^{32} 和 σ^{24} 在热刺激这种特殊的刺激时被诱导合成。

其中热激蛋白被认为保护易受热损伤的 DNA 和蛋白质等细胞的构造及功能要素，该蛋白质广泛存在于动物、植物和其他各种生物中，被誉为“分子伴侣”，关系到新合成的蛋白质的折叠、蛋白质的降解、凝聚、解离等，为细胞的正常组分，因刺激而增加数量。

二、细菌对渗透压的适应

(一)适应机制

高渗环境下生活的细菌为对抗外界高渗环境，在长期的进化过程中形成各自独特复杂的渗透调节系统。细菌在高渗环境(如海水、土壤液)中调整渗透压的方式一般是通过积累大量的有机质或钾离子实现的。一些小分子有机物或无机离子能在细胞内大量积累可以抵消细胞脱水并保持与外部环境压力一致，使细胞免受渗透压力和盐失活的影响，即为渗透保护剂。

(二)渗透保护剂的积累方式

细菌细胞在高渗溶液中，为平衡细胞内外的渗透压从环境中吸收相容性物质或自身合成渗透保护剂。前者需要相应渗透酶和有关转运蛋白，后者除了需要有关的转运蛋白外，还需要一套复杂的合成酶系。

相容性物质，即某些分子或离子在细胞内积累不会影响细胞及其组分特别是生物大分子的正常结构和功能。高效相容性物质应具备如下特点：①分子量小而溶解性高；②在生理 pH

条件下不带电荷，但有亲水的极性基团；③对细胞的正常代谢无干扰；④没有转运系统存在时不易透过细胞膜。

相容性物质的种类：K^+、糖类、醇类、氨基酸及肽类、氨基酸衍生物、嘧啶类等。最好的相容性物质有甜菜碱、脯氨酸、Ectoine（四氢嘧啶）、海藻糖等。

（三）细菌对渗透保护剂的选择性

一般细菌可同时采用两种方式，即吸收和自身合成来积累渗透保护剂。在大肠杆菌中只有体内合成的海藻糖才具有渗透保护的功能，外源吸收的在体内被降解作为碳源。当处于高渗环境中时，许多革兰氏阴性菌在外源缺乏脯氨酸的情况下，自身合成脯氨酸，而金黄色葡萄球菌则需要外来供应。

细菌对渗透保护剂种类的选择性体现在两个方面，第一，不同细菌对渗透保护剂的选择有所不同。如面对渗透压的突然升高，革兰氏阴性菌如大肠杆菌首先在体内积累 K^+，随后合成谷氨酸来加以中和，而在阳性菌如枯草芽孢杆菌中则是先在体内积累 K^+ 后合成脯氨酸。第二，同一种细菌根据环境条件可选择多种渗透保护剂。如有一种不动杆菌在 20% 的氯化钠溶液中积累 1.26 mol/L 的甜菜碱和 0.36 mol/L 的谷氨酸。许多细菌偏向于选择非极性及兼性离子溶质、氨基酸甲基取代物如甜菜碱等。

渗透保护剂对不同细菌有选择性。因此可以通过制造高渗透环境，添加适当保护剂或合成保护剂的前体物质的方法筛选目的细菌——高渗选择法。选择适当的抗高渗的物质有利于目的菌的优势生长。在沙门氏菌检验中可用氯化镁创造高渗环境。在李斯特菌检验和金黄色葡萄球菌检验中使用甘氨酸也起渗透保护剂的作用。

三、受伤菌的恢复生长

（一）受伤菌的概念

Nelson（1944）将大肠杆菌悬浮于脱脂乳中 55℃处理 8 min 后，用组成简单的培养基检查的菌落数为 320～460 个/mL，当此培养基中添加 0.5%胰蛋白胨时菌落数为 6 500～16 000 个/mL。

Straka 等（1959）用大肠杆菌和假单胞菌悬浮于牛肉膏中－18℃处理 1～2 h 后融化。在营养丰富的胰蛋白胨大豆琼脂培养基中生长，但在营养单一的简单培养基上不生长。由此发现了受伤菌。

据此，有人提出的受伤菌的定义为：接受刺激前在选择性培养基上本来能生长，但被刺激后在选择性培养基上不生长而在非选择培养基上可以生长的细菌。

食品中的微生物在复杂的贮存、加工过程和灭菌过程可能受到各种刺激，如冷冻、加热、微波、辐射、冷藏、浓缩、渗透压刺激、水分活度低下、自然干燥、喷雾干燥、冷冻干燥、加盐、加糖、酸化、高速离心、饥饿、诸如洗涤剂一类的化学物质等，因而受到损伤。

受刺激的细菌细胞可分为：未受损的细胞、可逆损伤细胞和死亡细胞。其构成比例随细菌种类、培养基性质、刺激种类和刺激时间以及检出方法而异。其中可逆损伤细胞由于未完全死亡，可以恢复生长能力，如果培养条件不适则不会生长。受伤细胞继续置于刺激条件下也会徐徐死去，在损伤得到修复之前不能生长。

（二）受伤菌的表现及受伤部位

受伤菌的具体表现如下：

1. 细胞膜损伤

各种物理化学因素导致细胞膜的障碍，失去其选择透过性，从而导致细胞内必需成分如氨基酸、核酸、糖、镁离子等的流失，同时平时不能进入细胞的有害物质进入菌体细胞内。因此对选择剂、抗生素、极微量重金属和有些酶如 RNA 酶敏感。但这种损伤并非致命，只要满足条件就能恢复。一般需要容易利用的能源、氨基酸、肽、镁离子等养料。在革兰氏阴性菌中外膜灼热损伤表现为鼓包，继续加热脱离细胞成游离小泡，表面疏水性增大后对结晶紫等疏水性化合物敏感；热损伤时对磷脂酶 C 敏感，表明磷脂外露。

2. 酶活性降低

一般由于有的蛋白质变性，造成受伤菌的代谢活性下降。各种脱氢酶、与 ATP 合成有关的酶、蛋白酶、触酶、超氧化物歧化酶等酶类活性下降。

当细菌从有刺激的环境突然移至有利于生长的环境时立即形成自由基。因此在损伤菌的生长初期处理不好时会产生过氧化基，由于触酶、超氧化物歧化酶等酶类活性下降导致受伤细菌不能清除自由基而死亡。

3. 高分子物质被分解

如 RNA 或核糖体被分解。在大肠杆菌、鼠伤寒沙门氏菌和枯草杆菌中观察到，热受伤时发现染色体 DNA 被切断后被自身的 DNA 酶分解。这些核酸酶原来在细胞膜中，用来攻击外来 DNA，但细胞膜受到热损伤时攻击自身的 DNA。

4. 能量代谢障碍

由于细胞膜损伤导致糖和氨基酸输送能力的下降、呼吸活性降低、ATP 合成有关酶活性下降、蛋白质活性下降等。

冷冻和干燥一般损伤革兰氏阴性菌的外膜和细菌的质膜，革兰氏阳性菌甚至损失细胞表面的蛋白质层。加热一般损伤 rRNA，放射线一般损伤 DNA 和特定酶类。

受伤菌的特点：对表面活性剂、盐及有毒物质如抗生素、染料、有机酸和低 pH 环境敏感；细胞有些成分已丢失；延滞期拉长；提供合适条件具有修复能力；修复之前不能复制。鼠伤寒沙门氏菌经 53.5℃加热处理后，对 2.5%氯化钠敏感的受伤菌进行稀释到 1 至数个细胞，用非选择性培养基接种测定延滞期，发现差异较大，说明受伤细胞间受伤差异很大。

（三）受伤菌的恢复生长

食品中的微生物因经过复杂的贮存、加工过程和灭菌过程受到伤害。如果直接加到含抑制剂的培养基中时可能不能生长。因此在致病菌的分离过程中先要使受伤菌得到恢复。在致病菌检验中进行前增菌的目的就在于此。

受伤菌恢复生长修复需要必需的营养，但不含选择抑制剂。还需要选择适当酸碱度、适当温度和时间。营养一般需要碳源、氮源和维生素等，另外加丙酮酸、触酶等具有加强修复能力的物质。含适当能源的单纯培养基适合轻微受伤的细胞膜修复。冷冻和干燥刺激损伤修复得较快，热受伤修复得较慢。热、放射线和化学物质损伤比低温损伤需要更长时间的修复。

有人将金黄色葡萄球菌用 50℃加热刺激后产生受伤菌，再用 1%脱脂乳 37℃培养 10 h 就能产生肠毒素。说明食品中如果有受伤的致病菌，用一般的方法即不经过修复的方法检验时可能漏检，但进入人体后有恢复生长的可能性，因此受伤菌的检验有重要意义。

(四)受伤菌的分离方法

1. 液体培养法

样品先与非选择性培养基混合在最适恢复条件保温,保持必要的最短时间;移入选择性培养基中培养目的菌。如冷冻食品样品与10倍量的胰蛋白胨大豆琼脂培养基(TSA)混合,25℃保温1 h后移入结晶紫胆汁琼脂以培养受伤的大肠菌群。液体培养基法难点在于保温时间过短时受伤菌不能完全恢复,过长时杂菌过度生长。

2. 平板法

(1)一步法。先铺选择性培养基(25 mL),涂布待检菌液,再铺非选择性培养基(14 mL,3～4 mm厚,9 cm平板)。或者先倒选择性培养基(25 mL),凝固后继续倒少量非选择性培养基(5 mL),接种稀释液。在单增李斯特菌恢复生长试验中,以MOX为选择性培养基,以TSA琼脂为非选择性培养基铺在上面,接种55℃ 15 min处理过的单增李斯特菌。数小时内受伤菌得到恢复,MOX中的选择剂逐渐渗透出来,具有了选择性。

(2)二步法。待检菌液＋非选择性培养基倒平板,培养3 h后上面再铺选择性培养基,继续培养21 h。如沙门氏菌可用BS为选择性培养基,TSA为非选择性培养基。

TSA配方:琼脂15 g,氯化钠5 g,大豆胨(木瓜蛋白酶分解物)5 g,胰酪胨15 g,蒸馏水1 000 mL,pH 7.3。

四、致病菌的分离

(一)致病菌分离原则

(1)37℃培养时,37℃不生长或生长缓慢的细菌一般不用考虑。

(2)细菌在高渗环境中积累不同的化学物质以抵御高渗压力,这时不同细菌积累的化学物质是不同的,可以利用这个原理设计培养基。

(3)利用三羧酸循环中的有机酸作为选择剂。在沙门氏菌检验和副溶血性弧菌检验中使用柠檬酸盐为选择剂时就是利用了它们能利用柠檬酸为碳源,而许多杂菌因不能利用柠檬酸在产酸时被柠檬酸抑制。在小肠结肠炎耶尔森氏菌的检验中利用草酸盐作为选择剂,α-酮戊二酸也常用作细菌选择剂。

相反地,有时用碱性条件作为选择条件。如小肠结肠炎耶尔森氏菌检验中使用碱处理样品和在副溶血性弧菌检验中使用碱性增菌液。

(4)分离革兰氏阴性菌时,首先用革兰氏阳性菌抑制剂(如表面活性剂类和三苯甲烷类染料)抑制革兰氏阳性菌;分离革兰氏阳性菌时,用革兰氏阴性菌抑制剂(叠氮化钠、乙酸铊、氯化锂、萘啶酮酸、多黏菌素等)抑制革兰氏阴性菌。

(5)在革兰氏阴性菌中分离发酵型(肠杆菌科和弧菌科)细菌时,使用亚硫酸钠、焦亚硫酸钠、硫代硫酸钠、*L*-胱氨酸等能适当降低氧化-还原电位的试剂,使能进行发酵型代谢的细菌成为优势菌。

由于常规食品检验革兰氏阴性菌主要为肠杆菌科和弧菌科细菌,都是兼性厌氧菌,在三糖铁试验或3.5%氯化钠三糖铁试验中底层产酸,而假单胞菌、粪产碱菌等革兰氏阴性专性需氧菌表现为底层不产酸或弱产酸。因此使用三糖铁试验和3.5%氯化钠三糖铁试验排除抑制剂不能抑制的需氧非发酵型革兰氏阴性菌。

空肠弯曲菌、小肠结肠炎耶尔森氏菌、副溶血性弧菌的细胞形态也有助于同其他杂菌鉴别。

(6)革兰氏阳性菌的分离比较复杂。有些乳酸菌的分离，常用乙酸钠为选择剂，如乳杆菌属。有些耐渗菌可利用其耐渗特点，如使用甘氨酸、甘油等作为选择剂。也可使用*L*-胱氨酸、巯基乙酸钠、二硫苏糖醇等能适当降低氧化-还原电位又无毒性的试剂，使兼性厌氧菌成为优势菌，便于兼性厌氧菌的分离，又避免了亚硫酸钠等的伤害。

在较高浓度氯化钠中能生长的细菌可考虑加适当浓度的氯化钠、氯化锂。

李斯特菌是兼性厌氧菌，在三糖铁试验中底层产酸，库特氏菌、节杆菌、微杆菌、短杆菌、乳酪杆菌等专性需氧菌表现为底层不产酸。因此使用三糖铁排除抑制剂不能抑制的需氧革兰氏阳性菌。

在分离检验常规食品中的革兰氏阳性菌时，除利用菌落形态外还利用目的菌特殊的菌体形态(葡萄球菌、链球菌、蜡样芽孢杆菌)、特殊运动方式(李斯特菌)、特殊代谢(产气荚膜梭菌的暴烈发酵)加以确认。

(7)加合适的抗生素是比较简洁的筛选思路。使用抗生素的缺点是经常需要单独配制加入，使用不太方便。适合做选择剂的物质有以下特点：抑制竞争菌，同时对目的菌无伤害或伤害小，如新生霉素；延长杂菌的延滞期，如亚硒酸盐对大肠杆菌的抑制；促进目的菌生长，如胆盐刺激霍乱弧菌、大肠杆菌的生长；不受食品中干扰物质的影响，如叠氮化钠。无机盐往往是最理想的选择剂。

(8)样品中有酵母菌或培养时间较长时选择剂还应该能抑制真菌。如放线菌酮、irgasan 等。

(二)致病菌分离步骤

致病菌的分离一般有以下几个步骤。

第 1 步，前增菌。使受伤菌得到修复。一般需要镁离子和 0.1%蛋白胨水。有氧代谢时还加 0.2%的丙酮酸钠。增菌时间因菌而异。

第 2 步，增菌。加入适当选择剂和刺激目的菌生长的物质，并使用目的菌生长适合的温度、酸碱度、渗透压、氧化-还原电位调节剂，使杂菌得到抑制，目的菌得到充分增殖，成为优势菌。

第 3 步，使用 1 种或 2、3 种选择强度不同的选择性平板分离目的菌。

第 4 步，对选择性平板上挑选的可疑菌落最好在选择性平板或非选择性平板上进行划线，以进一步纯化。

第 5 步，鉴定。对选择性平板上挑选的可疑菌落进行生理特性和生化特征鉴定，同时进行血清学鉴定。有时先进行血清学鉴定后再进行生化鉴定，以加快检验速度。必要时进行动物试验，以确认致病性。

由于目的菌的性状有可能因噬菌体感染等原因发生变异，加上有一些细菌虽然存在，但尚未被发现和确认，因此在进行致病菌鉴定时要尽可能多做几项生化试验。

(三)确认原则

首先通过增菌液和选择性平板的成分及培养条件，估计选择平板上出现的细菌是哪一类，通过菌落形态做初步挑选，并通过染色镜检判定是革兰氏阳性菌还是革兰氏阴性菌，是球菌、杆菌、球杆菌还是弯曲或螺旋状。观察细胞形态是否有多变性、有无芽孢或荚膜、细胞运动特征等，并测量菌体大小。

再结合主要生化试验确定是哪一属。结合其他生化试验和血清学试验确定种和血清型。有的通过动物试验，确定致病性。

第二节　食品中沙门氏菌及检验

沙门氏菌是肠杆菌科的一个大属，也是肠杆菌科最重要的病原菌属。沙门氏菌能引起人和动物的疾病，主要通过消化道感染，统称沙门氏菌病。全球每年约 1 600 万沙门氏菌感染病例，其中 60 万例死亡。世界上最大的一起沙门氏菌食源性疾病事件发生于 1953 年瑞典，因吃猪肉引起的，发病 7 717 人，死亡 90 人。

沙门氏菌病常在动物中广泛传播，人的沙门氏菌感染和带菌也非常普遍。因食品污染沙门氏菌而引起的食源性疾病事件在世界范围内常居首位，沙门氏菌作为进出口食品和食品致病菌的检验指标。因此，检验食品中有无沙门氏菌极为重要。

一、种类

沙门氏菌属肠杆菌科。包括两个种：肠沙门氏菌（*Salmonella enterica*）和乍得（邦戈尔）沙门氏菌（*Salmonella bongori*）。前一种按生化性状又分为 5 个亚属或 5 个型。分别是 *S. enterica*，*S. salamae*，*S. arizonae*（Ⅲ a），*S. diarizonae*（Ⅲ b），*S. houtenae*，*S. indica*。在食品检验中遇到的沙门氏菌 99.8%以上属于 *Salmonella enterica*（即Ⅰ 型），它们以温血动物为寄主。其余的以非温血动物为寄主。食品常规检验只需检查Ⅰ型和Ⅲ型，即 *S. Enterica*、*S. arizonae* 和 *S. diarizonae*。

根据流行病学特点把沙门氏菌分为 3 种：只感染人类的有伤寒沙门氏菌、副伤寒沙门氏菌甲型和丙型；人和特定动物间改变寄主的有乙型副伤寒沙门氏菌、鼠伤寒沙门氏菌（鼠）、鸡沙门氏菌（鸡）、都柏林沙门氏菌（牛）、马流产沙门氏菌（马）、马流产沙门氏菌变种（羊）、猪霍乱沙门氏菌（猪）；无特别寄主的种类。

全球已发现 2 000 多个菌型，我国至少已检出 255 个型或变异型，其中已知能引起人类致病的有 57 个型，主要在 A～F 群内。

二、致病力

由沙门氏菌引起的食源性疾病，需要感染大量菌才能致病。沙门氏菌随食物进入消化道以后，在小肠和结肠里繁殖，附着在肠黏膜上皮并侵入黏膜下组织，使肠黏膜发炎，从而抑制了对水和电解质的吸收，并引起水肿、出血等。

然后再通过肠黏膜上皮细胞之间侵入黏膜固有层，在固有层内引起炎症。未被吞噬细胞杀灭的沙门氏菌，经淋巴系统进入血液，而出现一时性菌血症，引起全身感染。同时活菌在肠道或血液内崩解出毒力较强的大量的菌体内毒素，引起全身症状。

三、流行病学特点

沙门氏菌是与肉食品关联较深的一类重要肠道致病菌。存在于温血动物的肠管中，正常人体带菌率为1%，夏秋季达2%，掌刀厨师达40%。沙门氏菌病多见于5—10月份，7—9月份为甚。主要通过牛肉、猪肉、禽肉食品引起食物中毒。该菌来源于人畜粪便。引起食品中毒的沙门氏菌主要有伤寒沙门氏菌、鼠伤寒沙门氏菌、肠炎沙门氏菌和猪霍乱沙门氏菌。据统计，过去在我国鼠伤寒沙门氏菌占沙门氏菌食物中毒的第1位，约占30%。一般认为除伤寒和副伤寒主要是水源性传播外，大多数沙门氏菌由食物传播。一般认为伤寒沙门氏菌以水源性传播为主的原因是城市生活污水未经有效处理，排放到河流造成的，在日本也有人认为伤寒沙门氏菌和副伤寒沙门氏菌传播途径同志贺氏菌相一致，是洗手等卫生习惯不良引起的传播。

伤寒沙门氏菌带菌者和患者均为传染源，全病程均有传染性，以病程第2～4周传染性最大；沙门氏菌在多种家畜中均能检测到。鸡是沙门氏菌最大的宿主。人类、动物和鸟类的粪便是主要传染源。家畜、家禽被屠宰前感染沙门氏菌；产蛋时蛋被鸡粪便污染；产蛋前沙门氏菌感染蛋液；奶牛感染沙门氏菌后挤出的奶；人员操作不当带来的肉类食品的污染。口服2×10^5个沙门氏菌即可发病。

人群普遍易感，伤寒沙门氏菌感染一般以儿童及青壮年居多。病后可获得持久性免疫力，再次患病者极少；沙门氏菌任何年龄均可患病，病后免疫力不强。

沙门氏菌食物中毒的症状是急性胃肠炎，如呕吐、腹痛、腹泻和因细菌毒素引起的中枢神经系统症状（如发烧、头痛、有时有痉挛）。疾病发生跟菌量、菌型、毒力大小以及个体差异有关。

（一）伤寒沙门氏菌感染临床症状

潜伏期3～60 d，平均潜伏期是12～14 d。副伤寒的潜伏期较伤寒短，一般为8～10 d，有时可短至3～6 d。病程大约4周：初期—极期—缓解期—恢复期。

主要症状是：①初期（病程第1周）：发热、体温呈阶梯形上升，5～7 d可达39～40℃以上，头痛、全身不适、食欲减退。②极期（病程2～3周）：高烧持续不退，可达10～14 d；相对缓脉、肝脾肿大，白细胞减少；在病程6～10 d可见到玫瑰疹；未治患者可出现中毒症状，神志淡漠、反应迟钝、耳鸣、听力减退；腹胀、便秘和轻度腹泻。③缓解期（病程3～4周）：体温开始波动下降，各种症状逐渐减轻，脾脏开始回缩。但本期内有发生肠出血及肠穿孔的危险，需特别提高警惕。④恢复期（病程4周末）：体温恢复正常，食欲常旺盛，但体质虚弱，一般约需1个月方完全康复。

（二）非伤寒沙门氏菌感染临床症状

主要有活菌和内毒素协同作用，以急性肠胃炎居多。

潜伏期多为8～36 h，短者6 h，长者48～72 h。潜伏期短者，病情较重。病程一般2～5 d，重者可持续几个星期。

主要症状是：沙门氏菌感染有多种临床表现，如头痛、头晕、恶心、腹痛、寒战、冷汗、全身无力、呕吐、腹泻、腹痛、发热等。重者可引起痉挛、脱水、休克等。主要发病症状为腹泻、发热，腹部绞痛。急性腹泻以黄色或黄绿色水样便为主，有恶臭。

四、生物学特性

(一)形态和染色

沙门氏菌为革兰氏阴性较为细长的杆菌，(0.4～0.9) μm×(1～3) μm。分光滑型和粗糙型菌落。不产生芽孢，一般无荚膜，但在黏液样变异时，可见菌体周围黏液层增厚。除鸡白痢和鸡伤寒沙门氏菌外，其余都具有周身鞭毛，能运动，但也偶尔出现无鞭毛的变种和不运动变株。除鸡白痢和鸡伤寒沙门氏菌及仙台、伤寒、甲型副伤寒等沙门氏菌外，绝大多数都具有菌毛，能吸附于细胞表面和凝集红细胞。

(二)培养特性

沙门氏菌为需氧或兼性厌氧菌，一般在普通琼脂培养基上生长良好，经 37℃培养 24 h 后，菌落呈圆形、光滑、湿润、半透明、边缘整齐、直径 2～3 mm；粗糙型菌落边缘不整齐，表面干燥。但鸡白痢、鸡伤寒和甲型副伤寒沙门氏菌等在普通琼脂培养基上生长贫瘠，形成“侏儒型的菌落”，乙型副伤寒沙门氏菌和霍乱沙门氏菌可呈黏液状生长，经 37℃培养 24 h 后再置室温 1～2 d，则可看到菌落周围有一圈黏液堤，称“扣子样菌落”。

沙门氏菌最适生长温度为 35～37℃，最适生长 pH 7.2～7.4。

在培养基中若加入硫代硫酸钠、胱氨酸、血清、葡萄糖、淀粉、脑心浸液、胶体硫或甘油等，均有助于本菌的生长。

(三)生化特性

本属各成员的生化特性比较一致(指第Ⅰ亚属)，但也有个别菌株在个别特性上存在差异，不能据此将其排除。一般生化特性是：

(1)利用葡萄糖，大多数沙门氏菌产酸产气。麦芽糖、甘露醇和山梨醇阳性。主要菌株不发酵乳糖、蔗糖、水杨素与核糖醇。ONPG 反应大多为阴性。大多数能利用木糖，甲型副伤寒沙门氏菌除外。

(2)吲哚反应阴性。VP 反应阴性。常利用柠檬酸盐为唯一碳源。除亚利桑那菌，不能利用丙二酸钠。除副伤寒沙门氏菌和少数其余沙门氏菌外，多数产 H_2S。

(3)pH 7.2 时，不分解尿素。苯丙氨酸脱氨酶阴性。不能液化明胶。绝大多数沙门氏菌不能在 KCN 肉汤中生长。

(4)除甲型副伤寒沙门氏菌外，都具有赖氨酸脱羧酶；除伤寒沙门氏菌和鸡沙门氏菌外，均具有鸟氨酸脱羧酶。

有些性状可能会发生变化。沙门氏菌属的基本生化特性见表 5-1。

表 5-1　沙门氏菌属基本生化特征

试验	结果	试验	结果
氧化-发酵	F	葡萄糖产气	＋
氧化酶	－	各种碳水化合物产酸	
硝酸盐还原	＋	葡萄糖	＋
吲哚	－	乳糖	－

续表 5-1

试验	结果	试验	结果
甲基红	+	麦芽糖	+
VP	−	甘露醇	+
柠檬酸盐	d	蔗糖	−
硫化氢	+	卫矛醇	d
尿素酶	−	阿拉伯糖	+(+)
丙二酸盐	D	肌醇	d
苯丙氨酸脱氨	−	鼠李糖	+
赖氨酸脱羧	+	海藻糖	+
鸟氨酸脱羧	+	水杨苷	−
精氨酸双水解	+/(+)	木糖	d
氰化钾生长	−	*β*-半乳糖苷酶	D
明胶液化	−	甘油品红	(+)
DNA 酶 25℃	−	*d*-酒石酸	D
动力	+	*l*-酒石酸	d
黏质酸盐	d	*i*-酒石酸	d
		七叶苷水解	−

注:F:发酵;+:90%～100%菌株阳性;(+):76%～89%菌株阳性;−:0～10%菌株阴性;D:不同菌株有不同的生化反应;d:血清变型,不同菌株有不同的反应。

(四)抗原结构

沙门氏菌具有复杂的抗原结构,一般可分为 4 种,即菌体抗原,又称为 O 抗原;鞭毛抗原,又称为 H 抗原;表面抗原,又称 Vi 抗原;以及菌毛抗原。

1. 菌体抗原(O 抗原)

沙门氏菌的 O 抗原主要存在于细菌细胞壁的最外层,是多糖-脂类-蛋白质的复合物,属于细胞壁的组成部分。同属内种类的核心多糖(R)相同,O 多糖(侧链多糖)各异,决定了抗原的特异性。

O 抗原很稳定,能耐受 100℃达数小时,不被酒精或 0.1%石炭酸所破坏。

O 抗原含有许多不同的多糖成分,分别以大写英文字母 A,B,C…和阿拉伯数字 1,2,3…表示,例如甲型伤寒沙门氏菌的 O 抗原有 1、2、12;猪霍乱沙门氏菌的 O 抗原有 6、7。

把具有相同 O 抗原的沙门氏菌归于同一群,这样把 2 000 多种血清型分为 42 个群:A、B、C、D…Z,然后是 O51～O63,O65～O67 及 L 复合体群。其中与人类疾病有关的有 57 个血清型,集中在 A～F 群。

O 抗原与抗 O 血清混合后,在 56℃经 4～12 h 或 37℃过夜,出现颗粒状不易摇散的 O 凝集现象。血清凝集试验用的抗原悬液即是用无鞭毛的菌株或有鞭毛的菌株经用无水酒精加温 40℃ 30 min 处理去鞭毛者,也可在培养基中加 0.1%石炭酸抑制鞭毛的形成等方法制备抗原。如果制备 O 因子血清,则需要经过交叉凝集吸收试验等处理。

S-T-R 变异：这是指丧失 O 抗原，由光滑型（S 型）过渡到 T 型（Transient）或粗糙型（R 型）的一种变异。T 型菌含有一种新的对热稳定的抗原，称为 T 抗原。T 型菌不含有正常的 O 抗原，是介于 S-R 型间的过渡形态，其形态光滑，与 S 型无法鉴别，但不被 O 血清凝集。

2. 鞭毛抗原（H 抗原）

沙门氏菌的 H 抗原存在于鞭毛上，化学成分为蛋白质，其特异性主要是由蛋白质多肽链上氨基酸的排列顺序及空间构型来决定的。

H 抗原对热不稳定，经加热 60～70℃ 15 min，或酒精及酸处理后即被破坏。要使 H 抗原完全破坏，必须将培养物煮沸 2.5 h，短时间的加热仅能破坏其可凝性凝集结合力，但不能破坏其凝集产生的能力。

制备 H 抗原悬液，应用具有丰满鞭毛的菌种 18～24 h 的培养物，加甲醛固定或 60℃以下加温即成 H 抗原。H 抗原与抗 H 血清经 56℃ 2 h 后，可出现疏松易于摇散的絮状凝集，称为 H 凝集。具有鞭毛的细菌，经甲醛固定后，其菌体抗原全部被遮盖，故不能与菌体抗体（O 抗体）发生凝集。

H 抗原可分为两相，第 1 相为特异相，用英文小写字母表示；第 2 相为非特异性相，用阿拉伯数字表示，但少数也有用英文字母来表示的。例如：猪伤寒沙门氏菌的 H 抗原第 1 相 c，第 2 相 1、5；剑桥沙门氏菌的第 1 相 e、h，第 2 相 l、w。具有两相鞭毛抗原的细菌称为双相菌，仅具有 1 相鞭毛抗原的细菌称为单相菌。如甲型副伤寒沙门氏菌只具有 1 相抗原 a。

位相变异：是鞭毛抗原的一种质的改变。这种变异在沙门氏菌的双相菌中常有，而单相菌不发生这种变异，因而在双相菌鉴定时非常重要。通常在 1 个培养物内 2 相并存，在培养过程中，多次移种后第 1 相可以长出第 2 相，第 2 相也可以换成第 1 相，这种现象称为相变异。第 1 相变为另一相的频率随菌株而异。1 株双相菌，如果分离 H 抗原为单相时，大多是因一相掩盖另一相抗原。此时可用诱导法促使另一相抗原出现，一般都可恢复为双相菌。

HO-O 变异：HO-O 变异指有动力的菌株（HO 型）丧失 H 抗原而成为无动力的变种（O 型），这些变种性质十分稳定，一般不能逆转。

3. Vi 抗原

Vi 抗原很重要，少数沙门氏菌如伤寒沙门氏菌、丙型副伤寒沙门氏菌、都柏林沙门氏菌等具有 Vi 抗原。

Vi 抗原由糖脂所组成，很不稳定，不耐热，60℃ 30 min、100℃ 5 min、石炭酸处理或人工培养后易消失。含有 Vi 抗原的细菌悬浮液于无水乙醇或甘油中比较稳定，加热亦不易破坏。经甲醛处理后，Vi 抗原含量虽然减少，但不完全消失。

Vi 抗原位于菌体的最表层，因此具有 Vi 抗原的细菌，由于 O 抗原被 Vi 抗原所包围，可阻止 O 抗原与抗 O 血清发生凝集，O 抗原不凝集，必须加热 60℃ 30 min 或 100℃ 5 min 破坏 Vi 抗原后，O 抗原才能与抗 O 血清发生凝集。

具有 Vi 抗原的细菌有抗吞噬作用和保护细菌避免相应抗体在补体参与下的溶菌作用，故毒力较强。Vi 抗原对鉴定伤寒沙门氏菌、丙型副伤寒沙门氏菌、都柏林沙门氏菌很重要。但 Vi 抗原并非沙门氏菌独有，某些柠檬酸杆菌亦有。

凡初步生化反应符合沙门氏菌，而不与 A～F 群（组）O 多价血清或各单价血清凝集者，均应做 Vi 凝集试验。

4. 菌毛抗原

沙门氏菌的菌毛有抗原性，用其免疫能获得高效价的血清。

60℃加热不能改变培养物的菌毛状态，这样处理的菌毛在相应的抗血清中仍能发生凝集，并能产生血细胞凝集反应。100℃ 1 h或120℃ 30 min处理后，几乎全部细菌失去菌毛，离心后重新混悬于盐水中，不能再被抗原血清凝集。

菌毛凝集发生较迅速，呈云絮状，故易与鞭毛凝集混淆。但不同之处是菌毛凝集不因0.005 mol/L盐酸或50%酒精处理而消失。以1 mol/L盐酸处理20 h，能使它不再与抗菌毛血清凝集，并丧失其血细胞凝集性。

五、抵抗力

沙门氏菌对热及外界环境的抵抗力属于中等，不耐热，但耐干燥和低温，冷冻也不易死亡；60℃ 15～30 min即被杀死；在普通水中虽不易繁殖，但可存活2～3周；在自然环境的粪便中可生存1～2个月；在冰箱中可生存3～4个月；在－25℃可存活10个月左右；在干燥的垫草中可存活8～20周。当水煮或油炸大块鱼、肉、香肠、肉饼时，若食品内部温度达不到足以杀死细菌的情况下，就会有细菌残留。

对化学药品的抵抗力较弱，如以5%苯酚或1∶500升汞处理，5 min可杀死；胆盐、煌绿及孔雀绿等对本属细菌的抑制作用较大肠杆菌为小，常可用以制备选择性培养基，对氯霉素敏感近来发现，许多菌株都能抵抗一定浓度的磺胺类、土霉素和链霉素等药品。

沙门氏菌较耐酸，有记录表明，在pH 3.6的食物中存活了73 d。

六、沙门氏菌病的预防措施

针对细菌性食源性疾病的预防主要采取以下3方面措施：

第一是防止病原细菌污染，尤其是肉类食品易污染沙门氏菌。加强对肉类食品生产企业的卫生监督和家畜、家禽屠宰前及屠宰后的检验检疫工作，并按有关标准与法规处理。加强肉类食品在储藏、运输、加工、烹调和销售等各个环节的卫生管理。特别是防止熟食品的与生食物的交叉污染。

第二是控制食品中病原细菌的繁殖。影响食品中沙门氏菌繁殖的主要因素是环境温度和存放时间，低温储存是控制沙门氏菌繁殖的重要措施。加工后的熟肉制品应低温或高温储存，并尽快食用，缩短存放期。

第三是彻底杀灭病原菌。食用前煮沸加热杀死病原菌是预防细菌性食源性疾病的关键措施。沙门氏菌不耐热，60℃，15～30 min即被杀死。肉块中心温度达到80℃，并持续12 min，即可杀灭肉类中可能存在的各种沙门氏菌并可灭活其毒素。

另外，大力开展群众卫生宣传教育也是一项降低食品污染及食品安全事件的有效措施。加强食品微生物污染相关知识的宣传教育，向社会提供必要的预防微生物污染的手段，指导广大食品生产经营者和消费者树立有效防范食品安全风险的意识。使群众配合、参与食品安全管理工作。国际上最有效、最简单易学的预防细菌污染的防措施就是“WHO食品安全五要点”，分别是保持清洁、生熟分开、烧熟煮透、保持食物的安全温度、使用安全的水和原材料。

七、检验过程及原理

食品中沙门氏菌检验具体程序依据GB 4789.4—2016《食品安全国家标准食品微生物学

检验沙门氏菌》检验。除样品采集外，具体检验程序包括预增菌（前增菌）、选择性增菌、选择性平板分离、鉴定试验（生化筛选试验和血清学鉴定）和结果确认 5 个步骤（图 5-1）。

由于伤寒沙门氏菌和副伤寒沙门氏菌生态学的特殊性，原则上使用两种增菌液和两种选择性培养基。不同抑制剂对不同沙门氏菌影响各异，因此使用单一增菌液或选择性培养基会出现漏检现象。使用两种增菌液和两种选择性培养基的另一个原因是，一种选择剂不能抑制某种竞争优势菌时，另一种选择剂可能能够抑制。沙门氏菌常与大肠埃希菌、变形杆菌一起出现，因此在使用增菌液和选择性培养基时，要考虑抑制这些细菌生长。

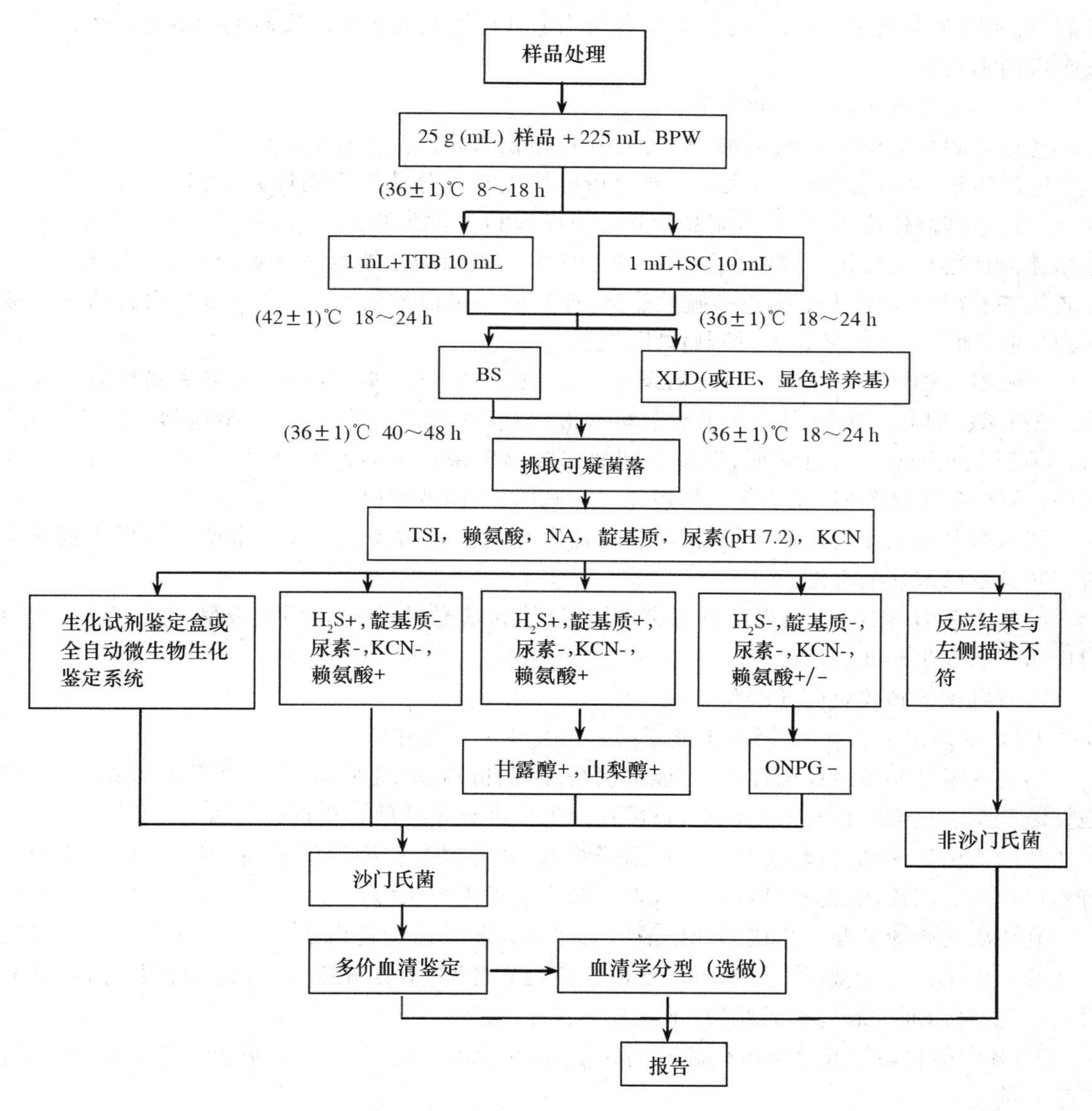

图 5-1 沙门氏菌检验程序

（一）预增菌（前增菌）

目的是使受伤菌得到修复。修复必须在细菌繁殖之前进行，冷冻受伤沙门氏菌的修复，2～4 h 效果最好，经高温处理的沙门氏菌和沙门氏菌含量低时，延滞期变长，有时达 14 h。因此不同样品所需前增菌时间不同，国际上采用16～20 h或24 h，以利于充分修复。

(二)增菌

增菌的目的是使沙门氏菌快速增殖的同时适当抑制其他杂菌，如大肠菌群、变形杆菌、假单胞菌等。经前增菌后的样品与选择性增菌液按1∶10加入，例如1 mL样品加入10 mL SC中，未经前增菌而直接进行选择性增菌的样品最好与增菌液按1∶1稀释，而不可按1∶10稀释，因为食品中沙门氏菌数量较少，1∶10稀释将降低检出率。

有的沙门氏菌(如伤寒沙门氏菌)在(36±1)℃增菌有利，有的沙门氏菌在(42±1)℃增菌有利，且利于抑制杂菌。但(42±1)℃培养对伤寒沙门氏菌和雏沙门氏菌生长不利。因此采用两个增菌温度。

1. 亚硒酸盐胱氨酸(SC)增菌液

使用亚硒酸氢钠和*L*-胱氨酸，其氧化-还原电位适合兼性厌氧菌的生长。

亚硒酸氢钠抑制肠球菌等大部分革兰氏阳性菌和部分革兰氏阴性菌，尤其对大肠埃希菌和志贺氏菌抑制作用明显(在蛋制品检验中加煌绿和牛黄胆酸钠，以抑制其他革兰氏阳性菌，包括芽孢杆菌)，主要用于抑制大肠菌群和肠球菌。亚硒酸盐被竞争菌吸收更快，与蛋白质中含硫氨基酸部分反应形成硒-连多硫酸盐类，抑制酶等蛋白质的合成。6～12 h内大肠杆菌被强烈抑制，随着培养时间延长，抑制作用减弱。

亚硒酸氢钠抑制作用需要一定的条件。在pH 7.0～7.4时，亚硒酸盐对大肠杆菌的抑制作用最有效，因此增菌液中引入了磷酸缓冲液，随着沙门氏菌的生长，亚硒酸盐被还原，导致pH升高，亚硒酸盐的毒性减弱，发酵乳糖的非沙门氏菌生长而产酸，可达到维持酸碱平衡的目的；另外，氧浓度高时，亚硒酸盐的还原作用减弱，增菌液液面要高于6 cm。

胱氨酸可刺激沙门氏菌生长，同时作为还原剂保护受伤菌免受代谢中产生的氧化剂的伤害。减少亚硒酸盐的毒性。

经热灭菌的SC对沙门氏菌有毒害作用，该培养基配制完直接使用，亚硒酸盐有时成为沙门氏菌形态发生畸变的原因。

2. 四硫磺酸钠煌绿(TTB)增菌液

TTB中使用了胆盐和煌绿，抑制革兰氏阳性菌和大肠杆菌。

胆盐主要抑制革兰氏阳性菌(不能抑制肠球菌、链球菌、葡萄球菌、产气荚膜梭菌、部分芽孢杆菌等革兰氏阳性菌)和部分革兰氏阴性菌如大部分黄杆菌和莫拉氏菌属。

沙门氏菌比大肠杆菌、志贺氏菌更耐受煌绿、孔雀绿。伤寒沙门氏菌、副伤寒沙门氏菌和有些鼠伤寒沙门氏菌、都柏林沙门氏菌对三苯甲烷类染料敏感。

利用硫代硫酸钠和碘生成四硫磺酸钠来抑制大肠杆菌的蛋白质合成，并使蛋白质暂时失去活性。由于沙门氏菌(柠檬酸杆菌、变形杆菌也有此酶)有四硫磺酸酶，能分解其毒性，且利用它作为能源，而大肠杆菌无此酶，不能分解其毒性。

TTB中的碳酸钙起稳定硫代硫酸钠的作用，并中和杂菌产生的酸，放出二氧化碳，抑制有氧呼吸菌。

TTB中除有变形杆菌生长外，杂菌很少，SC中除大肠杆菌外其他肠道杆菌和假单胞菌等也生长。

(三)选择性分离

分别用直径3 mm的接种环取增菌液1环，划线接种于1个BS琼脂平板和1个XLD琼脂平板(或 HE 琼脂平板或沙门氏菌属显色培养基平板),于(36±1)℃分别培养 40～48 h(BS 琼脂平板)或 18～24 h(XLD 琼脂平板、HE 琼脂平板、沙门氏菌属显色培养基平板),观察各个平板上生长的菌落,各个平板上的菌落特征见表 5-2。

表 5-2　沙门氏菌属在不同选择性琼脂平板上的菌落特征

选择性琼脂平板	沙门氏菌
BS 琼脂	菌落为黑色有金属光泽、棕褐色或灰色,菌落周围培养基可呈黑色或棕色;有些菌株形成灰绿色的菌落,周围培养基不变
HE 琼脂	蓝绿色或蓝色,多数菌落中心黑色或几乎全黑色;有些菌株为黄色,中心黑色或几乎全黑色
XLD 琼脂	菌落呈粉红色,带或不带黑色中心,有些菌株可呈现大的带光泽的黑色中心,或呈现全部黑色的菌落;有些菌株为黄色菌落;带或不带黑色中心
沙门氏菌属显色培养基	按照显色培养基的说明进行判定

经增菌后的培养液主要杂菌为大肠埃希氏菌,而其与沙门氏菌可用是否发酵乳糖或蔗糖等进行区分,故选择分离培养基中加入乳糖和酸碱指示剂这一指针来判断可疑菌落。加入硫化氢鉴别指标,是因为第Ⅲ亚属产硫化氢而缓慢发酵乳糖。

BS 选择性较强,多搭配选择性较弱的 XLD/HE 等,互补以防沙门氏菌漏检。

1. 亚硫酸铋(BS)琼脂

广泛用于分离伤寒沙门氏菌,其优点是产生硫化氢敏感,不含乳糖,是不依赖于糖反应的选择性培养基。由于 24 h 不一定产生硫化氢,需培养 48 h。

培养基中的铋离子被沙门氏菌还原成金属铋(铋也是抑制剂),使菌落周围带金属光泽,形成黑色菌落。络合铁的使用,促使产生适量的硫化亚铁。

含煌绿的培养基,在冰箱内贮存不得超过 48 h。时间过长,煌绿被氧化变质(遇热、光、胆盐时活性降低),使沙门氏菌菌落发白,不能有效抑制杂菌,选择性降低。另外至少要倒 15～20 mL,使平板增厚。

BS 琼脂中使用煌绿和亚硫酸盐破坏细胞膜,造成渗漏,抑制革兰氏阳性菌和部分革兰氏阴性菌(亚硫酸盐抑制非发酵型革兰氏阴性菌,Fe^{2+} 也降低氧化还原电位)。柠檬酸盐络合因细胞膜被煌绿破坏而渗漏的钙、镁离子。二者合用还适当抑制变形杆菌和大肠杆菌、彻底抑制假单胞菌;对伤寒和副伤寒沙门氏菌生长无影响。

2. XLD 与 HE 琼脂

分离培养基含乳糖(HE,XLD)、蔗糖(HE,XLD)、木糖(XLD)、水杨素(HE),利用沙门氏菌一般不利用上述糖的特性,区别能利用此类糖的非沙门氏菌。但要注意大多数沙门氏菌能利用木糖,甲型伤寒沙门氏菌除外。

同时柠檬酸铁铵提供铁使产生的硫化氢(以硫代硫酸钠为底物)适量变为黑色的硫化亚铁,造成菌落中心带黑色。

HE 琼脂(Hektoen Enteric Agar),利用糖的非沙门氏菌会产酸,使胆盐或去氧胆酸钠变为胆酸或去氧胆酸,与碱性指示剂(Andrade)牢固结合,使指示剂色素沉着,表现为粉红色菌落。去氧胆酸的析出,不仅使菌落不透明,菌落外围的培养基也变得不透明。而沙门氏菌不利用糖,表现为蓝绿色菌落。

培养基中使用的Andrade指示剂复红(品红)是三氨基三苯甲烷基团的碱性染料和蔷薇苯胺的混合物组成的紫红色染料;磺化后得到碱性复红;经与氢氧化钠作用后脱色,脱了色的碱性复红叫Andrade指示剂。遇到细菌生长产酸又变红。

另一种指示剂溴麝香草酚蓝的变色范围为pH 6.0(黄色)~7.6(蓝色)。

XLD(木糖赖氨酸脱氧胆盐)琼脂,以酚红为酸碱指示剂[黄色(pH 6.8)~红色(pH 8.0)],非沙门氏菌利用糖产酸,呈黄色菌落,沙门氏菌呈粉红色菌落。

XLD与HE琼脂中均联合使用去氧胆酸钠或胆盐-柠檬酸盐,前者造成细胞膜渗漏,后者络合渗漏的钙、镁离子等重要的无机离子达到抑菌的目的;硫代硫酸钠的作用类似于亚硫酸盐,破坏细胞膜造成渗漏,抑制革兰氏阳性菌和部分革兰氏阴性菌(需氧),另外可使甲型副伤寒沙门氏菌等侏儒型菌落形成正常菌落。

3. 显色培养基

HE平板被认为是选择性高的比较好的培养基,添加辛脂酶底物后成为显色培养基。沙门氏菌均产生辛脂酶,能水解4-甲基伞形酮辛脂为底物的物质,在波长365 nm紫外光照射下,发射出可见的粉紫色荧光。其他按照显色培养基的说明进行判定。

(四)鉴别试验

1. 生化试验

自选择性琼脂平板上分别挑取2个以上典型或可疑菌落,接种三糖铁琼脂,先在斜面划线,再于底层穿刺;接种针不要灭菌,直接接种赖氨酸脱羧酶试验培养基和营养琼脂平板,于(36±1)℃培养18~24 h,必要时可延长至48 h。在三糖铁琼脂和赖氨酸脱羧酶试验培养基内,沙门氏菌属的反应结果见表5-3。

排除斜面产酸同时不产硫化氢的菌以及斜面和底层都不产酸的菌以外,其他情况均有可能是沙门氏菌也可能不是沙门氏菌。继续依据靛基质试验、尿素酶(pH 7.2)试验、氰化钾(KCN)生长试验作判断,也可在初步判断结果后从营养琼脂平板上挑取可疑菌落接种蛋白胨水(供做靛基质试验)、尿素琼脂(pH 7.2)、氰化钾(KCN)培养基。按表5-3和表5-4判定结果。

将已挑菌落的平板储存于2~5℃或室温至少保留24 h,以备必要时复查。

表5-3 沙门氏菌属在三糖铁琼脂和赖氨酸脱羧酶试验培养基内的反应结果

三糖铁琼脂				赖氨酸脱羧试验培养基	初步判断
斜面	底层	产气	硫化氢		
K	A	+(-)	+(-)	+	可疑沙门氏菌属
K	A	+(-)	+(-)	-	可疑沙门氏菌属
A	A	+(-)	+(-)	+	可疑沙门氏菌属
A	A	+/-	+/-	-	非沙门氏菌属
K	K	+/-	+/-	+/-	非沙门氏菌属
注:K产碱,A产酸;+阳性;-阴性;+(-)多数阳性,少数阴性;+/-阳性或阴性。					

如果表5-4中的这5项中有1项不正常,有可能是沙门氏菌,也可能不是沙门氏菌。如果这5项中有两项不正常,则为非沙门氏菌;有一例外,即硫化氢阴性,同时赖氨酸脱羧酶阴性者判定为甲型副伤寒沙门氏菌。

表 5-4　沙门氏菌属生化反应初步鉴别表

反应序号	硫化氢(H_2S)	靛基质	pH 7.2 尿素	氰化钾(KCN)	赖氨酸脱羧酶
A1	+	−	−	−	+
A2	+	+	−	−	+
A3	−	−	−	−	+/−
注：+阳性；−阴性；+/−阳性或阴性。					

反应序号 A1：典型反应判定为沙门氏菌属。如尿素、氰化钾和赖氨酸脱羧酶 3 项中有 1 项异常，按表 5-5 可判定为沙门氏菌。如有 2 项异常，则为非沙门氏菌。

表 5-5　沙门氏菌属生化反应初步鉴别表

pH 7.2 尿素	氰化钾(KCN)	赖氨酸脱羧	判定结果
−	−	−	甲型副伤寒沙门氏菌(要求血清学鉴定结果)
−	+	+	沙门氏菌或(要求符合本群生化特征)
+	−	+	沙门氏菌个别变体(要求血清学鉴定结果)
注：+阳性；−阴性。			

反应序号 A2；补做甘露醇和山梨醇试验，沙门氏菌靛基质阳性变体硫化氢、靛基质两项试验结果均为阳性，但需结合血清学试验进行判断。

反应序号 A3：补做 ONPG。ONPG 阳性可能为大肠埃希氏菌，ONPG 阴性为沙门氏菌。同时，沙门氏菌应为赖氨酸脱羧酶阳性，注意甲型副伤寒沙门氏菌为赖氨酸脱羧酶阴性。

必要时按表 5-6 进行沙门氏菌生化群的鉴别。

表 5-6　沙门氏菌各生化群的鉴别

项目	Ⅰ	Ⅱ	Ⅲ	Ⅳ	Ⅴ	Ⅵ
卫矛醇	+	+	−	−	+	−
山梨醇	+	+	+	+	+	−
水杨苷	−	−	−	+	−	−
ONPG	−	−	+	−	+	−
丙二酸盐	−	+	+	−	−	−
KCN	−	−	−	+	+	−
注：+阳性；−阴性。						

2. 血清学试验

沙门氏菌鉴定，要优先考虑生化性状，单依赖凝集反应时，容易出现错误，因为有时与肠杆菌科的其他非沙门氏菌如柠檬酸杆菌、志贺氏菌等有交叉反应。

总体操作原则为，先多价后单价，先常见的后不常见的，先 O 后 H，根据结果查表鉴定菌种。

(1)检查培养物有无自凝性。一般采用 1.2%～1.5%琼脂培养物作为玻片凝集试验用的抗原。首先排除自凝集反应，在洁净的玻片上滴加 1 滴生理盐水，将待试培养物混合于生理盐水滴内，成为均一性的混浊悬液，将玻片轻轻摇动30～60 s，在黑色背景下观察反应(必要时用放大镜观察)，若出现可见的菌体凝集，即认为有自凝性，反之无自凝性。对无自凝的培养物参照标准中具体方法进行血清学鉴定。

(2)多价菌体抗原(O)鉴定。在玻片上划出2个约1 cm×2 cm的区域，挑取1环待测菌，各放1/2环于玻片上的每一区域上部，在其中一个区域下部加1滴多价菌体(O)抗血清，在另一区域下部加入1滴生理盐水，作为对照。再用无菌的接种环或接种针分别将两个区域内的菌苔研成乳状液。将玻片倾斜摇动混合1 min，并对着黑暗背景进行观察，任何程度的凝集现象皆为阳性反应。O血清不凝集时，将菌株接种在琼脂量较高的(如2%～3%)培养基上再检查；如果是由于Vi抗原的存在而阻止了O凝集反应时，可挑取菌苔于1 mL生理盐水中做成浓菌液，于酒精灯火焰上煮沸后再检查。

(3)多价鞭毛抗原(H)鉴定。操作同“多价菌体抗原(O)鉴定”。H抗原发育不良时，将菌株接种在0.55%～0.65%半固体琼脂平板的中央，待菌落蔓延生长时，在其边缘部分取菌检查；或将菌株通过接种装有0.3%～0.4%半固体琼脂的小玻管1～2次，自远端取菌培养后再检查。

(4)血清学分型(选做项目)。符合生化性状、O多价凝集时判定为沙门氏菌阳性。血清学分型适用于流行病学调查。当已确定O群抗原后，进一步检查鞭毛抗原。注意根据沙门氏菌抗原表判断鞭毛抗原有无位相变异并估计另一相。另一相需要诱导，需添加已知相的抗体，并在低浓度琼脂培养基上培养。有Vi抗原(荚膜)时要考虑菌体抗原是否符合已知有Vi抗原的沙门氏菌的菌体抗原。

(五)报告

综合以上生化试验和血清学鉴定的结果，报告25 g(或25 mL)样品中检出或未检出沙门氏菌属(及菌型)。

第三节　食品中志贺氏菌及检验

志贺氏菌属(*Shigella*)的细菌通称为痢疾杆菌，是细菌性痢疾的病原菌。临床上能引起痢疾症状的病原微生物很多，如志贺氏菌属、沙门氏菌属、变形杆菌属、埃希氏菌属等，还有阿米巴原虫、鞭毛虫及病毒等均可引起人类痢疾，其中以志贺氏菌引起的细菌性痢疾最为常见。人类和灵长类是志贺氏菌的适宜宿主，营养不良的幼儿、老人及免疫缺陷者更为易感，所以在食物和饮用水的卫生检验时，常以是否含有志贺氏菌作为指标。

一、种类

志贺氏菌属按抗原特性分为4个群，即A、B、C、D。

A群　痢疾志贺氏菌，有12个血清型，其中包括最知名的志贺氏杆菌(Ⅰ型痢疾志贺氏菌)和舒密次杆菌(Ⅱ型痢疾志贺氏菌)。

B群　福氏志贺氏菌，有6个血清型，其中的Ⅰ～Ⅴ型又有亚型；还有x、y两个变种，这些型、亚型和变种之间通过大量的共同抗原联系在一起。

C群　鲍氏志贺氏菌，有18个血清型，其中有的血清型有甘露醇阴性的变种。

D群　宋内氏志贺氏菌，只有1个种（血清型），它具有Ⅰ相（光滑型）和Ⅱ相（粗糙型）的变异。

二、致病力

志贺氏菌的致病作用主要是侵袭力和菌体内毒素，个别菌株能产生外毒素。

（一）侵袭力

志贺氏菌进入大肠后，由于菌毛的作用，黏附在大肠和回肠末端肠黏膜的上皮细胞上，继而在上皮层繁殖，扩散至邻近细胞及上皮下层。由于毒素的作用，上皮细胞死亡，黏膜下发炎，并有毛细血管血栓形成，以致坏死、脱落、形成溃疡，志贺氏菌一般不侵犯其他组织，偶尔可引起败血症。目前认为不论是产生外毒素的还是只产生内毒素的志贺氏菌，必须侵入肠壁才能致病，非侵袭性痢疾杆菌突变菌株不能引起疾病。因此，对黏膜组织的侵袭力是决定致病力的主要因素。

（二）内毒素

志贺氏菌属中各菌株都有强烈的内毒素。作用于肠壁，提高通透性，从而促进毒素的吸收，引起一系列毒血症症状，如发热、神志障碍，甚至中毒性休克。毒素破坏黏膜形成炎症、溃疡，呈现典型的痢疾脓血黏液便。毒素作用于肠壁植物神经，使肠功能紊乱，肠蠕动共济失调和痉挛，尤其直肠括约肌最明显，因而发生腹痛、里急、后重症状。

（三）外毒素

痢疾志贺氏菌Ⅰ型和部分Ⅱ型能产生外毒素，具有神经毒性、细胞毒性和肠毒性。肠毒素的活性主要在小肠发生，而菌痢病变主要在大肠。痢疾志贺氏菌Ⅰ型突变菌株不产肠毒素但仍有侵袭力。

三、流行病学特点

由志贺氏菌引起的痢疾也称菌痢，又称脏手病。志贺氏菌感染与季节关系密切，多发于夏秋。在艰苦条件下施工、生产、集体作业，部队野营或作战时，如果预防措施不力，常会引起流行。

过去认为人和灵长类是该菌的唯一寄主，目前在我国某些鸡场中有鲍氏志贺氏菌和痢疾志贺氏菌感染的报道。传染源主要是病人和带菌者，主要通过消化道传播。人类对志贺氏菌的易感性极高，10～200个细菌即可使10%～50%受攻击的人致病，病后有一定的免疫力，但是免疫期短，也不稳固。可能因细菌菌型多，各型细菌之间无交叉免疫性之故。

感染者中成人及1岁以下婴儿均以福氏志贺氏菌为主，1岁以上儿童以宋内氏志贺氏菌为主，欧美及日本以宋内氏志贺氏菌为主，亚洲及非洲以福氏志贺氏菌为主，我国以福氏志贺氏菌为主，其次为宋内氏志贺氏菌。

一般认为志贺氏菌由病人和带菌者经粪-口途径传播，经常以手指和苍蝇为媒介，由病人粪便带到水和食物。水也被认为是重要的感染环节。引起志贺氏菌病的相关食品有含酱油的凉拌菜、色拉、生蔬菜、乳和乳制品、禽肉、水果、面包制品、汉堡、鱼等。与患有痢疾的病人一同就餐或吃了患有痢疾的食堂工作人员接触过的食物容易感染该菌。

潜伏期一般1～2 d，通常预后良好。临床症状分急性和慢性两类。

（1）急性细菌性痢疾：分为急性典型、急性非典型和急性中毒型菌痢3型。急性典型菌痢症状典型，有腹痛、腹泻、脓血黏液便、里急后重、发热等，经治疗预后良好。如治疗不彻底可转为慢性。急性非典型菌痢症状不典型，易诊断错误，延误治疗。急性中毒型菌痢常见于小儿，各型菌都可发生，常常无明显的消化道症状，而是以全身中毒性症状为主。中毒性菌痢一系列的病理生理变化，主要是内毒素造成机体微循环障碍的结果，导致内脏淤血、周围循环衰竭，主要功能器官灌注不足，引起心力衰竭、腹水肿、急性肾功能衰竭，严重微循环障碍，再加上内毒素损伤血管内上皮细胞、激活凝血因子等，而发生弥散性血管内凝血。

（2）慢性细菌性痢疾：常因急性期治疗不彻底或人体防御机能低下、营养不良或合并其他慢性病。例如低酸性或无酸性胃炎、胆囊炎、肠道寄生虫病等，一般认为福氏志贺氏菌感染致慢性者较多。

细菌性痢疾的带菌者有3种类型，即恢复期带菌者、慢性带菌者和健康带菌者。健康带菌者是指临床上无肠道症状而又能排出志贺氏菌者。这种带菌者是主要的传染源，特别是在饮食上，炊事员和保育员中的带菌者危险性更大。

四、生物学特性

（一）形态和染色

志贺氏菌属的形态与肠杆菌科细菌的形态相似。为革兰氏阴性短杆菌，两侧平行、末端钝圆，大小(0.5～0.7) μm×(2～3) μm。无荚膜、无鞭毛、不形成芽孢。无动力，是与沙门氏菌不同之处。福氏志贺氏菌的1a、2a、2b、3、4a、5、x、y血清型有Ⅰ型菌毛，容易附着在肠黏膜上皮细胞上。

（二）培养特性

本属菌为需氧菌，亦为兼性厌氧菌，但厌氧培养时生长较不旺盛。最适温度为37℃左右，但在10～40℃范围内亦可生长，最适pH为6.4～7.8。

在固体培养基上培养18～24 h后，志贺氏菌在普通琼脂平板上一般形成光滑型菌落，无色半透明，边缘整齐，直径2 mm左右。宋内氏志贺氏菌常呈光滑型和粗糙型2种菌落，且菌落大，较不透明。在选择培养基上可呈现不同的颜色，例如宋内氏志贺氏菌在MAC琼脂平板上生长出边缘较整齐，因能迟缓发酵乳糖而呈玫瑰红色的菌落，应注意勿当大肠杆菌处理。

正常的光滑型菌株在肉汤中生长时，呈均匀浑浊。在起始18～24 h内，浑浊度迅速增长，直到48～72 h缓缓下降。管底有少量沉淀，但易于摇散，罕见有菌膜形成。

（三）生化特性

对各种糖利用能力差，只能利用葡萄糖和甘露醇(除A群外)，产酸不产气。不发酵乳糖和蔗糖(宋内氏志贺氏菌可迟缓发酵乳糖，3～4 d)。不能分解水杨素和七叶苷。

不产硫化氢。不液化明胶。不产尿素酶。有氰化钾时不能生长。不能以柠檬酸盐为唯一碳源。赖氨酸脱羧酶试验阴性。甲基红试验阳性。VP反应阴性。吲哚反应除宋内氏志贺氏菌为阴性外，其余不一。

（四）抗原结构

志贺氏杆菌有O抗原和K抗原，H抗原未被发现。

利用O抗原的复杂性，可将志贺氏菌分成A、B、C、D 4个群，相当于痢疾志贺氏菌、福氏志贺氏杆菌、鲍氏志贺氏菌和宋内氏志贺氏菌。志贺氏菌属在各国的流行病学调查中，福氏志贺氏菌和宋内氏志贺氏菌为常见的血清型。据报道20世纪50年代末在我国已基本绝迹的志贺氏Ⅰ型菌痢又卷土重来，过去少见的痢疾志贺氏菌和鲍氏志贺氏菌也时有发现。

型特异性抗原：型多糖抗原为菌体抗原的1种，是光滑型菌株所含有的重要抗原。当菌株变为粗糙型时，此抗原也常随之消失，各菌型所含的型抗原不同，可用于区别菌种的型别。

群特异性抗原：为光滑型菌株的次要抗原，也是菌体抗原的1种。特异性较低，常在数种近似的菌内出现。在福氏志贺氏菌株中，由于所含群抗原不同，可将某些菌型分为多种亚型，如福氏2型，根据群抗原不同，可分为2a、2b两个亚型。

K抗原包绕于某些新分离的痢疾杆菌表面，不耐热，加热100℃ 1 h即被破坏。此抗原可以阻止菌体抗原与相应免疫血清发生凝集。煮沸法可以破坏。K抗原无分类学意义。

五、抵抗力

志贺氏菌属的细菌与沙门氏菌属及其他肠道杆菌相比，对理化因素抵抗力较低。对酸较敏感，必须使用含有缓冲剂的培养基进行增菌。在外界环境中的生存力，宋内氏志贺氏菌最强、福氏志贺氏菌次之，而痢疾志贺氏菌最弱。一般潮湿的土壤中能生存34 d，37℃的水中存活20 d，而在冰块中可存活3个月，粪便中的细菌在室温情况下（20℃左右）可存活11 d。含有高浓度胆汁的培养基能抑制某些志贺氏菌株的生长，日光直射30 min，56～60℃热处理19 min或1%石炭酸中15～30 min均可杀死志贺氏菌。对磺胺、链霉素和氯霉素敏感但很容易产生耐药性。

六、志贺氏菌病的预防措施

应从控制传染源、切断传播途径和增进人体抵抗力3个方面着手。

（1）早期发现病人和带菌者，及时隔离和彻底治疗，是控制志贺氏菌病的重要措施。在餐饮单位、保育院及水厂工作的人员更需作较长期的追查，必要时可将其暂时调离工作岗位。

（2）切断传播途径。志贺氏菌随粪便排出体外，通过食物、水和手经口传染给健康人。但只要切实地把好“病从口入”这一关，志贺氏菌痢是可以预防的。搞好“三管一灭”即管好水源、粪便和饮食以及消灭苍蝇，养成饭前便后洗手的习惯，切实做到直接入口的食品不下河洗涤。对饮食业、儿童机构工作人员定期检查带菌状态，一旦发现带菌者，应立即予以治疗并调离工作。

（3）保护易感人群。可口服依莲菌株活菌苗，该菌无致病力，但有保护效果，保护率达85%～100%。国内已生产多价痢疾活菌苗。

七、检验过程及原理

食品中志贺氏菌检验具体程序依据GB 4789.5—2012《食品安全国家标准 食品微生物学检验 志贺氏菌检验》。与肠杆菌科各属细菌相比较，志贺氏菌属的主要鉴别特征为不运动，对各种糖的利用能力较差，并且在含糖的培养基内一般不形成可见气体。除运动力与生化反应外，本属细菌的进一步分群分型有赖于血清学试验。

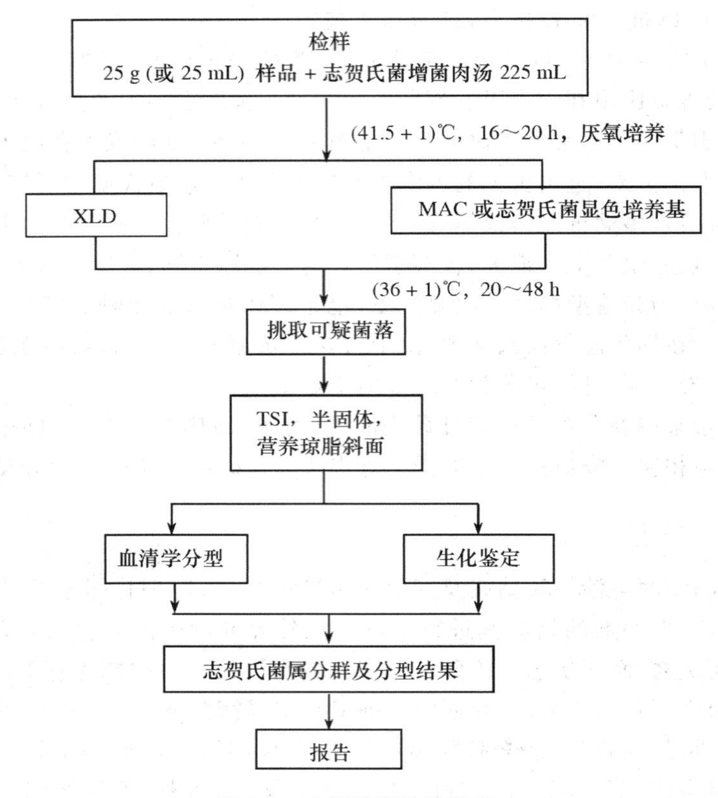

图 5-2 志贺氏菌检验程序

(一)样品采集和处理

从病人或带菌者的粪便中分离病原菌，是可靠的实验诊断方法。样品采集应在服用药物之前，采集病者的粪便、脓血或黏液，必要时可用肛拭采样，进行分离培养。因为志贺氏菌较易死亡，采得的样品应随即划线接种于肠道选择鉴别培养基，或接种于肉汤中增菌。

以无菌操作采取食品样品检样 25 g(mL)，加入装有灭菌 225 mL 志贺氏菌增菌肉汤的均质杯，用旋转刀片式均质器以 8 000～10 000 r/min 均质；或加入装有 225 mL 志贺氏菌增菌肉汤的均质袋中，用拍击式均质器连续均质 1～2 min，液体样品振荡混匀即可。

(二)增菌

处理好的检样于(41.5±1)℃，厌氧培养 16～20 h。

增菌液因含有少量葡萄糖有利于受伤菌修复和恢复生长，使志贺氏菌成为优势菌。磷酸盐可平衡酸碱对受伤菌的影响，保护受伤菌；吐温-80 则降低培养基表面张力，使有毒代谢物顺利排出胞外。

新生霉素抑制 DNA 合成，主要作用于 G^+，如葡萄球菌、链球菌及棒杆菌等，对一些 G^- 菌也有作用，如变形杆菌、奈瑟氏杆菌、大肠杆菌、柠檬酸杆菌、假单胞杆菌等。

(三)选择性分离

以高选择性的 XLD 防止竞争菌过量生长，低选择性的 MAC 用于分离较脆弱的志贺氏菌。但与增菌液相比，抗杂菌能力得到提高。选择培养基含乳糖(MAC、XLD)、蔗糖(XLD)、木糖(XLD)，利用志贺氏菌一般不利用上述糖的特性，区别志贺氏菌和非志贺氏菌。能发酵该类碳源的杂菌，因产酸与指示剂结合而显色，志贺氏菌不能利用它们而形成无色透明菌落。

宋内氏志贺氏菌的单个菌落直径大于其他志贺氏菌。若出现的菌落不典型或菌落较小不易观察，则继续培养至 48 h 再进行观察。志贺氏菌在不同选择性琼脂平板上的菌落特征见表5-7。

表 5-7　志贺氏菌在不同选择性琼脂平板上的菌落特征

选择性琼脂平板	志贺氏菌的菌落特征
MAC 琼脂	无色至浅粉色，半透明、光滑、湿润、圆形、边缘整齐或不整齐
XLD 琼脂	粉红色至无色，半透明、光滑、湿润、圆形、边缘整齐或不整齐
志贺氏菌显色培养基	按照显色培养基的说明进行判定

(四)初步生化试验

分别挑取选择性平板上两个以上的可疑菌落，分别接种三糖铁琼脂、半固体和营养琼脂斜面各一管。置(36±1)℃培养 20～24 h，分别观察结果。

凡是三糖铁琼脂中斜面产碱、底层产酸(发酵葡萄糖，不发酵乳糖，蔗糖)、不产气(福氏志贺氏菌 6 型可产生少量气体)、不产硫化氢、半固体管中无动力的菌株，挑取已培养的营养琼脂斜面上生长的菌苔，进行生化试验和血清学分型。

(五)进一步生化试验和血清学分型

1.进一步生化试验

志贺氏菌进一步生化试验包括 β-半乳糖苷酶、尿素、赖氨酸脱羧酶、鸟氨酸脱羧酶以及水杨苷和七叶苷的分解试验等。除宋内氏志贺氏菌、鲍氏志贺氏菌 13 型的鸟氨酸阳性；宋内氏菌和痢疾志贺氏菌 1 型，鲍氏志贺氏菌 13 型的 β-半乳糖苷酶为阳性以外，其余生化试验志贺氏菌属的培养物均为阴性结果。另外由于福氏志贺氏菌 6 型的生化特性和痢疾志贺氏菌或鲍氏志贺氏菌相似，必要时还需加做靛基质、甘露醇、棉籽糖、甘油试验，也可做革兰氏染色检查和氧化酶试验，应为氧化酶阴性的革兰氏阴性杆菌。生化反应不符合的菌株，即使能与某种志贺氏菌分型血清发生凝集，仍不得判定为志贺氏菌属。志贺氏菌属生化特性见表 5-8。

表 5-8　志贺氏菌属 4 个群的生化特征

生化反应	A 群：痢疾志贺氏菌	B 群：福氏志贺氏菌	C 群：鲍氏志贺氏菌	D 群：宋内氏志贺氏菌
β-半乳糖苷酶	—[a]	—	—[a]	+
尿素	—	—	—	—
赖氨酸脱羧酶	—	—	—	—
鸟氨酸脱羧酶	—	—	—[b]	+
水杨苷	—	—	—	—

续表 5-8

生化反应	A 群:痢疾志贺氏菌	B 群:福氏志贺氏菌	C 群:鲍氏志贺氏菌	D 群:宋内氏志贺氏菌
七叶苷	—	—	—	—
靛基质	—/+	(+)	—/+	—
甘露醇	—	+[c]	+	+
棉籽糖	—	+	—	+
甘油	(+)	—	(+)	d
注:+阳性;—阴性;—/+多数阴性;+/—多数阳性;(+)迟缓阳性;d 有不同生化型。				
[a]痢疾志贺 1 型和鲍氏 13 型为阳性。 [b]鲍氏 13 型为鸟氨酸阳性。 [c]福氏 4 型和 6 型常见甘露醇阴性变种。				

由于某些不活泼的大肠埃希氏菌(anaerogenic *E. coli*)、A-D 菌(Alkalescens-D isparbiotypes 碱性-异型)的部分生化特征与志贺氏菌相似,并能与某种志贺氏菌分型血清发生凝集。因此前面生化实验符合志贺氏菌属生化特性的培养物还需另加葡萄糖胺、西蒙氏柠檬酸盐、黏液酸盐试验(36℃培养 24～48 h),见表 5-9。

表 5-9 志贺氏菌属和不活泼大肠埃希氏菌、A-D 菌的生化特性区别

生化反应	痢疾志贺氏菌	福氏志贺氏菌	鲍氏志贺氏菌	宋内氏志贺氏菌	大肠埃希氏菌	A-D 菌
葡萄糖铵	—	—	—	—	+	+
西蒙氏柠檬酸盐	—	—	—	—	d	d
黏液酸盐	—	—	—	d	+	d
注 1:+阳性;—阴性;d 有不同生化型。 注 2:在葡萄糖铵、西蒙氏柠檬酸盐、黏液酸盐试验 3 项反应中志贺氏菌:一般为阴性,而不活泼的大肠埃希氏菌、A-D 菌(碱性-异型)至少有 1 项反应为阳性。						

2. 血清学分型

(1)抗原的准备。志贺氏菌属没有动力,所以没有鞭毛抗原。志贺氏菌属主要有菌体(O)抗原。菌体 O 抗原又可分为型和群的特异性抗原。一般采用 1.2%～1.5%琼脂培养物作为玻片凝集试验用的抗原。挑取营养琼脂上的培养物,做玻片凝集试验。如果待测菌的生化特征符合志贺氏菌属生化特征,而其血清学试验为阴性,可能是由于 K 抗原的存在而不出现凝集,可挑取菌苔于 1 mL 生理盐水做成浓菌液,100℃煮沸 15～60 min 去除 K 抗原后再检查。

(2)凝集反应。在玻片上划出 2 个约 1 cm×2 cm 的区域,挑取 1 环待测菌,各放 1/2 环于玻片上的每一区域上部,在其中一个区域下部加 1 滴抗血清,在另一区域下部加入 1 滴生理盐水,作为对照。再用无菌的接种环或接种针分别将 2 个区域内的菌落研成乳状液。将玻片倾斜摇动混合 1 min,并对着黑色背景进行观察,如果抗血清中出现凝结成块的颗粒,而且生理盐水中没有发生自凝现象,那么凝集反应为阳性。如果生理盐水中出现凝集,视作为自凝。这时,应挑取同一培养基上的其他菌落继续进行试验。

(3)血清学分型。先用4种志贺氏菌多价血清检查，如果呈现凝集，则再用相应各群多价血清分别试验。先用B群福氏志贺氏菌多价血清进行实验，如呈现凝集，再用其群和型因子血清分别检查。如果B群多价血清不凝集，则用D群宋内氏志贺氏菌血清进行实验，如呈现凝集，则用其Ⅰ相和Ⅱ相血清检查；如果B、D群多价血清都不凝集，则用A群痢疾志贺氏菌多价血清及1～12各型因子血清检查，如果上述3种多价血清都不凝集，可用C群鲍氏志贺氏菌多价血清检查，并进一步用1～18各型因子血清检查。福氏志贺氏菌各型和亚型的型抗原和群抗原鉴别见表5-10。

表5-10　福氏志贺氏菌各型和亚型的型抗原和群抗原的鉴别表

型和亚型	型抗原	群抗原	在群因子血清中的凝集		
			3,4	6	7,8
1a	Ⅰ	4	+	−	−
1b	Ⅰ	(4),6	(+)	+	−
2a	Ⅱ	3,4	+	−	−
2b	Ⅱ	7,8	−	−	+
3a	Ⅲ	(3,4),6,7,8	(+)	+	+
3b	Ⅲ	(3,4),6	(+)	+	−
4a	Ⅳ	3,4	+	−	−
4b	Ⅳ	6	−	+	−
4c	Ⅳ	7,8	−	−	+
5a	Ⅴ	(3,4)	(+)	−	−
5b	Ⅴ	7,8	−	−	+
6	Ⅵ	4	+	−	−
X	−	7,8	−	−	+
Y	−	3,4	+	−	−

注：+表示凝集；−表示不凝集；()表示有或无。

(六)结果判断及报告

生化反应不符合的菌株，即使能与某种志贺氏菌分型血清发生凝集，仍不得判定为志贺氏菌属的培养物。

综合生化和血清学的试验结果判定菌型并作出报告。

第四节　食品中致泻大肠埃希氏菌及检验

一、种类

大肠埃希氏菌是人类和动物肠道正常菌群的主要成员，俗称大肠杆菌。正常情况下，大肠杆菌不致病，有些血清型可引起肠道感染，出现类似霍乱样急性腹泻和痢疾症状，称为致泻性大肠杆菌（Diarrheagenic *Escherichia coli*，DEC），也能引起食物中毒。根据毒力因子、致病机理及遗传特性，致泻性大肠杆菌主要包括肠道致病性大肠埃希氏菌（Enteropathogenic *Escherichia coli*，EPEC）、肠道侵袭性大肠埃希氏菌（Enteroinvasive *Escherichia coli*，EIEC）、产肠毒素大肠埃希氏菌（Enterotoxigenic *Escherichia coli*，ETEC）、产志贺毒素大肠埃希氏菌（Shiga toxin-producing *Escherichia coli*，STEC）、肠道出血性大肠埃希氏菌（Enterohemorrhagic *Escherichia coli*，EHEC）和肠道集聚性大肠埃希氏菌（Enteroaggregative *Escherichia coli*，EAEC）。其中尤以 EPEC、ETEC 所占比例大。近来，EHEC O157:H7 被世界卫生组织（WHO）定为新的食源性致病菌，其引发的出血性肠炎的暴发或散发病例常见。

二、流行病学特点

发病以夏秋季为主。中毒食品主要为各类熟肉食品，其次为蛋及蛋制品。食品中大肠杆菌主要来源于人和温血动物粪便，健康人带菌率为 2%～8%，成人患肠炎、婴儿患腹泻时，带菌率可达 29%～52%。家禽家畜也是本病的储存宿主和主要传染源。

致泻大肠杆菌引起的食物中毒是由于食物未经彻底加热或加工中交叉污染，摄入了大量致病性活菌体所致，其感染剂量为 10^7～10^8 CFU。一类是毒素型大肠杆菌引起的急性胃肠炎，主要症状表现为呕吐、腹泻，粪便呈水样，伴有黏液，无脓血。腹泻次数每日可达 5～10 次。患者体温升高，为 38～40℃。另一类为急性菌痢，主要症状表现为腹痛、腹泻、发热，体温可达 37.8～40℃，持续 3～4 d。大便为伴有黏液脓血的黄色水样便。

1. EPEC（肠道致病性大肠杆菌）

EPEC 是引起发展中国家流行性婴儿胃肠炎的主要致病菌，其流行病学的最显著的特点是主要引起 2 岁以下的儿童发病，对幼儿致病性强，有高度传染性，严重者可致死。成人感染剂量则需要达到 10^8～10^{10} CFU。感染后的儿童可持续性腹泻、发烧、腹痛、脱水、吸收障碍致死亡。部分儿童可伴随血样便。

能够引起宿主肠黏膜上皮细胞黏附及擦拭性损伤，且不产生志贺氏毒素，但某些菌株产生志贺氏样毒素。其毒力因子主要有质粒 DNA 编码的 BFP 菌毛，由噬菌体编码的志贺氏样毒素，以及染色体上 *eae*（Attaching and effacing）基因编码的毒力岛。

2. EIEC（肠道侵袭性大肠杆菌）

侵袭小肠黏膜上皮细胞，并在细胞内生长繁殖而导致发病。侵入上皮细胞的关键基因是侵袭性质粒上的抗原编码基因及其调控基因，如 *ipaH* 基因、*ipaR* 基因（又称为 *invE* 基因）。临床症状与志贺菌引起的细菌痢疾相似，引起腹痛、微热、水样腹泻或类似痢疾的含有白细胞、含血的脓样腹泻。志愿者感染实验证明 EIEC 感染剂量高于志贺氏菌。以人为固定宿主，主要引起较大儿童和成年人腹泻，有暴发流行的报道，已经暴发的 EIEC 感染通常是食物源性或水源性的。该菌无动力、不发生赖氨酸脱羧反应、不发酵乳糖，生化反应和抗原结构均近似痢疾志贺氏菌。其侵袭基因和调控基因均与志贺氏菌基本相同。由于某些菌型与痢疾杆菌有共同抗原，因此常易误诊为细菌性痢疾。

3. ETEC（产肠毒素大肠杆菌）

主要引起 5 岁以下儿童和旅游者腹泻，出现轻度水泻，也可呈严重的霍乱样腹泻症状。由质粒编码产生的热敏肠毒素（LT）和耐热肠毒素（ST）是腹泻的直接原因。腹泻常为自限性，一般 2～3 d 即自愈。ETEC 致病性的主要毒力因子包括肠毒素和定居因子抗原，后者形成了 ETEC 黏附至肠细胞受体所需的菌毛或非菌毛黏附素。

4. EHEC（肠道出血性大肠杆菌）

能够分泌志贺氏毒素、引起宿主肠黏膜上皮细胞黏附及擦拭性损伤的大肠埃希氏菌。该菌侵犯盲肠和结肠，定居于隐窝和绒毛间，产生志贺氏样毒素，有极强的致病性。主要引起成年人和儿童血性腹泻。典型症状是剧烈的腹痛和便血，低热或不发热，称出血性结肠炎。2%～7%的感染者还出现溶血性尿毒症。该菌具有抑制蛋白质合成的特性，对 Hela 细胞和 Vero 细胞有毒性作用。主要致病因子是志贺氏样毒素。一般经过 3～7 d 潜伏期后出现腹痛、腹泻、发热症状，稍后出现血便。感染源一半来自加热不充分的肉类（牛的带菌率最高）和牛奶，另一半来自人与人之间传播、水及未加热蔬菜。

5. EAEC（肠道集聚性大肠杆菌）

肠道集聚性大肠埃希氏菌不侵入肠道上皮细胞，但能引起肠道液体蓄积。不产生热稳定性肠毒素或热不稳定性肠毒素，也不产生志贺毒素。唯一特征是能对 Hep-2 细胞形成集聚性黏附，也称 Hep-2 细胞黏附性大肠杆菌。

三、生物学特性

（一）大肠杆菌的生物学性状

在普通营养琼脂平板上培养 24 h 生长表现 3 种菌落形态：①光滑型菌落边缘整齐，表面有光泽、湿润、光滑、呈灰色，有特殊的粪臭味，在生理盐水中容易分散。②粗糙型菌落扁平、干涩、边缘不整齐，易在生理盐水中自凝。③黏液型常为含有荚膜的菌株。在伊红美蓝平板上，发酵乳糖形成带有金属光泽的紫黑色菌落。麦康凯（MAC）和 DHL 琼脂也适合分离该菌。

大肠杆菌的生长温度为 8～45℃，最适生长温度为 37℃。生长 pH 为 4.65～9.53，最适生长 pH 为 5.0～7.5。生长所需最低水分活度为 0.95。55℃，60 min 可以存活。有试验表明 0.1%的丙酮酸和 0.1%的 KNO_3 可提高大肠杆菌的生长速度和生长率。DNA 杂交表明大肠杆菌与志贺氏菌亲缘关系最为密切。

典型大肠杆菌的主要生化反应结果如下：氧化酶阴性，有动力，利用葡萄糖、乳糖、麦芽糖、甘露醇产酸；有的利用蔗糖，有的不能。利用葡萄糖产气。硫化氢阴性、尿素酶阴性、靛基质阳性、甲基红阳性。VP 试验阴性、柠檬酸盐阴性。乙酸盐可作为唯一碳源利用。苯丙氨酸脱氨酶阴性、赖氨酸脱羧酶不定、鸟氨酸脱羧酶不定。氰化钾试验阴性。

（二）致泻性大肠杆菌的生物学特性

在普通琼脂培养基上呈光滑型菌落。从肠管外分离的菌株多具有多糖类荚膜。除大多数 EIEC 乳糖阴性或迟缓发酵、无动力、发酵葡萄糖不产气、赖氨酸脱羧酶阴性外，其他致泻性大肠杆菌可发酵葡萄糖、乳糖、麦芽糖、甘露醇，产酸产气。本菌不能在氰化钾培养基上生长，甲基红试验阳性，靛基质试验阳性，VP 试验阴性，利用乙酸，但不利用柠檬酸盐。不分解尿素，不液化明胶，不产 H_2S。80%以上的大肠杆菌在 24 h 内发酵山梨醇，但 O157:H7 山梨醇阴性或迟缓发酵。如表 5-11 所示。

表 5-11 致泻性大肠杆菌的比较(源自日本《防菌防霉》杂志)

		ETEC、EPEC、EaggEC、EHEC	EHEC(O157)	EIEC
三糖铁	斜面	黄色	黄色	红色
	底层	黄色	黄色	黄色
	产气	+	+	(-)
	硫化氢	-	-	-
赖氨酸脱羧酶		+	+	-
吲哚		+	+	+
动力		+	+	(-)
VP 试验		-	-	-
西蒙氏柠檬酸盐		-	-	-
MUG(用于测 β-葡萄糖醛酸酶)		+	-	+

注:+阳性;-阴性;()大多数。

(三)抗原结构

大肠杆菌主要有菌体抗原 O 抗原、鞭毛抗原 H 抗原、荚膜抗原 K 抗原。O 抗原可将大肠杆菌分成若干血清群,然后再根据 H 抗原和 K 抗原进一步分为若干血清型或亚型。表达方式按 O:K:H 排列,例如 O111:K58:H2。

O 抗原为脂多糖,已发现 173 种,其中大多数与腹泻有关。K 抗原为荚脂多糖抗原,目前发现 103 个血清型,从病人新分离的大肠埃希菌中 70%有 K 抗原,有抗吞噬和补体杀菌作用。按化学性质把 K 抗原分为蛋白质类和多糖类 2 种。蛋白质类如 K88、K99。多糖类中具有中性和酸性 2 种多糖的具有侵袭性,如 O124、O144 的 K 抗原;只有 1 种中性多糖的不具有侵袭性。多糖类 K 抗原和 O 抗原一样,有葡萄糖时形成较多。

1 种大肠杆菌只有 1 种 H 抗原。H 抗原能被 60℃处理或酒精破坏,已发现 64 种。一般认为,H 抗原与致病性无关。

四、抵抗力

本菌对热的抵抗力较其他肠道杆菌强,55℃经 60 min 或 60℃加热 15 min 仍有部分细菌存活。室温可存活数周,土壤、水中可存活数月,耐寒力强。

对漂白粉、酚、甲醛等较敏感。对磺胺类、链霉素、氯霉素等敏感,但易耐药,是由带有 R 因子的质粒转移而获得的。胆盐煌绿对大肠埃希菌有抑制作用。

五、检验过程及原理

食品中致泻性大肠埃希菌检验具体程序依据 GB 4789.6—2016《食品安全国家标准 食品微生物学检验 致泻性大肠埃希菌检验》。由于近年来非典型性状的致泻大肠杆菌的出现,使致泻大肠杆菌的检验复杂化。这些非典型性状包括不发酵乳糖、不产生葡萄糖醛酸酶、吲哚阴性等。有的致病性大肠杆菌表现其他非典型性状、如在 2.5%氯化钠中生长良好,在 6.5%氯化钠中缓慢生长,在 8.5%氯化钠中不生长;44℃生长不好等。

一般用血清法鉴定，但目前越来越多地考虑使用其特有的致病因子，即特有的基因进行检测，常用的有 PCR 和 DNA 探针技术等(图 5-3)。

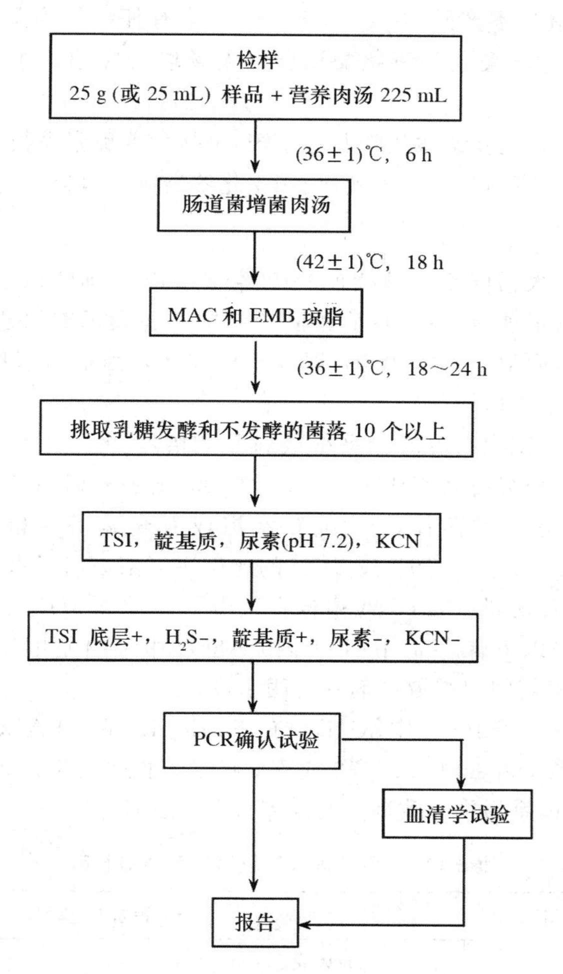

图 5-3　致泻性大肠埃希菌检验程序

(一)增菌

将制备好的样品匀液于(36±1)℃培养 6 h。取 10 μL，接种于 30 mL 肠道菌增菌肉汤管内，于(42±1)℃培养 18 h。

(二)分离

将增菌液划线接种 MAC 和 EMB 琼脂平板，于(36±1)℃培养 18～24 h，观察菌落特征。在 MAC 琼脂平板上，分解乳糖的典型菌落为砖红色至桃红色，不分解乳糖的菌落为无色或淡粉色；在 EMB 琼脂平板上，分解乳糖的典型菌落为中心紫黑色带或不带金属光泽，不分解乳糖的菌落为无色或淡粉色。

(三)生化试验

(1)选取平板上可疑菌落 10～20 个(10 个以下全选)，应挑取乳糖发酵以及乳糖不发酵和迟缓发酵的菌落，分别接种 TSI 斜面。同时将这些培养物分别接种蛋白胨水、尿素琼脂(pH

7.2)和 KCN 肉汤。于(36±1)℃培养 18～24 h。

(2)TSI 斜面产酸或不产酸,底层产酸,靛基质阳性,H_2S 阴性和尿素酶阴性的培养物为大肠埃希氏菌。TSI 斜面底层不产酸,或 H_2S、KCN、尿素有任一项为阳性的培养物,均非大肠埃希氏菌。必要时做革兰氏染色和氧化酶试验。大肠埃希氏菌为革兰氏阴性杆菌,氧化酶阴性。

(3)如选择生化鉴定试剂盒或微生物鉴定系统,可从营养琼脂平板上挑取经纯化的可疑菌落用无菌稀释液制备成浊度适当的菌悬液,使用生化鉴定试剂盒或微生物鉴定系统进行鉴定。

(四)PCR 确认试验

(1)取生化反应符合大肠埃希氏菌特征的菌落进行 PCR 确认试验。PCR 实验室区域设计、工作基本原则及注意事项应参照《疾病预防控制中心建设标准》(建标 127—2009)和国家卫生和计划生育委员会(原卫生部)(2010)《医疗机构临床基因扩增管理办法》附录(医疗机构临床基因扩增检验实验室工作导则)。

(2)使用 1 μL 接种环刮取营养琼脂平板或斜面上培养 18～24 h 的菌落,悬浮在 200 μL 0.85%灭菌生理盐水中,充分打散制成菌悬液,于 13 000 r/min 离心 3 min,弃掉上清液。加入 1 mL 灭菌去离子水充分混匀菌体,于 100℃水浴或者金属浴维持 10 min;冰浴冷却后,13 000 r/min 离心 3 min,收集上清液;按 1∶10 的比例用灭菌去离子水稀释上清液,取 2 μL 作为 PCR 检测的模板;所有处理后的 DNA 模板直接用于 PCR 反应或暂存 4℃并当天进行 PCR 反应;否则,应在－20℃以下保存备用(1 周内)。也可用细菌基因组提取试剂盒提取细菌 DNA,操作方法按照细菌基因组提取试剂盒说明书进行。

(3)每次 PCR 反应使用 EPEC、EIEC、ETEC、STEC/EHEC、EAEC 标准菌株作为阳性对照。同时,使用大肠埃希氏菌 ATCC 25922 或等效标准菌株作为阴性对照,以灭菌去离子水作为空白对照,控制 PCR 体系污染。致泻大肠埃希氏菌特征性基因见表 5-12。

表 5-12　5 种致泻大肠埃希氏菌特征基因

致泻大肠埃希氏菌类别	特征性基因	
EPEC	*escV* 或 *eae*、*bfpB*	*uidA*
STEC/EHEC	*escV* 或 *eae*、*stx1*、*stx2*	
EIEC	*invE* 或 *ipaH*	
ETEC	*lt*、*stp*、*sth*	
EAEC	*astA*、*aggR*、*pic*	

(4)PCR 反应体系配制。每个样品初筛需配置 12 个 PCR 扩增反应体系,对应检测 12 个目标基因,具体操作如下:使用 TE 溶液(pH 8.0)将合成的引物干粉稀释成 100 μmol/L 储存液。根据每种目标基因对应 PCR 体系内引物的终浓度,使用灭菌去离子水配制 12 种目标基因扩增所需的 10×引物工作液(以 *uidA* 基因为例,如表 5-13 所示)。将 10×引物工作液、10×PCR 反应缓冲液、25 mmol/L $MgCl_2$、2.5 mmol/L dNTPs、灭菌去离子水从－20℃冰箱中取出,融化并平衡至室温,使用前混匀;5 U/μL *Taq* 酶在加样前从－20℃冰箱中取出。每个样品按照表 5-14 的加液量配制 12 个 25 μL 反应体系,分别使用 12 种目标基因对应的 10×引物工作液。

表 5-13　每种目标基因扩增所需 10×引物工作液配制表

引物名称	体积/μL
100 μmol/L *uidA*-F	10×*n*
100 μmol/L *uidA*-R	10×*n*
灭菌去离子水	100－2×(10×*n*)
总体积	100
注:*n*—每条引物在反应体系内的终浓度,μmol/L(详见 GB 4789.6—2016 表 2 中 5 种致泻大肠埃希氏菌目标基因引物序列及每个 PCR 体系内的终浓度)。	

表 5-14　5 种致泻大肠埃希氏菌目标基因扩增体系配制表

试剂名称	加样体积/μL
灭菌去离子水	12.1
10×PCR 反应缓冲液	2.5
25 mmol/L $MgCl_2$	2.5
2.5 mmol/L dNTPs	3.0
10×引物工作液	2.5
5 U/μL Taq 酶	0.4
DNA 模板	2.0
总体积	25

(5)PCR 循环条件。预变性 94℃,5 min;变性 94℃,30 s,复性 63℃,30 s,延伸 72℃,1.5 min,30 个循环;72℃延伸 5 min。将配制完成的 PCR 反应管放入 PCR 仪中,核查 PCR 反应条件正确后,启动反应程序。

(6)称量 4.0 g 琼脂糖粉,加入至 200 mL 的 1×TAE 电泳缓冲液中,充分混匀。使用微波炉反复加热至沸腾,直到琼脂糖粉完全融化形成清亮透明的溶液。待琼脂糖溶液冷却至 60℃左右时,加入溴化乙锭(EB)至终浓度为 0.5 μg/mL,充分混匀后,轻轻倒入已放置好梳子的模具中,凝胶长度要大于 10 cm,厚度宜为 3～5 mm。检查梳齿下或梳齿间有无气泡,用一次性吸头小心排掉琼脂糖凝胶中的气泡。当琼脂糖凝胶完全凝结硬化后,轻轻拔出梳子,小心将胶块和胶床放入电泳槽中,样品孔放置在阴极端。向电泳槽中加入 1×TAE 电泳缓冲液,液面高于胶面 1～2 mm。将 5 μL PCR 产物与 1 μL 6×上样缓冲液混匀后,用微量移液器吸取混合液垂直伸入液面下胶孔,小心上样于孔中;阳性对照的 PCR 反应产物加入最后一个泳道;第 1 个泳道中加入 2 μL 分子量 Marker。接通电泳仪电源,根据公式:电压＝电泳槽正负极间的距离(cm)×5 V/cm 计算并设定电泳仪电压数值;启动电压开关,电泳开始以正负极铂金丝出现气泡为准。电泳 30～45 min 后,切断电源。取出凝胶放入凝胶成像仪中观察结果,拍照并记录数据。

(7)结果判定。电泳结果中空白对照应无条带出现,阴性对照仅有 *uidA* 条带扩增,阳性对照中出现所有目标条带,PCR 试验结果成立。根据电泳图中目标条带大小,判断目标条带的种类，记录每个泳道中目标条带的种类，在表 5-15 中查找不同目标条带种类及组合所对应的致泻大肠埃希氏菌类别。

表 5-15　5 种致泻大肠埃希氏菌目标条带与型别对照表

<table>
<tr><th>致泻大肠埃希氏菌类别</th><th colspan="2">目标条带的种类组合</th></tr>
<tr><td>EAEC</td><td>aggR，astA，pic 中一条或一条以上阳性</td><td rowspan="7">uidA[c]（+/－）</td></tr>
<tr><td>EPEC</td><td>bfpB（+/－），escV[a]（+），stx1（－），stx2（－）</td></tr>
<tr><td rowspan="3">STEC/EHEC</td><td>escV[a]（+/－），stx1（+），stx2（－），bfpB（－）</td></tr>
<tr><td>escV[a]（+/－），stx1（－），stx2（+），bfpB（－）</td></tr>
<tr><td>escV[a]（+/－），stx1（+），stx2（+），bfpB（－）</td></tr>
<tr><td>ETEC</td><td>lt，stp，sth 中一条或一条以上阳性</td></tr>
<tr><td>EIEC</td><td>invE[b]（+）</td></tr>
<tr><td colspan="3">[a]在判定 EPEC 或 STEC/EHEC 时，escV 与 eae 基因等效；[b]在判定 EIEC 时 invE 与 ipaH 基因等效。
[c] 97% 以上大肠埃希氏菌为 uidA 阳性。</td></tr>
</table>

（8）如用商品化 PCR 试剂盒或多重聚合酶链反应（MPCR）试剂盒，应按照试剂盒说明书进行操作和结果判定。

（五）血清学试验（选做项目）

1. 取 PCR 试验确认为致泻大肠埃希氏菌的菌株进行血清学试验

应按照生产商提供的使用说明书进行 O 抗原和 H 抗原的鉴定。当生产商的使用说明与下面的描述可能有偏差时，按生产商提供的使用说明书进行。

2. O 抗原鉴定

（1）假定试验：挑取经生化试验和 PCR 试验证实为致泻大肠埃希氏菌的营养琼脂平板上的菌落，根据致泻大肠埃希氏菌的类别，选用大肠埃希氏菌单价或多价 OK 血清做玻片凝集试验。当与某一种多价 OK 血清凝集时，再与该多价血清所包含的单价 OK 血清做凝集试验。致泻大肠埃希氏菌所包括的 O 抗原群见表 5-16。如与某一单价 OK 血清呈现凝集反应，即为假定试验阳性。

（2）证实试验：用 0.85% 灭菌生理盐水制备 O 抗原悬液，稀释至与 Mac Farland 3 号比浊管相当的浓度。原效价为 1∶(160～320) 的 O 血清，用 0.5% 盐水稀释至 1∶40。将稀释血清与抗原悬液于 10 mm×75 mm 试管内等量混合，做单管凝集试验。混匀后放于 (50±1)℃ 水浴箱内，经 16 h 后观察结果。如出现凝集，可证实为 O 抗原。

表 5-16　致泻大肠埃希氏菌主要的 O 抗原

DEC 类别	DEC 主要的 O 抗原
EPEC	O26 O55 O86 O111ab O114 O119 O125ac O127 O128ab O142 O158 等
STEC/EHEC	O4 O26 O45 O91 O103 O104 O111 O113 O121 O128 O157 等
EIEC	O28ac O29 O112ac O115 O124 O135 O136 O143 O144 O152 O164 O167 等
ETEC	O6 O11 O15 O20 O25 O26 O27 O63 O78 O85 O114 O115 O128ac O148 O149 O159 O166 O167 等
EAEC	O9 O62 O73 O101 O134 等

3. H 抗原鉴定

(1)取菌株穿刺接种半固体琼脂管，(36±1)℃培养 18～24 h，取顶部培养物 1 环接种至 BHI 液体培养基中，于(36±1)℃培养 18～24 h。加入福尔马林至终浓度为 0.5%，做玻片凝集或试管凝集试验。

(2)若待测抗原与血清均无明显凝集，应从首次穿刺培养管中挑取培养物，再进行 2～3 次半固体管穿刺培养，按照上一步进行试验。

(六)结果报告

(1)根据生化试验、PCR 确认试验的结果，报告 25 g(或 25 mL)样品中检出或未检出某类致泻大肠埃希氏菌。

(2)如果进行血清学试验，根据血清学试验的结果，报告 25 g(或 25 mL)样品中检出的某类致泻大肠埃希氏菌血清型别。

第五节　食品中副溶血性弧菌及检验

副溶血性弧菌(*Vibrio parahaemolyticus*)属于弧菌科弧菌属，其中常见的致病菌有霍乱弧菌、副溶血性弧菌和创伤弧菌。以副溶血性弧菌引起的食物中毒的频率最高。

一、流行病学概述

副溶血性弧菌系分布在海洋及盐湖的一种极为常见的致病性嗜盐菌。引起人的食物中毒是近 20 年才被发现和重视的，尤其在夏秋季节的沿海地区，经常由于食用含有大量副溶血性弧菌的海产品而引起暴发性食物中毒；在非沿海地区，食用被此菌污染的盐渍食品亦常有中毒发生。一般冬季不易检出此菌。

食品中副溶血性弧菌直接或间接来源于海洋性食物。海产鱼虾夏季带菌率可达 90%，腌制鱼贝类带菌率也达 42.2%，目前有的沿海城市副溶血性弧菌食物中毒占细菌性食物中毒的第 1 位。

男女老幼均可患病，以青壮年居多，病后免疫力不强。该菌生长迅速，10 min 1 代。误食后，潜伏期短者 3～5 h，一般 14～20 h。起病急，常有腹泻、腹痛、呕吐、失水、畏寒及发热等症状。发热一般不如菌痢严重，但失水则较菌痢多见。

二、生物学特性

(一)形态及染色

不产芽孢的革兰氏阴性多形态杆菌。表现为杆状、棒状、弧状、甚至球状、丝状等各种形态。大小约为 0.7 μm×1 μm，丝状菌体长度可达 15 μm。不同的培养基和不同的培养时间，该菌表现出不同的形态，一般情况下不规则排列，多数是散布，有时成双成对。一根或几根带鞘的极生鞭毛，有的周生。运动活跃，两端浓染。

SS 琼脂上：菌体呈卵圆形，两端浓染，中间淡或不着色，少数呈杆状。

血琼脂上：菌体多为卵圆形，少数为球杆状，也有呈丝状。

嗜盐琼脂上：主要为两头小、中间稍胖的球杆菌。

罗氏双糖培养基上：24 h 培养后菌体基本形似，48 h 后菌体形态变化很大，有球状、丝状、杆状、弧状、逗点状等，其大小形态的差异也很大。

（二）培养特性

本菌嗜盐、畏酸、耐碱。需氧性强，厌氧条件下生长缓慢。10～42℃可生长，最适生长温度为 37℃，最适 pH 为 7.4～8.0。0%和 10%氯化钠浓度下不生长，3%～8%氯化钠浓度下生长。

液体培养：多数菌株在肉汤液体培养基中呈现浑浊，表面形成菌膜，R 型菌发生沉淀。

固体培养基(SS 琼脂)：菌落光滑湿润，无色透明，具有辛辣刺臭的特殊气味、菌落完整，较扁平，宛如蜡滴，常与培养基紧粘而不易刮离。

氯化钠血琼脂：可见溶血环；人血琼脂平板上为绿色溶血环。

在氯化钠蔗糖琼脂上，菌落呈绿色。

（三）生化特性

利用葡萄糖、麦芽糖、甘露糖、甘露醇产酸，有的产气，分解淀粉；不利用蔗糖、乳糖、纤维二糖、肌醇、水杨苷。

副溶血性弧菌主要生理生化特征为：氧化酶阳性，赖氨酸脱羧酶阳性，尿素酶一般阴性，吲哚阳性，甲基红阳性，VP 阴性。在三糖铁（含 3.5%氯化钠）上底层产酸变黄、斜面不变色、不产生硫化氢和其他气体。

其次要特征：ONPG 阴性。鸟氨酸脱羧酶阳性。精氨酸双水解酶阴性。液化明胶。硝酸盐还原酶阳性。

氧化酶阳性区别于肠道杆菌；葡萄糖氧化-发酵试验为发酵型，区别于假单胞菌（氧化型）。

三、毒素

致病性主要在于其热稳定的溶血毒素（TDH）和耐热溶血相关毒素（TRH），具有溶血活性、肠毒性和致死作用。

致病性副溶血性弧菌有溶血性（β溶血），称为神奈川现象。无致病性的菌无溶血性。致病性主要在于其热稳定的溶血毒素（TDH），TDH 在 100℃ 10 min 热处理不破坏，是主要的致病因子。个别无神奈川现象的也发现有致病性，主要是存在耐热溶血相关毒素（TRH），也是致泻因子。有时两种毒素都产生。

神奈川现象：指副溶血性弧菌在普通平板（含羊、兔或马等血液）上不溶血或只产生 α 溶血。但在特定条件下，某些菌株在含高盐（7%）的人血或兔血及以甘露醇作为碳源的琼脂平板上可产生 β 溶血。该现象是作为鉴定致病性与非致病性菌株的一项重要指标。

四、抗原结构

已明确本菌有 3 种抗原成分，即 O 抗原（菌体抗原）、K 抗原（荚膜抗原）及 H 抗原（鞭毛抗原）。本菌的 O 抗原有耐热性，100℃ 2 h 仍保持抗原性；K 抗原存在于菌体表面，不耐热，能阻止菌体与 O 抗血清凝集，副溶血性弧菌所有的菌株具有共同的 K 抗原；H 抗原不耐热，100℃ 30 min 即被破坏，特异性低，无助于分类，目前，至少发现有 13 个 O 抗原，65 个 K 抗原。

根据O抗原、K抗原可以进行血清学分型。肠道致病性血清有$O_1:K_{38}$、$O_1:K_{56}$、$O_2:K_3$、$O_4:K_8$、$O_4:K_{68}$等。

五、抵抗力

本菌在淡水中生存不超过2 d,但在海水中能生存47 d,在盐渍酱菜中能存活30 d以上。不耐热,56℃ 30 min死亡,但对低温的抵抗力较强,在−20℃保存于蛋白胨水中,经11周还能继续存活。

嗜盐:对高浓度氯化钠的耐力甚强,在含1.5%氯化钠的蛋白胨水中可存活2～19 d,含盐浓度低于0.5%或高于11%则繁殖停止。

畏酸:对酸抵抗力弱,在2%冰醋酸或食醋中立即死亡。

耐碱:在pH 5.6～9.6下可生长。

对氯、碳酸、来苏儿等一般化学消毒剂敏感;对磺胺噻唑、氯霉素、合霉素敏感;对新霉素、链霉素、多黏菌素、呋喃西林中度敏感;对青霉素、磺胺嘧啶具耐药性。

六、副溶血性弧菌感染的预防措施

因海产品的副溶血性弧菌带菌率非常高,所以预防该菌引起的食源性疾病以控制繁殖和杀灭病原菌最为重要。

由海产品的品质特性决定,一般应采用低温存放。鱼、虾、蟹、贝类等海产品应煮透。

该菌不耐热,56℃加热5 min,或90℃加热1 min均可将其杀灭。具体蒸煮食物需加热至100℃并维持20～30 min。

对凉拌食物要清洗干净后置于食醋中浸泡10 min或在100℃沸水中烫漂数分钟以杀灭副溶血性弧菌。

七、检验过程及原理

食品中副溶血性弧菌检验具体程序依据GB 4789.7—2013《食品安全国家标准　食品微生物学检验　副溶血性弧菌检验》(图5-4)。

(一)增菌(3%氯化钠碱性蛋白胨水)

以无菌操作取样品25 g(mL),加入3%氯化钠碱性蛋白胨水225 mL,用旋转刀片式均质器以8 000 r/min均质1 min,或拍击式均质器拍击2 min,制备成1∶10的样品匀液,于(36±1)℃培养8～18 h。

利用该菌嗜盐耐碱的特性,使用3%氯化钠碱性蛋白胨水(pH 8.5±0.2)作为增菌液,提高选择性。

定量检测方法采用3个稀释度九管法。

(二)选择性分离(TCBS琼脂或显色培养基)

硫代硫酸盐-柠檬酸盐-胆盐-蔗糖(TCBS)琼脂的选择原理类似肠道杆菌检验培养基,不同的是增加了氯化钠,可抑制肠道杆菌。

胆盐-硫代硫酸钠-柠檬酸盐联合使用,胆盐抑制菌落扩散,硫代硫酸钠破坏细菌膜系统,用柠檬酸钠络合渗漏的重要无机离子,抑制革兰氏阳性菌。硫代硫酸钠为还原剂,可适当降低

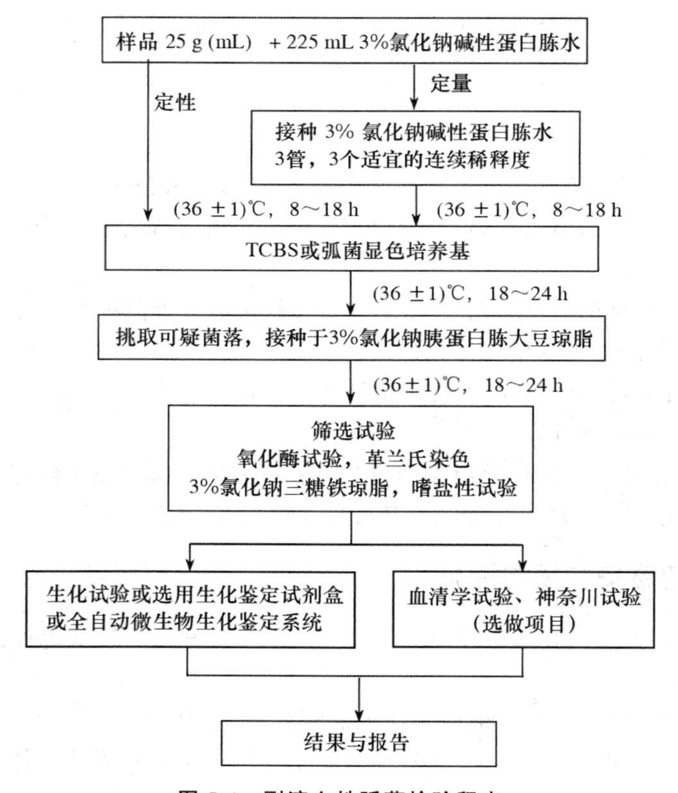

图 5-4 副溶血性弧菌检验程序

氧化还原电位，使兼性厌氧的革兰氏阴性菌成为优势菌，且柠檬酸钠可促进该菌生长。

两种指示剂(溴麝香草酚蓝：黄 6.0～7.6 蓝；麝香草酚蓝：黄 8.0～9.6 蓝)，使培养基 pH 在 7.6～8.0 范围变成中间颜色——绿色。不分解蔗糖的副溶血性弧菌在此培养基上形成大而扁平，半透明、带黏性的蓝绿色菌落，尖心，斗笠状。

典型的副溶血性弧菌在 TCBS 上呈圆形、半透明、表面光滑的绿色菌落，用接种环轻触，有类似口香糖的质感，直径 2～3 mm。从培养箱取出 TCBS 平板后，应尽快(不超过 1 h)挑取菌落或标记要挑取的菌落。

典型的副溶血性弧菌在弧菌显色培养基上的特征按照产品说明书进行判定。

(三)初步鉴定

挑取 3 个或以上可疑菌落，划线接种 3%氯化钠胰蛋白胨大豆琼脂平板，(36±1)℃培养 18～24 h。用于氧化酶试验、三糖铁试验、嗜盐试验。副溶血性弧菌氧化酶阳性。革兰氏阴性。有动力。3%氯化钠-TSI 斜面不变或红色加深，底层变黄不变黑，无气泡，有动力。

①变形杆菌产生硫化氢可被排除。②非发酵型菌因 TSI 底层不产酸而被排除(假单胞菌)。③产气单胞菌能利用乳糖或蔗糖而使 TSI 斜面产酸被排除，且其在 8% NaCl 中不生长。④发光杆菌属可通过暗处发光被排除，且甘露醇试验阴性，TSI 上产气。⑤镜检排除革兰氏阳性菌。

(四)确定鉴定

取纯培养物分别接种含 3%氯化钠的甘露醇试验培养基、赖氨酸脱羧酶试验培养基、

MR-VP 培养基，(36±1)℃培养 24～48 h 后观察结果；3%氯化钠三糖铁琼脂隔夜培养物进行 ONPG 试验。可选择生化鉴定试剂盒或全自动微生物生化鉴定系统。

(五)血清学分型(选做项目)

1. 制备

接种两管 3%氯化钠胰蛋白胨大豆琼脂试管斜面，(36±1)℃培养 18～24 h。用含 3%氯化钠的 5%甘油溶液冲洗 3%氯化钠胰蛋白胨大豆琼脂斜面培养物，获得浓厚的菌悬液。

2. K 抗原的鉴定

取 1 管上述制备好的菌悬液，首先用多价 K 抗血清进行检测，出现凝集反应时再用单个的抗血清进行检测。用蜡笔在 1 张玻片上划出适当数量的间隔和 1 个对照间隔。在每个间隔内各滴加 1 滴菌悬液，并对应加入 1 滴 K 抗血清。在对照间隔内加 1 滴 3%氯化钠溶液。轻微倾斜玻片，使各成分相混合，再前后倾动玻片 1 min。阳性凝集反应可以立即观察到。

3. O 抗原的鉴定

将另外 1 管的菌悬液转移到离心管内，121℃灭菌 1 h。灭菌后 4 000 r/min 离心 15 min，弃去上层液体，沉淀用生理盐水洗 3 次，每次 4 000 r/min 离心 15 min，最后 1 次离心后留少许上层液体，混匀制成菌悬液。用蜡笔将玻片划分成相等的间隔。在每个间隔内加入 1 滴菌悬液，将 O 群血清分别加 1 滴到间隔内，最后一个间隔加 1 滴生理盐水作为自凝对照。轻微倾斜玻片，使各成分相混合，再前后倾动玻片 1 min。阳性凝集反应可以立即观察到。如果未见到与 O 群血清的凝集反应，将菌悬液 121℃再次高压 1 h 后，重新检测。如果仍为阴性，则培养物的 O 抗原属于未知。根据表 5-17 报告血清学分型结果。

表 5-17 副溶血性弧菌的抗原

O 群	K 型
1	1,5,20,25,26,32,38,41,56,58,60,64,69
2	3,28
3	4,5,6,7,25,29,30,31,33,37,43,45,48,54,56,57,58,59,72,75
4	4,8,9,10,11,12,13,34,42,49,53,55,63,67,68,73
5	15,17,30,47,60,61,68
6	18,46
7	19
8	20,21,22,39,41,70,74
9	23,44
10	24,71
11	19,36,40,46,50,51,61
12	19,52,61,66
13	65

(六)神奈川试验(选做项目)

神奈川试验是在血平板(我妻氏血琼脂)上测试是否存在特定溶血素。神奈川阳性结果与副溶血性弧菌分离株的致病性显著相关。

用接种环将测试菌株的3%氯化钠胰蛋白胨大豆琼脂18 h培养物点种表面干燥的我妻氏血琼脂平板。(36±1)℃培养不超过24 h,并立即观察。阳性结果为菌落周围呈半透明环的β溶血。

(七)结果与报告

当检出的可疑菌落生化性状符合要求时,报告25 g(mL)样品中检出副溶血性弧菌。如果进行定量检测,根据证实为副溶血性弧菌阳性的试管管数,查最可能数(MPN)检索表,报告每克(毫升)副溶血性弧菌的MPN值。副溶血性弧菌主要性状与其他弧菌的鉴别见表5-18和表5-19。

表5-18 副溶血性弧菌的生化性状

试验项目	结果
革兰氏染色镜检	阴性,无芽孢
氧化酶	+
动力	+
蔗糖	−
葡萄糖	+
甘露醇	+
分解葡萄糖产气	−
乳糖	−
硫化氢	−
赖氨酸脱羧酶	+
V-P	−
ONPG	−
注:+阳性;−阴性。	

表5-19 副溶血性弧菌主要性状与其他弧菌的鉴别

名称	氧化酶	赖氨酸	精氨酸	鸟氨酸	明胶	脲酶	V-P	42℃生长	蔗糖	*D*-纤维二糖	乳糖	阿拉伯糖	*D*-甘露糖	*D*-甘露醇	ONPG	嗜盐性试验 氯化钠含量/%				
																0	3	6	8	10
副溶血性弧菌 *V. parahaemolyticus*	+	+	−	+	+	v	−	+	−	v	−	+	+	+	−	−	+	+	+	−
创伤弧菌 *V. vulnificus*	+	+	−	+	+	−	−	+	−	+	+	−	+	v	+	−	+	+	−	−

续表 5-19

名称	氧化酶	赖氨酸	精氨酸	鸟氨酸	明胶	脲酶	V-P	42℃生长	蔗糖	D-纤维二糖	乳糖	阿拉伯糖	D-甘露糖	D-甘露醇	ONPG	嗜盐性试验氯化钠含量/%				
																0	3	6	8	10
溶藻弧菌 *V. alginolyticus*	+	+	−	+	+	−	+	+	+	−	−	−	+	+	−	−	+	+	+	+
霍乱弧菌 *V. cholerae*	+	+	−	+	+	−	v	+	+	−	−	−	+	+	+	+	+	−	−	−
拟态弧菌 *V. mimicus*	+	+	−	+	+	−	−	+	−	−	−	−	+	+	+	+	+	−	−	−
河弧菌 *V. fluvialis*	+	−	+	−	+	−	−	v	+	+	−	+	+	+	+	−	+	+	v	−
弗氏弧菌 *V. furnissii*	+	−	+	−	+	−	−	−	+	−	−	+	+	+	+	−	+	+	+	−
梅氏弧菌 *V. metschnikovii*	−	+	+	−	+	−	+	v	+	−	−	−	+	+	+	−	+	+	v	−
霍利斯弧菌 *V. hollisae*	+	−	−	−	−	−	−	nd	−	−	−	+	+	−	−	−	+	+	−	−

注：+阳性；−阴性；nd 未试验；v 可变。

第六节　食品中小肠结肠炎耶尔森氏菌及检验

一、种类

小肠结肠炎耶尔森氏菌(*Yersinia enterocolitica*)属于肠杆菌科的耶尔森氏菌属。耶尔森氏菌属包括 11 个种，其中对人有致病性的有 3 种：小肠结肠炎耶尔森氏菌、假结核耶尔森氏菌和鼠疫耶尔森氏菌。只有小肠结肠炎耶尔森氏菌和假结核耶尔森氏菌已确定是食源性病原体。鼠疫耶尔森氏菌引起黑疸病，不通过食品传染。

本菌在 0～4℃可以发育，是冰箱保藏食物潜在的危险病原菌，因此在食品卫生工作中，对于这种可以通过食物传播而具有嗜冷性的致病菌必须引起足够的重视。

二、流行病学特点

在食物中容易大量生长繁殖，食物和水受此菌污染，可引起人的胃肠炎暴发，多发生在冬春凉爽季节。该菌分布广泛，许多鸟类可能是带菌者。传播途径：粪-口途径传播，或被污染水源或接触感染动物而发生。水源污染可造成暴发流行。中毒食品主要为猪肉、牛肉、羊肉等；其次是 0～5℃低温运输或贮存的乳类或乳制品。

该病原菌感染，潜伏期较长，摄食后 3～7 d，大多病程 1～3 d。临床症状多样化，如小肠结肠炎、末端回肠炎、肠系膜淋巴结炎、阑尾炎、败血症、结节性红斑及关节炎等。其中以结肠炎最为多见。多见于 1～5 岁幼儿，以发热、腹痛、腹泻为主，也有的出现呕吐、关节炎、败血症等症状。发热，一般 38～39.5℃。

三、生物学特性

(一)形态和染色

属肠杆菌科革兰氏阴性球杆菌,多呈单个散状排列。有鞭毛,在30℃以下运动,而在37℃条件下不运动,无芽孢,无荚膜。

(二)培养特性

需氧或兼性厌氧菌。该菌耐低温,0～5℃也可生长繁殖,是一种独特的嗜冷病原菌,只有在20～28℃才能表现其特性。在普通营养琼脂上生长良好;在血琼脂平板上,菌落直径可达1～2 mm,圆形、光滑、凸起、容易乳化,某些菌株在22℃培养时,菌落周围出现溶血环;能在含胆盐的肠道选择性培养基上生长。液体培养基中生长呈混浊或透明,表面有白色膜,管底有沉淀。

(三)生化特性

本菌的生化反应不稳定,绝大多数菌株不能发酵乳糖、鼠李糖、蜜二糖、水杨苷、阿拉伯糖、七叶苷;能分解葡萄糖、蔗糖、产酸不产气;不能利用鼠李糖和蜜二糖,区别于其他耶尔森氏菌。硫化氢阴性,脲酶阳性,吲哚阴性或阳性,VP 25℃阳性,37℃阴性,赖氨酸脱羧酶和苯丙氨酸脱氨酶阴性,鸟氨酸脱羧酶阳性。

(四)抗原结构

小肠结肠炎耶尔森氏菌具有O抗原、K抗原、v抗原和w抗原。小肠结肠炎耶尔森氏菌菌株根据其耐热性和耐受高压灭菌的菌体抗原能被血清学分型。Wanters将小肠结肠炎耶尔森氏菌和相关菌归纳为54个血清群,Aleksii和Bockemuh等提议将小肠耶尔森氏菌的血清群简化为18个群。引起人类疾病的主要血清群是O3,O5,O8,O9和O27。

耶氏菌具有与革兰氏阴性肠道杆菌同样的特异性脂多糖O抗原和肠道杆菌共同抗原。用加热杀死的小肠炎耶氏菌注射实验动物产生的抗体,与沙门氏菌、大肠埃希氏菌、变形杆菌、假结核耶氏菌和鼠疫耶氏菌发生交叉凝集反应。这种交叉抗体用沙门氏菌和大肠埃希氏菌吸收后,即完全消失。在非肠道菌中并不存在共同抗原。

四、致病力

并不是所有的小肠结肠炎耶尔森氏菌都具有致病性。耶氏菌血清型很多,根据其毒力可分为两大类:一类对人有致病力;另一类对人类无致病力,大部分血清型属于后者。但近年的研究证明,属于致病性血清型的菌株中也有丧失致病力的。国外报道的检测毒力的方法有v/w抗原、自凝性、质粒、刚果红、肠毒素、Sereny试验、小鼠眼球后测毒等方法。这些方法在我国都有试用过,获得的结果表明这些方法都是比较敏感和特异的,但常见不一致的情况。

(一)自凝性

1980年Laird等提出了一种测定本菌毒力的简易方法,即将试验菌接种于2管含10%小牛血清的组织培养液内,分别置22℃和(36±1)℃培养,若22℃培养,菌液浑浊;而37℃培养,细菌凝结,上层液体透明,即为有毒力的菌株,称为自凝阳性。

(二)v/w抗原

已知该菌的某些菌株具有与鼠疫耶尔森氏菌和假结核耶尔森氏菌在免疫学上相同的v/w抗原。此抗原在细胞表面。v抗原是一种蛋白质,可使机体产生保护性抗体。w抗原是一种脂蛋白,使机体不能产生保护力。v/w抗原结合物有促使产生荚膜、抗吞噬作用以及在寄主细胞内保护细菌生长繁殖的能力。在 37℃生长时需要钙而在 25℃生长时不需要钙的菌株即含 v/w 抗原。

(三)Vi 抗原

为我国首次报道，与菌株毒力密切相关，与 v/w 抗原和自凝因子符合率很高，属于种特异性，各种血清型是共同的，即用一种血清型的 Vi 抗血清，可把各型菌株的毒力株都查出来，1 min 内即可得结果，重复性强，是一种最简便快速的优秀测毒方法，可以代替 v/w 抗原和自凝因子测毒法。

五、检验过程及原理

小肠结肠炎耶尔森氏菌的检验，以检出该菌为主，用生化和血清学试验进行鉴定。食品中小肠结肠炎耶尔森氏菌检验具体程序依据 GB 4789.8—2016《食品安全国家标准　食品微生物学检验　小肠结肠炎耶尔森氏菌检验》(图 5-5)。

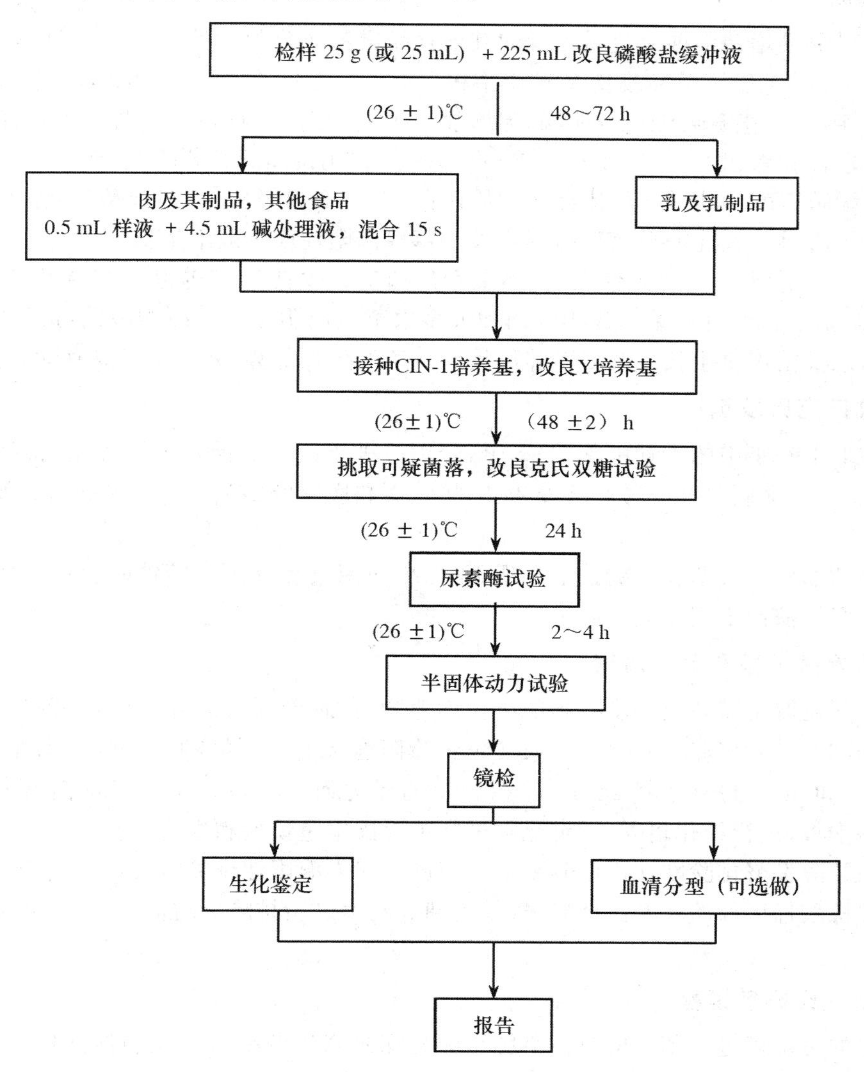

图 5-5　小肠结肠炎耶尔森氏菌检验程序

(一)增菌

以无菌操作取25 g(或25 mL)样品放入含有225 mL改良磷酸盐缓冲液增菌液的无菌均质杯或均质袋内,以8 000 r/min均质1 min或拍击式均质器均质1 min。液体样品或粉末状样品,应振荡混匀。均质后于(26±1)℃增菌48～72 h。增菌时间长短可根据对样品污染程度的估计来确定。

在37℃培养时其生长速度比其他肠杆菌科细菌慢许多,低温下才与其他肠杆菌细菌有竞争力。因此采用低温增菌及分离培养,因低温生长缓慢,需延长培养时间。

该菌对弱碱有较强抵抗力。因此增菌后用弱碱处理可杀死大部分不耐碱的细菌。在乳及乳制品中不使用碱处理样品的方法,原因是碱处理时不仅破坏杂菌,也破坏小肠结肠炎耶尔森氏菌,从而降低检出率。

除乳与乳制品外,其他食品的增菌液0.5 mL与碱处理液4.5 mL充分混合15 s。

(二)分离

将乳与乳制品增菌液或经过碱处理的其他食品增菌液分别接种于改良头孢菌素-Irgasan-新生霉素(CIN-1)琼脂平板和改良Y琼脂平板,(26±1)℃培养(48±2) h。典型菌落在CIN-1上为深红色中心,周围具有无色透明圈,因增加了去氧胆酸钠的用量,菌落呈现特征性红色牛眼状菌落(分解甘露醇),菌落大小为1～2 mm。若Irgasan不易购买,可用二苯醚代替。CIN-1抑制绿脓杆菌、大肠杆菌、肺炎克雷伯氏菌、奇异变形杆菌、沙门氏菌等,但不抑制肠杆菌和其他变形杆菌。荧光假单胞菌微弱生长。革兰氏阳性菌一般不生长。

在改良Y琼脂平板上为无色透明、不黏稠的菌落。改良Y培养基使用草酸钠-去氧胆酸钠-三号胆盐-孟加拉红抑制革兰氏阳性菌和大多数革兰氏阴性菌。丙酮酸钠可促进受伤小肠结肠炎耶尔森氏菌恢复生长。26℃培养可提高本菌的生长优势,并有利于观察动力。

(三)改良克氏双糖试验

分别挑取上一步中的可疑菌落3～5个,分别接种于改良克氏双糖铁琼脂,接种时先在斜面划线,再于底层穿刺,(26±1)℃培养24 h,将斜面和底部皆变黄且不产气的培养物做进一步的生化鉴定。

不同种的耶尔森氏菌在三糖铁上表现不一致,而用改良克氏双糖铁时表现一致。因此使用改良克氏双糖铁便于判断。

(四)尿素酶试验和动力观察

用接种环挑取1满环上一步得到的可疑培养物,接种到尿素培养基中,接种量应足够大,振摇几秒,(26±1)℃培养2～4 h。将尿素酶试验阳性菌落分别接种于2管半固体培养基中,于(26±1)℃和(36±1)℃培养24 h。将在26℃有动力而36℃无动力的可疑菌培养物划线接种营养琼脂平板,进行纯化培养,用纯化物进行革兰氏染色镜检和生化试验。

通过山梨醇发酵排除欧文氏菌和变形杆菌族。尿素酶阳性排除哈夫尼亚菌、欧文氏菌、沙雷氏菌及柠檬酸杆菌外的埃希氏菌族、气单胞菌。动力试验排除克雷伯氏菌、肠杆菌和柠檬酸杆菌。

(五)革兰氏染色镜检

将纯化的可疑菌进行革兰染色。小肠结肠炎耶尔森氏菌呈革兰氏阴性球杆菌,有时呈椭圆或杆状,大小为(0.8～3.0) μm×0.8 μm。

(六)生化鉴定

(1)从第 5 步中的营养琼脂平板上挑取单个菌落接种生化反应管，生化反应在(26±1)℃进行。小肠结肠炎耶尔森氏菌的主要生化特征以及与其他相似菌的区别见表 5-20。最重要的是 26℃ V-P 试验和鼠李糖、棉籽糖试验。

表 5-20　小肠结肠炎耶尔森氏菌与其他相似菌的生化性状鉴别表

项目	小肠结肠炎耶尔森氏菌 *Yersinia enterocolitica*	中间型耶尔森氏菌 *Yersinia intermedia*	弗氏耶尔森氏菌 *Yersinia frederiksenii*	克氏耶尔森氏菌 *Yersinia kirstensenii*	假结核耶尔森氏菌 *Yersinia pseudotuberculosis*	鼠疫耶尔森氏菌 *Yersinia pestis*
动力(26℃)	+	+	+	+	+	−
尿素酶	+	+	+	+	+	−
V-P 试验(26℃)	+	+	+	−	−	−
鸟氨酸脱羧酶	+	+	+	+	−	−
蔗糖	d	+	+	−	−	−
棉籽糖	−	+	−	−	−	d
山梨醇	+	+	+	+	−	−
甘露醇	+	+	+	+	+	+
鼠李糖	−	+	+	−	−	+
注：+阳性；−阴性；d 有不同生化型。						

(2)如选择微生物生化鉴定试剂盒或微生物生化鉴定系统，可根据第 5 步镜检结果，选择革兰阴性球杆菌菌落作为可疑菌落，从第 4 步所接种的营养琼脂平板上挑取单菌落，使用微生物生化鉴定试剂盒或微生物生化鉴定系统进行鉴定。

(七)血清型鉴定(选做项目)

除进行生化鉴定外，可选择做血清型鉴定。在洁净的载玻片上加 1 滴 O 因子血清，将待试培养物混入其内，使成为均一性混浊悬液，将玻片轻轻摇动 0.5～1 min，在黑色背景下观察反应。如在 2 min 内出现比较明显的小颗粒状凝集者，即为阳性反应，反之则为阴性，另用生理盐水作对照试验，以检查有无自凝现象；具体操作方法可按 GB 4789.4 中沙门氏菌 O 因子血清分型方法进行。

(八)结果与报告

综合以上及生化特征报告结果，报告 25 g(或 25 mL)样品中检出或未检出小肠结肠炎耶尔森氏菌。

第七节　食品中空肠弯曲菌及检验

空肠弯曲菌首次于 1972 年从腹泻病人粪便中分离。是世界范围内广泛流行的人兽共患病，WHO 已将该病例列为最常见的食源性疾病之一。主要引起人及动物急性腹泻。我国流行病学调查结果显示，与轮状病毒、志贺氏菌、致泻性大肠杆菌、副溶血弧菌等都是引起腹泻的主要病原菌。

一、种类

空肠弯曲菌(*Campylobacter jejuni*)是螺菌科弯曲菌属的1个种。该属与人类疾病有关的有空肠弯曲菌、胎儿弯曲菌、唾液弯曲菌及结肠弯曲菌,其中以空肠弯曲菌对人类感染致病最为严重。抗原构造与肠道杆菌一样具有O、H和K抗原。根据O抗原,可把空肠弯曲菌分成45个以上血清型,其中第11、12和18血清型最为常见。

二、流行病学特点

该菌感染全年均可发病,春夏季是发病高发期。病人及带菌者已证实为本病传染源。主要传播途径有经食物传播、经水传播、直接接触动物传播、日常生活接触传播和母婴垂直传播。人群普遍易感,发展中国家感染率以幼儿最高。

本病潜伏期1~10 d,平均3~5 d。初期有头痛、发热、肌肉酸痛等前驱症状,随后出现腹泻,恶心呕吐。近80%的病人有发热,一般为低到中度发热,体温38℃左右,个别可高热达40℃,儿童高热可伴有惊厥。腹痛腹泻为最常见症状,一般初为水样稀便,继而呈黏液或脓血黏液便,有的为明显血便。多数1周内自愈,轻者24 h即愈,不易和病毒性胃肠炎区别;20%的患者病情迁延,间歇腹泻持续2 ~3周,或愈后复发或呈重型。

婴儿弯曲菌肠炎多不典型,表现为:①全身症状轻微,精神和外表似无病;②多数无发热和腹痛;③仅有间断性轻度腹泻,间有血便,持续较久;④少数因腹泻而发育停滞。

三、生物学特性

(一)形态和染色

革兰氏阴性无芽孢杆菌,呈弧形、螺旋形或S形,大小为(0.2~0.5) μm×(1.5~5) μm。菌体一端或两端有单鞭毛,长度为菌体的2~3倍,以特有的螺旋钻方式运动。在陈旧培养物中或培养环境变碱时形态易变为球形并丧失动力。无荚膜。

(二)培养特性

空肠弯曲菌是一类微需氧菌,初次分离时需在含5%氧、85%氮和10%二氧化碳环境中,传代后能在10% CO_2环境中生长,在多氧和绝对无氧环境中均不生长。培养适宜温度为25~43℃,最适温度为42℃,大于45℃则不生长。生长最适氯化钠浓度为0.5%,最适pH 7.2。

对糖类既不发酵也不氧化,呼吸代谢无酸性或中性产物,生长不需血清,从氨基酸或三羧酸循环获得能量。在布氏肉汤中生长呈均匀混浊。在血琼脂上,初分离出现2种菌落特征:第1型菌落不溶血、灰色、扁平、湿润、有光泽,看上去像水滴,边缘不规则,常沿划线蔓延生长;第2型菌落也不溶血,常呈分散凸起的单个菌落(直径1~2 mm)、边缘整齐、半透明、有光泽、中心稍浑,呈单个菌落生长。

(三)生化特性

不能利用葡萄糖、乳糖、蔗糖等糖类,可利用乙酸盐为碳源。在三糖铁上不产生硫化氢,但呈碱性反应,用醋酸铅纸条法时三糖铁上产生硫化氢。萘啶酮酸微弱阳性。氧化酶阳性;触酶弱阳性。还原硝酸盐为亚硝酸盐。耐1%甘氨酸(云雾状生长)。甲基红阴性,V-P阴性,不液化明胶,不分解尿素,不产生脂肪酶,吲哚阴性。

四、抵抗力

本菌抵抗力不强。易被干燥、直射日光及弱消毒剂杀灭。对红霉素、新霉素、庆大霉素、四环素、氯霉素、卡那霉素等抗生素敏感。

五、致病力

本菌具有内毒素，能侵袭小肠和大肠黏膜引起急性肠炎。空肠弯曲菌能产生细胞紧张性肠毒素、细胞毒素和细胞致死性膨胀毒素，这些毒素都能对细胞产生不同程度的损伤。

六、检验过程及原理

食品中空肠弯曲菌检验具体程序依据 GB 4789.9—2014《食品安全国家标准　食品微生物学检验空肠弯曲菌检验》(图 5-6)。

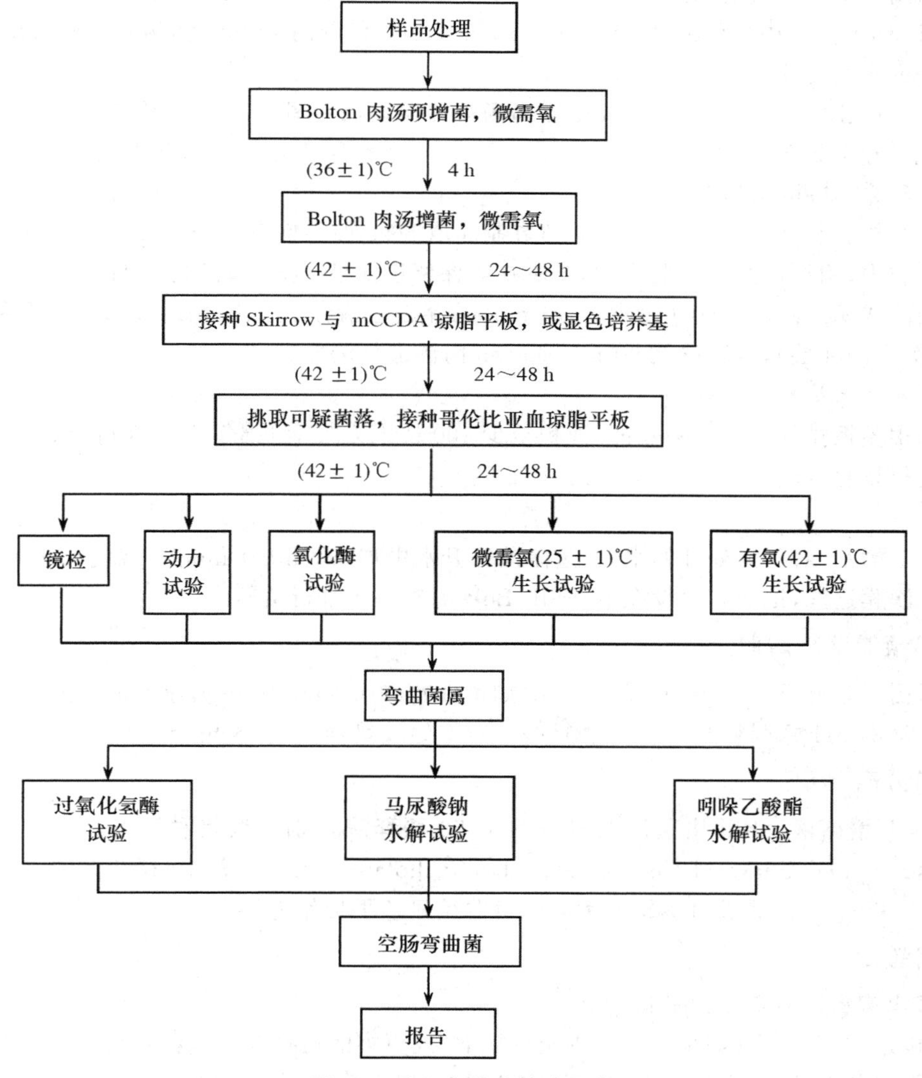

图 5-6　空肠弯曲菌检验程序

(一)样品处理

1. 一般样品

取25 g(mL)样品(水果、蔬菜、水产品为50 g)加入盛有225 mL Bolton肉汤的有滤网的均质袋中(若为无滤网均质袋可使用无菌纱布过滤),用拍击式均质器均质1~2 min,经滤网或无菌纱布过滤,将滤过液进行培养。

2. 整禽等样品

用200 mL 0.1%的蛋白胨水充分冲洗样品的内外部,并振荡2~3 min,经无菌纱布过滤至250 mL离心管中,16 000 g离心15 min后弃去上清液,用10 mL 0.1%蛋白胨水悬浮沉淀,吸取3 mL于100 mL Bolton肉汤中进行培养。

3. 贝类

取至少12个带壳样品,除去外壳后将所有内容物放到均质袋中,用拍击式均质器均质1~2 min,取25 g样品至225 mL Bolton肉汤中(1∶10稀释),充分振荡后再转移25 mL于225 mL Bolton肉汤中(1∶100稀释),将1∶10和1∶100稀释的Bolton肉汤同时进行培养。

4. 蛋黄液或蛋浆

取25 g(mL)样品于125 mL Bolton肉汤中并混匀(1∶6稀释),再转移25 mL于100 mL Bolton肉汤中并混匀(1∶30稀释),同时将1∶6和1∶30稀释的Bolton肉汤进行培养。

5. 鲜乳、冰淇淋、奶酪等

若为液体乳制品取50 mL;若为固体乳制品取50 g加入盛有50 mL 0.1%蛋白胨水的有滤网均质袋中,用拍击式均质器均质15~30 s,保留过滤液。必要时调整pH至7.5±0.2,将液体乳制品或滤过液以20 000 g离心30 min后弃去上清液,用10 mL Bolton肉汤悬浮沉淀(尽量避免带入油层),再转移至90 mL Bolton肉汤进行培养。

6. 需表面涂拭检测的样品

无菌棉签擦拭检测样品的表面(面积至少100 cm^2以上),将棉签头剪落到100 mL Bolton肉汤中进行培养。

7. 水样

将4 L的水(对于氯处理的水,在过滤前每升水中加入5 mL 1 mol/L硫代硫酸钠溶液)经0.45 μm滤膜过滤,把滤膜浸没在100 mL Bolton肉汤中进行培养。

(二)预增菌与增菌

在微需氧条件下,(36±1)℃培养4 h,如条件允许以100 r/min的速度进行振荡。必要时测定增菌液的pH并调整至7.4±0.2,(42±1)℃继续培养24~48 h。

(三)分离

将24 h增菌液、48 h增菌液及对应的1∶50稀释液分别划线接种于Skirrow血琼脂与mCCDA(modified Charcoal Cefoperazone Deoxycholate Agar)平板上,微需氧条件下(42±1)℃培养24~48 h。另外可选择使用空肠弯曲菌显色平板作为补充。

(四)鉴定

1. 弯曲菌属的鉴定(表5-21)

(1)概述:挑取5个(如少于5个则全部挑取)或更多的可疑菌落接种到哥伦比亚血琼脂平板上,微需氧条件下(42±1)℃培养24~48 h,按照以下第2~5步进行鉴定,结果符合表5-21

的可疑菌落确定为弯曲菌属。

(2)形态观察:挑取可疑菌落进行革兰氏染色,镜检。

(3)动力观察:挑取可疑菌落用 1 mL 布氏肉汤悬浮,用相差显微镜观察运动状态。

(4)氧化酶试验:用铂/铱接种环或玻璃棒挑取可疑菌落至氧化酶试剂润湿的滤纸上,如果在 10 s 内出现紫红色、紫罗兰或深蓝色为阳性。

(5)微需氧条件下(25±1)℃生长试验:挑取可疑菌落,接种到哥伦比亚血琼脂平板上,微需氧条件下(25±1)℃培养(44±4) h,观察细菌生长情况。

(6)有氧条件下(42±1)℃生长试验:挑取可疑菌落,接种到哥伦比亚血琼脂平板上,有氧条件下(42±1)℃培养(44±4) h,观察细菌生长情况。

表 5-21 弯曲菌属的鉴定

项目	弯曲菌属特性
形态观察	革兰氏阴性,菌株弯曲如小逗点状,两菌体的末端相接时呈 S 形、螺旋状或海鸥展翅状[a]
动力观察	呈现螺旋状运动[b]
氧化酶试验	阳性
微需氧条件下(25±1)℃生长试验	不生长
有氧条件下(42±1)℃生长试验	不生长

[a]有些菌株的形态不典型。
[b]有些菌株的运动不明显。

2. 空肠弯曲菌的鉴定

(1)过氧化氢酶试验:挑取菌落,加到干净玻片上的 3%过氧化氢溶液中,如果在 30 s 内出现气泡则判定结果为阳性。

(2)马尿酸钠水解试验:挑取菌落,加到盛有 0.4 mL 1%马尿酸钠的试管中制成菌悬液。混合均匀后在(36±1)℃水浴中温育 2 h 或(36±1)℃培养箱中温育 4 h。沿着试管壁缓缓加入 0.2 mL 茚三酮溶液,不要振荡,在(36±1)℃的水浴或培养箱中再温育 10 min 后判读结果。若出现深紫色则为阳性;若出现淡紫色或没有颜色变化则为阴性。

(3)吲哚乙酸酯水解试验:挑取菌落至吲哚乙酸酯纸片上,再滴加 1 滴灭菌水。如果吲哚乙酸酯水解,则在 5～10 min 内出现深蓝色;若无颜色变化则表示没有发生水解。空肠弯曲菌的鉴定结果见表 5-22。

表 5-22 空肠弯曲菌的鉴定

特征	空肠弯曲菌 *C. jejuni*	结肠弯曲菌 *C. coli*	海鸥弯曲菌 *C. lari*	乌普萨拉弯曲菌 *C. upsaliensis*
过氧化氢酶试验	+	+	+	一或微弱
马尿酸盐水解试验	+	—	—	—
吲哚乙酸脂水解试验	+	+	—	+

注:+阳性;一阴性。

(4)替代试验:对于确定为弯曲菌属的菌落,可使用生化鉴定试剂盒或生化鉴定卡代替以上 3 步进行鉴定。

(五)结果报告

综合以上试验结果,报告检样单位中检出或未检出空肠弯曲菌。

第八节　食品中金黄色葡萄球菌及检验

葡萄球菌在自然界分布极广,空气、土壤、水、饲料、食品(剩饭、糕点、牛奶、肉品等)以及人和动物的体表黏膜等处均有存在,大部分是不致病的腐物寄生菌,也有一些致病的球菌。食品中生长有金黄色葡萄球菌,是食品卫生的一种潜在危险因素,因为金黄色葡萄球菌可以产生肠毒素,食后能引起食物中毒,是世界性卫生问题。2000 年日本"雪印牛奶"事件,造成 14 500 多人中毒发病,为近年来金黄色葡萄球菌肠毒素中毒重大事件。因此,检查食品中金黄色葡萄球菌具有重要的实际意义。

一、种类

葡萄球菌属于微球菌科的葡萄球菌属(*Staphylococcus*),葡萄球菌种类繁多,按葡萄球菌的生理化学组成将葡萄球菌分为金黄色葡萄球菌(*Staphylococcus aureus*)、表皮葡萄球菌(*Staphylococcus epidermidis*)和腐生葡萄球菌(*Staphylococcus saprophytics*)。其中金黄色葡萄球菌多为致病菌,表皮葡萄球菌偶尔致病,腐生葡萄球菌一般为非致病菌。3 种葡萄球菌的不同性状列于表 5-23。

表 5-23　3 种葡萄球菌的主要性状区别

主要性状	金黄色葡萄球菌	表皮葡萄球菌	腐生葡萄球菌
色素	主要为金黄色	主要为白色	主要为柠檬色
产生凝固酶	+	−	−
分解甘露醇	+(极少−)	−(极少+)	−
耐热核酸酶活性	+	−	−
溶血毒素	α、β、γ、δ	−(极少+)	−
磷壁酸类型	核糖醇型	甘油型	甘油型
A 蛋白	+	−	−
杀白细胞素	+	−	−
噬菌体分型	多数能分型	不能分型	不能分型
致病性	强	弱或无	无

二、流行病学特点

金黄色葡萄球菌食物中毒全年均可发病,多发生于春夏季。鼻腔是葡萄球菌的繁殖场所,也是全身各部位的传染源。上呼吸道感染患者鼻腔带菌率 83%,葡萄球菌是常见的化脓性球菌之一，所以人畜化脓性感染部位常成为污染源。带菌的食品加工人员的鼻咽部黏膜或手指污染食物是造成食源性疾病的主要原因。患乳腺炎的奶牛产的奶、有化脓症的宰畜肉尸常带有致病性葡萄球菌。因而，食品受其污染的机会很多。中毒食品种类多，如奶、肉、蛋、鱼及其制品等动物性食品，在含水分、蛋白质和淀粉较多的食品中葡萄球菌较易繁殖并产生毒素。

中毒的原因主要是食品在加工前本身带菌，或在加工、运输、销售等过程中被致病性葡萄球菌污染后，在较高温度下保存时间过长，如在25～30℃环境中放置较长时间，则极易产生肠毒素，引起食物中毒。

葡萄球菌食物中毒是毒素型食物中毒，与摄入毒素剂量有关。肠毒素作用于肠黏膜引起腹泻，同时刺激迷走神经内脏分支引起反射性呕吐。发病快、起病急是本病特点。潜伏期一般为2～4 h，短的0.5 h即可发病，长的6～7 h。主要症状为恶心和剧烈反复呕吐，呈“喷射状”，且伴有上腹剧烈疼痛，呕吐物中可有胆汁、黏液和血；腹泻较轻，3～4次/d，水样便；严重者可有头痛、肌肉抽筋，严重时也引起短时间血压、脉搏的变化。病程一般较短，1～2 d即可恢复，预后良好。

三、生物学特性

（一）形态与染色

典型的葡萄球菌呈球形，直径0.4～1.2 μm，致病性葡萄球菌一般较非致病性菌小，且各个菌体的大小及排列也较整齐。细菌繁殖时呈多个平面的不规则分裂，堆积成为葡萄串状排列。在液体培养基中生长，常呈双球或短链状排列，易误认为链球菌。葡萄球菌无鞭毛及芽孢，一般不形成荚膜，易被碱性染料着色，革兰氏染色阳性，当衰老、死亡或被白细胞吞噬后常转为革兰氏阴性，对青霉素有抗药性的菌株也为革兰氏阴性。

（二）培养特性

本菌营养要求不高，在普通培养基上生长良好。需氧或兼性厌氧，最适生长温度为35～40℃，最适pH为7.0～7.5。耐盐性强，在含7%～15%的氯化钠培养基中能生长。在含有20%～30%二氧化碳的环境中培养，可产生大量的毒素。

在肉汤培养基中生长迅速，37℃，24 h培养后，呈均匀混浊生长，延长培养时间，管底出现少量沉淀，轻轻振摇，沉淀物上升，旋即消散，培养2～3 d后可形成很薄的菌环，在管底则形成多量黏性沉淀物。在胰酪胨大豆肉汤内有时液体澄清。

在普通营养琼脂平板上，培养24～48 h后，可形成圆形、凸起、边缘整齐、表面光滑、湿润、有光泽、不透明菌落。菌落直径通常在1～2 mm，但也有大至4～5 mm者。可产生不同色素，如金黄色、白色及柠檬色，这些色素为脂溶性，能溶于醇、乙醚、氯仿及苯等有机溶剂中，因不溶于水，故色素只限于培养物，而不外渗至培养基中。色素的形成依培养条件而异：通常在22℃产生色素较多；于37℃培养后，再置室温1～2 d，色素产生明显；在固体培养基中含有碳水化合物、牛乳或血清等，色素形成最好；有O_2及CO_2环境下易形成色素，而在无O_2环境中不形成色素。

在血琼脂平板上形成的菌落较大，多数致病性菌株可产生溶血毒素，使菌落周围产生透明的溶血圈（β溶血）。

在Baird-Parker平板上，呈灰色到黑色，边缘色淡、周围为一浑浊带，在其外层有一透明带。以接种针接触菌落似有奶油树胶的硬度。偶然会遇到非脂肪溶解的类似菌落，但无浑浊带及透明带。长期保存的冷冻或干燥食品中能分离的菌落所产生的黑色较淡些，外观可能粗糙并干燥。

（三）生化特性

有氧时利用己糖、戊糖、双糖和糖醇类产酸。不能利用阿拉伯糖、纤维二糖、棉籽糖、木糖、糊精、肌醇。一般不能利用淀粉、七叶苷。致病菌株在厌氧条件下多能分解甘露醇产酸，这一点在金黄色葡萄球菌的检验中很重要。

硝酸盐还原酶阳性。赖氨酸脱羧酶阴性，精氨酸双水解产氨，利用半胱氨酸产少量硫化氢。液化明胶。吲哚阴性。甲基红阳性，V-P 为弱阳性。多数菌株能分解尿素产氨。触酶阳性，不产氧化酶。

（四）抗原结构

葡萄球菌经水解后，用沉淀法分析，可得 2 种抗原成分，即蛋白质抗原和多糖类抗原。

1. 蛋白质抗原

主要为葡萄球菌 A 蛋白（staphylococcal protein A，SPA），为金黄色葡萄球菌的一种表面抗原，存在于细菌细胞壁的表面，90％以上的金黄色葡萄球菌有此抗原。SPA 能抑制吞噬细胞的吞噬作用，对 T、B 细胞是良好的促分裂原（与 T 细胞表面相应受体结合，可促使其合成 DNA 和进行有丝分裂，因而使其转化为淋巴母细胞）。

此抗原随培养时间发生变化，而且在菌株保存过程中易失去其特异性。一般不用血清学方法诊断。

2. 多糖类抗原

为半抗原，存在于细胞壁上，是金黄色葡萄球菌的一种重要抗原，具有型特异性。其抗原决定簇为磷壁酸的核糖醇单位。此抗原可用于葡萄球菌的分型。

四、毒素与酶

致病性菌株除产生肠毒素、血浆凝固酶和耐热核酸酶外，产生的毒素与酶还有磷脂酶 A（有的为磷脂酶 C）、蛋白酶、脂酶、磷酸酶、溶菌酶、溶纤维蛋白酶、透明质酸酶、溶血毒素、杀白细胞毒素等。

（一）肠毒素（enterotoxin）

金黄色葡萄球菌的某些菌株能产生引起急性肠胃炎的肠毒素。肠毒素共分为 A、B、C1、C2、D、E、F、G、H、I 型。各型具有不同的血清学特性，现在一般用特异性抗体来检测。其中以 A 型引起的食物中毒最多，B 型和 C 型次之。50％以上金黄色葡萄球菌可产生肠毒素，并且 1 个菌株能产生 2 种以上的肠毒素，毒素为一种可溶性蛋白质，耐热，也不受胰蛋白酶的影响。可使人、猫、猴引起急性胃肠炎症状。

葡萄球菌肠毒素是一种外毒素，这种毒素抗热性强。除 A 型毒素在 100℃，1 min 可以灭活外，B、C、D、E 型肠毒素需煮沸 2 h，或 218～248℃，30 min 处理才能完全消除毒性。其他如溶血素、杀白细胞素等 100℃ 10 min 或 80℃20 min 就可丧失毒性。

葡萄球菌肠毒素形成的因素一般有：受菌体污染程度；温度（40℃最适合产毒）；氯化钠浓度小于 10％（A 型毒素在 10％以上盐浓度时也产生）；pH 5～9 时产毒；水分活度（毒素 A：

0.90～0.92 及以上；毒素 B：0.97 以上。水分活度越高，越利于产毒）；氧气浓度（氧气促进产毒）；食物种类（含丰富蛋白质且含一定淀粉的食物，如奶油糕点、冰淇淋、剩饭、凉糕等）；营养丰富且含油脂较多的食物（如油炸鱼罐头、油炸荷包蛋）。利用葡萄糖产酸时抑制产毒，有实验证明淀粉和 0.4～1.5 mmol/L 的镁离子促进肠毒素的快速形成。

蜡样芽孢杆菌促进金黄色葡萄球菌产生毒素，因此有蜡样芽孢杆菌被检出时，需要检查葡萄球菌肠毒素。

（二）血浆凝固酶（coagulase）

能产生肠毒素的菌株，其凝固酶试验常呈阳性。这是一种能使含有柠檬酸钠或肝素抗凝剂的兔或人血浆发生凝固的酶。大多数致病性葡萄球菌产生此酶，而非致病性菌一般不产生此酶。因此，凝固酶是鉴别葡萄球菌有无致病性的重要指标。凝固酶较耐热，在 100℃ 30 min 或高压消毒后仍保存部分活性，但易被蛋白分解酶破坏。

（三）溶血毒素（staphylolysin）

多数致病菌株能产生该毒素，使血琼脂平板菌落周围出现溶血环，在试管中出现溶血反应。溶血毒素是一种外毒素，根据其对动物细胞的溶血范围、抗原性、溶血时所需温度不同分为 α、β、γ、δ 4 种，其中以 β 溶血毒素为主。

（四）杀白细胞毒素（leukocidin）

能破坏人或兔的白细胞和巨噬细胞，使其失去活性，最后膨胀破裂。致病性与非致病性葡萄球菌都能被吞噬细胞吞噬，非致病性菌株在白细胞内很快被杀死，而致病菌株则能在白细胞内生长繁殖。

（五）溶纤维蛋白酶（fibrinolysin）

可使人、犬、豚鼠及家兔的已经凝固的纤维蛋白溶解。溶纤维蛋白酶是一种激酶，可激活血浆蛋白酶原成为血浆蛋白酶而使纤维蛋白溶解。

（六）透明质酸酶（hyaluronidase）

透明质酸具有高度黏稠性，是机体结缔组织中基质的主要成分。被透明质酸酶水解后，结缔组织细胞间失去黏性呈疏松状态，有利于细菌和毒素在机体内扩散，因此，透明质酸酶又称为扩散因子。

（七）脱氧核糖核酸酶（deoxyribonuclease）

脱氧核糖核酸能够增加黏组织渗出物的黏性。当组织细胞及白细胞崩解时释放出核酸，使组织渗出液的黏性增加，而脱氧核糖核酸酶能迅速将其分解，从而有利于细菌在组织中的扩散。

五、抵抗力

葡萄球菌抵抗力较强，为不形成芽孢的细菌中最强者。在干燥的脓汁或血液中可存活数月。加热 80℃ 30 min 才能杀死，煮沸可迅速使其死亡。具有很强的耐高渗透压的能力，可在 7%～15%的氯化钠环境中生长；耐干燥，能在 0.86 的水分活度下存活。在 5%石炭酸，0.1%升汞中 10～15 min 死亡。对某些染料较敏感，1∶（100 000～200 000）稀释的龙胆紫溶液能抑制其生长，对磺胺类药物的敏感度较低，对青霉素、红霉素和庆大霉素高度敏感，很多菌株对青霉素 G 有耐药性。

六、金黄色葡萄球菌中毒的预防措施

预防金黄色葡萄球菌污染食物：加强食品卫生监督管理，要定期对食品加工人员、饮食从业人员、保育员进行健康检查，患手指化脓、化脓性咽炎、口腔疾病的工作人员应暂时调换其工作，避免带菌人群对各种食物的污染。另外奶牛乳房患化脓性炎症时，其产牛奶不能食用。新挤出的健康奶牛的牛奶应迅速冷却至10℃以下，防止高温下，金黄色葡萄球菌繁殖和毒素的形成。且乳制品应以消毒乳为原料。

预防肠毒素形成：食物应冷藏或置于阴凉通风处，存放时间不应超过6 h，尤其是气温较高的夏秋季节。食用前还应彻底加热。

七、检验过程及原理

食品中金黄色葡萄球菌检验具体程序依据GB 4789.10—2016《食品安全国家标准　食品微生物学检验金黄色葡萄球菌检验》(图5-7)。

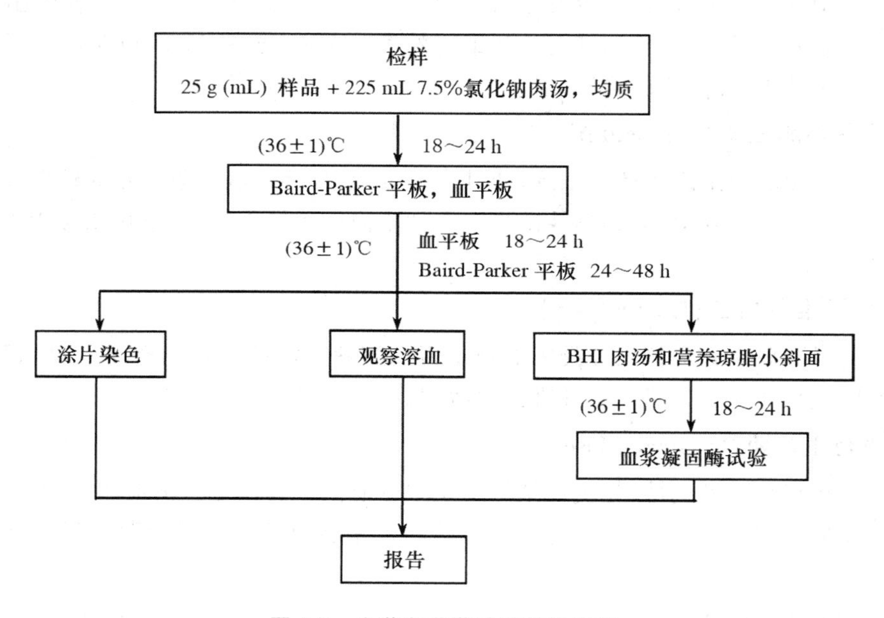

图 5-7　金黄色葡萄球菌检验程序

(一)增菌

用含7.5%氯化钠的肉汤(或含10%氯化钠的大豆胰蛋白胨肉汤)筛选出微球菌科菌和芽孢杆菌等耐盐菌。金黄色葡萄球菌在含7.5%氯化钠肉汤中浑浊生长，污染严重时在10%氯化钠大豆胰蛋白胨肉汤内也呈浑浊生长，抑制非耐盐的其他杂菌。丙酮酸钠可降低氧化还原电位利于兼性厌氧菌生长，同时利于受伤菌恢复生长。

(二)选择分离

分离金黄色葡萄球菌最常用的培养基是Baird-Parker培养基，利用卵黄检查其分解磷脂和脂肪的能力。其成分如下：胰蛋白胨、牛肉膏、酵母浸膏、丙酮酸钠、甘氨酸、氯化锂、琼脂、蒸馏水。增菌剂：卵黄、亚碲酸钾。金黄色葡萄球菌能将亚碲酸钾还原，形成黑色菌落，作为指示系统。细菌产生蛋白酶，分解不溶性卵黄磷脂蛋白，菌落周围平板上出现透明圈；卵磷脂酶或磷脂酶将卵黄中的卵磷脂等磷脂分解为磷酸胆碱等磷脂的极性基团部分和不溶于水的甘油酯，菌落产生乳光，菌落周围出现乳白色浑浊带；有的细菌产生脂肪酶进一步将甘油酯分解为水溶性的脂肪酸和甘油，脂肪酸遇钙、镁等离子沉淀，平板上出现白色浑浊带（卵磷脂酶阳性）。

亚碲酸钾和氯化锂都是革兰氏阴性菌的抑制剂，二者与甘氨酸合用抑制微球菌属、葡萄球菌属和部分芽孢杆菌属以外的大部分革兰氏阳性和阴性细菌（需氧菌）。

甘氨酸与氯化锂一起降低水分活度（高浓度氯化钠对受伤菌有伤害，所以用甘氨酸和氯化锂代替）；提高渗透压，同时作为金黄色葡萄球菌的渗透保护剂。

丙酮酸钠刺激受伤菌恢复生长，吸收金黄色葡萄球菌恢复生长产生的过氧化氢，防止氧化剂对受伤菌的伤害；同时作为易于被金黄色葡萄球菌利用的碳源；还可降低氧化还原电位，利于兼性厌氧菌的生长。

（三）初步鉴定

金黄色葡萄球菌在 Baird-Parker 平板上呈圆形，表面光滑、凸起、湿润，菌落直径为 2～3 mm，颜色呈灰黑色至黑色，有光泽，常有浅色（非白色）的边缘，周围绕以不透明圈（沉淀），其外常有 1 清晰带。当用接种针触及菌落时具有黄油样黏稠感。有时可见到不分解脂肪的菌株，除没有不透明圈和清晰带外，其他外观基本相同。从长期贮存的冷冻或脱水食品中分离的菌落，其黑色常较典型菌落浅些，且外观可能较粗糙，质地较干燥。

在血平板上形成菌落较大，圆形、光滑凸起、湿润、金黄色（有时为白色），菌落周围可见完全透明溶血圈。挑取上述可疑菌落进行革兰氏染色镜检及血浆凝固酶试验。

（四）血浆凝固酶试验

（1）挑取 Baird-Parker 平板或血平板上至少 5 个可疑菌落（小于 5 个全选），分别接种到 5 mL BHI 和营养琼脂斜面，(36±1)℃培养 18～24 h。

（2）取新鲜配制兔血浆 0.5 mL，放入小试管中，再加入 BHI 培养物 0.2～0.3 mL，振荡摇匀，置(36±1)℃温箱或水浴箱内，每半小时观察 1 次，观察 6 h，如呈现凝固（即将试管倾斜或倒置时，呈现凝块）或凝固体积大于原体积的一半，被判定为阳性结果。同时以血浆凝固酶试验阳性和阴性葡萄球菌菌株的肉汤培养物作为对照。也可用商品化的试剂，按说明书操作，进行血浆凝固酶试验。

（3）结果如可疑，挑取营养琼脂斜面的菌落到 5 mL BHI，(36±1)℃培养 18～48 h，重复试验。

（五）葡萄球菌肠毒素的检测（选做）

可疑食物中毒样品或产生葡萄球菌肠毒素的金黄色葡萄球菌菌株的鉴定，应按 GB 4789.10—2016《食品微生物学检验　金黄色葡萄球菌检验附录 B 检测葡萄球菌肠毒素》。

（六）结果与报告

1. 结果判定

符合 Baird-Parker 平板、血平板及革兰氏染色典型特征，血浆凝固酶试验阳性，可判定为金黄色葡萄球菌。

2. 结果报告

在 25 g（或 25 mL）样品中检出或未检出金黄色葡萄球菌。

第九节　食品中溶血性链球菌及检验

链球菌在自然界分布较广，可存在于水、空气、尘埃、牛奶、粪便及健康人和动物的口腔、鼻腔、咽喉和病灶中。链球菌的种类很多，与人类疾病有关的大多属于乙型溶血性链球菌，其血清型 90%属于 A 群链球菌，常可引起皮肤和皮下组织的化脓性炎症及呼吸道感染，还可通过食品引起猩红热、流行性咽炎的暴发性流行。因此，检验食品中是否有溶血性链球菌具有现实意义。

一、种类

食品中常见的球菌有微球菌科（葡萄球菌、微球菌）和链球菌群（链球菌属、肠球菌属、乳球菌属、名串珠菌属、片球菌属）。前者触酶阳性，后者触酶阴性。链球菌分类方法很多，主要有以下几种：

（一）根据溶血能力分类

可分为甲型（α-）溶血性链球菌、乙型（β-）溶血性链球菌、丙型（γ-）和亚甲型（α'-）溶血性链球菌。β-溶血性链球菌常引起人类和动物的多种疾病。α-溶血性链球菌多为条件致病菌。

（二）血清学分类

该方法也是根据抗原结构分类，并已取得一定成效，目前有关溶血性链球菌的分类多以此为依据。链球菌的抗原构造较复杂。根据族特异性抗原的不同可将乙型溶血性链球菌分成 A、B、C、D、E、F、G、H、K、L、M、N、O、P、Q、R、S、T 18 个族。在 1 个族内因表面抗原，即型特异性抗原的不同，又将细菌分成若干型。如 A 族由于 M 抗原不同可分成 60 多个型，B 族分为 4 个血清型，C 族分成 13 个血清型。

（三）根据对氧的需要分类

按照是否需要氧气，可分为需氧链球菌、厌氧链球菌、微嗜氧链球菌。其中厌氧链球菌常寄生于口腔、肠道和阴道中，可致病的有消化链球菌属。

二、流行病学特点

溶血性链球菌感染无季节性，全年均可发病。传染源主要为上呼吸道感染患者和人畜化脓性感染部位。一般来说，溶血性链球菌常通过以下途径污染食品：食品加工或销售人员口腔、鼻腔、手、面部有化脓性炎症时造成食品的污染；食品在加工前就已带菌、奶牛患化脓性乳腺炎或畜禽局部化脓时，其奶和肉尸某些部位污染；熟食制品因包装不善而使食品受到污染。人群普遍易感，无年龄和种族差异，并可反复感染。

溶血性链球菌感染临床症状：潜伏期平均为 1～4 d，最短可为几小时。临床表现主要为发热、咽喉红肿疼痛、头痛等上呼吸道感染症状以及恶心、呕吐、腹痛和腹泻等消化道症状。也可表现为各部位的化脓性感染、猩红热、风湿热和急性肾小球肾炎等变态反应性疾病。一般预后良好，如无并发症发生，多于 7～10 d 后痊愈。

三、生物学特性

（一）形态与染色

链球菌呈球形或卵圆形，直径为0.5～1 μm，链状排列，长短不一，短者由4～8个菌体组成，长者达20～30个菌体，链的长短与细菌的种类及生长环境有关。液体培养基中易呈长链，固体培养基中常呈短链，易与葡萄球菌相混淆，也有些链球菌的变种可以形成很长的交织在一起的长链，由于链球菌能产生脱链酶，所以正常情况下，链球菌的链不能无限制地延长。在血清肉汤中培养2～3 h，易发现由透明质酸形成的荚膜，继续培养后逐渐消化。本菌不形成芽孢，亦无鞭毛，不能运动。易被碱性苯胺染料着色，呈革兰氏阳性，老龄培养或被吞噬细胞吞噬后，可转为阴性。

（二）培养特性

本菌为需氧或兼性厌氧菌。营养要求较高，普通培养基上生长不良，在加有血清、血液、腹水等的培养基中生长良好，大多数菌株需苏氨酸、核黄素、维生素B_6、烟酸等生长因子。最适生长温度为37℃，在20～42℃能生长，最适pH为7.4～7.6。

在血清肉汤中溶血性菌株易呈长链，管底呈絮状或颗粒状沉淀生长；不溶血的菌株的菌链较短，液体均匀混浊；半溶血的菌株的链有长有短，在液体培养基中生长情况介于两者之间。

在血平板上形成灰白色、半透明、表面光滑、有乳光、直径0.5～0.75 mm的圆形突起的细小菌落，不同菌型其菌落周围的溶血现象不同。甲型（α-）溶血性链球菌在菌落周围有1～2 mm的绿色溶血环，放冰箱一夜呈溶血环，且溶血环扩大；乙型（β-）溶血性链球菌在菌落周围有2～4 mm的透明溶血环；丙型（γ-）链球菌菌落周围不具有溶血环，亚甲型（α'-）溶血性链球菌，溶血环狭小，不具有明显的环状，镜检可见部分残留血球，放冰箱一夜后溶血环增大，当培养基所含血液不同时，溶血情况有改变，在含马血的培养基上有小溶血环，但在兔血培养基中不溶血。

（三）生化特性

本菌不能分解葡萄糖，对乳糖、甘露醇、水杨苷、山梨醇、蕈糖、棉籽糖、七叶苷分解能力因菌株不同而不同；人类溶血性链球菌可分解蕈糖，山梨醇阴性；不被胆汁溶解，一般不分解菊糖。奥普托辛试验阴性，可与肺炎双球菌区别；触酶阴性与葡萄球菌区别；多数A族链球菌可分解肝糖和淀粉，约有99.5%的A族链球菌被杆菌肽（IU/mL）抑制，而其他链球菌则不受抑制，肠球菌（D族）绝大多数能分解甘露醇，亦能分解七叶苷，使培养基变黑。

四、抗原结构

链球菌的抗原构造较葡萄球菌复杂得多，乙型溶血性链球菌的抗原构造可分为3种：

（一）核蛋白抗原

简称P抗原，是菌体浸出物，此抗原无特异性。

（二）族特异性抗原

简称C抗原，又称多糖抗原，是细胞壁的多糖成分，有族的特异性，根据多糖抗原不同，用血清学方法分成A～T 18个族。

（三）型特异性抗原

亦称表面抗原，是链球菌细胞壁的蛋白质抗原，位于C抗原的外层，其中可分为M、T、R和S 4种不同性质的抗原成分。与致病性有关的是M抗原。M抗原对热和酸的抵抗力很强，所以可在pH为3时，煮沸处理细菌，使菌细胞溶解提取M抗原，与型特异性免疫血清进行沉淀试验可将链球菌分型。

五、抵抗力

本菌抵抗力一般不强，60℃ 30 min即被杀死，但其中D族链球菌（如粪链球菌）抵抗力特别强，在60℃ 30 min下不死亡；此菌产生的红疹毒素耐热力很强，煮沸1 h才被破坏。乙型溶血性链球菌对青霉素、红霉素、氯霉素、四环素和磺胺都很敏感。青霉素是链球菌感染的首选药物，很少有耐药性。

六、毒素与酶

致病性链球菌可产生多种毒素和酶。

（一）溶血素（streptolysin）

溶血素有O和S两种，O为含有—SH基的蛋白质，具有抗原性；S为小分子多肽，相对分子质量小，故无抗原性。

（二）红疹毒素（erythrogenic toxin）

红疹毒素为外毒素，主要是A族溶血性链球菌产生，C、G族的某些菌株也可产生。将此毒素注入易感者皮内，小剂量可使局部产生红疹，大剂量引起全身性红疹，并伴有发热、疼痛、恶心、呕吐、周身不适等。

（三）透明质酸酶（hyaluronidase）

透明质酸酶又称为扩散因子，可溶解组织间质的透明质酸，故能增加细菌的侵袭力。

（四）链激酶（streptokinase，SK）

又称溶纤维蛋白酶，具有增强细菌在组织中的扩散作用。人经溶血性链球菌感染后，70%～80%出现链激酶抗体，此抗体可抑制链激酶活性。

（五）杀白细胞素（leukocidine）

溶血性链球菌在肉汤培养基中培养，可产生杀白细胞素。用10%血清肉汤培养溶血性链球菌10～18 h后，此毒素可达到极高浓度，该菌液或过滤液与新鲜白细胞混合后，置显微镜下直接观察，如有此毒素存在，可见白细胞失去动力，变为球形，最后膨胀破裂。

另外，溶血性链球菌还可以产生链道酶（又称脱氧核糖核酸酶）、蛋白酶、核糖核酸酶、二磷酸吡啶核苷酸酶和致病毒素等。

七、检验过程及原理

食品中溶血性链球菌检验具体程序依据GB 4789.11—2014《食品安全国家标准　食品微生物学检验　β型溶血性链球菌检验》，其检验方法比较简单（图5-8）。

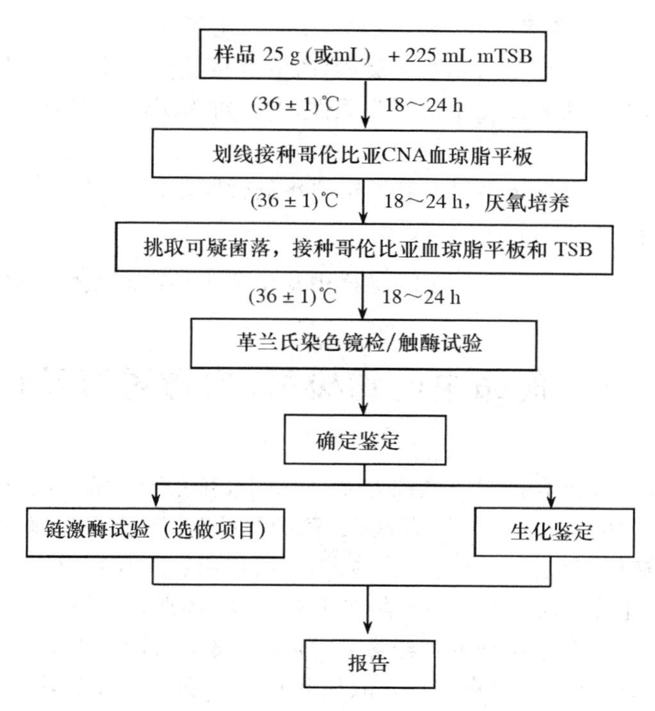

图 5-8　溶血性链球菌检验程序

(一)样品处理及增菌

按无菌操作称取检样 25 g(mL)，加入盛有 225 mL mTSB 的均质袋中，用拍击式均质器均质 1～2 min；或加入盛有 225 mL m 胰蛋白胨大豆肉汤(TSB)的均质杯中，以 8 000～10 000 r/min 均质 1～2 min。若样品为液态，振荡均匀即可。(36±1)℃培养 18～24 h。

(二)分离

将增菌液划线接种于哥伦比亚 CNA 血琼脂平板，(36±1)℃厌氧培养 18～24 h，观察菌落形态。溶血性链球菌在哥伦比亚 CNA 血琼脂平板上的典型菌落形态为直径 2～3 mm、灰白色、半透明、光滑、表面突起、圆形、边缘整齐，并产生 β 型溶血。

(三)鉴定

1. 分离纯化培养

挑取 5 个(如小于 5 个则全选)可疑菌落分别接种哥伦比亚血琼脂平板和 TSB 增菌液，(36±1)℃培养 18～24 h。

2. 革兰氏染色镜检

挑取可疑菌落染色镜检。β 型溶血性链球菌为革兰氏染色阳性，球形或卵圆形，常排列成短链状。

3. 触酶试验

挑取可疑菌落于洁净的载玻片上，滴加适量 3%过氧化氢溶液，立即产生气泡者为阳性。β 型溶血性链球菌触酶为阴性。

4. 链激酶试验(选做项目)

吸取草酸钾血浆 0.2 mL 于 0.8 mL 灭菌生理盐水中混匀，再加入经(36±1)℃培养 18～

24 h 的可疑菌的 TSB 培养液 0.5 mL 及 0.25%氯化钙溶液 0.25 mL，振荡摇匀，置于(36±1)℃水浴中 10 min，血浆混合物自行凝固(凝固程度至试管倒置，内容物不流动)。继续(36±1)℃培养 24 h，凝固块重新完全溶解为阳性，不溶解为阴性，β 型溶血性链球菌为阳性。

5. 其他检验

使用生化鉴定试剂盒或生化鉴定卡对可疑菌落进行鉴定。

(四)结果与报告

综合以上试验结果，报告每 25 g(mL)检样中检出或未检出溶血性链球菌。

第十节　食品中肉毒梭菌、肉毒毒素及检验

芽孢杆菌科细菌对外界有害因子抵抗力强、分布广，存在于土壤、水、空气以及动物肠道等处，与人类关系密切。如炭疽芽孢杆菌引起人、畜的炭疽病；破伤风梭菌引起破伤风；肉毒梭菌、产气荚膜梭菌和蜡样芽孢杆菌引起食物中毒；韦氏梭菌和产气荚膜梭菌引起气性坏疽。

由于肉毒梭菌的生命力强，并广泛地存在于自然界，特别是土壤中，所以易于污染食品。在适宜条件下可在食品中产生剧烈的神经毒素，即肉毒毒素，能引起以神经麻痹为主要症状、病死率甚高的食物中毒，又称为肉毒中毒。故检验食品特别是不经加热处理而直接食用的食品有无肉毒梭菌及其毒素极为重要。

一、种类

根据肉毒梭菌能产生毒素的抗原特异性可分为 A、B、C、D、E、F、G 7 型，其中 C 型又分为 C_α型和 C_β型。引起人类食物中毒的主要为 A、B、E 3 型，F 型亦可引起人类的毒血症。不同菌型分布不同：A 型多分布于山区和未开垦荒地；B 型多分布于草原耕地；C、D 型主要存在于动物尸体内或在腐尸周围的土壤里面，是畜禽肉毒中毒的病原；E 型多分布于土壤、江河湖海的淤泥和鱼类肠道中。A、B 型分布非常广泛，也最为常见。F 型曾在引起食物中毒的动物肝脏中分离到。

根据肉毒梭菌的生化反应可分为 2 类：一类能水解凝固蛋白的称蛋白分解菌，包括全部 A 型，部分 B、F 型。另一类不能水解凝固蛋白，称非蛋白分解菌。包括其余 B、F 型和全部 E 及 C_α、C_β和 D 型菌。

E 型菌和部分 B、F 型菌产生前毒素，需要胰蛋白酶作用才能活化为毒素，其中 E 型毒素经过胰蛋白酶处理后毒性可提高几百倍。

二、流行病学特点

肉毒梭菌食物中毒又叫肉毒中毒，是由于人们误食了被肉毒梭菌污染，并在其中繁殖过程中产生的外毒素所致。一年四季都可发生，但以冬春季为多。肉毒梭菌广泛分布于自然界中，其中水和土壤中存在的芽孢是造成食物污染的主要来源。我国以新疆、青海多发，此外，黑龙江、吉林、河北、四川也有报道。

引起肉毒梭菌毒素中毒的常见食品因人们的饮食习惯和膳食组成的不同而有区别，国外多是家庭自制的熏制、腌制食品和各种罐头食品。国内 90%以上是由植物性食品所引起的，

多是发酵食品。这些发酵食品所用的原料粮和豆类常带有肉毒梭菌，发酵过程往往在密闭容器中和高温环境下进行。由于原料加热时间短，未能杀灭肉毒梭菌芽孢，又在20～30℃进行发酵，所以为芽孢生长繁殖并产生毒素提供了适宜条件，如食品不经加热，即可引起中毒。

新疆察布查尔地区是家庭自制谷类或豆类发酵食品，青海主要为越冬密封保存的肉制品。人群普遍易感，婴幼儿(特别是6月龄以下的)更易发生。

肉毒梭状芽孢杆菌中毒临床症状：潜伏期短者2 h，长者可达10 d，一般为12～18 h。其特点是潜伏期越短死亡率也就越高，说明其毒素含量高、毒力强。前期症状：乏力、头晕、头痛、食欲不振、走路不稳等。中毒以神经麻痹和肌肉运动障碍为主要症状，麻痹呈渐进对称性、自上而下。先出现视力模糊、眼睑下垂，复视，眼球震颤，严重者瞳孔散大，有张口、伸舌困难，继而吞咽困难，呼吸麻痹，流涎、步态踉跄，最后因呼吸肌麻痹引起呼吸功能衰竭而死亡。患者一般无明显体温变化或稍低于正常，胃肠道无明显变化。死亡率可达30%～60%，直到死亡前神志仍清楚，保持知觉，患者有恐惧感。病程2～3 d，有些病例可持续2～3周。

婴儿肉毒中毒多为食用蜂蜜引起，主要症状为便秘，头颈部肌肉软弱，吮无力，吞咽困难，眼睑下垂，肌张力降低。

三、生物学特性

(一)形态及染色

肉毒梭菌是革兰氏阳性粗大杆菌，其大小为(0.9～1.2)μm×(4～6)μm，两端钝圆，一般单个存在，偶有成对或呈短链状，无荚膜。周身有4～8根周生鞭毛，能运动。芽孢呈卵圆形，大于菌体，位于菌体次末端，使细菌呈匙形或网球拍状。在老龄培养物上呈革兰氏阴性。

(二)培养特性

肉毒梭菌为专性厌氧菌，动植物处于活体有氧状态，肉毒梭菌无法生长。可在普通培养基上生长。28～37℃生长良好，最适pH为6～8(在8℃以上，pH 4以上都可形成毒素)，在10%食盐溶液中不生长。

蛋白分解菌(全部A，部分B、F)的芽孢对热抵抗力强，最适生长温度为35～40℃，最适产毒温度为35℃，生长pH范围：4.6～8.5；非蛋白分解菌(其余B、F和全部E)的芽孢对热抵抗力弱，最适生长温度为25～37℃，最适产毒温度为26℃，生长pH范围：5.0～8.5。

在固体培养基上，形成不规则直径约3 mm圆形菌落，菌落半透明，表面呈颗粒状，边缘不整齐，界限不明显，有向外扩散的现象，常扩展成菌苔。

在葡萄糖鲜血琼脂平板上，菌落较小、扁平、颗粒状、中央低隆、边缘不规则、带丝状或绒毛状菌落。开始较小，37℃培养3～4 d，可达5～10 mm，通常不易获得良好的菌落，因易于汇合在一起，有的菌落有大的β-溶血环。

在卵黄琼脂生长后，菌落及其周围培养基表面覆盖着特有的彩虹样(或珍珠层样)薄层，但G型没有。分解蛋白质的菌株(全部A及部分B、F)，菌落周围有透明环。

在含有肉渣的液体或半流动培养基中，肉毒梭菌生长旺盛而且产大量气体。A、B、F 3型表面浑浊，有粉状或颗粒状沉淀，并能消化肉块，变黑有臭味。而C、D、E 3型则表现清亮，絮片状生长，粘贴于管壁。

(三)生化特性

肉毒梭菌的生化性状很不规律，即使同种也常见到菌株间的差异(表5-24)。

表 5-24　各型肉毒梭菌的生化反应表

反应	A	B	C	D	E	F	G
葡萄糖发酵	+	+	+	+	+	+	−
麦芽糖发酵	+	+	(±)	(±)	(+)	+	−
乳糖发酵	−	−	−	(−)	−	−	−
蔗糖发酵	(±)	(±)	(±)	(±)	(±)	(±)	−
明胶液化	(+)	(+)	(±)	(±)	(±)	(+)	−
牛乳消化	+	(±)	−	−	−	(+)	−
靛基质产生	−	−	(−)	(−)	−	−	−

注：+阳性反应；−阴性反应；(+)多为阳性反应；(−)多为阴性反应；(±)视菌株而异。

肉毒梭菌能分解葡萄糖、麦芽糖及果糖，产酸产气，对其他糖的分解作用因菌株不同而异。能液化明胶，但菌株间有液化能力的差异。不能使硝酸盐还原。脂酶阳性。吲哚阴性。VP阴性。甲基红阳性。

四、肉毒毒素

肉毒梭菌致病的物质基础，是它产生的强烈外毒素——肉毒毒素，是目前所知的最强烈的细菌外毒素，比氰化钾毒 1 000 倍，致死量为每千克体重 0.1～5 μg。毒素基因由噬菌体基因编码，在生长晚期菌体裂解后才大量释放。一般在 pH 4.8 以下不产生肉毒毒素。在罐头食品中，pH＜6.0 时容易出现肉毒毒素。中毒食品 pH 一般在 7.2 以下。在植物性食品中比在动物性食品中产毒力更强一些。加盐量少时有利于肉毒梭菌产毒。

肉毒毒素作用于神经系统，引起运动神经麻痹而致病。肉毒梭菌食物中毒与肉毒梭菌及芽孢无直接关系，是肉毒毒素进入血循环后选择性地作用于运动神经与副交感神经，主要作用点是神经末梢，抑制神经传导介质乙酰胆碱的释放，因而引起肌肉运动障碍，发生软瘫。

人工感染细菌全培养物、细菌的滤液、含毒素的送检材料，均可使小白鼠或豚鼠发病死亡，兔、猫、犬的易感性较低。各型毒素只能由同型的抗毒素中和，无交叉免疫。其主要来源及致病性见表 5-25。

表 5-25　各型肉毒梭菌毒素的来源及其致病性

型别	毒素主要来源	主要易感动物	所致疾病	抗毒素
A	发酵食物、罐头食品	人、鸡、牛、马、水貂	人食物中毒，鸡软颈病，牛、马、水貂中毒	特异性
B	发酵食物、肉制品	人、马、牛、水貂、鸡	同上	特异性
C_α	灰绿蝇、蛆、池沼腐烂植物	水禽	禽类软颈病	可中和 C_α 和 C_β 毒素
C_β	含毒素饲料、腐尸	牛、羊、马、水貂	牛、羊、马、水貂中毒	可中和 C_α 和 C_β 毒素

续表 5-25

型别	毒素主要来源	主要易感动物	所致疾病	抗毒素
D	腐肉	牛	非洲牛跛病	特异性
E	生鱼、海生哺乳动物	人	食物中毒	特异性
F	发酵食物、肉品	人	食物中毒	特异性
G	—	—	食物中毒	特异性

五、抵抗力

肉毒梭菌在 45℃以上受抑制，加热至 80℃ 30 min 或 100℃ 10 min 即可被杀死。但其芽孢抵抗力强，煮沸需要 6 h，或 105℃ 2 h，110℃ 36 min，121℃ 5～10 min 才可将其灭活。加热 80℃ 30～60 min，胰酶，CO_2，重碳酸根可促其芽孢发芽。

肉毒毒素为一种蛋白质，通常以毒素分子和一种血细胞凝集素载体构成复合物形式存在。不同类型的毒素抵抗力不同，不被胃液或消化酶破坏，甚至某些类型的毒素可以被胰酶激活和加强（如 E 及部分 B、F 型）。一般在酸性条件稳定（pH 3～6 毒性不减弱），对碱敏感（pH>8.5 可破坏）。肉毒毒素不耐热，100℃ 10～20 min 可完全破坏。

毒素在干燥密封和阴暗的条件下可保存多年。毒素用甲醛处理后可制成类毒素。毒素及类毒素均有抗原性，注射于动物体内能产生抗毒素。

六、肉毒毒素中毒的预防措施

加强罐头食品、腊肠、火腿以及发酵豆、面制品的卫生监督，禁止出售与食用变质食品。对食品原料进行彻底的清洁处理，家庭制作发酵食品时还应彻底蒸煮原料，一般加热 100℃，10～20 min，以破坏各型肉毒毒素。

控制细菌产生毒素。低温贮藏食品，自制发酵酱类食品时，含盐量应达到 14%以上，提高发酵温度，并充分搅拌，使氧气供应充足。加工后的食品应迅速冷却并低温环境存放。

食用前加热。加热是破坏毒素，预防中毒发生的可靠措施。加强卫生安全教育，建议牧民改变肉类的贮藏方式或生吃肉类的饮食习惯。凡可疑中毒者虽未发病，也要用多价抗毒素血清注射 5 000～10 000 单位进行预防。

七、检验过程及原理

食品中肉毒梭菌及毒素检验具体程序依据 GB 4789.12—2016《食品安全国家标准 食品微生物学检验 肉毒梭菌及肉毒毒素检验》，采用小白鼠腹腔注射法（图 5-9）。

（一）检样制备

样品处理原则：肉毒毒素在偏酸溶液里，尤其是含明胶的溶液中比较稳定，因此，一般最好使用 pH 6.2～6.8 的明胶磷酸盐缓冲液作为稀释剂，如果没有条件，也可用生理盐水或肉汤代替，但要求 pH 偏低些。

E 型肉毒毒素在适宜条件下能被胰酶激活和加强，此处理可避免漏检。

液状检样可直接离心，固体或半流动检样须加适量（含水量较高的固态食品加入 25 mL，乳粉、牛肉干等含水量低的食品加入 50 mL）明胶磷酸盐缓冲液，浸泡 30 min，用拍击式均质器

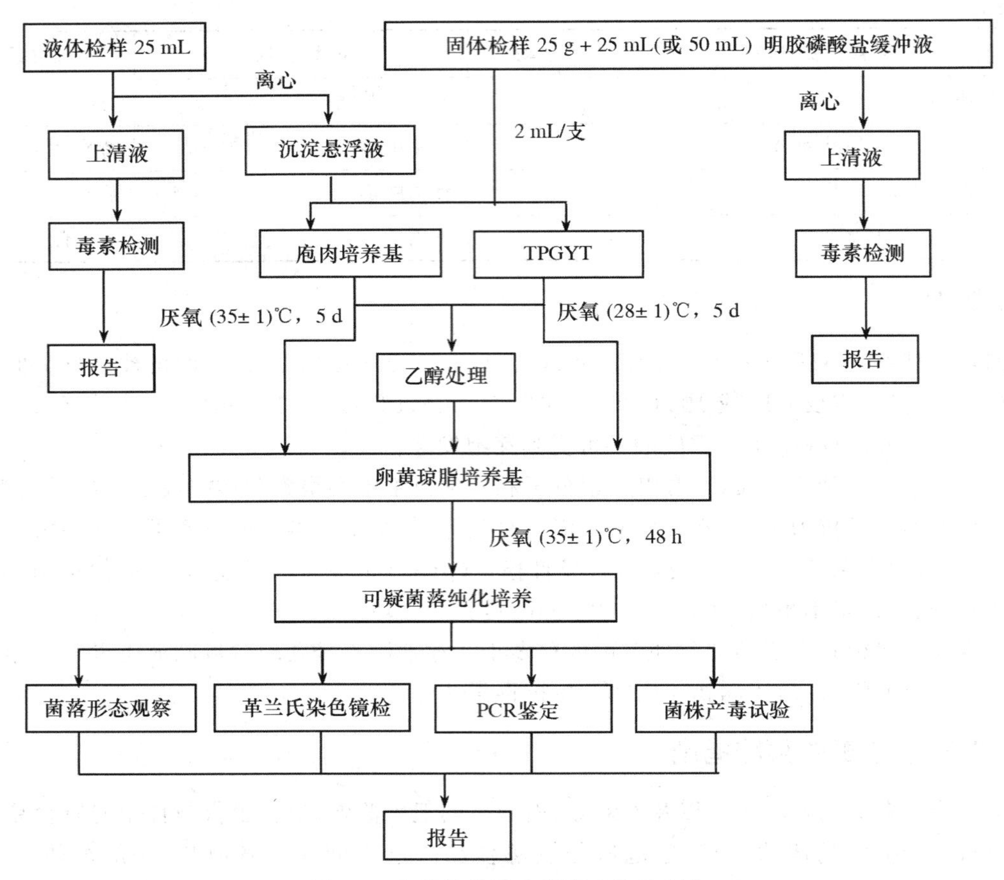

图 5-9　肉毒梭菌及肉毒毒素检验程序

拍打 2 min 或用无菌研杵研磨制备样品匀液，收集备用。

另取一部分上清液，用 1 mol/L 氢氧化钠或 1 mol/L 盐酸调节 pH 至 6.2，每 9 份加 10% 胰酶(活力 1:250)水溶液 1 份。混匀，不断轻轻搅动，37℃孵育 60 min，进行检测。

(二)肉毒毒素的检测

1. 检出试验

采用小白鼠腹腔注射法。取上述离心上清液及其胰酶激活处理液分别用 5 号针头注射器注射小白鼠 3 只，每只 0.5 mL，观察和记录小鼠 48 h 内的中毒表现。典型肉毒毒素中毒症状多在 24 h 内出现，通常在 6 h 内发病和死亡。主要症状为竖毛、四肢瘫软、呼吸困难、呼吸呈风箱式、腰部凹陷宛若蜂腰，多因呼吸衰竭而死亡。若小鼠在 24 h 后发病或死亡，应仔细观察小鼠症状，必要时浓缩上清液重复试验，以排除肉毒毒素中毒。若小鼠出现猝死(30 min 内)导致症状不明显时，应将毒素上清液进行适当稀释，重复试验。

注：毒素检测动物试验应遵循 GB 15193.2《食品安全国家标准 食品毒理学实验室操作规范》的规定。

2. 确证试验

不论上清液或其胰蛋白酶激活处理液，凡能致小鼠发病、死亡者，取相应试样分成 3 份进行试验，第 1 份加等量多型混合肉毒毒素诊断血清，混匀，37℃孵育 30 min；第 2 份加等量明胶磷酸盐缓冲液，混匀后煮沸 10 min；第 3 份加等量明胶磷酸盐缓冲液。混匀即可，不做其他处理。3 份混合液分别注射小白鼠各两只，每只 0.5 mL，观察 96 h 内小鼠的中毒和死亡情况。

若注射加诊断血清与煮沸加热的 2 份混合液的小白鼠均获保护存活，而唯有注射未经其他处理的混合液的小白鼠以特有的症状死亡，则可判定检样中有肉毒毒素存在，必要时要进行毒力测定及定型试验。

3. 毒力测定（选做项目）

取已判定含有肉毒毒素的检样离心上清液，用明胶磷酸盐缓冲液做成 10 倍、50 倍、100 倍、500 倍的稀释液，分别注射小白鼠各 2 只，每只 0.5 mL，观察和记录小鼠发病与死亡情况至 96 h。根据动物死亡情况，计算检样所含肉毒毒素的大体毒力（MLD/mL 或 MLD/g），即最低致死剂量。例如：10 倍、50 倍及 100 倍稀释致动物全部死亡，而注射 500 倍稀释液的动物全部存活，则可大体判定检样上清液所含毒素的毒力为 200～1 000 MLD/mL（假设检样制备液为 2 倍稀释）。

4. 定型试验（选做项目）

按毒力测定结果，用明胶磷酸盐缓冲液将检样上清液稀释至所含毒素的毒力大体在 10～1 000 MLD/mL 的范围，分别与各单型肉毒毒素诊断血清等量混匀，37℃孵育 30 min，分别腹腔注射小鼠 2 只，每只 0.5 mL，观察 96 h。同时以明胶磷酸盐缓冲液代替诊断血清，与试验液混合作为对照。能保护动物免于发病、死亡的诊断血清型即为检样所含肉毒毒素的型别。

注 1：未经胰蛋白酶激活处理的检样的毒素检出试验或确证试验若为阳性结果，则胰蛋白酶激活处理液可省略毒力测定及定型试验。

注 2：为争取时间尽快得出结果，毒素检测的各项试验也可同时进行。

注 3：根据具体条件和可能性，定型试验可酌情先省略 C、D、F 及 G 型。

注 4：进行确证及定型等中和试验时，检样的稀释应参照所用肉毒诊断血清的效价。

注 5：试验动物的观察可按阳性结果的出现随时结束，以缩短观察时间；唯有出现阴性结果时，应保留充分的观察时间。

（三）肉毒梭菌检验

1. 增菌与检出试验

做增菌产毒培养。取出庖肉培养基 4 支和 TPGY 肉汤管 2 支，隔水煮沸 10～15 mim，排除溶解氧，迅速冷却，切勿摇动，在 TPGY 肉汤管中缓慢加入胰蛋白酶液至液体石蜡液面下肉汤中，每支 1 mL，制备成 TPGYT。

吸取样品匀液或毒素制备过程中的离心沉淀悬浮液 2 mL 接种至庖肉培养基中，每份样品接种 4 支，2 支直接放置（35±1）℃厌氧培养至 5 d，另 2 支 80℃保温 10 min，再放置（35±1）℃厌氧培养至 5 d；同样方法接种 2 支 TPGYT 肉汤管，（28±1）℃厌氧培养至 5 d。

注：接种时，用无菌吸管轻轻吸取样品匀液或离心沉淀悬浮液，将吸管口小心插入肉汤管底部，缓缓放出样液至肉汤中，切勿搅动或吹气。

检验中 80℃处理 10 min 接种的庖肉培养基是为了杀灭检样中某些产生非特异致死物质的杂菌，以减少动物试验中产生的“非特异死亡”。热处理还可以刺激芽孢发芽。TPGYT 肉汤用于 E 型肉毒梭菌增菌。

以上接种物若无生长，可再培养至 10 d。培养到期，若有生长，取培养液离心，以其上清液

进行毒素检测试验。TPGYT 增菌液的毒素试验无须添加胰蛋白酶处理。

同时检查记录增菌培养物的浊度、产气、肉渣颗粒消化情况，并注意气味。肉毒梭菌培养物为产气、肉汤浑浊(庖肉培养基中 A 型和 B 型肉毒梭菌肉汤变黑)、消化或不消化肉粒、有异臭味。取增菌培养物进行革兰氏染色镜检，观察菌体形态，注意是否有芽孢。肉毒梭菌菌体形态为革兰氏阳性粗大杆菌、芽孢卵圆形、大于菌体、位于次末端，菌体呈网球拍状。

2. 分离与纯化培养

吸取 1 mL 增菌液至无菌螺旋帽试管中，加入等体积过滤除菌的无水乙醇，混匀，在室温下放置 1 h。取增菌培养物和经乙醇处理的增菌液分别划线接种至卵黄琼脂平板，(35±1)℃厌氧培养 48 h。

观察平板培养物菌落形态，肉毒梭菌菌落隆起或扁平、光滑或粗糙，易成蔓延生长，边缘不规则，在菌落周围形成乳色沉淀晕圈(E 型较宽，A 和 B 型较窄)在斜视光下观察，菌落表面呈现珍珠样虹彩，这种光泽区可随蔓延生长扩散到不规则边缘区外的晕圈。根据菌落形态及菌体形态挑取可疑菌落，接种庖肉培养基，于 30℃培养 5 d，进行毒素检测及培养特性检查确证试验。

3. 鉴定试验

可通过染色镜检、毒素基因检测和产毒试验进行确证。

(四)结果报告

①根据毒素检出和确证试验结果，报告 25 g(mL)样品中检出或未检出肉毒毒素。②根据毒素定型试验结果，报告 25 g(mL)样品中检出某型肉毒毒素。③根据肉毒梭菌检验各项试验结果，报告样品中检出或未检出肉毒梭菌或检出某型肉毒梭菌。

第十一节　食品中单核细胞增生李斯特菌及检验

单核细胞增生李斯特菌(*Listeria monocytogenes*)是一种人畜共患病的病原菌。1981 年加拿大由食用卷心菜引起的一次食物中毒暴发流行后，首次明确了该菌是食源性病原菌。它能引起人畜的李氏杆菌病，人畜感染后主要表现为脑膜炎、心内膜炎、死胎、败血症和单核细胞增多。食品中存在该菌对人类的安全有潜在的危险，本菌在 4℃的环境中仍可生长繁殖，是冷藏食品威胁人类健康的主要病原菌之一，因此，在食品卫生微生物检验工作中必须加以重视。

一、种类

本菌属于李斯特菌科李斯特菌属。目前国际上公认的李斯特菌共有 6 种，分别是单核细胞增生李斯特菌(*L. monocytogenes*, LM)(亦称产单核细胞李斯特菌或李氏杆菌)、伊氏李斯特菌(*L. ivanovii*)(亦称绵羊李斯特菌)、斯氏李斯特菌(*L. seeligeri*)、英诺克李斯特菌(*L. innocua*)(亦称无害李斯特菌)、威氏李斯特菌(*L. welshimeri*)、格氏李斯特菌(*L. grayi*)。产单核细胞李斯特菌(LM)是引起动物和人类疾病的主要致病菌，伊氏李斯特菌对动物也有致病性。

二、流行病学特点

春季可发病，多发生在夏秋季节。产单核细胞李斯特菌广泛分布于自然界中土壤、地表水、污水、废水、植物、青储饲料中，在环境中它是一种腐生菌，以死亡的和正在腐烂的有机物为食。部分正常健康人体也可带菌，健康人粪便中单核细胞增生李斯特菌携带率为0.6%～16%，有70%的人可短期带菌。李氏杆菌病人、健康带菌者是可能的主要传染源。大多数食品是该病菌的主要载体，奶及奶制品、肉类制品、水产品、海产品、蔬菜及水果等都已被证实是李氏杆菌的感染源。其中以奶及奶制品最多见，特别是在冰箱中保存时间过长的奶制品、肉制品。发病原因主要是食品未经煮熟、煮透，冰箱内冷藏的熟食品、奶制品取出后直接食用。占85%～90%的病例是由被污染的食品引起的。也可通过眼及破损皮肤、黏膜进入人体内而引起感染，孕妇感染后可通过胎盘或产道感染胎儿或新生儿，栖居于阴道、子宫颈的该菌也引起感染。

李斯特菌病临床症状可分为腹泻型、侵袭型两类。腹泻型病人进食被李氏杆菌污染的食物后，一般潜伏期在8～24 h，主要症状为恶心、呕吐、腹泻。侵袭型病人感染后2～6周出现症状。初期常为胃肠炎症状，以后可出现败血症、脑膜炎、脑脊膜炎、发热等，也可出现心内膜炎，患脑膜炎的病人多数伴有败血症。孕妇出现流产、死胎。新生儿表现为呼吸急促、呕吐、出血性皮疹、化脓性结膜炎、发热、抽搐、昏迷等。除老幼体弱者外，一般很快恢复。累及脑干出现神经精神症状者预后较差。孕妇、新生儿、免疫系统有缺陷的人易发病。临床死亡率高达20%～70%，一般达30%。

三、生物学特性

（一）形态和染色

革兰氏阳性，老龄时呈革兰氏阴性，无芽孢，一般不形成荚膜，但在含血清的葡萄糖蛋白胨水中可形成黏多糖荚膜。兼性厌氧短杆菌(0.4～0.5) μm×(0.5～2.0) μm。多数菌体一端较大，似棒状，常呈V字形排列。一般有4根周生鞭毛，但周毛易脱落。动力观察最适合的温度为22～25℃，37℃时运动消失。

（二）培养特性

为兼性厌氧。pH在中性至弱碱性，氧分压略低，二氧化碳分压略高时生长良好，高浓度的CO_2(80%)能抑制其生长。最适生长温度为30～37℃。

本菌营养要求不高，在含有肝浸汁、腹水、血液、血清或葡萄糖培养基中生长良好。菌落初期极小，水滴样，经37℃数天培养后直径可达2 mm，初期菌落光滑、透明，后变灰暗。血平板上的菌落有较窄的β-型溶血环。在0.6%酵母浸膏胰酪大豆琼脂(TSA-YE)和改良Mc Bride (MMA)琼脂上，用45°角入射光照射菌落，通过解剖镜垂直观察，菌落呈蓝色、灰色或蓝灰色。

在25℃肉汤培养液中运动活泼，用生理盐水制成菌悬液，在油镜或相差显微镜下观察，该菌出现轻微旋转或翻滚样运动。37℃时生长最快，但动力消失。肉汤培养基中呈均匀浑浊，有颗粒状沉淀，不形成菌环及菌膜。在半固体培养基上，沿穿刺线弥散生长，距琼脂表面数毫米处出现伞形生长区。

（三）生化特性

能利用麦芽糖、葡萄糖酸盐、鼠李糖、水杨苷、乳糖、蔗糖迟缓发酵。糖发酵终产物以乳酸为主，不产气，有氧时产生乳酸、丙酮酸、乙偶姻（三羟基丁酮）等终产物。不能利用木糖、甘露醇。硝酸盐还原阴性。水解马尿酸盐。触酶阳性，氧化酶阴性。甲基红阳性，VP 反应阳性。不利用外源的柠檬酸盐。吲哚阴性。尿素酶阴性。不水解明胶、干酪、牛奶。

具体生化特性见表 5-26。

表 5-26 单核细胞增生李斯特菌生化特性与其他李斯特菌的区别

项目 菌种	溶血反应	葡萄糖	麦芽糖	MR/VP	甘露醇	鼠李糖	木糖	七叶苷
单核细胞增生性李斯特菌	+	+	+	+/+	−	+	−	+
伊氏李斯特菌	+	+	+	+/+	−	−	+	+
斯氏李斯特菌	+	+	+	+/+	−	−	+	+
英诺克李斯特菌	−	+	+	+/+	−	V	−	+
威氏李斯特菌	−	+	+	+/+	−	V	+	+
格氏李斯特菌	−	+	+	+/+	+	−	−	+
注：+阳性；−阴性；V 反应不确定。								

（四）抗原结构

单核细胞增生李斯特菌由 12 种菌体抗原、4 种鞭毛抗原组合成 13 种血清型。对人都有致病作用，对人致病者一般为 1/2a、1/2b、4b。李斯特菌抗原见表 5-27。

表 5-27 李斯特菌抗原

	O 抗原	H 抗原		O 抗原	H 抗原
1/2a	Ⅰ、Ⅱ、(Ⅲ)	A、B	4ab	(Ⅲ)、Ⅴ、Ⅵ、Ⅶ、Ⅸ、Ⅹ	A、B、C
1/2b	Ⅰ、Ⅱ、(Ⅲ)	A、B、C	4b	(Ⅲ)、Ⅴ、Ⅶ	A、B、C
1/2c	Ⅰ、Ⅱ、(Ⅲ)	B、D	4c	(Ⅲ)、Ⅴ、Ⅵ、Ⅷ	A、B、C
3a	Ⅱ、(Ⅲ)、Ⅳ	A、B	4e	(Ⅲ)、Ⅴ、Ⅵ、(Ⅷ)、(Ⅸ)	A、B、C
3b	Ⅱ、(Ⅲ)、Ⅳ、(Ⅻ)、(XⅢ)	A、B、C	7	(Ⅲ)、Ⅻ、XⅢ	A、B、C
3c	Ⅱ、(Ⅲ)、Ⅳ、(Ⅻ)、(XⅢ)	B、D	4b(x)	(Ⅲ)、Ⅴ、Ⅵ、Ⅶ(为异常 4b)	A、B、C
4a	(Ⅲ)、(Ⅴ)、Ⅶ、Ⅸ	A、B、C			

本菌抗原结构与毒力无关，且本菌与葡萄球菌、链球菌、肺炎球菌等多数革兰氏阳性菌和大肠杆菌有共同抗原，故血清学诊断无意义。

四、抵抗力

该菌对冷冻、干燥、碱、盐和理化因素抵抗力强。不易被冻融，在−20℃可存活 1 年。分布在土壤、粪便、青储饲料和干草中，所以动物很容易食入该菌，并通过粪-口途径传播。在 4～45℃均可生长，该菌嗜冷不嗜热，4℃低温生长是该菌的特点。60～70℃经 5～20 min 或 72℃持续 2 min 可杀死。对碱和盐的抵抗力强，在 pH 9.6 中仍能生长，在 pH 5.6 时仅可存活 2～

3 d。在10%的氯化钠溶液至更高盐浓度下存活甚至生长。

一般的消毒剂都易使之灭活。70%乙醇5 min;2.5%苯酚、2.5%氢氧化钠、2.5%甲醛20 min可杀死;对青霉素、氨苄西林、四环素、磺胺均敏感。

五、致病力

李氏杆菌进入人体后是否发病,与该菌的毒力和宿主年龄、免疫状态有关。因为本菌是一种细胞内寄生菌,宿主对它的清除主要靠细胞免疫功能。因此李氏杆菌病主要见于孕妇、新生儿、免疫系统有缺陷的人群。

主要毒力机理如下:

①寄生物介导的细胞内增生,使其附着及进入肠细胞与巨噬细胞。产生两种磷脂酶C,协助细菌的细胞内复制;内化素介导细菌侵入无吞噬能力的上皮细胞,表面蛋白SP104对于肠道细胞的黏附非常重要;P60蛋白对于LM的吞噬细胞溶解作用以及对机体的感染过程是一个重要的因素,是主要的免疫原性抗原;ActA使得LM在宿主细胞间能够扩散;PrfA蛋白是李斯特菌的毒力调节蛋白。②抗活化的巨噬细胞,单核细胞增生性李斯特菌有细菌性过氧化物歧化酶,使它能抗活化巨噬细胞内的过氧物(为杀菌的毒性游离基团)分解。③溶血素是一个多功能的毒力因子,对于LM的毒力和细胞内的定居是必不可少的。有α和β两种,α-溶血素介导细胞溶解,还可通过抑制巨噬细胞抗原递呈而建立感染。β-溶血素与该菌在细胞内生存和繁殖有关。

六、李氏杆菌病的预防措施

加强食品(特别是奶及奶制品)的卫生监督管理,提高公众在食品存储和加工方面的卫生知识水平和对该菌致病性的认识,是预防李斯特菌污染食品及预防、治疗李斯特菌病的有效手段。

在食品加工中,中心温度必须达到70℃持续2 min以上。单增李斯特菌在自然界中广泛存在,所以即使产品已经过热加工处理充分灭活了单增李斯特菌,但有可能造成产品的二次污染,因此食用前要彻底加热,防止二次污染是极为重要的。

由于单增李斯特菌在4℃下仍然能生长繁殖,所以未加热的冰箱食品增加了食物中毒的危险。冰箱冷藏保存的食品,存放时间不宜超过1周;需加热后再食用,如果是生鱼片之类的海鲜,专业酒店要求存放于−40℃左右的大型冰柜,以确保杀灭寄生虫及防止病菌感染。

七、检验过程及原理

食品中单核细胞增生李斯特菌检验具体程序依据GB 4789.30—2016《食品安全国家标准 食品微生物学检验单核细胞增生性李斯特菌检验》。

标准中规定第一法适用于食品中单核细胞增生李斯特菌的定性检验;第二法适用于单核细胞增生李斯特菌含量较高的食品中单核细胞增生李斯特菌的计数;第三法适用于单核细胞增生李斯特菌含量较低(<100 CFU/g)而杂菌含量较高的食品中单核细胞增生李斯特菌的计数,特别是牛奶、水以及含干扰菌落计数的颗粒物质的食品。以第一法为例介绍单核细胞增生李斯特菌检验的流程及原理(图5-10)。

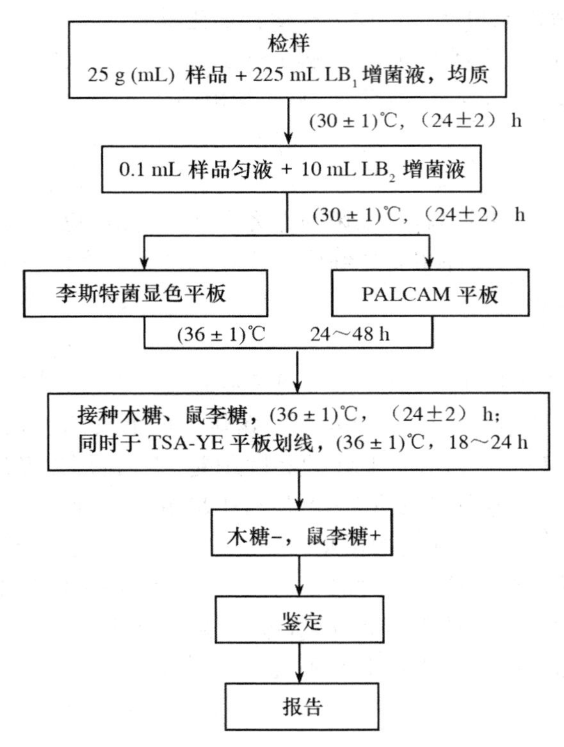

图 5-10 单核细胞增生李斯特菌定性检验程序

(一)增菌

以无菌操作取样品 25 g(mL)加入含有 225 mL LB_1 增菌液的均质袋中，在拍击式均质器上连续均质 1～2 min，或放入盛有 225 mL LB_1 增菌液的均质杯中，以 8 000～10 000 r/min 均质 1～2 min。于(30±1)℃培养(24±2) h，移取 0.1 mL，转种于 10 mL LB_2 增菌液内，于(30±1)℃培养(24±2) h。

产单核细胞增生李斯特菌增菌液一般考虑加葡萄糖、酵母膏、蛋黄、提高渗透压的试剂(甘氨酸等)、二价阳离子(铁、钙)、*L*-胱氨酸、丙酮酸钠(或触酶)。经实验证明苯乙醇、吖啶黄、多黏菌素-吖啶黄、氯化钠对热受伤和其他受伤菌的恢复生长有抑制作用。

LB_1 和 LB_2 增菌液中用萘啶酮酸抑制革兰氏阴性菌，用吖啶黄抑制革兰氏阳性球菌和乳杆菌属等部分革兰氏阳性杆菌。以七叶苷为碳源，可竞争抑制乳杆菌属、肠球菌属和假单胞菌属细菌，但也有的假单胞菌能利用七叶苷。

(二)分离

取 LB_2 二次增菌液划线接种于李斯特菌显色平板和 PALCAM 琼脂平板，于(36±1)℃培养 24～48 h，观察各个平板上生长的菌落。典型菌落在 PALCAM 琼脂平板上为小的圆形灰绿色菌落，周围有棕黑色水解圈，有些菌落有黑色凹陷；在李斯特菌显色平板上的菌落特征，参照产品说明书进行判定。

在选择平板上生长的其他种类可能有革兰氏阳性球菌(如肠球菌、葡萄球菌、微球菌、链球菌、棒杆菌、索丝菌、芽孢杆菌等属的部分种)，个别假单胞菌(如荧光假单胞菌)和个别肠道杆菌(如大肠杆菌、肠杆菌、肺炎克雷伯氏菌、沙门氏菌、副溶血性弧菌等)。通过在选择培养基中联合使用盐酸吖啶黄、多黏菌素 B 和头孢他啶(复达欣)可以获得较好的抑制杂菌的效果。盐酸吖啶黄主要抑制革兰氏阳性球菌;多黏菌素抑制假单胞菌和大多数肠杆菌科的革兰氏阴性菌;头孢类抗生素可抑制多粘菌素不能抑制的肠杆菌科其他细菌和大多数革兰氏阳性菌。

分离培养基的鉴别原理主要是基于李斯特菌具有 *β-D*-葡萄糖苷酶的活性,能水解培养基中的七叶苷,生成葡萄糖和七叶素,七叶素与培养基中的柠檬酸铁铵试剂的二价铁离子反应生成黑色化合物沉淀,使菌落为棕褐色,并使培养基带有褐色晕圈。但所有的李斯特菌都能发生这种反应。分解甘露醇产酸的其他菌落显黄色(酚红指示剂)。

(三)初筛

自选择性琼脂平板上分别挑取 3～5 个典型或可疑菌落,分别接种木糖、鼠李糖发酵管,于(36±1)℃培养(24±2) h,同时在 TSA-YE 平板上划线,于(36±1)℃培养 18～24 h,然后选择木糖阴性、鼠李糖阳性的纯培养物继续进行鉴定。

(四)鉴定(或选择生化鉴定试剂盒或全自动微生物鉴定系统等)

1. 染色镜检

李斯特菌为革兰氏阳性短杆菌,大小为(0.4～0.5)μm×(0.5～2.0)μm;用生理盐水制成菌悬液,在油镜或相差显微镜下观察,该菌出现轻微旋转或翻滚样的运动。

2. 动力试验

挑取纯培养的单个可疑菌落穿刺半固体或 SIM 动力培养基,于 25～30℃培养 48 h,李斯特菌有动力,在半固体或 SIM 培养基上方呈伞状生长,如伞状生长不明显,可继续培养 5 d,再观察结果。

通过染色镜检排除球菌、芽孢杆菌和个别革兰氏阴性杆菌。另一个非常重要的特征为菌落颜色——荧光浅蓝色(有的食品中也有扁平、干燥、边缘不整齐的菌落)。其余试验用于属内种的鉴定。

3. 生化鉴定

挑取纯培养的单个可疑菌落进行过氧化氢酶试验,过氧化氢酶阳性反应的菌落继续进行糖发酵试验和 MR-VP 试验。单核细胞增生李斯特菌的主要生化特征见表 5-26。

4. 溶血试验

将新鲜的羊血琼脂平板底面划分为 20～25 个小格,挑取纯培养的单个可疑菌落刺种到血平板上,每格刺种 1 个菌落,并刺种阳性对照菌(单增李斯特菌、伊氏李斯特菌和斯氏李斯特菌)和阴性对照菌(英诺克李斯特菌),穿刺时尽量接近底部,但不要触到底面,同时避免琼脂破裂,(36±1)℃培养 24～48 h,于明亮处观察,单增李斯特菌呈现狭窄、清晰、明亮的溶血圈,伊氏李斯特菌产生宽的、轮廓清晰的 *β*-血区域,斯氏李斯特菌在刺种点周围产生弱的透明溶血圈,英诺克李斯特菌无溶血圈,若结果不明显,可置 4℃冰箱 24～48 h 再观察。

注:也可用划线接种法。

5. 协同溶血试验 cAMP(可选项目)

在羊血琼脂平板上平行划线接种金黄色葡萄球菌和马红球菌,挑取纯培养的单个可疑菌落垂直划线接种于平行线之间,垂直线两端不要触及平行线,距离 1～2 mm,同时接种单核细胞增生李斯特菌、伊氏李斯特菌、斯氏李斯特菌和英诺克李斯特菌,于(36±1)℃培养 24～48 h。单核细胞增生李斯特菌在靠近金黄色葡萄球菌处出现约 2 mm 的 *β*-溶血增强区域,斯氏李斯特菌也出现微弱的溶血增强区域，伊氏李斯特菌在靠近马红球菌处出现5～10 mm的“箭头状”β-溶血增强区域，英诺克李斯特菌不产生溶血现象。若结果不明显，可置4℃冰箱24～48 h再观察。

注：5%～8%的单核细胞增生李斯特菌在马红球菌一端有溶血增强现象。

6. cAMP试验

1944年Christis、Atkin、Munch、Peterson首先描述这种现象，以其名字首字母命名，有的细菌产生一种胞外多肽物质——CAMP因子，能增强β-溶血毒素溶解红细胞的活性，因此在产生CAMP因子的菌落和产生β-溶血毒素的菌落搭界处溶血圈变大。单核细胞增生性李斯特菌能产生CAMP因子，B群链球菌也能产生CAMP因子。该试验除能区分细菌溶血与否外，还能区分溶血的不同李斯特菌。为便于观察试验现象，铺血平板时要薄，培养时间适当延长。单核细胞增生李斯特菌和斯氏李斯特菌的协同溶血试验反应类似，即与金黄色葡萄球菌的反应阳性，与马红球菌的反应阴性(图5-11)。

马红球菌(*Rhodococcus equi*)，原称为马棒状杆菌，该菌为马、猪、牛等动物的致病菌，引起人类致病极为罕见。马红球菌革兰氏阳性卵圆形短杆菌，血平板上菌落呈橙红色，没有溶血性。生化反应不活泼，不能发酵任何糖、醇类，触酶呈阳性反应为其主要鉴定要点，cAMP试验阳性。

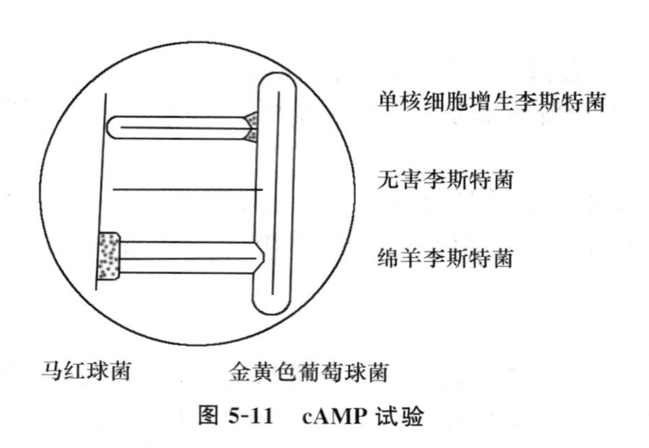

图5-11 cAMP试验

(四)小鼠毒力试验(可选项目)

将符合上述特性的纯培养物接种于TSB-YE中，于(36±1)℃培养24 h，4 000 r/min离心5 min，弃上清液，用无菌生理盐水制备成浓度为10^{10} CFU/mL的菌悬液，取此菌悬液对3～5只小鼠进行腹腔注射，每只0.5 mL，同时观察小鼠死亡情况。接种致病株的小鼠于2～5 d内死亡。试验设单增李斯特菌致病株和灭菌生理盐水对照组。单核细胞增生李斯特菌、伊氏李斯特菌对小鼠有致病性。

(五)结果与报告

综合以上生化试验和溶血试验的结果，报告25 g(mL)样品中检出或未检出单核细胞增生李斯特菌。

思考题

1. 细菌对刺激的应答有什么特点？可能的机制有哪些？

2. 什么是渗透保护剂,细菌对渗透保护剂的选择性如何？检验中有何应用？
3. 致病菌分离的原则是什么？
4. 在进行沙门氏菌检验时为什么进行前增菌和增菌？
5. 沙门氏菌检验有哪些基本步骤？如何提高其检出率？
6. 志贺氏菌的鉴别或检验原则是什么？
7. 金黄色葡萄球菌在B-P平板上的特征菌落怎样？为什么？
8. 复述血浆凝固酶试验原理及步骤。
9. 肉毒毒素检测如何进行检样的制备,叙述肉毒毒素的检验方法及步骤。
10. 副溶血性弧菌对环境抵抗力如何？其在TCBS平板上的特征菌落怎样？
11. 什么是神奈川现象？
12. 检验溶血性链球菌的意义及主要检验指标是什么？
13. 介绍单核细胞增生李斯特菌污染食品的危害。

第六章

食品中常见病毒性病原微生物及检验

学习目标

1. 熟悉常见食源性病毒的生物学特性及致病机制。
2. 掌握常见食源性病毒的流行病学特点和疾病预防措施。
3. 掌握常见食源性病毒的检验方法。

急性肠胃炎是一类重要的食源性疾病，其中病毒性急性肠胃炎是影响食品安全与公共卫生安全的主要问题之一。食源性病毒是对以食物作为传播载体，导致人类发生疾病的一类病毒的通称，主要包括轮状病毒、诺如病毒、肠道病毒、甲型肝炎病毒等。食源性病毒感染剂量一般都很低，甚至 1 个病毒粒子就可引起感染致病；病毒在离体条件下存活力也很强，对各种理化因子有较强抵抗力，耐乙醚和弱酸，氯仿、反复冻融、超声波等处理都难以使病毒失活；病毒的基因序列变异较大，存在多种血清型。世界卫生组织预测，随着现代人口流动的增加以及国际贸易和物流的快速发展，食源性病毒的传播率可能会逐步升高。

长期以来，人们对食品中病毒的发生情况了解远比细菌和真菌少，原因可能有：第一是病毒作为纳米级的非细胞型生物，不能像细菌、霉菌那样在食品上生长繁殖；第二是病毒在食品中污染的数量一般较少，不易被提取分离，现有方法回收率很难超过 50%；第三是病毒难以培养甚至不能培养，如诺如病毒；第四是病毒从感染到发病的潜伏期一般较长，原因分析和溯源困难。尽管如此，食品污染食源性病毒造成的安全风险，日益受到人们的关注。

食源性病毒主要通过粪-口途径传播，食用被污染的食品、水、含病毒的排泄物和呕吐物均可导致感染。牡蛎等贝类水产品是食源性病毒主要的传播载体，每年都有因食用贝类水产品而引起病毒性急性胃肠炎的报道。这是因为贝类生活在近海、河口等地，水体易受到人类生活污水的污染，加之贝类滤食性的特点，使得贝类对食源性病毒有很强的富集作用，富集的病毒浓度甚至可以达到其周围养殖水体中病毒浓度的数百倍。尽管不能在受污染的贝类体内繁殖，但病毒可以在其消化道中存活数周甚至更长时间，且对热、消毒、pH 有较强的抵抗力；此外，消费者为了追求贝类的鲜味与口感，常常生食或轻微烹饪食用，没有起到杀灭病毒作用，从而可能引发病毒性食品安全公共卫生事件。据估测，美国有 32%～42%的病毒性腹泻是经由食物污染导致。食源性病毒腹泻典型特征是：经过 24～36 h 潜伏期后，急性发作，持续数天呕吐和(或)腹泻，体温一般正常或发热不明显。

近年来，受污染的水体、食物和环境有增加趋势，食源性病毒疾病的发生在世界范围内报道逐渐增多，反映了以食物为载体的食源性病毒构成食品安全的重大隐患。据近年统计，中、美两国由微生物引起的食源性疾病占食源性疾病总数的 50%左右，这其中不明因素引起的食源性疾病约 40%。进一步的研究表明，这些不明因素大多数可能为病毒污染所致。食源性病毒造成的社会及医疗成本目前还没有全面而准确的数据，漏报率可能在 90%以上，可以看出食源性病毒带来的严重危害和重大经济损失。据报道，美国每年食源性病毒造成约 7 900 万例感染，其中 32 万例住院治疗，5 000 例死亡，每年造成 50 多亿美元的损失。2006—2007 年，英国暴发诺如病毒疫情，造成约 2.34 亿英镑的损失。在我国，每年由于食源性病毒感染导致的急性病毒性胃肠炎患者数千万例，造成严重的生命安全危害和经济损失。

第一节　轮状病毒及其检验

轮状病毒(Rotavirus，RV)是引起婴幼儿及其他动物非细菌性腹泻最重要的病原体，5 岁以下的儿童每人至少感染过 1 次该病毒，全世界因急性腹泻入院的儿童中约 60%由轮状病毒感染引起。我国儿童感染率和住院率分别为 50%～65%和 28%～30%，造成一系列的社会负担和经济损失。

一、轮状病毒生物学特性

(一)轮状病毒结构与病毒多样性

轮状病毒属于呼肠病毒科(Reoviridae)轮状病毒属,1973 年自腹泻患儿粪便中首次通过电镜观察到,因形似车轮而得名。轮状病毒属人畜共患病原体,除人类以外,哺乳动物包括家畜的猪、牛、马,野生动物中的猴、鼠、蝙蝠以及家禽和鸟类均可感染。

轮状病毒的基因组由 11 段不连续的双链 RNA(dsRNA)组成,全长 18 500 bp,呈二十面体对称,无包膜,直径约 75 nm。电子显微镜下观察,轮状病毒似带有短纤突且外缘光滑近似轮状的粒子,包含外层、内层和核心 3 层结构。具有感染性的完整病毒应有 3 层衣壳(triple-layered particle, TLP)蛋白,从内而外分别由 VP2(核心衣壳蛋白)、VP6(中层衣壳蛋白)及 VP7 与 VP4(外层衣壳蛋白)构成。轮状病毒核酸被 VP1(RNA 依赖性 RNA 聚合酶)和 VP3(加帽酶)包裹并包含在 VP2 形成的衣壳内,构成核心颗粒。轮状病毒的基因编码 6 种结构蛋白(VP1～4,VP6～7)和 6 种非结构蛋白(NSP1～6),其基因组除 11 号片段外,其他片段都是单顺反子,11 号片段基因编码两种蛋白质(NSP5 和 NSP6),长度分别为 667 bp 和 3 302 bp(图 6-1A)。轮状病毒结构蛋白根据分子量大小命名,最大的 VP1 蛋白 125 ku,最小的 VP8 蛋白(VP4 水解产生) 28 ku,6 种结构蛋白构成成熟轮状病毒的 3 层衣壳结构。轮状病毒的非结构蛋白通常在感染细胞浆内合成,在病毒复制周期中发挥作用,如 NSP1 可与宿主蛋白相互作用从而影响病理反应和宿主抗病毒免疫反应,NSP4 可作为肠毒素引起腹泻,NSP3 可促进肠道外感染。

外层蛋白 VP7 与棘突蛋白 VP4 构成病毒外衣壳,是重要的血清特异性抗原。目前,根据 VP7(糖蛋白或 G-抗原)与 VP4(蛋白酶敏感蛋白或 P-抗原)进行血清型和基因型分类是轮状病毒常用的分型方法,VP7 的基因型和血清型鉴定一致,均可用 G 表示;而 VP4 血清型较基因型难以鉴定,常用 P 代表血清型、P[ ]代表基因型。因此,轮状病毒分型常用基因型(GxP[x])表示。此外,VP6 也是重要的亚型特异性抗原,具有高度保守性,常称之为群抗原或诊断抗原,根据其抗原性的不同,轮状病毒可分为 8 组(A～H)。A、B 和 C 3 组在人与动物中都流行,而其他组仅在动物中发现。A 组轮状病毒(RVA)被认为是引起人新生儿严重肠炎和腹泻的病原体,B 组轮状病毒(RVB)可引起成年人腹泻,曾在我国暴发流行,C 组轮状病毒(RVC)不引起大规模流行,临床病例较分散(图 6-1)。

(二)轮状病毒基因组及编码蛋白的功能

轮状病毒毒力相关基因。已知野生型轮状病毒毒株在体外细胞系连续传代会导致毒力丢失,而将适应了体外培养的毒株返回宿主体内可以重新获得毒力,将野生型病毒在细胞系上连续传代以获得减毒株的方法广泛应用于疫苗制备。目前世界范围内包括轮状病毒疫苗在内的多种减毒活疫苗(麻疹、风疹、腮腺炎、黄热病等)都是基于病毒在体外培养毒力减弱的理论制备的,虽然轮状病毒疫苗已使用多年,但有关毒力的衰减机制未完全清楚。

已有的研究认为,VP4、VP7 和 NSP4 是诱导腹泻和病毒复制与播散密切相关的因素。VP4 作为一种血凝素抗原,除与易感细胞表面受体识别外,还可使宿主的红细胞发生凝集,参与对宿主细胞的毒性作用,被认为是决定宿主特异性的关键蛋白。VP7 是糖蛋白,也是 1 种 Ca^{2+} 结合蛋白,降低 Ca^{2+} 浓度可使轮状病毒形成具有转录活性的结构。细胞中 Ca^{2+} 浓度增高时,可有效阻止轮状病毒入侵,抑制 VP7 的表达可使子代病毒显著降低 75%～80%。NSP4

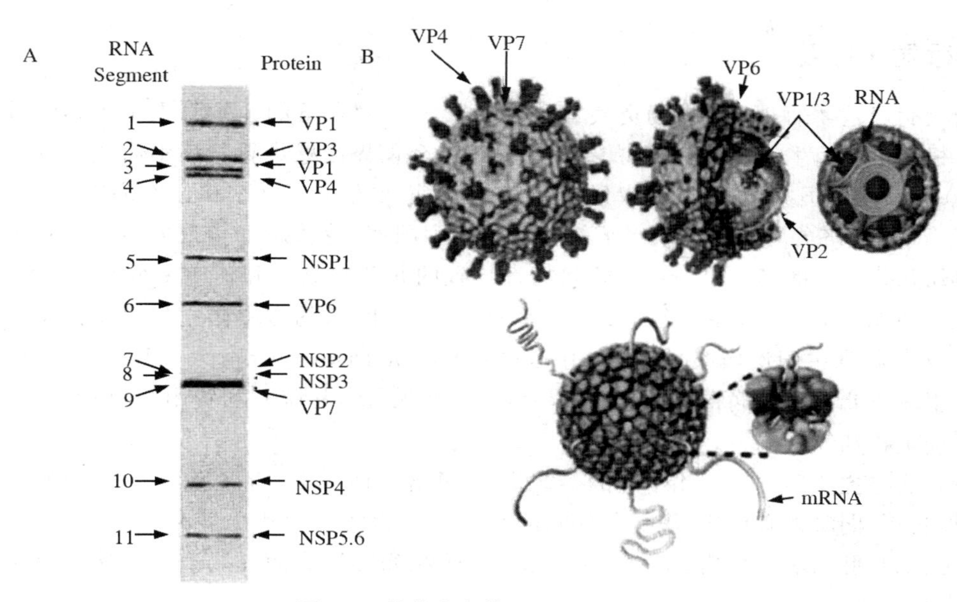

图 6-1　轮状病毒基因及蛋白结构

A:聚丙烯酰胺凝胶电泳分析病毒 11 段双链 RNA,每一段基因编码至少 1 种蛋白;
B:模拟电子显微镜重建的轮状病毒结构剖面图。

又称为肠毒素蛋白,是唯一不和 RNA 结合的非结构蛋白,同时也是一种内质网特异性的糖蛋白。在病毒成熟过程中 NSP4 引导新生病毒粒子向内质网芽生的作用必不可少,可促进 Ca^{2+} 从内质网上的储备池释放,后期主要使细胞外 Ca^{2+} 持续内流,破坏细胞骨架。总之,若 NSP4 与绒毛上皮细胞的受体结合可直接破坏紧密连接,通过细胞旁路引起渗透性腹泻,若是与隐窝细胞上的受体结合则可引起细胞外 Ca^{2+} 内流引发腹泻。轮状病毒基因、编码蛋白及其主要功能总结如表 6-1 所示。

表 6-1　轮状病毒基因、编码蛋白及主要蛋白功能

基因片段	长度/bp	编码蛋白	大小/ku	定位	主要功能
1	3 302	VP1	125	核心蛋白	依赖 RNA 的 RNA 聚合酶
2	2 687	VP2	94	核心蛋白	组成核心颗粒结构
3	2 592	VP3	88	核心蛋白	加帽酶
4	2 362	VP4[a]	86	外壳蛋白	P 型中和抗原,接触蛋白
5	1 581	NSP1	58	非结构蛋白	干扰素拮抗
6	1 356	VP6	44	中层蛋白	型特异性抗原
7	1 062	VP7[b]	37	外壳蛋白	G 型中和抗原
8	1 059	NSP2	36	非结构蛋白	结合 ssRNA
9	1 074	NSP3	34	非结构蛋白	抑制宿主蛋白转录
10	751	NSP4	20	非结构蛋白	肠毒素;病毒颗粒装配
11	666/3 302	NSP5	21	非结构蛋白	与 VP2 作用;RNA 绑定
		NSP6[c]	12	非结构蛋白	与 NSP5 作用;病毒定位

注:a 可被胰蛋白酶水解为 VP8 和 VP5;b 信号肽裂解;c 由 11 号片段的第 2 个开放阅读框编码。

二、流行病学特点

轮状病毒是婴幼儿急性胃肠炎最重要的病原体，5岁以下的儿童每人至少感染过1次该病毒。根据世界卫生组织(WHO)的调查，2013年全世界因感染轮状病毒而死亡的儿童多达215 000人。发达国家如美国，3岁以下感染轮状病毒的儿童门诊和住院率较高，费用约为10亿美元；在经济欠发达和卫生水平较低的发展中国家，轮状病毒导致的感染性腹泻占5岁以下婴幼儿死亡率的第2位。我国轮状病毒导致的儿童感染率和住院率分别为50%～65%和28%～30%，每年有近4万名儿童因轮状病毒腹泻死亡，约占中国5岁以下儿童总死亡人数的12%。根据中国疾病控制与预防中心(Center for Disease Control，CDC)调查数据显示：中国5岁以下儿童轮状病毒腹泻门诊平均费用168元/次，住院平均费用3 145元/次，造成巨大的社会负担和经济损失。

轮状病毒主要感染6～24个月的婴幼儿，肠炎潜伏期为1～3 d，患者一般表现为恶心、呕吐、水样腹泻，同时伴有低烧、腹痛等，病程为5～7 d，严重时导致全身水、电解质紊乱，造成不同程度的脑和肝功能的损害，甚至死亡。此外，轮状病毒还会激发肠道外的感染以及病毒血症、肺炎和心肌炎。

时间和地域的不同，使得轮状病毒流行季节有所差异。在亚热带地区，轮状病毒感染多发于秋季到春季，而热带地区整年都可发病，季节性规律不明显。我国处于温带，轮状病毒感染的高峰期为寒冷干燥的秋冬季节，具有明显的季节性。轮状病毒不但流行广泛，对婴幼儿的健康造成严重的威胁，而且治疗缺乏特效药，给患者家庭以及社会造成巨大的经济负担。恢复期患儿仍可排出大量病毒，病毒颗粒可达10^5～10^{10}个/g粪便，而只要10～100个完整的病毒颗粒即可感染另一宿主，成为主要传染源，医院里也可通过护理人员造成轮状病毒的传播。

由于轮状病毒对干燥和理化因素的抵抗力较强，在环境中比较稳定，不易自然灭亡，在粪便中可存活数日至数周，同时耐酸、耐碱，在室温下可保持传染性达数月之久，污染的水源及土壤成为除自然宿主外重要的传染源。因此，如何有效地对轮状病毒肠炎暴发和流行进行预防和控制成为全球性的公共卫生难题。

三、致病机制

轮状病毒的多层衣壳结构保证了病毒对理化因素的抵抗及对环境的适应性。该病毒一般经由粪-口途径传播，进入宿主体内后通常破坏空肠上皮细胞，侵犯肠绒毛上皮细胞和隐窝细胞，通过改变细胞渗透性、分泌肠毒素等一系列因素使宿主的消化和吸收功能受损，丢失营养物质和大量水分。

轮状病毒主要感染无分化潜能靠近小肠绒毛顶部的上皮细胞，如图6-2A所示，病毒进入宿主细胞后脱去外壳蛋白，基因组转录、翻译合成病毒蛋白，并通过非经典分泌旁路从细胞中释放出病毒颗粒和NSP4蛋白。NSP4与特异性受体结合，可直接作用于隐窝细胞或通过激活肠神经系统(enteric nervous system，ENS)引发Cl^-分泌增加，同时破坏细胞间的紧密连接，造成单层细胞跨膜电阻减小，通透性增加，细胞旁渗漏引发水电解质外流。细胞内新合成的NSP4蛋白还可通过磷脂酶C(phospholipase C，PLC)和肌醇磷酸酶3(inositol phosphatase，IP)触发信号级联，诱导内质网释放Ca^{2+}，细胞内Ca^{2+}的增加破坏细胞骨架(图6-2B)。

一般来说，食物消化后转变为单糖，主要以主动转运、被动吸收和细胞旁渗透途径吸收，轮状病毒进入细胞内复制后，感染导致的小肠绒毛缩短变平，绒毛顶部的柱状上皮细胞丧失，其正常的刷状缘细胞被隐窝部无刷状缘的立方体形细胞所取代，细胞功能低下，且吸收面积变小，造成小肠吸收不良。其次是乳糖酶的缺乏易造成继发性乳糖吸收不良，同时细胞表面碱性磷酸酶、麦芽糖酶等表达也下降，结肠内大量的糖、脂肪和蛋白质在消化酶减少的情况下堆积造成肠腔渗透压的升高，Na^{+}、水重吸收也减少，从而引发渗透性腹泻。此外，腹泻的发生刺激前列腺素 E2(prostaglandin E2, PGE2)水平增高，进一步引起肠腔水、电解质分泌增多。肠神经系统的激活在轮状病毒引发的腹泻中也扮演了重要角色，它控制肠上皮细胞的凋亡，在实验动物中可观察到大约 67%的腹泻与肠神经系统的活化有关。此外，霍乱毒素可引起上皮中的嗜铬细胞分泌 5-羟色胺(5-Hydroxytryptamine, 5-HT)，而 5-HT 是 ENS 的激动剂，有研究发现 NSP4 可结合嗜铬细胞，发挥霍乱毒素的作用。

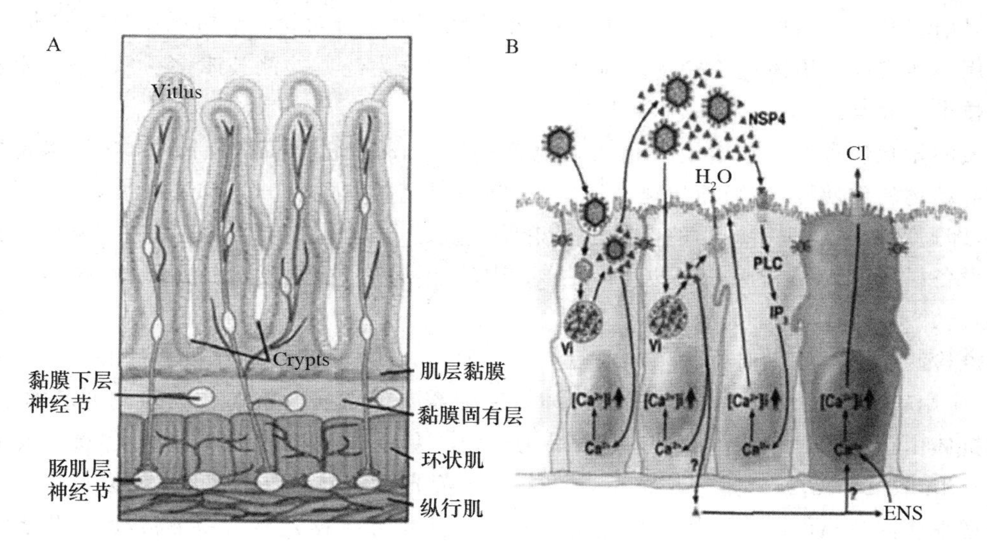

图 6-2 RV 致腹泻机制

正常的小肠结构(A)。从左到右显示 RV 感染小肠上皮细胞的过程(B)。RV 引发急性胃肠炎的机制包含几个方面：①小肠上皮细胞被破坏后引起的继发性吸收不良；②病毒编码的肠毒素 NSP4 的致泻作用；③ENS 受刺激后功能亢进；④隐窝团细胞凋亡等。

除病毒本身因素外，腹泻的严重程度还与宿主相关，主要包括：①宿主的年龄；②宿主合并其他感染；③宿主营养失调，使感染和恢复时间延长；④新生儿肠腔内分泌一类蛋白酶，是裂解 VP4 暴露 VP5 和 VP8 所必需，而成年人则缺乏此酶(图 6-2)。

总之，轮状病毒感染导致腹泻是多因素的，可以是病毒和蛋白直接作用细胞引发功能紊乱，也可以是和宿主相互作用诱导免疫反应引起继发性腹泻。除病毒外，宿主本身也是影响腹泻严重程度的重要因素。

四、预防措施

对于轮状病毒引起的腹泻，尚无特异性治疗手段，基础治疗是补液预防脱水，补锌治疗减轻严重程度及缩短腹泻期，卫生状况的改善并不能有效阻止轮状病毒的传播，因此，接种轮状病毒疫苗是预防婴幼儿轮状病毒感染发病可行的方法。截至 2016 年 5 月，包括 44 个中低收入国家在内的 81 个国家已将轮状病毒疫苗纳入国家免疫规划。这些国家使用的轮状病毒疫苗多为单价([RV1]Rotarix)或五价([RV5]RotaTeq)疫苗。这 2 种疫苗尚未被我国纳入免疫规划。

目前已上市的轮状病毒疫苗均为口服减毒活疫苗,主要有动物疫苗、动物-HRV 株口服疫苗及新生儿 HRV 疫苗株。"罗特威"是目前唯一在我国上市的轮状病毒口服疫苗,由兰州生物制品研究所有限责任公司(以下简称兰州所)研制,其有效成分为羊轮状病毒疫苗株(Lanzhou lamb rotavirus,LLR),经大量临床试验研究和多年临床应用结果表明,其保护效果稳定,未发现与肠套叠等严重副反应有关联,证实该口服疫苗安全有效。但是,轮状病毒疫苗的安全性评估体系仍有待完善,疫苗的保护效果仍有待提高。

五、检验方法

就目前来看,可通过流行病学、临床症状、组织病理变化等对轮状病毒感染进行初步诊断,也可采用一些实验室手段进行检测。检测技术可大致分为经典检测技术、免疫检测技术和基因检测技术三大类。

经典的轮状病毒检测技术主要指的是电镜法(electron microscopy,EM),该技术常用于检测人或动物的粪便样品,简便快捷。近年来,为了提高检测的特异性和灵敏度,发展了免疫电镜法,即通过用电镜观察样品的特异性凝集反应或通过特异的抗体标记物进行检测。该方法所用设备昂贵,需专业的技术人员,而且样品中的病毒粒子破碎、数量不足均可影响检测的结果,因此并不适宜应用于大规模样品检测。

免疫检测技术。就目前轮状病毒的检测技术而言,免疫检测技术在可靠性和实用性上均占优势,应用较为广泛。应用免疫检测技术时,通常需要轮状病毒抗体作为检测的基本工具,单克隆抗体由于其特异性强等优点,应用最为广泛。免疫检测技术主要包括:①荧光免疫法(immunofluorescence,IF),是一种将免疫学方法与荧光标记技术结合使用,用以研究特异蛋白抗原在细胞内分布的技术。因为荧光素所发出的荧光可在荧光显微镜下被检出,因此可对样品中的病毒进行定位。由于检测人粪便时会产生许多非特异性荧光,影响结果的观察,近年来发展了一种时间分辨免疫荧光分析,能随时间的延长,使非特异性信号消散,只留下强的特异性信号,进而增强检测特异性。②胶体金免疫层析(gold immunchromatographic assay,GICA)采取"抗体-抗原-抗体-胶体金"夹心法,以微孔滤膜为载体包被抗原或抗体,加入待测样品后,抗原和抗体结合,再通过胶体金结合物显色判定结果。③酶联免疫吸附试验(enzyme-linked immunosorbent assay,ELISA),是在传统酶联免疫测定基础上发展起来的灵敏、快速、操作简便的检测手段,其结果用肉眼就能观察到,非常适合大规模的样品检测。ELISA 分为直接法、双抗体夹心法、间接法、竞争法 4 类,其中,检测病原体最常使用的是间接 ELISA 法。

基因检测技术。①核酸电泳法。通常指的是将从样品中提取纯化得到的 RNA 进行聚丙烯酰胺凝胶电泳或琼脂糖凝胶电泳,根据病毒 RNA 节段数目及电泳图作出判断。轮状病毒有 11 个节段的 RNA,该方法不但能与其他病毒区分,也能初步鉴别轮状病毒所属的群。因此,核酸电泳技术是研究轮状病毒分类学和流行病学最常使用的手段之一。②RT-PCR。用于轮状病毒检测的经典 PCR 技术是逆转录-聚合酶链式反应(reverse transcription polymerase chain reaction,RT-PCR),根据轮状病毒基因的某一段保守序列,设计并合成 1 对引物,反转录后在体外扩增,检测特征性片段,以此判断是否感染了轮状病毒。该方法具备特异性强的优势，非常适合轮状病毒的早期诊断和分子流行病学的研究。但由于病毒的 RNA 易被空气或药品中的 RNase 降解或者受抑制剂的干扰，容易出现假阴性的现象，且存在操作费用高、费时、需要特殊仪器等缺点，因此不适合在临床上推广应用。③分子探针（molecular probes）技术。指的是通过互补结合待测基因序列和特异的寡核苷酸探针对病毒进行检测，具备操作简单，特异性强、灵敏度高等特点，并且不受抗原抗体反应的限制，结果易于判定。在轮状病毒检测时使用的大多为 cDNA 探针。

第二节　诺如病毒及其检验

诺如病毒（Norovirus，NV）是全球流行性与散发性急性胃肠炎的主要病因之一，每年导致约 100 万人次患病就诊和 20 万例 5 岁以下儿童死亡，造成巨大的经济损失。

一、生物学特性

（一）诺如病毒颗粒结构与病毒多样性

1968 年，美国俄亥俄州诺沃克镇一所学校曾暴发急性腹泻，1972 年用免疫电镜在这些腹泻患者粪便中发现一种直径约为 27 nm 的病毒样颗粒，将之命名为诺瓦克病毒。该病毒无法进行细胞培养，也没有合适的动物模型，最初只能通过电镜检查粪便标本中的病毒。此后，世界各地陆续自腹泻患者粪便中检出多种形态与之相似但抗原性相差甚远的病毒样颗粒，均以发现地点命名，如 Hawii Virus、Snow Mountain Virus、Mexico Virus 等，2002 年 8 月第八届国际病毒命名委员会批准名称为诺如病毒。

诺如病毒属于人类杯状病毒科诺如病毒属，病毒直径 26～35 nm，无包膜，二十面体对称，电镜观察呈现典型的、表面凸凹不平的球体状结构，由同一种外壳蛋白组成，共 90 个二聚体（图 6-3）。诺如病毒在氯化铯密度梯度中的浮力密度为 1.36～1.41 g/cm^3，在 0～60℃的温度范围内可耐受，在室温 pH 2.7 的环境下可存活 3 h，能耐受普通饮用水中 3.75～6.25 mg/L 的氯离子浓度，但 10 mg/L 的高浓度氯离子可灭活诺如病毒。

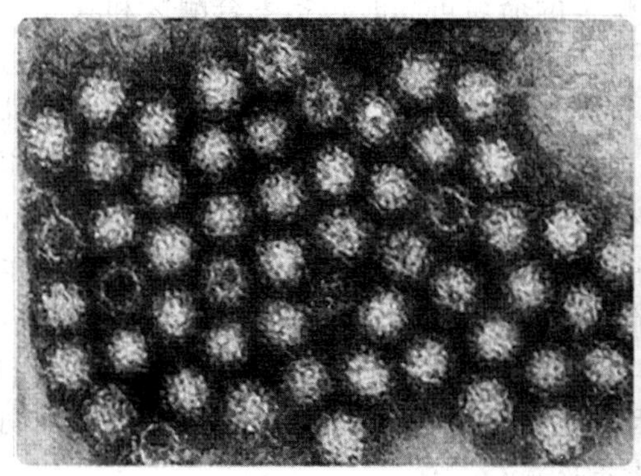
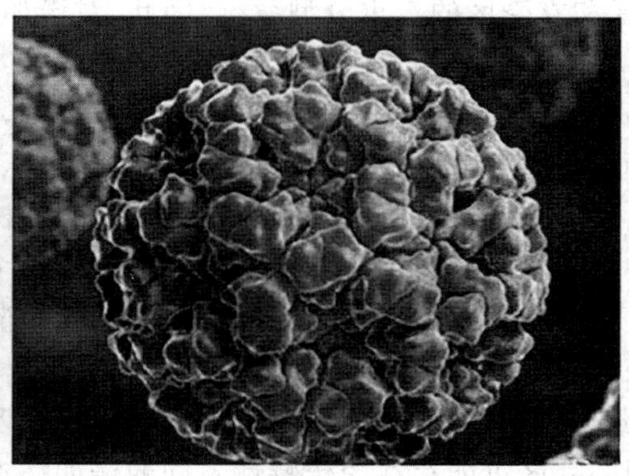

图 6-3　NV 电镜观察图

(二)诺如病毒基因组结构

诺如病毒的基因组为单股正链 RNA,全长约 7.6 kb,包括 3 个开放读码框(open reading frame,ORF)。ORF1 基因全长 5 100 bp,位于基因组中 5～5 104 bp 之间,编码包括 RNA 多聚酶在内的非结构蛋白,此结构蛋白可裂解为 p48、NTPase、p22、vpg、3c-like 蛋白和聚合酶 6 个小蛋白;ORF2 基因全长 1 623 bp,位于基因组中 5 085～6 707 bp 之间,主要编码分子量约为 56 ku 的衣壳蛋白 VP1,包括 S 和 P 结构域,P 又可分为 P1 和 P2,VP1 可作为抗原用于血清中特异性抗体的检测;ORF3 基因全长 807 bp,位于基因组中 6 707～7 513 bp 之间,编码分子量约为 22.5 ku 的 VP2,是一种强碱性微小结构蛋白。ORF1 比 ORF2 的基因序列保守,ORF1 的 RNA 多聚酶区以及 ORF1 和 ORF2 的汇合区基因序列高度保守(图 6-4)。在 RNA 多聚酶与衣壳蛋白区结合处,病毒易发生重组。扩增 ORF1 的 RNA 多聚酶区以及 ORF1 和 ORF2 汇合区,可用于诺如病毒的诊断,同样也可用于分子流行病学的研究。

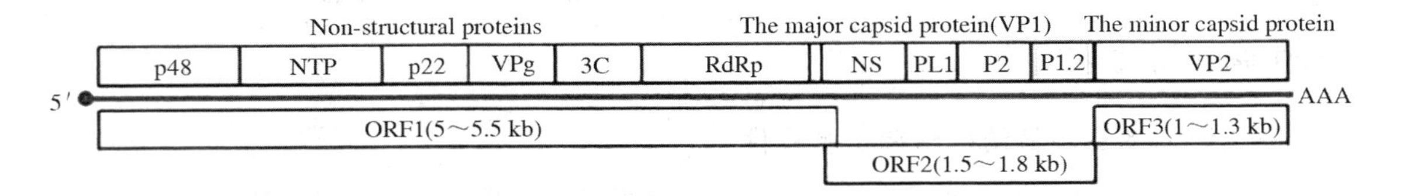

图 6-4 诺如病毒基因组结构

根据诺如病毒 VP1 基因氨基酸差异,可将其分为 6 个基因群(genogroup,G)GⅠ～GⅥ,其中 GⅠ、GⅡ和 GⅣ感染人。虽然引起动物腹泻的诺如病毒在家畜中发现,其核酸与人类杯状病毒有关联,但未发现动物诺如病毒传染人的证据。

GⅠ和 GⅡ是引起人急性胃肠炎的两个主要基因群,最新研究表明,根据 ORF2 全基因序列的多态性,GⅠ和 GⅡ可进一步分为 9 个和 22 个基因型(genotype)。其中 GⅡ.4 基因型是引起全球人诺如病毒暴发流行的优势基因型,每隔 2～4 年就有新的变异株出现,导致全球新一轮诺如病毒胃肠炎暴发流行。1995 年以来,GⅡ.4 基因型不断出现新的变异株,包括 95/96 US 株(1995—1996 年)、Farmington Hills 株(2002—2004 年)以及最近 Sydney 2012 变异株(2012—2014 年)。由于诺如病毒在 ORF1/ORF2 重叠区频繁发生重组,目前诺如病毒已有聚合酶区和衣壳区的双重分型系统,因此,对诺如病毒的命名可同时包括聚合酶区和衣壳区基因分型结果。

研究表明,诺如病毒极易发生变异和重组,特别是导致婴幼儿急性腹泻的诺如病毒株。变异株的出现通常是由于反复感染和逃逸免疫压力所致。基因重组则是病毒进化的主要驱动力之一。高度变异、具有传染性和抵抗力的变异株和重组株可导致全球流行。如 1995—2001 年间,变异株 95/96 US 株曾在 7 个国家流行;近年来,变异株 GⅡ.4 在芬兰、挪威、荷兰、澳大利亚、日本,以及中国台湾和香港出现,逐渐成为流行优势株。1997 年首次发现雪山病毒自然重组株,此后,在西班牙、匈牙利、瑞典、法国、日本出现重组株 GⅡb,它是由于在衣壳蛋白区 P1 结构域存在重组断点,同一个 RNA 多聚酶基因与不同衣壳蛋白基因发生重组所致。同一时期、同一社区可能存在遗传特性不同的诺如病毒毒株流行。

在我国,相较于 2013 年以及之前发现的 GⅡ.17 病毒,新的 GⅡ.17 病毒在主要的结构蛋白 VP1 的 P2 区上发生了一系列的氨基酸突变,这些位点包括病毒与宿主细胞上的受体结合位点以及病毒抗原性决定域。与先前GⅡ.4变异株的流行进化特点相比较，新GⅡ.17变异株有能力扩大其宿主范围使人群更加普遍易感，这些序列的改变很可能是导致病毒突然暴发和流行的主要原因。结合新型GⅡ.17病毒的地理信息和序列信息进行时钟进化分析，结果显示该病毒最开始可能是由香港地区向广东省内的多个沿海城市（江门、广州、珠海、潮州等）传播。结合环境监测结果，推测该病毒很可能是通过咸潮污染沿海城市的海产品，人食用污染的海产品导致病毒感染，进而在多个沿海城市暴发和流行，并由此向中国内陆省份传播。

二、流行病学特点

诺如病毒自报道以来，在全世界都引起过非细菌性胃肠炎的流行和暴发，可能导致了全世界大约1/5的急性胃肠炎病例。美国每年有60%～90%的非细菌性腹泻暴发是由诺如病毒引起，日本、韩国等亚洲国家以及法国、意大利等欧洲国家也都有类似结果。据美国CDC统计，诺如病毒在美国每年可导致2 100万急性胃肠炎病例，7万住院病例和800人死亡。我国自1995年首次报道以来，在北京、上海、广东、江苏、浙江等多个地区报道了诺如病毒感染导致的急性胃肠炎的散发和暴发流行，说明诺如病毒感染在我国人群腹泻病例中也普遍存在。目前，国内医院的肠道门诊及住院常规检测中，尚无诺如病毒感染的检测项目，因此我国诺如病毒的感染和发病情况很可能存在严重低估。

诺如病毒常常引起成人和大龄儿童腹泻，危害人的健康。与呼吸道流感病毒类似，诺如病毒的流行也具有强传染性、冬季高发、极易变异、型别多样等特点，因此诺如病毒引起的腹泻常被称为“肠道流感”，在世界范围内广泛流行，学校、医院、旅游景区最易感染暴发。诺如病毒主要通过污染的食物、水，通过粪-口途径传播，如进食生的或未经煮熟的食物，包括贝类海产品、沙拉及生的蔬菜等，以及饮用受污染的水或在游泳池传播。牡蛎等滤食性动物是诺如病毒传播的常见食物载体。诺如病毒也可经接触病人排泄物和呕吐物，经污染的手、物体和用具，以及呕吐产生的气溶胶等方式传播。病人在潜伏期即可排出诺如病毒，排毒高峰在发病后2～5 d，最长排毒期有报道超过56 d。美国CDC资料显示1996—2000年共348起诺如病毒胃肠炎疫情中，73%是由污染的食品、水及生活接触引起。我国流行病学资料显示，2000—2007年共报道的18起诺如病毒胃肠炎暴发的原因中，由污染的食品、水和生活接触占77.8%，与美国CDC报道基本一致。腹泻患者、隐性感染者及病毒携带者均是传染源。诺如病毒侵染力强，感染剂量可低至10～100个病毒粒子，这些特性使得诺如病毒腹泻成为全球性的、难以控制的传染病，其高度的传染性给社会经济和人类健康造成极大的威胁。

三、致病机制

由于缺少有效的研究模型，目前对诺如病毒感染的发病机制尚不清楚。对诺如病毒感染途径一般有三大假说，即微褶皱细胞（microfold cell，M cell）途径、糖复合物途径以及人们还未发现的途径。其中，人诺如病毒与组织血型抗原（histo-blood group antigens，HBGAs）结合后作为抗原感染B细胞。HBGA是红细胞、呼吸道、消化道和泌尿生殖道黏膜上皮细胞表面的一类复杂糖类，可结合糖蛋白及糖脂类物质。大量研究表明HBGA是诺如病毒的天然受体或协同因子。其广泛分布于人体的上皮细胞和红细胞表面、腺上皮组织及其分泌物中，包括ABO血型系统、Lewis抗原和腺体三大家族。HBGA受体的结合需要人体ABO、FUT2、FUT3基因编码的多种糖基转氨酶参与，基因编码缺失或不表达的人群对诺如病毒感染具有天然免疫力，即一般非分泌型 HBGA 受体人群对诺如病毒不易感。人诺如病毒感染后除了会产生 B 细胞介导的体液免疫应答之外，还会产生以 Th1 细胞为主的细胞免疫应答。

四、预防措施

诺如病毒感染所致的腹泻表现为突然发病，伴有恶心、呕吐、发热、腹痛、腹泻等症状，也可出现一些全身症状：头痛、发热、寒战、肌痛等，平均潜伏期一般为 1～2 d。儿童发病后呕吐较为常见，成人多表现为腹泻。诺如病毒腹泻为自限性疾病，预后良好，但也可致严重腹泻，引起严重脱水，尤其是儿童、老年人和患有基础性疾病的成年人可引起较重症状或导致并发症，甚至死亡。目前尚无特殊的治疗方法，没有特效的抗病毒药物，主要通过补液，纠正脱水和电解质紊乱，以及休息、饮食调理等对症治疗为主。

诺如病毒口服亚单位疫苗具有一定的保护能力，重组诺如病毒衣壳蛋白在植物中表达病毒类颗粒(VLPs)，人和鼠类口服后能产生免疫保护力。由于诺如病毒不同型别间不存在交叉免疫，且感染后对诺如病毒的免疫力不持久，增加了疫苗研制的难度。

五、检验方法

诺如病毒的检测方法有很多，早期主要采用电镜和免疫电镜，腹泻人群采集的粪便样本要先进行处理，用 PBS 或其他稀释液制成 10%～20% 的便悬液，离心后，取上清液进行观察。但是对于没有典型诺如病毒形态学特征的样本而言，与其他非病毒粒子难以区分。电镜检测的灵敏度较低，至少需要样本中的病毒浓度达到 10^6 个/mL 才可检出，且电镜检测需要的设备昂贵，操作技术复杂，且需经过专门培训有一定经验的人才容易检出，因此目前已不常使用。

由于诺如病毒难以体外培养，在分子生物学发展起来以前，制作抗原试剂非常困难，因此免疫学检测的方法受阻，难以大规模应用。随着分子生物学技术的快速发展，目前已具备克隆技术制作重组诺如病毒抗原的技术，促进了免疫学技术发展。目前已有酶联免疫吸附实验(ELISA)、生物素-亲和素免疫分析以及放射免疫分析(RIA)等。ELISA 是常用的检测方法，利用重组表达的诺如病毒衣壳蛋白作为抗原免疫动物，获得多克隆免疫血清，利用双抗体夹心法检测病毒抗原，因需要制备多种不同基因型的病毒样颗粒，工作量繁杂，使得该检测方法在应用条件上受到了限制。

PCR 方法简单快捷、高效方便，针对病毒基因组保守区域设计引物，成为目前诺如病毒检测的首要选择。现有的检测方法包括探针杂交、逆转录-聚合酶链式反应(RT-PCR)以及实时荧光 PCR。利用 RT-PCR 可以快速扩增患者呕吐物、粪便以及水中诺如病毒特异性的基因片段，成为诺如病毒检测的金标准。实时荧光 PCR 检测更灵敏、无须电泳、可多重检测以及可对病毒进行定量等优势，成为检测应用趋势。但由于诺如病毒基因的变异性很大，因此要想实现 1 对引物检测出所有的病毒型别，也变得十分困难。逆转录环介导等温扩增技术(RT-LAMP)，可在恒温条件下进行病毒核酸的高效扩增，不需要昂贵的 PCR 仪器，与 RT-PCR 技术相比，显得实用性更广、更特异、更灵敏。

随着科技进步、技术发展，分子生物学的 PCR 技术的广泛普及，以及测序技术的不断应用，使得对诺如病毒的研究更加深入，不仅促进了诺如病毒序列的不断积累，对于进一步研究诺如病毒基因组的各种特征、病毒进化和重组以及疫苗的研究方面都具有举足轻重的作用。

第三节　肠道病毒 71 型及其检验

手足口病，以发热和手、足、口腔、臀部等部位出现皮疹、疱疹或疱疹性咽峡炎为主要特征的一种常见于小儿的急性传染病。手足口病多发生于入学前儿童，尤其是 3 岁以内的婴幼儿。手足口病是急性自限性疾病，绝大多数病人会自然痊愈，少数患者会发展为重症，而引起的神经系统并发症较其他肠道病毒多见并且病情较重，可并发无菌性脑膜炎、脑干脑炎、神经源性肺水肿、急性迟缓性麻痹和心肌炎等，死亡率和致残率较高，应该引起人们的广泛关注。引起手足口病的病原体主要是肠道病毒，包括埃可病毒、柯萨奇病毒 A 组和 B 组以及肠道病毒型 71 型(Enterovirus 71, EV71)等，EV71 是导致手足口病暴发的主要病原体(图 6-5)。

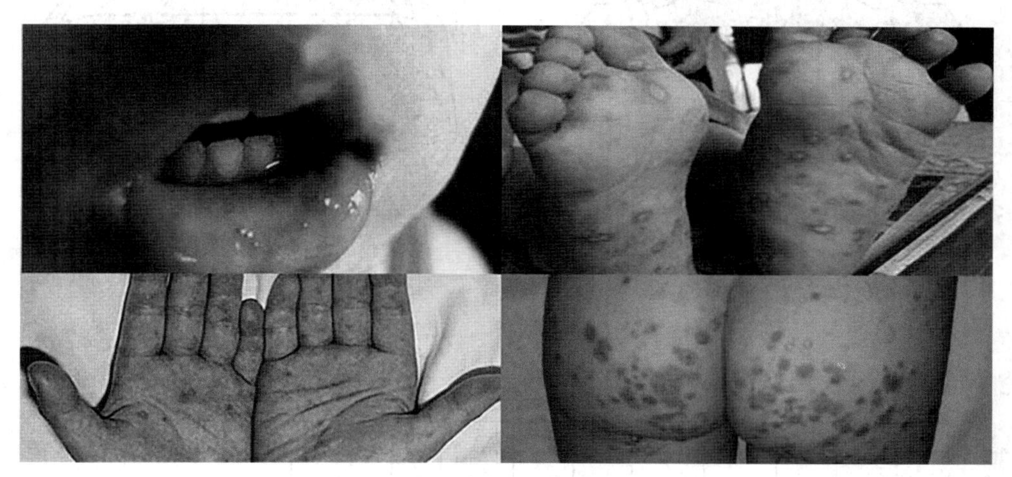

图 6-5　手足口病

一、肠道病毒 71 型生物学特性

肠道病毒 71 属于小 RNA 病毒科肠道病毒属成员，呈二十面体对称，无包膜和突起，直径 27～30 nm。基因组为单股正链 RNA，全长 7 408 bp，两端为保守的非编码区(untranslated region, UTR)，中间为仅有的 1 个开放阅读框，在其两侧分别为 746 bp 的 5′-UTR 和 83 bp 的 3′-UTR(图 6-6)。5′-UTR 通常折叠成多个特异性的空间结构，这些结构通过与宿主细胞蛋白因子结合，在起始病毒基因组 RNA 的合成以及病毒蛋白的翻译过程中发挥重要作用。肠道病毒 71 开放阅读框编码一个 2 193 个氨基酸的多聚蛋白，可进一步水解成 P1、P2、P3 3 个前体蛋白。P1 前体蛋白编码 VP4、VP2、VP3、VP1 4 个病毒外壳蛋白，为结构蛋白；P2 前体蛋白编码 2A(特异性蛋白酶)、2B、2C；P3 前体蛋白编码 3A、VPg(5′末端结合蛋白)、3C(特异性蛋白酶)、3D(RNA 多聚酶组分)，为非结构蛋白。肠道病毒 71 衣壳由 60 个相同的壳粒组成，排列为 12 个亚聚体，原粒壳粒蛋白 VP0 由 4 种多肽组成(结构蛋白 VP1～VP4)，其中 VP4 位于病毒衣壳内部，VP1、VP2、VP3 暴露于衣壳表面，带有中和特异性抗原位点，衣壳表面的环状区决定了病毒特异性的形态结构及抗原特征，VP1 是病毒中和决定性因子，直接决定病毒的抗原性。

根据病毒衣壳蛋白 VP1 核苷酸序列的差异，肠道病毒 71 可分为 A、B、C 3 个基因型（图 6-6），其中 B 型和 C 型又进一步可分为 B1～B5、C1～C5 亚型，同一型内毒株间核苷酸序列同源性大于 88%，而不同型间毒株的核苷酸序列同源性为 80.3%～83.5%，3 个基因型的所有毒株的氨基酸序列同源性大于 94%。1969 年最早在美国加利福尼亚州分离的肠道病毒 71 原型株属于 A 型，随后分离的毒株大多属于 B 型和 C 型。从 1998 年以来，我国肠道病毒 71 流行株主要以 C4 亚型为主。肠道病毒进化过程中出现突变是很普遍的现象，其中 3D 聚合酶具有高变异性，可以发生型内和型间的重组，如基因型 B 和 C 的型间重组，甚至有报道在中国大陆 EV71 C2 亚型和柯萨奇病毒 A16 型之间发生重组。

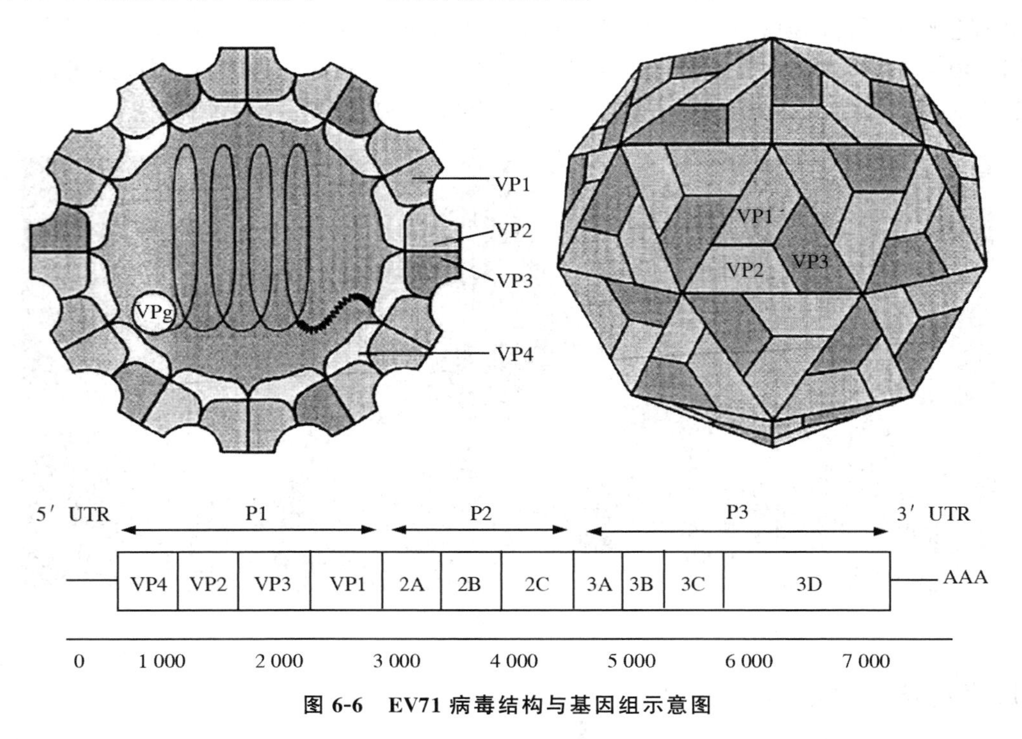

图 6-6 EV71 病毒结构与基因组示意图

人类是肠道病毒已知的唯一宿主，像大多数肠道病毒一样，肠道病毒 71 的复制周期与脊髓灰质炎病毒类似。病毒进入易感宿主细胞有赖于特定受体，人类不同肠道病毒有多种特异受体，如脊髓灰质炎病毒受体（CD155）、3 个整合蛋白（α2β3，αvβ3 和 αvβ6）、衰减加速因子（CD55）、柯萨奇-腺病毒受体、细胞内黏附分子 1、P-选择素糖蛋白受体-1 等。肠道病毒感染宿主细胞时，有可能不止 1 个受体。

肠道病毒与细胞表面的特异受体结合后，病毒的衣壳蛋白和核心蛋白会在细胞表面发生一系列的结构变化，病毒 RNA 释放到宿主细胞质内。作为亲代的病毒 RNA 可行使 mRNA 功能，翻译多肽，立即被病毒蛋白酶切割成多个成熟的结构蛋白和非结构蛋白。病毒基因组复制在 RNA 依赖的 RNA 聚合酶 3D 区完成，这个聚合酶容易出错，可能是肠道病毒容易突变和进化原因。病毒蛋白酶 2A 能够阻止宿主细胞蛋白合成，而病毒蛋白不受影响。在感染的细胞内，子代病毒 RNA 包装到衣壳蛋白内形成新的感染病毒颗粒，宿主细胞破碎时，成熟的感染病毒颗粒释放出来。

二、流行病学特点

肠道病毒 71 型手足口病传播途径主要是通过粪-口途径传播，其作为一种高度嗜神经病毒，易导致神经系统感染，而脑干是其最易感染的部位。我国自 2008 年 5 月 2 日起，将该病列为丙类传染病管理。肠道病毒 71 型传播途径复杂，隐性感染者比例大，在婴幼儿之间传播性强，给防控带来极大的挑战。由于目前缺少有效的疫苗进行免疫预防，防控措施主要通过切断传播途径、改善个人卫生和早期的报告、隔离、诊治等方法实行。

1997 年以来，肠道病毒 71 型引起的手足口病大流行和地域性流行集中在亚太地区，在新加坡、印度、泰国、马来西亚、越南、文莱等地出现手足口病暴发，尤其在卫生条件较差的不发达地区的发病率较高。我国自 1981 年在上海首次发现手足口病，1987 年首次在湖北省的一次手足口病流行中发现 EV71 型病毒，之后在全国多地均有发生。肠道病毒 71 型暴发呈现出一定周期性，2～3 年出现 1 次大流行。

儿童疱疹可能由多种病因导致，易与手足口病疱疹混淆，特别是麻疹、风疹、水痘疱疹等。手足口病暴发期间，成千上万的儿童都表现出症状。大多数患者症状轻微，且呈自限性，但一小部分患儿快速发展为累及神经系统和呼吸循环系统重症患者，甚至死亡。以前，多数轻症手足口病患儿均在家看护，但随着部分患儿病情进展迅速，公共卫生意识提高，就医的儿童逐渐增多。因此对于一线的临床医生来说，及时正确做出诊断和判断很重要。

三、致病机制

肠道病毒 71 型感染主要引起患者发生手足口病，临床表现与柯萨奇病毒等其他肠道病毒感染引起的手足口病难以区别，但其还能引起无菌性脑膜炎、脑干脑炎等严重神经系统疾病和并发症，提示其致病机理具有特殊性。

肠道病毒 71 型主要通过粪-口途径传播，但也可以通过接触病毒污染的口腔分泌物、疱疹液、皮肤或污染物和呼吸道飞沫传播，病毒首先从咽部或胃肠道侵入人体，最初定植于鼻咽部或胃肠局部黏膜，侵入淋巴组织并在其中繁殖，若机体未能及时应答产生足量的中和抗体以清除病毒，则病毒可进一步进入血液，引起第 1 次病毒血症。大部分感染控制在这一阶段，临床无症状。若机体免疫力差，则病毒可进一步扩散入侵全身网状内皮组织、深层淋巴结、肝、脾、骨髓等组织器官，大量繁殖，随后再次入血，引起第 2 次病毒血症，并出现相应的临床症状和体征。病毒最终可侵入多个器官，如脑、脑膜、脊髓、心肌、横纹肌以及皮肤黏膜等组织，引起重症病变，导致中枢神经系统的严重损害。肠道病毒 71 型急性感染两周内，咽拭子可检测到病毒，11 周内可以在粪便中分离出病毒。

四、预防措施

肠道病毒包括 71 型在密集人群中容易传播，控制有效的措施是提高公共卫生水平，采取社会隔离措施，如关闭幼儿园和学校等，早期干预能减少病毒传播。亚太地区一些国家和地区包括日本、马来西亚、新加坡、中国台湾和越南，已经提高了对肠道病毒 71 型疫情监测。由于柯萨奇病毒也可导致手足口病，因此也应纳入监测的病毒范围内。疫情监测能提供有价值的分子流行病学数据，有利于跟踪病毒跨区传播的速度。

流行暴发控制的措施旨在阻断病毒在人与人之间通过接触污染的物体表面、玩具或污染物的传播，因此，健康教育主要关注个人卫生和消毒，包括经常洗手，经常清理污染尿布，应用含氯消毒剂对污染的物体表面消毒。

目前还没有能够预防手足口病的有效疫苗，也没有能够治疗的特效药。当前疫苗的研究主要针对肠道病毒 71 型，主要有灭活的全病毒疫苗、减毒活疫苗、重组类病毒疫苗和多肽疫苗。2015 年末，中国食品药品监督管理局通过了肠道病毒 71 型疫苗的认证，但是仍需要大规模的临床试验来评价疫苗的安全性、有效性、接种程序、剂量优化等。

五、检验方法

临床样本选择。实验室检测的样本需根据疾病的临床表现进行选择，咽拭子、肛拭子、口腔溃疡拭子、血清、尿、脑脊液、疱疹液等。通常来说，选自无菌区的标本如疱疹液、脑脊液、血清、尿等较污染区的标本如咽拭子、肛拭子的结果更可靠。疱疹液是最好的检测标本，但收集的难度较大。咽拭子标本是无创的，取材较易，易被患者和家属接受。感染症状消失后，肠道病毒 71 型在肠道黏膜仍可能持续脱落，这与其他肠道病毒不同。

病毒分离鉴定。病毒分离鉴定是检测肠道病毒 71 型的金标准。一般是将病毒样品在横纹肌肉瘤细胞中培养 7～10 d，如果病毒能够对细胞产生特异性的病变作用，再进一步通过中和实验等血清学检测方法对病毒进行确认并分型。虽然该方法权威准确，但操作烦琐，费时费力，无法满足肠道病毒 71 型流行期间大批标本的分析检测和早期诊断需求。

分子生物学检测。逆转录聚合酶链式反应（RT-PCR）和逆转录环介导等温扩增技术（RT-LAMP）是 2 种常用的分子生物学检测技术。由于 2 种技术本身便具有放大效应，因此 RT-PCR 和 RT-LAMP 灵敏度高，是目前检测肠道病毒 71 型常用的方法。此外，相对于病毒的分离鉴定而言，分子生物学检测方法非常快速，一般需要 4 h。近年来，随着纳米材料以及纳米科技的发展，改善了病毒相关的生物传感器的检测性能，为病毒分析检测提供了新策略、新思路和新方法。

第四节　甲肝病毒及其检验

肝脏是人体最重要的消化、代谢和解毒器官。它不仅参与体内的糖、蛋白质、脂肪、维生素、激素的代谢，还生成和排泄胆汁，帮助消化，同时人体代谢过程中所产生的一些有害废物及外来的毒物、毒素、药物的代谢和分解产物均在肝脏解毒。因此，可以把肝脏形容为人体的一个巨大的“化学反应工厂”。

病毒性肝炎有甲型、乙型、丙型、丁型和戊型等 5 种，由不同的病原引起。其中，甲型肝炎和戊型肝炎经由消化道传播，其他 3 种类型均通过血液传播。甲型肝炎是由甲型肝炎病毒引起的传染性疾病，属于小核糖核酸病毒科肝病毒属，无包膜，在世界范围广泛流行。甲肝病毒感染多为自限性，严重的可形成暴发性肝炎并导致死亡。甲肝的临床症状与感染者的年龄有关，6 岁以下的儿童 70％的感染都是无症状的，在年龄稍大的儿童和成人中，感染者多显示临床症状，其中大部分病人都会出现黄疸。甲肝病毒的平均潜伏期是 28 d，典型的临床症状包括发热、厌食、呕吐、腹部不适等，这些症状通常不会超过 2 个月。目前尚未有证据表明感染甲肝病毒后会导致慢性肝炎或形成持续性感染，但有研究表明，15％～20％的病人会产生较长的病程或者复发，持续长达6个月。

一、生物学特性

甲型肝炎病毒（Hepatitis A virus，HAV）属于小核糖核酸病毒科肝病毒属，直径约27 nm，无包膜，二十面体对称，基因组为正单链RNA，长约7.5 kb，与脊髓灰质炎病毒、柯萨奇病毒等其他小病毒科的病毒类似。病毒基因组由5′端非编码区、编码区和3′端非编码区组成，只有单一的开放阅读框（ORF），编码2 225～2 227个氨基酸的多聚蛋白，约为250 ku（图6-7）。

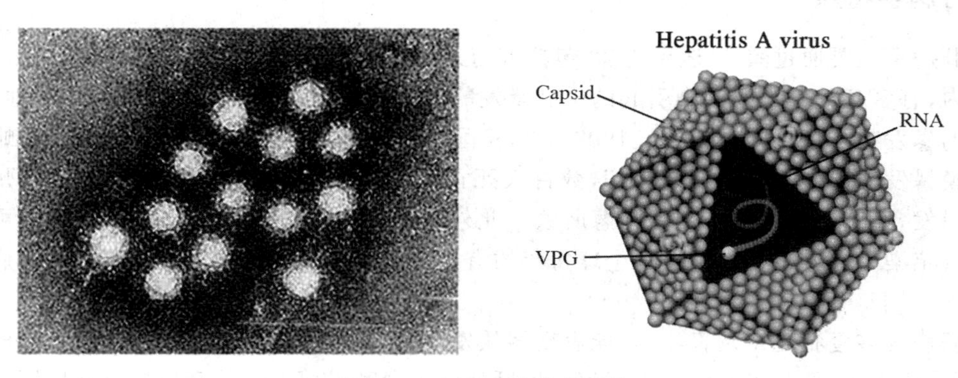

图6-7　甲肝病毒电镜结构

甲肝病毒基因组含有3个主要的区域，分别为P1、P2、P3。其中P1区又可以分成4个主要的病毒衣壳结构蛋白，即VP1～VP4，VP1在4种衣壳蛋白中分子量最大，它与VP3一起组成抗原决定簇，VP2和VP4衍生于共同前体VP0，VP2含有1个丝氨酸残基，可充当催化剂，催化VP0解离成VP2和VP4，VP4病毒衣壳蛋白推测对于病毒颗粒的形成至关重要，但目前尚未鉴定。P2与P3区构成非结构蛋白，P2区包括2A、2B、2C片段，P3区包含3A、3B、3C、3D片段，其中2C是RNA解旋酶，参与病毒的复制，3C是一种蛋白酶，在多聚蛋白加工过程中起重要作用，3D是HAV复制所依赖的RNA多聚酶（图6-8）。

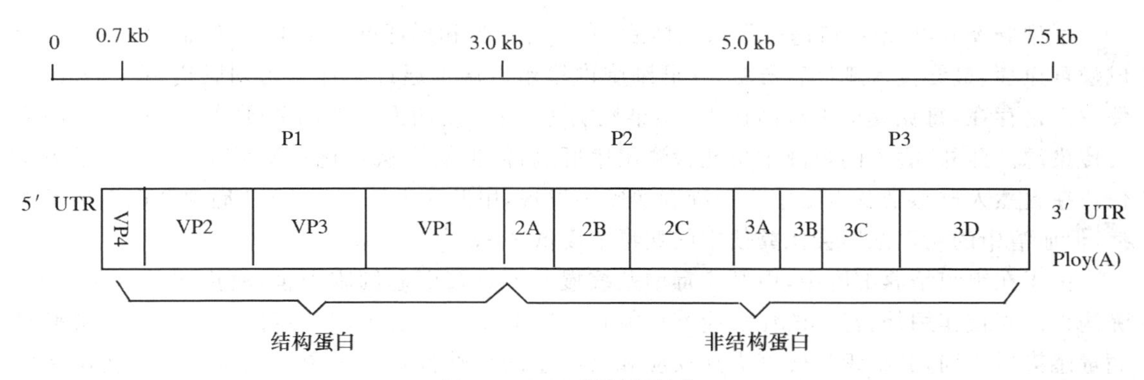

图6-8　HAV基因组结构

甲肝病毒能够在多种人或灵长类动物的原代或传代细胞中增殖，包括非洲绿猴肾细胞和恒河猴胚胎肾细胞等。与小RNA病毒科家族其他成员相比，甲肝病毒在细胞培养下需要更长的适应时间，复制较慢，一般1代需28 d左右，并需盲传多代才可能检测到病毒，病毒滴度低，很少产生细胞病变效应。

甲肝病毒的抗原中和位点十分保守，只有单一的血清型，但具有多个基因型，多以 VP1 区域来区分不同的基因型和基因亚型，各型的划分定义为：当不同病毒株核苷酸的变异度大于15%时，为不同的基因型，差异为 7%～7.5%时则定义为基因亚型。基于此，甲肝病毒有Ⅰ～Ⅵ 6 个基因型，其中Ⅰ～Ⅲ为人类起源的，Ⅳ～Ⅵ为猿类起源的。甲肝病毒Ⅰ～Ⅲ人类起源的又可进一步分成 A、B 两个亚型。在我国，主要呈现ⅠA 和ⅠB 共同流行的趋势，ⅠA 亚型超过 98%。

二、流行病学特点

甲肝病毒主要通过粪-口途径传播，包括人与人的接触和摄取病毒污染的食物或水。在世界范围内，有多起关于水源污染引起的甲肝暴发的报道，例如在我国贵阳、新疆和田等地区，数起甲肝的暴发都与水源污染有关。1988 年在我国上海发生因食用甲肝病毒污染的毛蚶导致的大规模暴发，短时间内 30 万人患病，数百人死亡。2003 年 11 月在美国宾夕法尼亚州发生的甲肝暴发，经鉴定是由污染的绿洋葱所致。此外，食用贝类、生菜、蓝莓、冰激凌等都可引起甲肝病毒感染。世界卫生组织报道全球每年约有 140 万甲肝病例，我国 2014 年甲肝发病数为 2.6 万例。

甲肝病毒多侵犯儿童及青年，临床表现多从发热、疲乏和食欲不振开始，继而出现肝肿大、压痛、肝功能损害，部分患者可出现黄疸。甲肝病毒患者和易感者间的密切接触在甲肝病毒传播中占有很大的比例，因为甲肝病毒在临床症状开始出现前后，很长一段时间都能够分泌病毒，从而容易发生人与人之间的传播。尤其在学校、托儿所、养老院等人群密切接触的环境，个体的接触、共用物品、卫生条件差以及易感人群比例较高等因素，都有助于甲肝病毒的传播。由于甲肝病毒感染具有很长的潜伏期，很难在食物中检测到病毒，检测由污染食物导致的散发病例就更加困难。最近，通过运用分子流行病学调查方法，可以帮助鉴别食源性或者水源性的甲肝病毒传播。

三、致病机制

甲型肝炎病毒经粪-口途径侵入人体后，先在肠黏膜和局部淋巴结增殖，继而进入血流，形成病毒血症，最终侵入靶器官肝脏，在肝细胞内增殖。病毒通过胆汁分泌到肠道，在病人的粪便中大量存在，每克粪便中有高达 10^9 感染性病毒颗粒，故病人排泄的粪便是 HAV 感染的主要传染源。此外，病人的唾液中也能检测出甲肝病毒，但病毒载量比血清低 1～3 个数量级单位。在自然人群感染及人工感染黑猩猩实验中发现，甲肝病毒感染后 1～2 周内会产生病毒血症，但血清中的病毒浓度会比粪便中的病毒浓度低 2～3 个数量级。

由于在组织培养细胞中，甲肝病毒增殖缓慢并不直接引起细胞损害，故推测其致病机理，除病毒的直接作用外，机体的免疫应答可能在引起肝组织损害上起一定的作用。应用狨猴经病毒感染后 1 周，肝组织呈轻度炎症反应和有小量的局灶性坏死现象。此时感染动物虽然肝功能异常，但病情稳定。可是在动物血清中出现特异性抗体的同时，动物病情反而转剧，肝组织出现明显的炎症和门脉周围细胞坏死。由此推论早期的临床表现是甲肝病毒本身的致病作用，而随后发生的病理改变是一种免疫病理损害。体液免疫应答在临床症状开始前就已经针对甲肝病毒结构蛋白产生，甲肝病毒 IgM 抗体能在临床症状出现之前检测到，3～6 个月后开始下降，IgG 抗体在 IgM 产生后才出现，伴随感染持续数年，并形成终身免疫(图 6-9)。

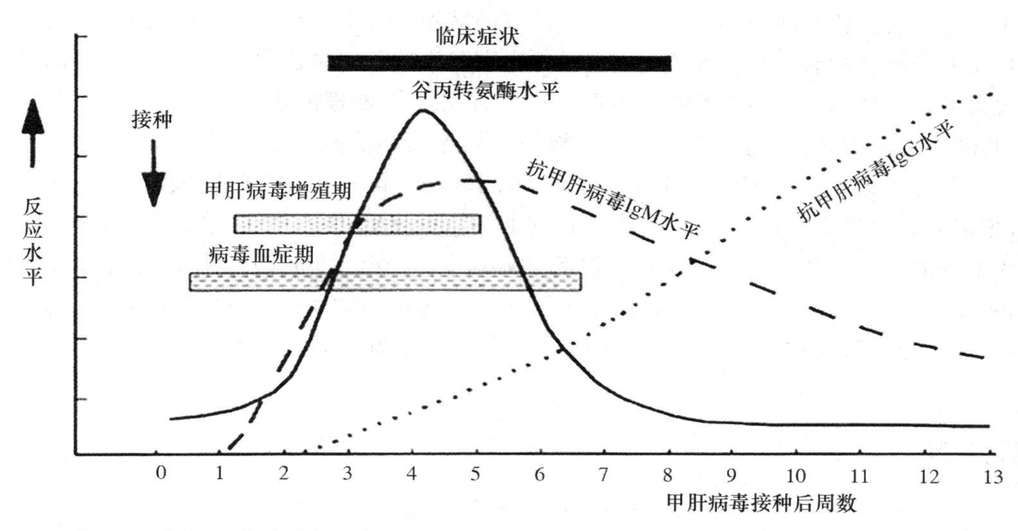

图 6-9　黑猩猩静脉注射人类甲肝病毒后，临床症状、病毒学、免疫学和生化活动

四、预防措施

鉴于甲肝疫苗问世后免疫接种效果很好，现在将甲肝预防策略调整为“以保护易感人群为主，同时采取切断传播途径的综合性预防措施”。

切断传播途径。甲肝与戊肝都是消化道传染病，因此消化道传染病的预防措施均适用于此。除了饭前便后洗手，不喝生水、不吃不洁瓜果等良好的个人卫生习惯和饮食习惯外，尤其不得生食或半生食毛蚶、泥蚶等水产品。

控制传染源。对甲肝或戊肝患者，要“早发现、早报告、早诊断、早隔离、早治疗”，对患者粪便、排泄物严格消毒。

接种疫苗。目前，国内多使用减毒活疫苗。甲肝减毒活疫苗是通过病毒株筛选、条件培养和多次传代后得到的毒性极低又保持了免疫性的病毒，用这样的病毒疫苗接种人体，可以使机体在 8 周左右产生抗体，起到预防甲肝病毒感染、保护健康人群的作用。甲肝减毒活疫苗只需接种 1 次就可以获得良好的免疫力，一般可持续 5～10 年。2012 年，厦门大学研制的戊肝疫苗上市，为全球首个戊肝疫苗，这个疫苗是通过基因工程技术在大肠杆菌中表达戊肝病毒的蛋白成分，再经纯化后制成，称为重组疫苗。

五、检验方法

甲肝病毒细胞培养困难，因此核酸检测成为甲肝病毒有效的检测手段，如 RT-PCR。污染水中甲肝病毒一般含量较低，首先要对待测水样中的病毒进行浓缩，再利用灵敏度高、特异性强的方法检测。病毒浓缩方法多种多样，如吸附洗脱法、超滤法、超速离心法、聚乙二醇法等。吸附洗脱法的依据是病毒颗粒与表面带有电荷的滤膜之间的相互作用。病毒颗粒通过静电相互作用、范德华力和疏水作用吸附到滤膜表面，之后再利用能够破坏上述作用力的洗脱液将病毒从滤膜上洗脱下来。根据滤膜表面所带电荷的不同，可分为阳离子滤膜和阴离子滤膜。阳离子滤膜表面带有正电荷，能够吸附水中带有负电荷的甲肝病毒颗粒，操作较为简单，因而被广泛地应用于环境水体中甲肝病毒的浓缩。超滤法是根据病毒颗粒的大小选择孔径为

0.001～0.1 μm 超滤膜，这种超滤膜具有相应的截留分子量，当待测水样通过超滤膜时，病毒及其他大于膜孔的颗粒则滞留在超滤膜上，其他小于膜孔的颗粒则穿过超滤膜进入滤液中，进而大大缩小水样体积，浓缩其中的病毒。这种方法能够处理的水样体积较小，多用于二次浓缩，其缺点是成本较高，适用于实验室的检测。超速离心法利用超高转速产生的离心力，根据物质的沉降系数或浮力密度差别进行分离、浓缩病毒。该方法所需时间较短，但超速离心机昂贵，很多实验室没有。PEG 是一种水溶性的非离子型聚合物，能够通过空间位置排斥，使水样中的甲肝病毒颗粒聚集在一起，从而引起病毒沉淀。PEG 沉淀的效果除与其自身浓度有关外，还受水样中的离子强度、pH 和温度的影响。病毒浓缩常用的 PEG 质量体积浓度在 8%～16%，通常会在待测水样中加入一定量的 NaCl，将 pH 调节至 7.0 左右，并在 4℃下沉淀。

思考题

1. 简述轮状病毒引起婴儿秋季腹泻的主要预防及治疗原则。
2. 简述轮状病毒核酸检测与基因分型。
3. 简述用于诺如病毒核酸检测的寡核苷酸引物。
4. 列举肠道病毒及其常见检测方法。
5. 甲肝病毒的致病机制是什么？
6. 简述病毒常见的核酸检测方法及原理。

第七章

食品中常见寄生虫的检验

学习目标

1. 掌握常见食源性寄生虫病的危害及控制方法。
2. 掌握常见食源性寄生虫的病原学特点及生活史。
3. 了解常见寄生虫病的流行病学特点及检验诊断方法。

食品中寄生虫的种类很多，常见的有：旋毛虫、囊尾蚴、住肉孢子虫、弓形体、蛔虫、中华分枝睾吸虫、姜片虫等。对人类的威胁一般来自生食带有虫卵或幼虫的蔬菜、水果或食用带有未被加热杀死的幼虫的肉食品。因此，对食品中常见寄生虫进行针对性的检验，对于保障人类饮食的安全性是很必要的。

第一节　食源性寄生虫感染概述

一、概念

食源性寄生虫感染：也称食源性寄生虫病，是指进食含有寄生虫虫卵或幼虫的食品而受感染的一类疾病的总称。

土源性寄生虫：指不需要中间宿主、其虫卵或幼虫在外界(主要指土壤)发育到感染期后直接感染人的一类蠕虫。如蛔虫、鞭虫、钩虫等。蛲虫卵不需在土壤中发育，但其生活史和蛔虫、鞭虫、钩虫一样是直接型的，传播途径、诊断方法和治疗药物相同或相近，故一般把蛲虫也归为土源性寄生虫。

食源性寄生虫比土源性寄生虫对人类健康更具危害性，土源性寄生虫一般寄生在人体的肠道内，吸食人的营养，而食源性寄生虫都寄生在人体的各个器官内，对人体器官造成严重危害。如中华分支睾吸虫寄生在人类的胆道中，阻塞胆管，严重的会引发肝硬化、肝腹水，并转化成癌症。广州管圆线虫主要寄生在人的脑内，引发脑炎，严重的造成死亡。还有肺吸虫寄生在人体肺部，引起肺肿、肺空洞等。

二、我国寄生虫病现状

传统上认为寄生虫病属于热带病范畴，但事实证明，经济和社会条件对寄生虫病流行的影响远大于气候的影响。在热带和亚热带地区，土源性寄生虫病和血吸虫病带来的损失占全部疾病负担的40%以上。

经过半个多世纪的不懈努力，尽管上述寄生虫病的防治在我国已取得了巨大的成绩，但形势不容乐观。黑热病在1958年已基本消灭。2005年卫生部发布报告显示：我国西部地区的包虫病和黑热病感染严重，寄生虫病已成为许多农牧民致贫、返贫的重要原因。

食源性寄生虫病以中华分支睾吸虫感染最为严重(2005年)，其感染率比1990年第一次全国调查的结果上升了75%。其中广东、广西、吉林3省(区)分别上升了182%、164%和630%。带绦虫感染率也比1990年上升了52.47%，其中西藏、四川两省(区)的带绦虫感染率分别上升了97%和98%。其他食源性寄生虫病，如囊虫病、旋毛虫病、弓形虫病在局部地区，特别是西部贫困地区也比较高。

三、寄生及寄生虫

(一)寄生

小型生物生活在另一种较大型生物体内或体表，从中夺取营养并进行生长繁殖，同时使后者受损害甚至被杀死的一种相互关系。

根据寄生虫不同发育阶段寄居宿主的情况，宿主可分为中间宿主、终宿主、储蓄宿主和转续宿主。

中间宿主(intermediate host)：是指寄生虫的幼虫或无性生殖阶段所寄生的宿主。若有两个以上中间宿主，可按寄生先后分为第一、第二中间宿主等，例如某些种类淡水螺和淡水鱼分别是中华分支睾吸虫和第一、第二中间宿主。

终宿主(definitive host)：是指寄生虫成虫或有性生殖阶段所寄生的宿主。例如人是血吸虫的终宿主。

储蓄宿主(也称保虫宿主，reservoir host)：某些蠕虫成虫或原虫某一发育阶段既可寄生于人体，也可寄生于某些脊椎动物，在一定条件下可传播给人。例如，血吸虫成虫可寄生于人和牛，牛即为血吸虫的保虫宿主。

转续宿主(paratenic host 或 transport host)：某些寄生虫的幼虫侵入非正常宿主、不能发育为成虫，长期保持幼虫状态，当此幼虫期有机会再进入正常终宿主体内后，才可继续发育为成虫，这种非正常宿主称为转续宿主。例如，卫氏并殖吸虫的童虫，进入非正常宿主野猪体内，不能发育为成虫，可长期保持童虫状态，若犬吞食含有此童虫的野猪肉，则童虫可在犬体内发育为成虫。野猪就是该虫的转续宿主。

(二)寄生虫

营寄生生活的动物。

(1)按寄生虫的生物种类，寄生虫分原虫和蠕虫两类。

原虫：单细胞寄生虫，通常又称为寄生性原虫，食物中的寄生性原虫通常是以包囊引起传播的。可引起食源性疾病的寄生性原虫主要有贾第鞭毛虫、溶组织内阿米巴、弓形虫和隐孢子虫等。原虫的生活史一般都含有滋养体阶段和包囊阶段。滋养体具运动和摄食功能，为原虫的生长、发育和繁殖阶段；包囊不能运动和摄食，处于静止状态，为原虫的感染阶段。

蠕虫：为多细胞寄生虫，通常又称为寄生性蠕虫，可以虫卵、幼虫或其他虫体形态存在。与食源性疾病有关的多细胞寄生虫主要有旋毛虫、广州管圆线虫、牛带绦虫、猪带绦虫和鱼带绦虫等。

(2)按寄生虫与宿主的关系分类。包括专性寄生虫、兼性寄生虫、偶然寄生虫、长期寄生虫、体内和体外寄生虫、长期性和暂时性寄生虫、机会致病寄生虫等。

(3)按寄生虫来源可以分为2大类，植物源寄生虫和动物源寄生虫。动物源性寄生虫又可分为以下5类：

①肉源性寄生虫，如旋毛虫、猪带绦虫、牛带绦虫、弓形虫。

②螺源性寄生虫，如广州管圆线虫。

③淡水甲壳动物源性寄生虫，如肺吸虫。

④鱼源性寄生虫，如肝吸虫、异尖线虫、棘腭口吸虫等。

⑤两栖类、爬行类(蛙、蛇)源性寄生虫，如裂头蚴。

(三)寄生虫对宿主的危害

寄生虫侵入人体在移行、发育、繁殖和寄生过程中对人体组织和器官造成的损害主要有三方面：①夺取营养；②机械损伤，如钩虫寄生于肠道可引起肠黏膜出血；③毒素作用与免疫损伤

(炎症、坏死、增生等病理变化)。

目前,对人类健康危害严重的食源性寄生虫主要有中华分支睾吸虫(又称肝吸虫)、卫氏并殖吸虫(又称肺吸虫)、带绦虫、广州管圆线虫、旋毛虫、异尖线虫和肝片吸虫等。

四、食源性寄生虫病增多的影响因素

一是一些地区长期以来形成的生食或半生食淡水鱼和肉类的饮食习惯尚难改变;二是淡水养殖业迅速发展,鱼类等食品的卫生检疫工作相对滞后;三是长期以来针对食源性寄生虫病的防治工作尚未系统地开展。食源性寄生虫病已成为影响我国食品安全和人民健康的主要因素之一。

五、寄生虫病的防治原则

寄生虫病防治的基本原则是控制寄生虫病流行的 3 个环节。

(一)消灭传染源

在寄生虫病传播过程中,传染源是主要环节。在流行区,普查、普治病人和带虫者以及保虫宿主是控制传染源的重要措施。在非流行区,监测和控制来自流行区的流动人口是防止传染源输入和扩散的必要手段。

(二)切断传播途径

不同的寄生虫病其传播途径不尽相同(食物、空气、血液、昆虫媒介等)。加强粪便和水源管理,注意环境和个人卫生,控制和杀灭媒介节肢动物和中间宿主是切断寄生虫病传播途径的重要手段。

(三)保护易感人群

人类对各种人体寄生虫的感染大多缺乏先天的特异性免疫力,因此对人群采取必要的保护措施是防止寄生虫感染的最直接方法。关键在于加强健康教育,改变不良的饮食习惯和行为方式,提高群众的自我保护意识。必要时可预防服药和在皮肤涂抹驱避剂。

六、食源性寄生虫病的流行病学特点

(一)地方性及季节性

地方性:这一特点与当地的气候条件,中间宿主或媒介节肢动物的地理分布,人群的生活习惯和生产方式有关。如血吸虫病的流行区与钉螺的分布一致,具有明显的地方性。

季节性:由于温度、湿度、雨量、光照等气候条件会对寄生虫及其中间宿主和媒介节肢动物种群数量的消长产生影响,因此寄生虫病的流行往往呈现出明显的季节性。如血吸虫病,常因农业生产或下水活动而接触疫水,因此,急性血吸虫病往往发生在夏季。

(二)传染源

主要是感染了寄生虫的人或动物,包括病人、病畜、带虫者、转续宿主和保虫宿主。

(三)传播途径

传播途径为消化道。进食生鲜(生鱼片、生鱼粥、生鱼佐酒、醉虾蟹)或未经彻底加热(如涮锅、烧烤）的水生动植物感染；捕抓鱼后不洗手或用口叼鱼；使用切过生鱼的刀及砧板切熟食，或用盛过生鱼的器皿盛熟食也能使人感染；饮用含有囊蚴的生水则是感染姜片虫的另一种重要方式。

（四）流行特征

发病与食物有关，病人在近期内食用过相同的食物，发病较为集中，病人有相似的临床表现等。发病潜伏期和病程一般比其他类型的食源性疾病长，并可在人与人之间传播。

七、食源性寄生虫病的诊断技术

食源性寄生虫病的诊断包括临床诊断、流行病学诊断和实验室诊断 3 个方面。临床诊断主要依据感染食源性寄生虫后出现不同的发病症状或体征；流行病学诊断主要掌握相关的流行病学资料；实验室检验结果是正确诊断寄生虫病的主要依据。

病原学检验是确诊的依据；免疫学和分子生物学检验则通常是在难以从送检标本中找到寄生虫病原体，或者是在需要进行早期诊断以及开展寄生虫病普查工作时采用的重要手段。

（一）病原学检验

运用适当技术从患者送检标本中检查寄生虫病原体是诊断寄生虫病的最可靠的方法。对于寄生虫病检验来说，熟悉或掌握寄生虫的形态和生活史尤为重要。用于检查的具体方法应根据标本种类、寄生虫虫种及其虫期和具体感染情况而定，原则上应首先选用最简便、最有效和最可靠的方法进行检查，必要时还可取材作人工培养、动物接种、活组织检查及感染度测定等。

（二）免疫学检验

免疫学检验主要作为寄生虫病检验的辅助手段。它的优点在于可对早期、轻度和深部的寄生虫感染以及雄虫单性寄生病例作出诊断；免疫学检验还是进行流行病学调查、筛选病原学检验对象以及考核防治效果和进行疫情监测的重要手段。免疫学检验最常用的样本是受检者的血清，检验者可检测血清中特异性抗体、循环抗原或免疫复合物。若血清中存在循环抗原，则往往提示为近期感染或活动性感染。

寄生虫循环抗原（circulating antigen，CAg）系指生活虫体排放到宿主体液内的大分子微粒，主要是排泄分泌物或脱落物中具有抗原特性，并且能被血清免疫学试验所证明（检出）的物质。

（三）分子生物学检验

DNA 探针和 PCR 技术是近些年迅速发展起来的新技术。目前已被广泛用于许多原虫和部分蠕虫的检测或鉴定，具有十分广阔的应用前景。

此外，寄生虫蛋白质等电聚焦和聚丙烯酰胺凝胶电泳、同工酶电泳技术等在寄生虫的种株鉴定中也十分有用，因此，亦常被用于寄生虫病的实验诊断及寄生虫的分类研究。

第二节　食源性旋毛虫及检验

一、概述

旋毛虫病(trichiniasis)是因生食或半生食含有旋毛虫幼虫囊包的猪肉、犬肉或其他动物肉类而感染的一种人畜共患病,能致人死亡。几乎所有哺乳动物对其都易感。本病呈世界性分布,1835 年英国的 Owen 首先发现了旋毛虫。随后世界各地陆续发现了旋毛虫,美国、法国、西班牙、意大利、加拿大及黎巴嫩都有本病暴发流行的报告。

我国自 1881 年在厦门猪体中发现该虫以来,旋毛虫在国内流行呈增长趋势。目前已在 26 个省、市、自治区发现猪旋毛虫病,我国内地 15 省(区、市)和香港均曾有局部暴发或病例报告。旋毛虫病的流行和蔓延严重地威胁着人民群众的身体健康与生命安全。

旋毛虫是毛形科的一种线虫。在屠畜中旋毛虫主要感染猪和犬,近年来人工感染证明,羊、猫也可感染旋毛虫,它是一种引起人畜共患病的寄生虫。这种虫的成虫寄生于宿主的肠道内,幼虫形成包囊寄生于横纹肌中,当人和动物吃进生的或未煮透的带有肌肉旋毛虫的病畜肉后,即可感染旋毛虫病。因此,宰后对肌肉旋毛虫检验十分必要。

二、旋毛虫病原体特征

(一)病原体形态

旋毛虫为淡黄色,在囊包内卷曲呈螺旋状、单环状、双环状、双钩状、“S”状、“8”字状及结节状等,浮游在囊包内无色液体中,雄虫大小为(1.4～1.6) mm×0.04 mm,雌虫较雄虫大 2 倍以上,为 4.00 mm×0.06 mm,两端弯曲,前端较细,后端较钝粗。雄性泄殖腔开口于虫体的末端,位于 2 个小叶形的交合附器之间,腔内有 1 个交配管,管的前端接连直肠及射精管,雌虫生殖器位于虫体前段 1/5 处,子宫和卵巢在虫体后段 4/5 处,在子宫内可见到未分裂的卵细胞,或在靠近阴道处可见成熟的幼虫。幼虫大小一般约为 100 μm×6 μm,幼虫经过一系列移行过程到达横纹肌纤维内,长大并自行卷曲,最后形成柠檬形囊包。

(二)生活史

旋毛虫成虫和幼虫寄生于同一宿主,不需要外界发育,但完成生活史必须更换宿主(图 7-1)。

图 7-1　旋毛虫的生活史

宿主因摄食了含有包囊幼虫的动物肌肉而感染,包囊在宿主胃内被溶解,幼虫即游离并侵入人的小肠黏膜,4 次蜕皮,经两昼夜变成性成熟的肠旋毛虫。成熟后 40 h 开始交配,产虫期为 4～16 周。新产生的幼虫经淋巴和小静脉进入血液;随血液循环至全身各部组织器官,然后进入骨骼肌肉(横纹肌肉)生长发育,形成“肌旋毛虫”。第17天的幼虫能抵抗胃酶消化，并对新宿主具有感染性，幼虫周围约在1个月内形成梭形包囊，其纵轴与肌纤维平衡。半年后，包囊两端开始钙化，但有钙化包囊的幼虫可存活数年，而人体内幼虫最长可活31年之久。

三、旋毛虫病流行病学特点

(一)流行病学分布

旋毛虫是一种世界性动物疫原性寄生虫。旋毛虫病主要在哺乳动物之间广泛传播，几乎所有的哺乳动物均易感，据报道有150多种哺乳动物自然感染旋毛虫。据现在所知，从地域分布看，除大洋洲的澳大利亚未发现本地病人及动物感染外，几乎遍布全球各大陆，特别在北极地区，旋毛虫病是该地区常见的线虫病。

我国旋毛虫病分布的地域差别不大，自云南、西藏首先报告人体旋毛虫病病例之后，相继在我国东北三省、湖北、广西、河南等地屡见有本病暴发流行。

(二)临床症状

旋毛虫的宿主有人、猪、鼠、猫、犬及多种野生动物。人类多是由于食生或半熟含有旋毛虫的猪肉、狗肉及其他动物肉及肉制品而引起感染。人感染旋毛虫的潜伏期一般为5～15 d，平均10 d。但也有接触后数小时或40多天出现发病症状者。

人体感染多为亚临床型，出现临床症状者，表现复杂多样。前期症状有恶心、呕吐、腹泻、便秘、腹痛、厌食、乏力、畏寒、发热等。常见的体征和症状是伴有嗜酸性粒细胞增多的白细胞增多症，出现发热38～41℃，多为弛张热和不规则热，可持续数日，夜间入睡后出汗，清晨退烧；数日后可见眼睑、面部甚至全身水肿，可持续3个月之久，水肿部位可有明显压痕；局部或全身肌痛，以腓肠肌最为严重，触痛、压痛较敏感，重症者有咀嚼、吞咽和说话困难，声音嘶哑甚至无声，呼吸和动眼时均感疼痛；皮肤出现皮疹，重者有皮肤触痛。

四、旋毛虫病诊断及检验方法

(一)流行病学及临床诊断

根据流行病学特点、病史和症状可初步诊断旋毛虫病，但应与流行性感冒、急性关节炎、伤寒、脑炎等疾病进行鉴别。确诊应通过有效的实验室检验，包括血相分类计数(嗜酸性粒细胞增多)，剩余肉食和病人肌肉活体旋毛虫虫体检查(采用肌肉组织压片镜检或消化分离镜检)，各种血清学和免疫学诊断(如环幼沉淀实验、间接血细胞凝集、荧光素标记抗体、ELISA等)。

(二)实验室检验

采用活检法检到旋毛虫幼虫即可确诊。另外可采用免疫诊断技术，如皮内试验、ELISA、间接免疫过氧化物酶染法、斑点ELISA、间接荧光素标记抗体试验、间接血细胞凝集试验及乳胶凝集试验、单克隆抗体技术和乳胶-磁性颗粒技术等。

牲畜屠宰后旋毛虫的检验方法有如下几种。

1. 肉眼检查

根据各地检验旋毛虫的经验，采样一般是从肉尸左右横膈肌脚采取的质量不少于30 g的肉样2块，编上与肉尸相同的号码，送至旋毛虫检验室备检。农贸市场可现场检验，发现可疑者压片镜检。

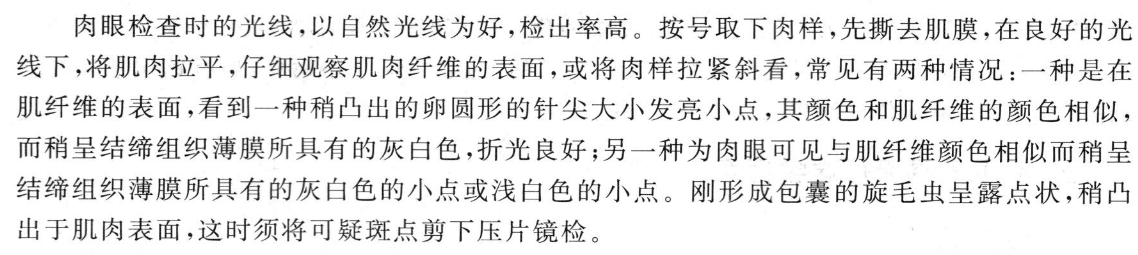
肉眼检查时的光线，以自然光线为好，检出率高。按号取下肉样，先撕去肌膜，在良好的光线下，将肌肉拉平，仔细观察肌肉纤维的表面，或将肉样拉紧斜看，常见有两种情况：一种是在肌纤维的表面，看到一种稍凸出的卵圆形的针尖大小发亮小点，其颜色和肌纤维的颜色相似，而稍呈结缔组织薄膜所具有的灰白色，折光良好；另一种为肉眼可见与肌纤维颜色相似而稍呈结缔组织薄膜所具有的灰白色的小点或浅白色的小点。刚形成包囊的旋毛虫呈露点状，稍凸出于肌肉表面，这时须将可疑斑点剪下压片镜检。

2. 压片检验

顺着肌纤维的方向，用弓形剪刀，在肉块不同的部位剪取 12 粒麦粒大小的肉粒（两块肉共剪取 24 个小肉粒），依次贴附于夹压器的玻片上（如无夹压器可用普通玻璃代替），盖上上面的玻片，用力压扁并扭紧螺旋，使肉片压成很薄的薄片，以能通过肉片标本看到下面报纸上的小字为准，过厚影响检出率，将压片置于 50～70 倍的低倍镜下观察，检查由第 1 个肉粒压片开始，不能遗漏每一个视野。镜检时应注意光线的强弱及检查的速度，如光线过强，速度过快，都有可能漏检。

在新鲜猪肉里，包囊中的旋毛虫通常为 1 条，呈螺旋状，盘曲于充满透明液体的囊腔中，重度感染的病例，则可见到双虫体包囊和多虫体包囊。包囊的形态随宿主种类不同而异，人、猪、鼠的呈椭圆形，长轴同于肌纤维方向；犬、狐、猫的呈圆形，两端有囊角延伸和脂肪环集聚。

镜检时，有时会发现旋毛虫的退行性变化，表现为不同程度的钙化、变性和死亡，猪旋毛虫大多从虫体本身开始钙化，很少见到从包囊两极开始钙化的。钙化的或部分钙化的旋毛虫周围有卵圆形或橄榄形包囊，经常可以看到盘旋的虫体残骸，或断裂的条状裂痕。钙盐在显微镜下观察时呈一致的黑色。钙化的囊虫小白点一般较旋毛虫大，缺乏卵圆形的双重壁的包囊。旋毛虫包囊特别是钙化包囊往往与囊虫及住肉孢子虫相混，它们之间的区别见表 7-1。

表 7-1　旋毛虫、囊虫、住肉孢子虫钙化后的区别

部位	旋毛虫	囊虫	住肉孢子虫
包囊	有双层壁，多数位于肌纤维内	单层壁，位于肌纤维间	无包囊，位于肌纤维内
囊液	有折光性强的透明液	囊液不清晰	
虫体	呈盘旋形	不见盘旋形虫体	棉叶形
钙化	从虫体本身开始，钙化后包囊体积较小	钙化虫体较大，不清晰，发暗	多从虫体部位开始，体积较旋毛虫大
10%盐酸	滴加后可见虫体或残骸		滴加后不见虫体残骸

3. 快速消化法

目前旋毛虫的检出率很低，为了减少检验人员的工作量，提高劳动效率，常以 20～100 头猪为 1 组，每头猪取样 1 g，然后把检样放在一起加消化液，捣碎，加盐酸溶液，集虫，最后镜检。此法适用于肉联厂。

（1）试剂。消化液：1 000 mL 水＋0.49 g 胃蛋白酶（胃蛋白酶含量 10 000 IU/g 以上），溶液温度同自来水温度。

盐酸溶液：1 000 mL 水＋20 mL 盐酸（盐酸浓度 37%，相对密度 1.19），盐酸溶液保持在

65℃以上备用。

(2)仪器。组织捣碎机、加热磁力搅拌器、集虫器、电热恒温水浴锅、显微镜。

(3)采样。剪取或刀割肉尸横膈肌脚,除去脂肪、肌膜或腱膜,以免在消化时难以分解而在过滤时堵住筛孔。每头猪取肉样 1 g,以 20～100 g 肉样为 1 个大样,这样便于检验。如果发现了旋毛虫,再逐一进行检验。

(4)方法。将肉样放在捣碎机的玻璃杯中,加入消化液 100 mL,加盖,安装好容器,徐徐打开电源开关,由 8 000 r/min 逐步增大到 16 000 r/min,捣碎时间 30～50 s。取下容器将捣碎液倒入烧杯中,再用少量消化液冲洗捣碎机玻璃杯壁一并倒入烧杯中,立即加入 100 mL 2%盐酸水溶液,两液混合保持在 45℃。将集虫器徐徐从液面上小心压入烧杯中,加磁棒于集虫器内,置烧杯于加热磁力搅拌器上,启动开关,消化液逐渐被搅成一旋涡,经 3～5 min 后,虫体沉积于集虫器底部,停止搅拌、待磁棒静止后除去磁棒,从烧杯中取出集虫器,卸下集虫筛,用适量清水将筛面充分洗至表面皿中,前后左右来回晃动表面皿,使水中有形成分集中于皿底中心,在显微镜低倍镜下(30～40 倍)检查。若发现虫体、包囊及虫节的空包囊,即可判为阳性。

五、旋毛虫病的预防和控制

(1)加强卫生宣传教育。指导群众改变不良的饮食习惯,不吃生猪肉、狗肉及其他野生动物肉。旋毛虫包囊对低温的抵抗力较强。在－12℃可保持活力达 57 d,－15℃下可存活 20 d,在－21℃可存活 8～10 d。包囊对热的抵抗力较弱,猪肉或动物肉的中心温度达到 60℃,5 min 即可杀死虫体,但熏烤、腌制及曝晒等加工方法常不能杀死包囊,因此,烹调时应煮熟炒透,肉中心温度应达到 70℃。食品用具及容器应生熟分开,避免交叉污染。改善养猪方法,提倡圈养,喂饲熟料,有条件的组织接种疫苗,预防猪的感染,切断传染源。

(2)加强肉类检疫,做好病肉的无害化处理。

(3)对旋毛虫病的自然疫源地必须密切注意,对猎物要严格检疫,防止人畜感染。

第三节　食源性带绦虫和囊尾蚴及检验

一、概述

带绦虫病是由猪带绦虫、牛带绦虫、亚洲带绦虫等绦虫(cestode)成虫寄生于人体小肠所致。

幼虫寄生时称为囊尾蚴病,猪、牛和一些野生动物为其中间宿主,猪带绦虫病患者还可使他人或自身感染而患猪(带绦虫)囊尾蚴病。

二、带绦虫和囊尾蚴病原体特征

(一)带绦虫

猪带绦虫成虫与牛带绦虫形态上很相似。乳白色,扁长如带,薄而透明,长 2～4 m(牛带绦虫可长达 25 m),前端较细,向后渐扁阔。雌雄同体。绦虫无体腔,体表为皮层,其下为肌层,内为实质。没有消化系统,营养物质通过体表吸收。

虫体分节：头节近似球形，细小，直径 0.6～1 mm，有固着器官（吸盘、小钩、吸槽），除有 4 个吸盘外，顶端还具顶突，其上有小钩 25～50 个，排列成内外两圈，内圈的钩较大，外圈的稍小，故名有钩绦虫。颈部纤细，直径仅约头节之半。组成链体的节片为 700～1 000 片，可分为未成熟节片、成熟节片和妊娠节片。每一节片的侧面有一生殖孔，略突出，不规则地分布于链体两侧。

（二）囊尾蚴

成熟的猪囊尾蚴为椭圆形、白色半透明的包囊，其大小为(6～8)mm×5 mm，囊壁上有 1 个内嵌的头节，头节形态与成虫相同，囊内充满液体。虫卵为圆形或椭圆形，有 1 层薄的卵壳，外层常为胚膜及胚层，胚膜较厚，具有辐射状花，内含有 3 对小钩的六钩蚴。

（三）病原体生活史

人是猪带绦虫的终宿主，也是猪带绦虫的中间宿主，但不是牛带绦虫的中间宿主。成虫寄生于人体小肠，头节深埋于肠黏膜内，孕节常单独或 5～6 节相连地从链体脱落，随粪便排出。

虫卵或孕节被猪等中间宿主吞食后，六钩蚴逸出，钻入肠壁，经血循环或淋巴系统而到达宿主身体各处。以猪肉内为最多，称为“米猪肉”或“豆猪肉”。当人误食生的或未熟的含囊尾蚴的猪肉，囊尾蚴的头节翻出，吸附于肠壁，经 2～3 个月发育为成虫，寿命可达 25 年以上。

猪肉带绦虫繁殖力很强，患者每月可由粪便排出 200 多个孕卵节片，每个节片含虫卵平均为 4 万个。虫卵在外界抵抗力较强，一般能存活 1～6 个月（图 7-2）。

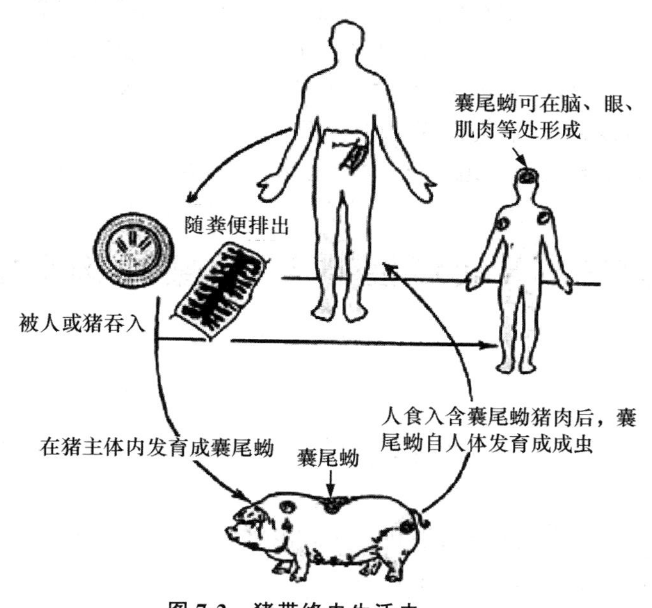

图 7-2 猪带绦虫生活史

三、带绦虫病和囊尾蚴病流行病学特点

（一）流行病学分布

猪囊尾蚴寄生于猪的肌肉中引起疾病。其成虫寄生于人小肠内引起绦虫病，人亦可感染猪囊尾蚴，是一种重要的人畜共患病。东北、华北、西北、西南等地区危害严重。

人群普遍易感，猪囊尾蚴病可发生于任何年龄，患者年龄最小者仅 9 个月，最大者 85 岁，一般青壮年为多，男性多于女性。

(二)临床症状

感染猪带绦虫成虫的患者，胃肠道症状并不明显；危害主要来自幼虫形成的不同部位的囊尾蚴病。猪囊尾蚴病的症状可因寄生尾蚴的数量和部位不同而有不同的表现。

(1)皮下及肌肉囊尾蚴病：表现为皮下或黏膜下囊尾蚴结节，数目可由数个至数千个，以头部及躯干为多，四肢相对较少，常分批出现。即使在数目较多时，也可不表现出严重症状，仅有肌肉酸痛感觉。

(2)脑囊尾蚴病：症状复杂多样，患者可完全无症状，也可出现较严重的症状，甚至突然死亡。根据病人的临床表现，可大致分为以下几种临床类型：①癫痫型；②高颅压型；③癫痫合并高颅压型；④精神障碍型；⑤癫痫合并高颅压及精神障碍型；⑥脑炎脑膜炎型；⑦神经衰弱型。

(3)眼囊尾蚴病：囊尾蚴可寄生于眼的任何部位，但绝大多数在眼球深部、玻璃体及视网膜下。症状轻者表现为眼部炎症、视力障碍，重者可致失明。

四、带绦虫病和囊尾蚴病诊断及检验方法

(一)流行病学及临床诊断

粪便中有白色带状节片排出，或从肛门逸出。询问病人是否有进食生或未熟的猪或牛肉。

(二)实验室检验

1. 虫卵检验

(1)直接涂片法：取一干净的载玻片，滴 1～2 滴 0.85%的生理盐水，再用小木棒或竹签挑取火柴头大小的粪便，置于生理盐水中，调匀后直接镜检或盖上盖玻片后镜检。

(2)水洗沉淀法：粪便中虫卵较少，当不易查找到时可用浓集法提高虫卵检出率。取粪便 20～30 g，先置于广口瓶中，用少量清水调成糊状，然后加清水 500 mL 左右，充分搅拌后过筛或 2 层纱布过滤于三角瓶内，静置 40～50 min，倾去上清液，用此法将粪便清洗 3～4 次，使上面液体澄清为止，弃去其上清液，用吸管取沉渣涂于玻片上，镜检即可。

(3)离心沉淀法：取 1 g 粪便置于 2 mL 水中调成糊状，再加水 10～20 mL 充分搅拌。用纱布过滤于离心管中，离心后用吸管轻轻吸取上清液弃去，取沉淀涂片后镜检。

2. 囊尾蚴检验

(1)鉴别要点：鉴别屠畜囊尾蚴，主要检验咬肌、舌肌、腰肌和心肌，必要时可横向切开四肢肌肉和肋间肌。囊尾蚴常有以下几种存在形态。

标准的活囊尾蚴：为一无色半透明(类似珍珠色)，表面光滑(牛的粗糙)的囊包。其外形近似卵圆，长 8～18 mm，宽 5 mm，略大于黄豆，囊内充满无色透明液体和 1 个连于囊壁内层呈悬垂状的球形白色头节，大小如小米粒，镜检可见头部具有 4 个吸盘，并在中间生有 1 个齿冠，由大小不等的 11～16 对角质钩所组成。

正在发育过程中的囊尾蚴：它的整个外观形态和囊内结构完全与标准的活囊尾蚴相同，不同点仅是囊包大小不一，肉眼能发现最小的，比大头针的针尖还小，此种正在发育中的囊尾蚴，能否在终末宿主(人)的肠道内发育成虫，目前尚未弄清。

囊尾端在发育过程中的变化：虫体钙化，死后的囊虫的包囊与头节均可发生钙化，钙化后

一般呈灰白色，时间稍长的呈黄白色，在一头病猪体内钙化灶的大小也不一致，外观呈颗粒状小结节。虫体发生粥样崩解，囊内液体变为混浊或淡绿色脓样物，甚至干酪样。囊虫的囊和头节发生钙化被结缔组织包围并代替。

3. 妊娠节片检查

可鉴别绦虫种类。猪带绦虫妊娠节片子宫分支数为7～13个，呈树枝状；牛带绦虫妊娠节片子宫分支数为15～30个，呈对分支状。

五、带绦虫病和囊尾蚴病的预防和控制

(1)控制传染源。开展人群带绦虫感染及人群、猪只的囊尾蚴感染情况调查；治疗病人、处理病猪。

(2)加强粪便管理和无害化处理。禁止随地大便，改进家畜饲养方式，预防家畜感染。

(3)加强屠宰场的管理和肉品检验检疫，严禁销售含囊尾蚴的肉(俗称"米猪肉")。

(4)加强健康教育，改变不良的饮食习惯，不吃生肉或未熟的肉，注意个人卫生和饮食卫生。

第四节　食源性广州管圆线虫及检验

一、概述

广州管圆线虫寄生于鼠类肺部血管。偶可寄生人体引起嗜酸性粒细胞增多性脑膜脑炎或脑膜脑炎。1933年由我国学者陈心陶教授在广州的家鼠肺部发现并命名。人体广州管圆线虫病由Nomurn和Lin于1944年在我国台湾首次发现。此后在泰国、印度尼西亚、越南、日本等国相继有病例报告。

自1984年朱师晦等报道了第1例内地的广州管圆线虫病以来，先后在广东、香港、浙江、天津、黑龙江、广西、海南、云南、福建等省、地区相继报道了该病。近年来，由于广州管圆线虫病中间宿主褐云玛瑙螺和福寿螺的大量养殖及食用，其分布的范围扩大，病人也有增多趋势。1997年浙江温州有集体暴发。

二、广州管圆线虫病原体特征

(一) 病原体形态

成虫线状，细长，体表具微细环状横纹。头端钝圆，头顶中央有一小圆口，缺口囊。雄虫长11～26 mm，宽0.21～0.53 mm，交合伞对称，呈肾形。雌虫长17～45 mm，宽0.3～0.66 mm，尾端呈斜锥形，子宫双管形，白色、与充满血液的肠管缠绕成红、白相间的螺旋纹，十分醒目，阴门开口于肛孔之前。

(二)生活史

广州管圆线虫成虫寄生于鼠类肺动脉内，产出的卵进入毛细血管孵出第1期幼虫，幼虫经呼吸道逆入消化道并随粪便排出。幼虫进入螺和蛞蝓等中间宿主后发育为感染期幼虫，即第

2、3 期幼虫。人因生食含感染期幼虫的中间宿主或转续宿主，或者生吃被感染期幼虫污染的蔬菜、瓜果、水等而感染。第 3 期幼虫也可经皮肤侵入人体。侵入的幼虫穿透肠道进入血液循环到达各个器官，多数幼虫到达脑部。侵入的幼虫在人体内只发育到第 4 期幼虫或成虫早期。常见的中间宿主有褐云玛瑙螺、福寿螺和蛞蝓，此外还有皱疤坚螺、短梨巴蜗牛、中国圆田螺和方形环棱螺。转续宿主有黑眶蟾蜍、虎皮蛙、金线蛙、蜗牛、鱼、虾和蟹等(图 7-3)。

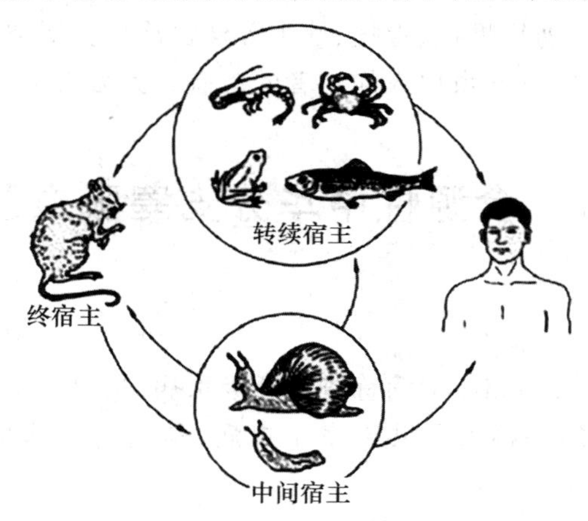

图 7-3　广州管圆线虫生活史

三、广州管圆线虫病流行病学特点

(一)流行病学分布

在世界各地多为散发。广州管圆线虫病主要分布在热带、亚热带地区，如东南亚、日本、澳大利亚、美国、古巴、埃及和一些太平洋岛国。我国病例主要在广东、香港、浙江、天津、黑龙江、广西、海南、云南、福建等地，绝大多数呈散发分布。

(二)临床症状

广州管圆线虫的感染以脑脊液中嗜酸性细胞明显增多为特征，大脑、脑膜、小脑、脑干和脊髓等部位常引起充血、出血、损伤和肉芽肿性炎症等病变。

该病潜伏期为 3～36 d，平均 16 d。最常见的症状是急性剧烈头痛或脑膜炎的表现，头痛部位多发于枕部和额部，头痛一般为胀裂性，发作时间和频率会随病程的进展而延长和增加。

四、广州管圆线虫病诊断及检验方法

(一)流行病学及临床诊断

有吞食或接触含本虫的中间宿主或转续宿主的经历。有某种神经系统受损的症状和体征，如急性脑膜脑炎或脊髓炎或神经根炎的表现。

(二)实验室检验

脑脊液压力升高，白细胞总数正常或增多，其中嗜酸性粒细胞显著增高，可占 5%～33%。从脑脊液中查出幼虫或发育期雌性成虫或雄性成虫，但一般检出率不高。免疫学检验可作为辅助诊断依据。方法有皮内试验，琼脂糖双向扩散，免疫电泳、间接血细胞凝集法和酶联免疫吸附法等。感染者的抗体在 1 个月很快上升，半年后下降，因此，免疫诊断应在感染早期进行。

皮内试验，即纯化的成虫抗原稀释液皮内注射。15 min 后，产生的皮丘直径大于 9 mm 或红斑直径大于 20 mm 的为阳性。该法用于流行病学调查也可得到比较满意的结果。

五、广州管圆线虫病的预防和控制

预防广州管圆线虫病首先应该注意饮食卫生，不吃生或半生螺类，不吃生菜、不饮生水。避免在疫区戏水、徒手作业，勿用蟾蜍、青蛙、蜗牛等外敷治疗。螺类加工时应防止广州管圆线虫污染餐具和环境，同时要防止幼虫侵入加工者的皮肤。大力灭鼠也能有效减少传染源。

第五节　食源性中华分支睾吸虫及检验

一、概述

中华分支睾吸虫病(clonorchiasis)简称华支睾吸虫病，是由华支睾吸虫寄生在人的肝胆管内所引起的肝胆病变为主的一种人兽共患寄生虫病，是当前我国最严重的食源性寄生虫病之一。

因华支睾吸虫主要寄生在终宿主肝胆管内而俗称肝吸虫。目前，肝吸虫病流行在我国珠江三角洲的广东、广西、香港、台湾以及东北三省较为严重。长江流域、黄淮流域及部分丘陵流行区呈轻、中度流行。

二、华支睾吸虫病原体特征

(一)病原体形态

成虫雌雄同体，有吸盘，无体腔，成虫体形狭长，背腹扁平，不分节，前端稍窄，后端钝圆，状似葵花子，体表无棘。虫体大小一般为(10～25) mm×(3～5) mm。以螺蛳、淡水鱼、虾等为中间宿主。

虫卵形似芝麻，淡黄褐色，一端较窄且有盖，卵盖周围的卵壳增厚形成肩峰，另一端有小瘤。卵甚小，大小为(27～35)μm×(12～20)μm。从粪便中排出时，卵内已含有毛蚴。

囊蚴呈椭圆形，平均大小为 138 μm×115 μm。囊壁两层，幼虫迂曲在囊内，可见口吸盘和腹吸盘及一个大的泄囊，囊内含黑色钙质颗粒。

(二)生活史

华支睾吸虫生活史为典型的复殖吸虫生活史，要经历有性世代与无性世代的交替。包括成虫、虫卵、毛蚴、胞蚴、雷蚴、尾蚴、囊蚴及后尾蚴等阶段(图 7-4)。

生活史发育的必备条件：①虫卵和幼虫必须在水中发育；②幼虫需要水生生物作为中间宿主。

无性世代一般寄生在软体动物(中间宿主)，通常是腹足类，如螺蛳等。也可是斧足类，如蚌类。第一中间宿主为淡水螺类，如豆螺、沼螺、涵螺等，第二中间宿主为淡水鱼、虾。有性世代大多寄生在脊椎动物(终宿主)。终宿主为人及肉食哺乳动物(犬、猫等)。终宿主因食入含活囊蚴的生的或半生不熟的鱼虾而感染。囊蚴在十二指肠内脱囊，并沿胆道逆行向上至肝胆管，也可经血管或穿过肠壁经腹腔进入肝胆管内，通常需 1 个月左右发育为成虫。成虫寿命可长达 20～30 年。

成虫寄生于人或哺乳动物的肝胆管内，卵随胆汁进入消化道，随粪便排出体外。若虫卵落入水体如池塘、鱼塘等，被第一中间宿主赤豆螺、长角涵螺、纹沼螺等多种淡水螺食入，可在其体内孵出毛蚴，穿肠壁到肝脏，经胞蚴、雷蚴增殖发育形成许多尾蚴(长尾蚴)。成熟尾蚴从螺体逸出，在水中(存活 1～2 d)遇到第二中间宿主淡水鱼、虾即可侵入体内并发育为囊蚴。

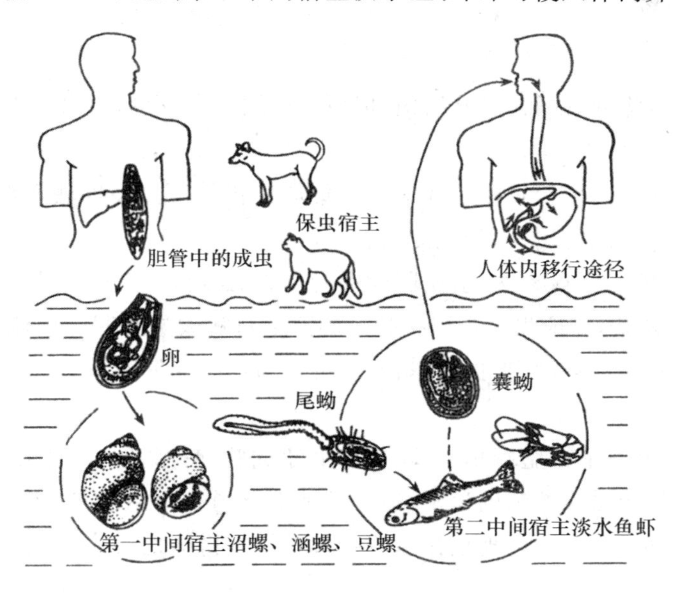

图 7-4 华支睾吸虫生活史

三、华支睾吸虫病流行病学特点

(一)流行病学分布

华支睾吸虫病流行一般呈点、片状分布，主要出现在一些平原、低洼和多水系地区，在我国主要是南北两端感染率高，主要是这些地区有生吃鱼虾类的习惯。感染率随年龄的增长而升高。

另外，不同地区、不同县乡，甚至同一乡内的不同村庄感染率差别也很大，这表明地理地貌及水流因素也起着重要作用。

(二)临床症状

轻度感染者无明显临床症状或症状很轻微。中度感染者有消化不良、食欲减退、疲劳乏力、肝区隐痛、肝脏肿大(尤以左叶为甚)以及腹痛、腹泻、消瘦等。重度感染者在晚期可造成肝硬化、腹水和侏儒症，甚至导致死亡。大部分患者感染早期的症状不很明显，临床上见到的病例多为慢性期患者，其症状往往经过几年才逐渐出现。

四、华支睾吸虫病诊断及检验方法

(一)流行病学及临床诊断

围绕相关的流行病学资料，对正确诊断具有重要意义。在儿童感染为主的地区，要了解居住环境是否为低洼水系，儿童是否捕食野生鱼虾等重要的流行病学线索。在成人流行地区，主要了解是否有生食鱼虾史。

本病容易被误诊为病毒性肝炎。但只要充分了解其症状和流行病学方面的特点，对可疑患者仔细检查，就可避免误诊。

(二)实验室诊断

1. 病原体检查

(1)涂片法：直接涂片法操作虽然简便，但由于所用粪便量少，检出率不高，且虫卵甚小，容易漏诊。

(2)集卵法：此法检出率较直接涂片法高。集卵法包括漂浮集卵法和沉淀集卵法两类，沉淀集卵法常用水洗离心沉淀法、乙醚沉淀法。

(3)十二指肠引流胆汁检查法：引流胆汁进行离心沉淀检查也可查获虫卵。此法检出率接近 100%，但技术较复杂，一般患者难以接受。临床上对病人进行胆汁引流治疗时还可见活成虫，虫体表面光滑，卷缩有蠕动，根据形态特征，可作为诊断的依据。

2. 免疫学诊断

包括皮内试验、间接血细胞凝集试验、免疫电泳试验、酶联免疫吸附试验和补体结合试验等都曾试用于华支睾吸虫病的辅助诊断，但与其他消化道寄生虫感染(尤以吸虫类感染)有较明显的交叉反应，不能用作确诊，现仅作为流行病学调查初筛之用。

3. 生化检验

慢性感染者多数嗜酸性细胞增多。急性患者可出现白细胞增多，肝功能受损。

五、华支睾吸虫病的预防和控制

(1)注意饮食卫生，改变不良饮食习惯。华支睾吸虫的感染期囊蚴对加热较为敏感，实验证明：1 mm 厚的鱼片在 90℃水中，囊蚴 1 s 即可死亡，60℃时，15 s 可被杀死。因此，应注意鱼肉及所用餐具的加热处理。除做好人的饮食卫生外，还应注意不用生鱼、虾喂养猫、犬等动物。

(2)加强粪便管理。不用新鲜人畜粪便喂鱼，防止可能含虫卵的粪便入水。

(3)积极治疗病人和感染者。

(4)流行区的猪、猫和犬要定期进行检查驱虫，禁止以生的或半生的鱼虾饲喂动物。

第六节　食源性弓形虫及检验

一、概述

弓形虫病又称弓形体病，是由刚地弓形虫所引起的人畜共患病。因虫体的滋养体呈弓形而得名。该虫呈世界性分布，人和动物都能感染，通常症状轻微或具有自限性。据血清学调查，人群阳性率为 25%～50%，估计全球约有 10 亿人感染弓形虫，绝大多数属隐性感染。但是会对胎儿和具有免疫缺陷的人或猫造成严重甚至是致命的伤害。

二、弓形虫病原体特征

(一)病原体形态

弓形体的生活史中可出现 5 种不同形态，即滋养体(速殖子)、包囊(缓殖子)、裂殖体、配子体和卵囊(表 7-2)。

表 7-2　弓形虫各发育阶段及致病性

宿主类型	宿主名称	发育阶段	形态	致病性
中间宿主	人、猪、牛、羊、禽类	出芽生殖	速殖子、假包囊	强
			缓殖子、包囊	弱
终末宿主	猫科动物	裂殖生殖 配子生殖	裂殖子、配子、配子体、卵囊	弱

滋养体是指在中间宿主核细胞内营分裂繁殖的虫体，又称速殖子。游离的虫体呈弓形或月牙形，一端较尖，一端钝圆；一边扁平，另一边较膨隆。速殖子长 4～7 μm，最宽处 2～4 μm。经姬氏染剂或瑞氏染剂染色后可见胞浆呈蓝色，胞核呈紫红色。

在急性感染期，滋养体在宿主细胞内很快分裂增殖形成 1 个虫体集落，进一步形成假囊。包囊为弓形体在宿主体内的静止期，于宿主细胞内形成，多在慢性感染时出现。包囊呈圆或椭圆形，大小直径 5～100 μm。多见于脑、肌肉和眼，也可见于肺和肝。

在终宿主体内有性生殖形成卵囊，破出上皮细胞进入肠腔，随粪便排出体外，在适宜温、湿度环境中经 2～4 d 即发育为具感染性的成熟卵囊。卵囊圆形或椭圆形，大小为 10～12 μm；成熟卵囊含 2 个孢子囊，每个分别由 4 个子孢子组成，相互交错在一起，呈新月形。

(二)生活史

弓形虫对酸、碱、消毒剂均有相当强的抵抗力，在室温可生存 3～18 个月，猫粪内可存活 1 年，对干燥和热的抗力较差，80℃，1 min 即可杀死，因此加热是防止卵囊传播最有效的方法。

(1)无性世代：滋养体、包囊、裂殖体。中间宿主：禽类、哺乳动物和人。(除红细胞外)有核细胞都可被寄生家畜、家禽等中间宿主吞食弓形体卵囊、包囊或假囊后，卵囊所散出的子孢子，包囊散出的缓殖子和假囊散出的速殖子即可通过消化道进入宿主体内以后，虫体可直接或经过淋巴和血液侵入各种组织。

在慢性感染期，宿主多已产生一定免疫力，弓形体以缓殖子的形式在宿主细胞内形成包囊。

(2)有性世代：滋养体(速殖子)、包囊(缓殖子)、裂殖体、配子体和卵囊。终宿主：目前确认的只有猫与猫科动物。

有性生殖在猫肠中，卵囊中的孢子逸出，侵入回肠进行裂殖体增殖，部分发育为雌雄配子体，形成卵囊后落入肠腔(图 7-5)。

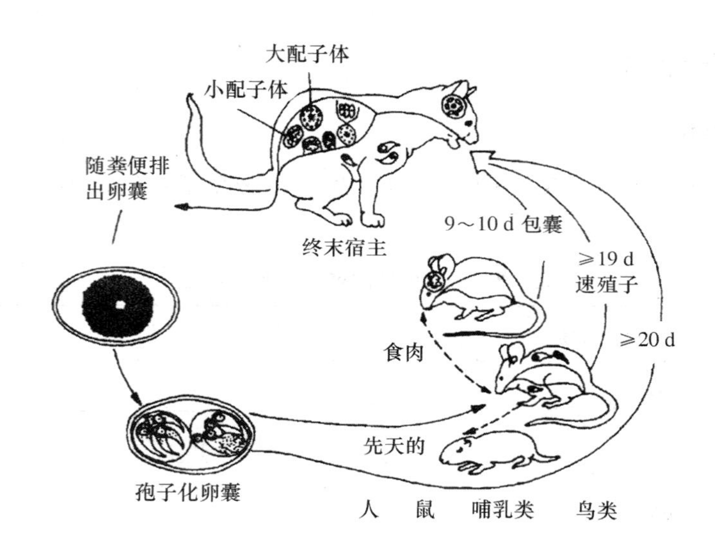

图 7-5 弓形虫生活史

三、弓形虫病流行病学特点

(一)流行病学

(1)传染源:猫及猫科动物是重要的传染源。人经胎盘的垂直传播也具有传染源的意义。

(2)传播途径:进食未煮熟的含各发育期弓形虫的肉制品、蛋制品、乳类或被卵囊污染的食物和水可致感染。肉类加工人员和实验室工作人员有可能经口、鼻、眼结合膜或破损的皮肤、黏膜感染。输血或器官移植也可能引起感染。节肢动物携带卵囊也具有一定的传播意义。

(3)易感人群:人对弓形虫普遍易感。胎儿和婴幼儿的易感性较成人高,肿瘤和免疫功能缺陷或受损患者比正常人更易感。人的易感性随接触机会增多而上升,但无性别差异。

(二)临床症状

一般分为先天性和后天获得性两类,均以隐性感染为多见。临床症状多由新近急性感染或潜在病灶活化所致。

(1)先天性弓形虫病:多由孕妇于妊娠期感染急性弓形虫病(常无症状)所致。

妊娠早期感染弓形虫病的孕妇,如不接受治疗则可引起10%～25%先天性感染,导致自然流产、死胎、早产和新生儿严重感染;

妊娠中期与后期感染的孕妇分别可引起30%～50%(其中72%～79%可无症状)和60%～65%(89%～100%可无症状)的胎儿感染。

先天性弓形虫病的临床表现不一。多数婴儿出生时可无症状,其中部分于出生后数月或数年发生视网膜脉络膜炎、斜视、失明、癫痫、精神运动或智力迟钝等。眼弓形虫病多数为先天性。

(2)后天获得性弓形虫病:病情轻重不一,从亚临床性至暴发性感染不等。可为局限性或全身性:局限性感染以淋巴结炎最为多见,约占90%,常累及颈或腋窝部,淋巴结质韧,大小不一,无压痛,不化脓,可伴低热、头痛、咽痛、肌痛、乏力等。累及腹膜后或肠系膜淋巴结时,可有腹痛。

全身性感染多见于免疫缺损者(如艾滋病、器官移植、恶性肿瘤,主要为何杰金病、淋巴瘤等)以及实验室工作人员等。病人常有显著全身症状,如高热、斑丘疹、肌痛、关节痛、头痛、呕吐、谵妄,并发生脑炎、心肌炎、肺炎、肝炎、胃肠炎等。

四、弓形虫病诊断及检验方法

(一)流行病学及临床诊断

本病临床表现复杂,诊断较难。如遇脉络膜视网膜炎及积水、小头畸形、脑钙化等应考虑本病可能。

(二)实验室诊断

确诊有赖于实验室检查。先天性弓形虫病应与TORCH综合征(风疹、巨细胞病毒感染、单纯疱疹和弓形虫病)中的其他疾病相甄别。

1. 直接镜检

取急性期患者血液、骨髓或脑脊液、胸腹水、羊水等作涂片。

2. 动物接种或细胞培养

将待检样本接种小鼠腹腔内,1周后处死,取腹腔液,镜检滋养体。

3. DNA杂交技术

国内学者首次应用^{32}P标记含弓形虫特异DNA序列的探针,与患者外周血内细胞或组织DNA进行分子杂交,显示特异性杂交条带或斑点为阳性反应。

五、弓形虫病的预防和控制

(一)控制传染源

控制病猫,加强对家畜、家禽和可疑动物的监测和隔离;加强饮食卫生管理和肉类食品卫生检疫制度;孕妇应避免与猫、猫粪和生肉接触并定期做弓形虫常规检查。妊娠初期感染本病者应做人工流产,中后期感染者应予治疗;血清学检查弓形虫抗体阳性者不应供血。器官移植者血清抗体阳性者亦不宜使用。

(二)切断传染途径

勿与猫、犬等密切接触,防止猫粪污染食物、饮用水和饲料。不吃生的或不熟的肉类和生乳、生蛋等。加强卫生宣教,搞好环境卫生和个人卫生。

第七节 食源性隐孢子虫及检验

一、概述

隐孢子虫病(cryptosporidiosis):是一种全球性的人畜共患病,其病原体为一种寄生性原虫,即隐孢子虫。寄生于人体的隐孢子虫主要是微小隐孢子虫,寄生于小肠上皮细胞内,可造成人的严重腹泻。哺乳类、鸟类、爬行类及鱼类均可成为隐孢子虫的宿主。1976年国外报道了首例人体隐孢子虫病,随着病原诊断技术的改进,报告的人体病例剧增。1987年在我国南京市区首先发现了人体隐孢子虫病病例。20 世纪 80 年代初,发现隐孢子虫与艾滋病有一定关系。在艾滋病(AIDs)患者和其他免疫损害者中,长期的严重腹泻是艾滋病病人的重要致死因素之一。

二、隐孢子虫病原体特征

(一)病原体形态

内生阶段(虫体):圆形或卵圆形,直径大小在 2～5 μm。

感染阶段(卵囊):成熟的卵囊内含有 4 个裸露的子孢子和 1 个残留体。粪便中的卵囊为厚壁卵囊,具有 2 层囊壁,直径 4～6 μm。在小肠微绒毛区的卵囊约为 1 μm。

(二)生活史

隐孢子虫的生活史简单,不需转换宿主就可以完成;生活史可分为裂体增殖,配子生殖和孢子生殖 3 个阶段。整个生活史均在同一宿主体内进行,称为内生阶段。随宿主粪便排出的卵囊具感染性。

当宿主吞食成熟卵囊后,在消化液的作用下,子孢子在小肠内脱囊而出;侵入小肠上皮细胞,在被侵入的胞膜下与胞质之间形成纳虫空泡,开始 5～11 d 的生活史。

卵囊成熟后脱落于肠腔随宿主粪便排出体外,即具感染性。空肠近端是胃肠道感染该虫虫数最多的部位,严重者可扩散到整个消化道。也可寄生在呼吸道、肺脏、扁桃体、胰腺、胆囊和胆管等器官。

寄生于肠黏膜的虫体,使黏膜表面出现凹陷,或呈火山口状。寄生数量多时,可导致广泛的肠上皮细胞的绒毛萎缩、变短、变粗、或融合、移位和脱落,上皮细胞老化和脱落速度加快。

艾滋病患者并发隐孢子虫性胆囊炎、胆管炎时,除呈急性炎症改变外,尚可引起坏疽样坏死。

三、隐孢子虫病流行病学特点

(一)流行病学分布

世界上已有许多国家和地区报道发现了隐孢子虫病。我国以福建的感染率最高。国外暴发流行多发生于与病人或病牛接触后的人群,或幼儿园或托儿所等集体单位。

感染了隐孢子虫的人和动物是主要传染源。健康带虫者和恢复期带虫者也是重要的传染源。人际的相互接触是重要的传播途径。痰中有卵囊者可通过飞沫传播。当今,用于消毒自来水的氯化物的浓度不能杀死卵囊,因此一旦水源污染,易引起暴发流行。隐孢子虫的宿主范围很广。人和许多动物都是本虫的易感宿主。人对隐孢子虫普遍易感,易感性与其年龄和机体免疫状态有关。多发生在 5 岁以下的婴幼儿,男女间无明显差异。

(二)临床症状

本病的临床症状和严重程度取决于宿主的免疫功能和营养状况。不论免疫功能正常与否,感染本虫后血中均可检出特异性抗体,但因该虫寄生于肠黏膜表面,体液中的抗体可能不起保护作用,但能降低再感染的严重性。

免疫功能正常的人感染后,主要表现为急性水样腹泻,一般无脓血。自限性腹泻,可自愈。腹泻、腹痛、恶心、呕吐、厌食、乏力及体重下降等,可伴有低热。病程长短不一,短者 1～2 d,长者数年,20 d 至 2 个月上下占多数,多转为慢性而反复发作。

免疫功能缺陷者，尤其是艾滋病患者。症状多而重，持续时间长，直至死亡。多有严重腹泻与吸收不良。霍乱样水泻最常见，数十次/日。也有同时并发肠外器官寄生如呼吸道等，其病情更为严重复杂。有人统计，57 例艾滋病人感染者，42 例死于本病，为艾滋病患者主要致死病因之一，故国外艾滋病人检查隐孢子虫已被列为常规项目。

四、隐孢子虫病诊断及检验方法

（一）流行病学及临床诊断

病人有不明原因的腹泻，尤其免疫功能低下者，均应考虑隐孢子虫病的可能。

（二）实验室诊断

1. 病原学检验

从粪便中查出卵囊即可确诊，检查方法多用粪便直接涂片染色法，水样腹泻的临床症状可做参考。具体方法有：①金胺-酚染色法。染色后在荧光显微镜下可见卵囊为圆形，发出乳白色略带绿色的荧光，中央淡染，似环状。本法简便、敏感，适用于批量标本的过筛检查，但需要荧光显微镜。②改良抗酸染色法。染色后背景为蓝绿色，卵囊呈玫瑰红色，内部结构清晰。③金胺酚-改良抗酸染色法。先用金胺-酚染色后，再用改良抗酸染色法复染，染后用光学显微镜检查，其卵囊同抗酸染色，而非特异性颗粒呈蓝黑色，颜色与卵囊不同有利于卵囊的检查，并提高了检出率和准确性。

2. 免疫学及分子生物学诊断

其中单克隆荧光抗体法较敏感特异。PCR 检测提供了快速、敏感、精确的方法，可用于大量样品检测，而且可用于粪便中卵囊少的无症状带虫者或轻症状病例的诊断。可直接对不同隐孢子虫虫种差异加以区别和对于隐孢子虫感染的分子流行病学进行病原研究。

五、隐孢子虫病的预防和控制

无特效药，对症和支持疗法，可试用大蒜素、螺旋霉素。因此，预防措施在控制本病发生与流行中尤为重要。应加强对病人与病畜的管理，避免与有腹泻的动物接触。常用的消毒剂不能将其杀死，10％福尔马林、5％氨水或加热 65～70℃，30 min，可杀死卵囊。

思考题

1. 什么是土源性寄生虫？比较食源性与土源性寄生虫的危害性。
2. 根据寄生虫不同发育阶段寄居宿主情况不同，宿主有哪些类型？各自有什么特点？
3. 寄生虫对人体有哪些危害？
4. 举例说明食源性寄生虫病增多的影响因素。
5. 以华支睾吸虫为例，说明寄生虫病的防治原则。
6. 什么是带绦虫病和囊尾蚴病？各自临床症状如何？
7. 叙述广州管圆线虫生活史及诊断该虫感染的临床依据。
8. 隐孢子虫病的临床特征怎样？
9. 弓形虫对人有哪些危害？

第八章

食源性病原微生物免疫检测技术

学习目标

1. 掌握检测抗原、检测抗体的制备方法。
2. 掌握抗原抗体反应概念、特点及类型。
3. 掌握食源性病原微生物的免疫学检测方法。

第一节　检测抗原的制备

将抗体作为一种有效的研究工具,需要知道抗体怎样与相应的抗原结合,对应抗原的结构性质。X射线研究显示抗原与抗体相互作用的表面可能很大,而且范围广泛。对抗原抗体的动力学,抗体和抗原表位相结合的亲和力及抗原抗体反应的亲和性进行了大量生物物理学检测,丰富了上述分子结构的研究。

一、抗原的性质

(一)定义

抗原(antigen)是指进入机体内能刺激动物的免疫系统发生免疫应答,从而引起动物产生抗体或形成致敏淋巴细胞,并能和抗体或致敏淋巴细胞发生特异性反应的物质,包括蛋白质、糖脂类以及其他化合物。

(二)特性

(1)免疫原性(immunogenicity):抗原在体内激活免疫系统,使其产生抗体和特异效应细胞的特性。

(2)免疫反应性(immunoreactivity)或反应原性(reactionogenicity)或抗原性(antigenicity):抗原能与相对应的免疫应答产物(抗体及致敏淋巴细胞)发生特异结合和反应的能力。

(三)抗原免疫原性的物质基础

1. 异源性

抗原必须是非自身物质,而且生物种系差异越大,免疫原性越好。机体对其本身的物质一般不产生抗体,而各种微生物以及某些代谢产物(如外毒素等)对动物机体来说是异种物质,具有很好的免疫原性。

2. 相对分子质量大

凡是有免疫原性的物质,相对分子质量都在1万以上。相对分子质量越大,免疫原性越强。在天然抗原中,蛋白质的免疫原性最强,其相对分子质量多在7万～10万。一般的多糖和类脂物质因相对分子质量不够大,只有与蛋白质结合后才能有抗原性。

3. 特异性

抗原刺激机体后只能产生相应的抗体并能与之结合。这种特异性是由抗原表面的抗原决定簇决定的。所谓抗原决定簇也仅仅是抗原物质表面的一些具有化学活性的基团。

(四)抗原决定簇(antigen determinant)或表位(epitope)

抗原物质上能够刺激淋巴细胞产生应答并与其产物特异反应的化学基团。它是抗原特异性的物质基础。抗原所携抗原决定簇的数目称为抗结合原价,一般微生物表面具有多个活性化学基团,因此微生物抗原一般是多价的。

从与抗体相互作用的角度上讲,抗原与抗体相互作用的区域称为表位。表位并非任何特定结构的固有特征,只是根据其作为抗体结合位点而被命名。表位的大小是由结合位点的大小决定的,结合位点一般被设想为1个能容纳表位的裂隙或口袋。由于抗体能识别完整抗原中比较小的区域，但在其他分子上偶尔也能发现类似结构，这是形成交叉反应的分子基础。交叉反应有助于发现相似微生物的共同结构区内的高度相似结构。应用这种方法，抗体可以作为一种鉴定和研究相似微生物的工具。需要注意的是，在不同分析需要下，交叉反应的利弊是可以转换的。例如，在特异性菌株检测时交叉反应是不利的，而在种属大类分析时交叉反应是有利的。

(五)抗原的分类

抗原的分类方法很多，可以根据抗原完整性、来源及其化学组成与理化性质等进行分类。

(1)依据抗原完整性与否及其在机体内引起抗体产生的特点，将抗原分为完全抗原和不完全抗原。

① 完全抗原：能在机体内引起抗体形成，在体外(试管内)可与抗体发生特异性结合，并在一定条件下出现可见反应的物质，称为完全抗原，如细菌、病毒等微生物蛋白质及外毒素等。

② 不完全抗原或半抗原：不能单独刺激机体产生抗体(若与蛋白质或胶体颗粒结合后，则可刺激机体产生抗体)，但在试管内可与相应抗体发生特异性结合，并在一定条件下出现可见反应的物质，称为不完全抗原或半抗原。如脂多糖、炭疽杆菌的荚膜多肽，这一类半抗原又称为复杂半抗原。还有一些半抗原在体外(试管内)虽与相应抗体发生了结合，但不出现可见反应，却能阻止抗体再与相应抗原结合，这一类又称为简单半抗原。当简单半抗原进入过敏体质的机体时，能与体内组织蛋白结合，成为完全抗原，这种完全抗原可引起超敏反应。

(2)根据来源，抗原可分为人工抗原、合成抗原和天然抗原 3 类。

人工抗原是指人工化学改造后或者基因重组法制备的抗原，人工抗原又可细分为将已知化学结构的决定簇与天然抗原结合在一起制备得到的人工结合抗原，用化学合成的高分子氨基酸聚合物制备得到的人工合成抗原及利用分子生物学技术将编码抗原的基因克隆至载体 DNA 中，然后通过受体细胞表达而得到的基因工程抗原(如基因工程疫苗)，这类抗原的特点是都需要经过改造后才能成为具有免疫原性的抗原。

合成抗原指化学合成的具有抗原性质的分子，主要是氨基酸的聚合物。

天然抗原指天然的生物、细胞及天然产物，例如食源性病原微生物及其代谢物、分泌物和排泄物等均是天然抗原。大多数寄生虫是多细胞生物，其抗原具有复杂性、多源性，同时又具有种属和生活史不同期的特异性。来源于虫体结构性物质的虫体抗原、虫体排泄物和分泌物中的蛋白或多肽类、糖脂或多糖等代谢性抗原以及生活虫体排放或脱落到宿主体内可出现于血循环的大分子微粒性循环抗原等均可作为检测抗原。

(3)微生物抗原成分比较复杂，每一种微生物都可能含有性质不同的蛋白质，以及与其相结合的多糖体与类脂体，而每一种成分都可能具有抗原性，可以刺激机体形成与之相应的抗体。详细抗原分类如下：

①表面抗原：指微生物中的细菌、衣原体、支原体、立克次体、放线菌和真菌等病原微生物细胞结构表面的抗原成分，主要是荚膜或微荚膜抗原。根据菌种或结构的不同，表面抗原还有几种习惯名称，如肺炎链球菌的表面抗原称荚膜抗原；大肠杆菌及痢疾杆菌的表面抗原称 K 抗原；伤寒沙门氏菌的表面抗原称 Vi 抗原。

②菌体抗原(O 抗原)：指存在于细胞壁、细胞膜与细胞质上的抗原。目前 O 抗原专指革兰氏阴性细菌尤其是一些肠道细菌表面耐热抗乙醇的脂多糖-蛋白抗原。细菌的 O 抗原往往由数种抗原成分所组成，近缘菌之间的 O 抗原可能部分或全部相同，因此对某些细菌可根据

O 抗原的组成不同进行分群。如沙门氏菌属，按 O 抗原的不同分成 42 个群。O 抗原耐热，在 121℃下 2 h 不被破坏。

③鞭毛抗原(H 抗原)：鞭毛抗原存在于鞭毛中，也称为 H 抗原。是由蛋白质组成，具有不同的种和型特异性，故通过对 H 抗原构造的分析可做菌型鉴别。H 抗原不耐热，在 56～80℃下 30～40 min 即遭破坏。在制取 O 抗原时，常据此用煮沸法消除 H 抗原。

④菌毛抗原：存在于菌毛中的抗原，也具有特异的抗原性。

⑤外毒素和类毒素：细菌、真菌和放线菌的各种外毒素和酶等毒力因子，噬菌体、病毒的各种结构蛋白，如衣壳蛋白、包膜上的各种糖蛋白、基质蛋白以及病毒编码的复制酶等均是良好的检测抗原。类毒素则是外毒素经甲醛脱毒后对动物无毒但仍保留强免疫原性的蛋白质。

(4)根据抗原的水溶性，抗原可分为不溶于水的颗粒抗原及可溶性胶体抗原两类，例如细菌的鞭毛、纤毛和完整的微生物菌体等都是颗粒抗原；而蛋白质、多糖、DNA 和毒素等都是可溶性胶体抗原。一般颗粒抗原的免疫原性大于可溶性胶体抗原的免疫原性，在可溶性胶体抗原中以蛋白质的免疫原性最强，其次是多糖和 DNA。

二、检测抗原的制备

来源于自然感染或人工培养的食源性病原微生物的生物大分子物质，如细胞、蛋白质、多肽、酶类等，必须进行分离纯化，才能作为特异性较好的检测抗原。分离纯化方法有选择性沉淀法、有机溶剂沉淀法、等电点沉淀法、电泳法、超速离心法、层析法等。其中用于制备食源性病原微生物检测抗原的分离纯化方法，多采用选择性沉淀法、有机溶剂沉淀法和等电点沉淀法。

(一)分离纯化法

(1)饱和硫酸铵法：盐析沉淀法是经典的蛋白质和酶纯化分离技术。最常用的沉淀方法是以 33%～50%的饱和硫酸铵依次沉淀 3 次。将盐析沉淀后的蛋白质溶液装入透析袋中，用蒸馏水或缓冲液于 4℃冰箱内进行透析，更换蒸馏水或缓冲液 3 次，直至袋内盐充分透析除尽为止。此外，亦可用葡聚糖凝胶层析法脱盐。

(2)有机溶剂沉淀法：常用乙醇或丙酮，加入时应搅拌均匀，pH 大多数控制在待沉淀蛋白质的等电点附近，置 4℃冰箱内进行沉淀。

(3)分子筛层析法：又称凝胶过滤法，利用分子筛将抗原分成大、中、小 3 种类型。特别是经过初步纯化后的蛋白质和酶抗原采用该方法进一步纯化，效果尤为显著。离子交换层析多以纤维素衍生物作为离子交换剂，如二乙氨基乙基纤维素(简称 DE-AE 纤维素，为阴离子交换剂)及羧甲基纤维素(CM-纤维素，为阳离子交换剂)。

(4)亲和层析法：亲和层析法则是利用生物大分子的生物学特异性而设计的层析分离技术。例如抗原和抗体、酶和酶抑制剂或配体、酶蛋白和辅酶、DNA 和 RNA、激素和受体等之间具有特殊的亲和力，在一定条件下，二者能紧密结合形成复合物。如果将其中的一方固定在载体上，则可从溶液中提取和分离相应的另一方。亲和层析可以达到很高的纯度。有时仅需进行一步纯化即可达到纯化的目的。

(二)检测抗原定性鉴定

纯化蛋白质抗原的定性鉴定常用的方法有免疫电泳及聚丙烯酰胺凝胶电泳等。纯化蛋白质抗原浓度的定量测定可用双缩脲法、酚试剂、紫外光吸收法或蛋白质微量定量仪等。

(三)检测抗原的保存

纯化后的抗原常用聚乙二醇(PEG)、凝胶和蔗糖等吸收剂进行浓缩。将生物大分子溶液装入透析袋,扎紧袋口,外加吸收剂覆盖,袋内溶剂渗出被吸收剂吸去,吸收剂被溶剂饱和后亦可更换,直至浓缩至所需浓度为止。吸收剂可经加热除去吸收的水分后再次使用。

将生物大分子溶液装入透析袋,扎紧袋口,然后将透析袋置电扇旁吹风,促使水分缓慢蒸发,可起到浓缩作用。

超滤浓缩是使用一种特定孔径的滤膜对溶液中各种溶质分子进行选择性过滤的方法。溶液在一定压力下通过滤膜时,溶液和小分子物质可以通过,而大分子仍保留在原来的溶液中。超滤浓缩尤其适用于蛋白质和酶的浓缩和脱盐,并可用于生物大分子的分离纯化。

浓缩抗原可于液态或干燥状态低温保存。液态贮存样品浓缩至一定浓度后封装储存。并应有严格的防腐措施,常用防腐剂有甲苯、氯仿、叠氮钠、硫柳汞等。常用的稳定剂有甘油、蔗糖等。低温干燥的方法是将抗原冻干,于 0～4℃保存。

第二节　检测抗体的制备

一、抗体的基本性质

(一) 定义

机体在抗原刺激下所产生的一类能与抗原特异结合的血清活性成分称为抗体(antibody),又称免疫球蛋白(immunoglobulin, Ig)。通常 Ab 和 Ig 可作为同义词使用,但二者仍旧存在一定的区别。由于免疫学在不同领域的应用导致的抗体和免疫球蛋白两个概念的出现,但他们指的是同一类蛋白。免疫球蛋白应用于较正式的场所,这个概念来源于编码该蛋白的基因,当描述这个家族的其他亚类(如免疫球蛋白,IgG)时常使用这个词。抗体一词较为口语化。因为该蛋白具有抗原结合的能力,所以被称为抗体。但当描述免疫反应的类型或者免疫球蛋白基因家族遗传及其重排时不使用这个概念,而在应用免疫组化技术时常称为抗体。抗体主要存在于动物血清中,也存在于动物的其他体液和体外分泌液,例如乳汁和细胞分泌液中。另外,抗体还存在于某些细胞,例如 B 淋巴细胞膜上。抗体在体外可与相应抗原作用产生可见反应——血清学反应;在体内可起抗传染作用。

(二)抗体的结构与功能性质

抗体是分泌型蛋白,执行两个重要的功能。为了发挥效应,它们必须要有能与外来抗原和免疫系统中特殊免疫细胞结合的区域。从结构上来看,抗体是由 1 个或多个 Y 字形的特异性结构组成。其中免疫球蛋白 G(IgG)只含有 1 个 Y 型结构,血清中含量最高。每个 Y 字形结构含有 4 条肽链,其中分子量约为 55 ku 的肽链称为重链(heavy chain),分子量约为 25 ku 的肽链称为轻链(light chain),在每个 Y 字形结构中一般有 2 条完全相同的重链及 2 条完全相同的轻链。重链与轻链的氨基端分别通过链间二硫键连接在一起,共同形成抗原结合区(antigen binding region),这个区域的氨基酸序列由于随着不同的抗原而改变,因此又被称为可变区(variable region,V)。2条重链的羧基端则折叠形成Fc片段,这个区域的序列同种属抗体间一般是相同的氨基酸序列,又称为保守区(conserved region,C)。相对于可变区序列,保守区的序列是相对稳定的,多是起到支架作用,保障抗体的正确构象折叠及生物活性(biological activity);重链由于比轻链多了2个保守区,因此分子量较大,被称为重链。抗体的抗原结合区与Fc区之间的连接区称为铰链区。它使抗原结合区能向两侧移动或旋转。这种运动使抗原结合区能与大量不同结构的抗原自由结合,并且通过扩大抗原识别的立体结构而大大增加了抗体的效应性。4条多肽链通过共价二硫键和非共价键结合形成1个完整的IgG分子(图8-1)。

用木瓜蛋白酶消化后,可将Y形IgG类抗体分成3个功能区。与抗原位点结合的2个区域,称为Fab段(抗原结合区片段),具有免疫调节功能的区域称为Fc片段。抗体的本质是蛋白质,因此含有大量的羧基、氨基,支持氨基或羧基导向的共价交联修饰,与其他分子、信号体或材料偶联。

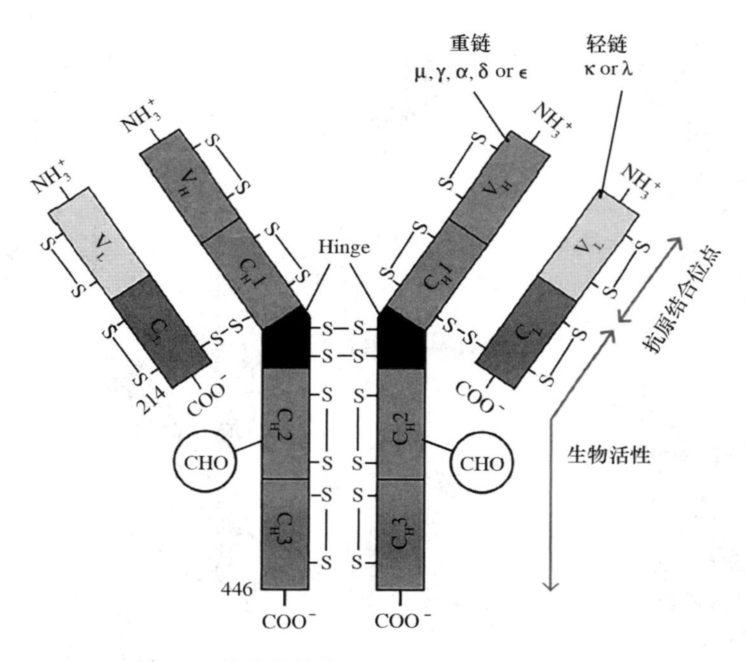

图8-1 抗体的结构组成及不同区域的功能性质

(三)种类

哺乳动物抗体(Ig)的重链一共分为5种,分别用希腊字母α、δ、ε、γ和μ来命名,相对应组成的5种抗体分别称为IgA、IgD、IgE、IgG和IgM,其中IgG是Ig中主要的组成部分,约占血清总蛋白的15%。应用于免疫学技术中的抗体主要是IgG和IgM,以IgG最为常见。由于多肽重链的不同,使得各类Ig在不同类型的免疫反应以及免疫应答过程中的特定时期发挥着不同的作用。不同类型的抗体在组成Y形结构的数量上也有所不同。例如IgM由5个Y形结构组成,每个Y形结构有2个抗原结合区,因此IgM就有10个完全一致的抗原结合区。不同Y形结构的联系在Fc段。每种类型的抗体性质简介如下:

IgM:以五聚体形式存在,是免疫应答中首先分泌的抗体,它们在与抗原结合后启动补体的级联反应。它们还把入侵者相互连接起来，聚成一堆便于巨噬细胞的吞噬。

IgG：以单体形式存在，激活补体，中和多种毒素，是体内保留时间最长，也是免疫反应中最常用的抗体。

IgD：以单体形式存在，主要出现在成熟的B淋巴细胞上，可能与B细胞的分化有关，具体作用不太明确。

IgE：是速发型过敏反应产生的抗体，当抗体与抗原结合后，嗜碱细胞与肥大细胞释放组胺一类物质促进炎症的发展。

IgA：以单体、二聚体或三聚体存在，进入体内的黏膜表面，包括呼吸、消化、生殖等管道的黏膜，中和感染因子。还可以通过母乳的初乳把这种抗体输送到新生儿的消化道黏膜中，是在母乳中含量最多、最为重要的一类抗体。

根据产生方式不同，可将抗体分为：由遗传基因决定所产生的抗体称天然抗体，由抗原激发免疫细胞产生的抗体称免疫抗体或特异性抗体(图 8-2)。

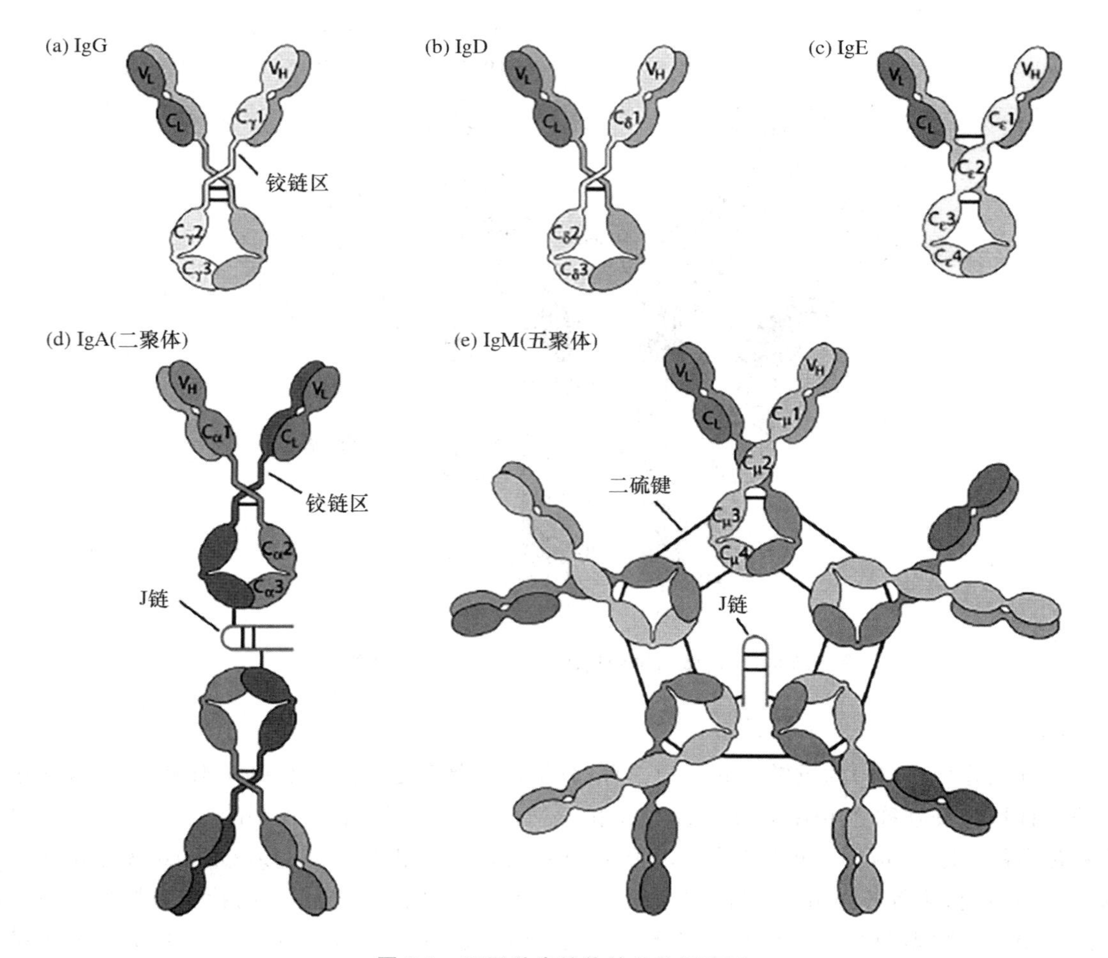

图 8-2　不同种类抗体的结构示意图

除了检测用抗体，另外还有一类用于信号输出的第 2 抗体。第 2 抗体，简称为二抗，是能和第 1 抗体结合，即抗体的抗体，其主要作用是检测第 1 抗体的存在，放大第 1 抗体的信号。

是酶联免疫吸附方法(ELISA)中经常使用到的一种抗体。第2抗体一般是将第1抗体的重链保守区肽段作为抗原,去免疫大型哺乳动物,如羊、马得到的多克隆抗体。

(四)抗体的特性

(1)抗体是一些具有免疫活性的球蛋白,具有和一般球蛋白相似的特性,不耐热,加热至60～70℃即被破坏。抗体可被中性盐沉淀,生产上常用硫酸铵从免疫血清中沉淀免疫球蛋白,以提纯抗体。

(2)抗体在试管内能与相应抗原发生特异性结合,在机体内能在其他防御机能协同作用下杀灭病原微生物。但某些抗体在机体内与相应抗原相遇时,能引起变态反应,如青霉素过敏等。

(3)抗体的相对分子质量都很高,试验证明,抗体主要由丙种球蛋白所组成,但不是说所有的丙种球蛋白都是抗体。

二、检测抗体制备

检测病原体常用的抗体有多克隆抗体、单克隆抗体和基因工程抗体3种类型。

(一)多克隆抗体制备技术

由于病原体或病原体相关抗原分子具有多种抗原决定簇,一种决定簇可激活机体内具有相应抗原受体的B细胞产生针对某一抗原决定簇的抗体。因此,病原体或病原体相关抗原分子刺激机体产生的相应抗体,是针对多种抗原决定簇的混合抗体,故称多克隆抗体(polyclonal antibodies)。

1. 多克隆抗体的具体制备步骤

(1)动物的选择:可作病原体或病原体相关抗原感染或免疫的对象有家兔、山羊或绵羊、马和豚鼠等实验动物。动物种类的选择主要是根据抗原的特性和所要获得抗体的量和用途。如马常用于制备大量抗毒素血清;豚鼠适用于制备抗酶类抗体或供补体结合试验用的抗体,但抗血清产量较少。对蛋白质抗原,大部分动物均适合,常用的是家兔和山羊;对于难以获得的抗原,且抗体需要量少,可用纯系小鼠制备。免疫用动物应选适龄、健壮,最好为雄性,每批免疫宜同时使用数只动物。

(2)抗原种类(或类型)的选择:根据所制备抗血清的用途选用不同类型的抗原,如制备用于筛选细菌表达cDNA文库或免疫印迹的抗血清,最好选用降解的蛋白质抗原,而用于筛选真核细胞转染系统表达的cDNA文库或免疫沉淀,最好选用自然的蛋白质抗原。若制备抗独特型抗体,所用抗原可以是可溶性Ig分子,或者是完整的细胞,也可以是基因工程表达产品具有独特型决定簇、人工合成多肽及抗原化抗体等。目前,以各类病原生物活体感染动物而获得多克隆抗体(抗血清)作为检测抗体,仍是常用方法。

(3)抗原剂量的选择:病原体抗原的免疫剂量依照给予抗原的种类、免疫次数、注射途径以及受体动物的种类、免疫周期及所要求的抗体特性等不同而异。剂量过低不能形成足够强的免疫刺激,但剂量过高又有可能造成免疫耐受。在一定范围内,抗体效价随注射抗原剂量加大而增高。一般而言,小鼠首次抗原剂量为50～400 μg/次;大鼠为100 μg/次至1 mg/次;兔为200 μg/次至1 mg/次,加强免疫剂量为首次剂量的1/5～2/5。如需制备高度特异性的抗血清,可选用低剂量抗原短程免疫法;反之,欲获得高效价的抗血清,宜采用大剂量长程免疫法。

病原生物活体感染动物的剂量(或数量)视病原体的种类而定。

(4)佐剂的应用:可溶性抗原加免疫佐剂增强抗原的免疫原性或改变免疫反应的类型,以刺激机体产生较强的免疫应答。如用可溶性蛋白质抗原免疫家兔或山羊,在加免疫佐剂时1次注入量一般为0.5~1 mg/kg。不加佐剂,则抗原剂量应加大10~20倍。佐剂有福氏(Freund's)佐剂、脂质体佐剂及氢氧化铝佐剂等。其中最常用的是完全福氏佐剂(complete Freund's adjuvant, CFA)和不完全福氏佐剂(incomplete Freund's adjuvant, IFA)2种。IFA由羊毛脂1份、石蜡油5份组成,每毫升IFA中加入1~20 mg卡介苗即为CFA。

(5)感染或免疫的途径:抗原注射途径可根据不同抗原及试验要求选用皮内、皮下、肌肉、静脉或淋巴结内等不同途径注入抗原进行免疫。一般常采用背部、足掌、淋巴结周围、耳后等处皮内或皮下多点注射。初次免疫与第2次免疫的时间间隔多为2~4周。常规免疫方案为抗原加CFA皮下多点注射进行基础免疫;再以免疫原加IFA作2~5次加强免疫,每次间隔2~3周,皮下或腹腔注射加强免疫。感染途径视感染病原体的种类和被感染动物而定。

(6)多克隆抗体(抗血清)的提取:完成免疫程序后,先取少量血清测试抗体效价,效价达到要求时,即可从动物心脏穿刺(豚鼠及家兔),颈静脉或颈动脉放血(家兔及羊),待血液凝固后,离心沉淀分离出血清,加入0.1%叠氮化钠作为防腐剂。

2. 抗血清的鉴定

抗血清的效价可根据抗体的不同性质,分别采用环状沉淀试验、琼脂双向扩散、单向免疫扩散、溶血试验、凝集反应、酶免疫及放射免疫等方法进行测定。检查抗血清的纯度可采用免疫电泳、琼脂双向扩散及交叉反应试验等方法检测。抗体的特异性是指对相应抗原或近似抗原物质的识别能力。特异性高,抗体的识别能力就强,通常以交叉反应率来表示。交叉反应率高,特异性差;反之,特异性好。

3. 抗血清的保存

抗血清经过56℃,30 min加热灭活后,加入适当的防腐剂。一般常用最终浓度为1/10 000的硫柳汞、1/1 000的叠氮化钠(NaN_3)或加入等量的中性甘油。分装小瓶,置-20℃以下低温保存数月至数年内抗体效价无明显变化。亦可将抗血清冷冻干燥后保存。

(二)单克隆抗体制备技术

1957年Burnet提出细胞系群选择学说:每一个淋巴细胞只具备单一的受体特异性,受到刺激后,只能产生1种针对其可识别的抗原决定簇的抗体;抗体的多样性是由机体遗传存在着能与众多抗原决定簇起反应的淋巴细胞系而决定的;1个祖先抗体形成细胞分裂繁殖而成的细胞系(克隆clone或无性繁殖细胞系)产生的抗体,该抗体具有完全相同的分子结构和形状;从1个克隆细胞系产生的抗体,称单克隆抗体(monoclonal antibody, McAb)。又因为单克隆抗体的制备是以细胞(包括B淋巴细胞、骨髓瘤细胞和融合子等)为实验对象,在制备过程中采用了细胞融合、细胞培养和细胞克隆等细胞工程技术,所以单克隆抗体又称为细胞工程抗体(cell engineering antibody)。

1975年,Köhler和Milstein结合体细胞融合技术,将在体外难以传代培养的免疫动物淋巴细胞与同系动物肿瘤细胞融合,获得了可传代的"杂交瘤"细胞系(hybridoma cell line),创建了B淋巴细胞杂交瘤技术,或称抗体细胞工程技术,于1984年获得Nobel医学奖。这一技术的建立,开创了免疫学研究的新纪元,并将抗体在疾病诊断、治疗和预防中的应用研究推向一个新的发展时代。近年来,抗体细胞工程技术已日趋完善,并在小鼠-小鼠B淋巴细胞杂交瘤技术的基础上，又发展了小鼠-大鼠、小鼠-人以及人-人B淋巴细胞杂交瘤技术，此外，还建立了T淋巴细胞杂交瘤技术。在此仅就小鼠-小鼠B淋巴细胞杂交瘤技术的原理、基本操作流程和操作步骤等进行简要的叙述。

1.单克隆抗体的制备原理

免疫致敏后的B淋巴细胞具有分泌特异性抗体的能力，但是在体外不能长期存活，而骨髓瘤细胞可以在体外长期存活但不能产生抗体，如将2种细胞杂交融合后，经分离、筛选和克隆就能获得既能在体外长期存活又能针对单一抗原决定簇产生特异性抗体的融合子，从而获得单克隆抗体。

2.单克隆抗体制备的基本程序和主要操作步骤

制备单克隆抗体的基本程序：用抗原免疫动物，取免疫动物的脾细胞（B淋巴细胞），与骨髓瘤细胞（如SP2/0）按一定比例混合，在PEG（或灭活病毒）介导下进行细胞融合，将融合细胞混合物分配到含HAT（hypoxanthine，aminoptenn，thymidine）培养基的96孔板中，培养一定时间后，通过抗体测定，确定分泌抗体的阳性细胞孔，然后进行杂交瘤细胞的克隆化，将纯化后的目的细胞冻存待用；再对单克隆抗体的性质进行鉴定后，按需要生产特异性抗体。

下面将对上述基本程序中的各个步骤进行详细的叙述。

（1）抗原种类（或类型）及剂量：病原寄生虫多为可溶性抗原，免疫原性较弱，一般要加佐剂。可溶性抗原，可颗粒化或固相化，或使用细胞因子作为佐剂。蛋白质、荚膜多糖、病毒、立克次体以及蛋白质结合的半抗原等均可采用可溶性抗原的方法免疫。取1～100 μg抗原与等量完全福氏佐剂（CFA）充分乳化后腹腔或皮下多点注射。以后每间隔2周以同样剂量抗原加等量不完全福氏佐剂腹腔或皮下注射，共3～5次，一般在融合前3 d腹腔或静脉注射无佐剂抗原50～100 μg加强免疫，此次注射要缓慢，以防止动物发生过敏性休克而死亡。将小鼠麻醉后，打开腹腔，沿脾脏长轴方向缓慢注入20～40 μg可溶性抗原（可交联于载体上，以增强其免疫原性）或$(2.5\sim5)\times10^5$个细胞，免疫后3～4 d即可取脾细胞进行融合。

（2）动物免疫：杂交瘤技术常用的瘤细胞来自BALb/c小鼠，因此，一般选用6～10周龄，健康、发育良好的雌性BALb/c小鼠进行免疫。根据病原体的抗原性、免疫原性和小鼠免疫反应、免疫途径、免疫次数、间隔时间和持续时间。病原微生物及相关抗原多为颗粒性。免疫原性强，不加佐剂免疫小鼠，并可获得较好的免疫效果。如果为细菌，第1次腹腔或尾静脉注射$(1\sim5)\times10^7$个细胞/鼠，间隔2～3周重复注射1～2次，融合前3 d用同样剂量腹腔或静脉注射加强免疫1次。

（3）融合和选择性培养：细胞融合和选择性培养是单克隆抗体制备的中心环节。只有成功地实现了骨髓瘤细胞和B淋巴细胞的融合，并通过选择性培养将融合子富集起来才可能进行产生特异性抗体杂交瘤细胞的筛选，进而实现单克隆抗体的制备和生产。在进行细胞融合时，首先要准备骨髓瘤细胞和B淋巴细胞，融合后，通常还需要加入一些被称为饲养细胞的其他细胞，才能有效地促进杂交瘤细胞（融合后的细胞，又称融合子）的生长。下面就骨髓瘤细胞、B淋巴细胞和饲养细胞的培养和准备，融合剂的种类，细胞融合，以及融合子的选择性培养分别进行叙述。

①骨髓瘤细胞的培养和准备：骨髓瘤是一种细胞肿瘤，通常称浆细胞瘤（plasmacytoma）或骨髓瘤（myeloma），可在体外无限繁殖。迄今，已有一系列适合于融合的小鼠系骨髓瘤细胞株，常用的小鼠骨髓瘤细胞系为SP2/0和NS-1，均来自BALB/c小鼠骨髓瘤。复苏的瘤细胞

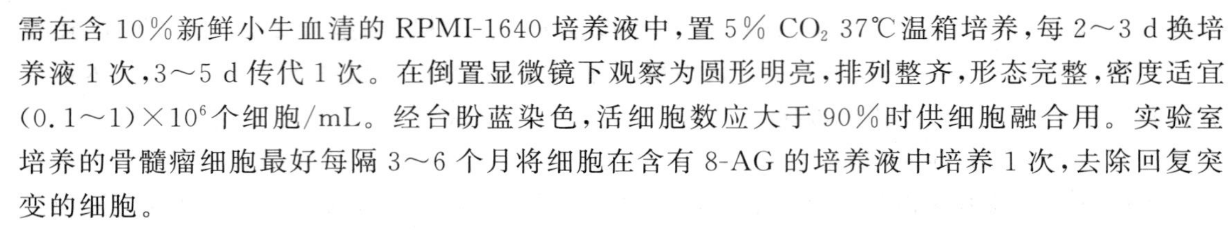

需在含10%新鲜小牛血清的RPMI-1640培养液中，置5% CO_2 37℃温箱培养，每2～3 d换培养液1次，3～5 d传代1次。在倒置显微镜下观察为圆形明亮，排列整齐，形态完整，密度适宜(0.1～1)×10^6个细胞/mL。经台盼蓝染色，活细胞数应大于90%时供细胞融合用。实验室培养的骨髓瘤细胞最好每隔3～6个月将细胞在含有8-AG的培养液中培养1次，去除回复突变的细胞。

②免疫脾细胞(B淋巴细胞)的准备：取加强免疫后3 d的BALB/c小鼠1～2只，先进行尾静脉或眼球采血，供测定抗体效价用，然后拉颈致死，浸入75%酒精中体表消毒，无菌剥离腹部皮肤，剪开腹膜，取脾，去脂肪和结缔组织，用弯头镊子充分挤压研磨使成脾细胞匀浆，然后加入5 mL左右的RPMI-1640基础培养液，混匀，过滤弃渣，离心，弃上清液，加入10 mL RPMI-1640基础培养液制成细胞悬液，即为脾细胞(B淋巴细胞)。

③饲养细胞准备：在体外细胞培养中，单个或少数细胞不易生长与增殖，需加入其他活饲养细胞(feeder cell)共同培养，才可能使之生存。常用的饲养细胞有小鼠腹腔巨噬细胞，除具有饲养作用外，还可清除死亡破碎细胞及微生物。取8～10周龄同系小鼠，断颈处死后，无菌操作腹腔注射10～15 mL完全培养液，用消毒拇指轻柔腹部数次后，吸回腹腔液态，调整细胞浓度为1×10^5/mL，一般1只小鼠腹腔可获取细胞(3～5)×10^6，可供一次融合用。

④融合剂的选择：早期使用的融合剂是仙台病毒，但由于病毒难以保存，因此现在常用的是聚乙二醇(PEG)。PEG可以破坏细胞间相互排斥的表面张力，从而使相邻的细胞融合。PEG是一种多聚体，具有不同的分子质量，常用于融合的PEG相对分子量为4 000。此外采用高频电场使细胞电极化从而融合细胞的电融合技术也得到了广泛的应用。

⑤细胞融合：免疫亲代脾细胞与骨髓瘤细胞在融合剂作用下，膜先行融合形成双核细胞，称异核体或混核体(heterokaryons)，在下一次细胞分裂时，部分异核体的核融合产生杂交瘤(hybrids)子代。杂交瘤子代几乎是均等分或混核体的遗传物质。骨髓瘤细胞株的活力对融合非常重要，取体外培养对数生长期细胞或体内生长的肿瘤分离骨髓瘤细胞，制备细胞悬液，可满足融合需要。

⑥选择性培养：经PEG处理后的2种亲本细胞，可形成多种细胞成分的混合体，包括未融合的游离亲本细胞、骨髓瘤细胞间的融合、免疫B细胞间的融合以及骨髓瘤细胞与免疫B细胞间融合的异核细胞，仅后者可形成杂交瘤，通常应用含有次黄嘌呤(hypoxanthine, H)、氨基蝶呤(aminopterin, A)和胸腺嘧啶核苷(thymidine, T)HAT培养液予以筛选出来克隆培养。融合后3 d后开始镜检，观察是否融合成功，每3～5 d换一次HAT培养液。在一次较好的融合试验中，70%～80%孔有克隆生长。所有生长克隆的孔都需要取培养上清液进行抗体活性检测，同时补加HT全培养液。

(4)杂交瘤细胞的筛选和克隆化：杂交瘤细胞在HAT培养液中生长形成克隆后，其中仅少数是分泌预定特异性单克隆抗体(monolonal antibody, McAb)的细胞，而且多数培养孔中有多个克隆生长，分泌的抗体也可能不同，因此，必须应用酶联免疫吸附试验(ELISA)、间接血凝试验(PHA)、放射免疫测定(RIA)、直接和间接荧光抗体技术(DFA、IFA)以及免疫酶斑点试验以等进行筛选和克隆化。

首先初筛出能分泌与预定抗原起反应的McAb杂交瘤细胞，再进一步从中筛选出有预定特异性的杂交瘤细胞，然后选出可供实际应用、具有能稳定生长和有功能特性的细胞克隆。

为了防止无关克隆的过度生长，对阳性孔需进一步克隆化，常用的克隆方法有：有限稀释法(limiting dilution,LD)、软琼脂法、直接挑取法及荧光激活细胞分选仪等分类法。

(5)单克隆抗体的获取:在细胞培养过程中杂交瘤细胞能产生和分泌 McAb,但是一般产生的抗体量很少,为 10～100 μg/mL。在小鼠体内接种杂交瘤细胞,采取体内诱生法,制备腹水或血清可以大量获得抗体。

(6)单克隆抗体的鉴定:对产生抗体的细胞克隆,一方面检查其染色体数目,确定是否接近 2 种亲代细胞染色体之和(80～100 条)。另一方面,取其培养上清或诱生的腹水,检查抗体免疫球蛋白的类型、亚类、特异性、亲和力、识别抗原的表位及其分子量等。

(7)杂交瘤细胞株的冷冻保存和复苏:获得优良的杂交瘤细胞后应采用适当的方法进行保存,通常将杂交瘤细胞冻存在液氮中。当从液氮中取出杂交瘤细胞进行应用时,应进行细胞复苏。具体方法为:从液氮中取出细胞放入 37℃ 水浴中,轻轻摇动,当只剩一点冰块时,即取出置冰浴上,然后加入培养基进行培养复苏。

(8)单克隆抗体的生产:生产单克隆抗体的方法分为动物体内生成法和细胞培养生产法 2 种。前者是将复苏后的细胞注射到 BALB/c 腹腔内,刺激小鼠产生腹水,腹水含有目的抗体。后者是通过体外培养细胞,收集培养液,分离其中抗体。通常在实验室条件下,动物体内生产法较为常见。

(三)基因工程抗体

基因工程抗体(genetically engineering antibody)是指利用基因重组技术,对编码抗体的基因按不同需求进行加工改造和重新装配,引入适当的受体细胞,表达生产出预期的抗体分子,又称重组抗体。1984 年 Morrison 等首次报道了采用基因工程技术将鼠源抗体的 V 区基因与人源抗体的 C 区基因进行重组,获得鼠/人嵌合抗体(chimerical antibody)。1989 年,Huse 等首次构建了抗体基因文库。这些技术推动了第 3 代抗体-基因工程抗体的发展。

基因工程抗体可以对抗体的可变区、单区抗体(VH)、Fab、最小识别单位(CDR3),甚至对完整的抗体分子进行改造,大大降低了鼠单克隆抗体的异源性,同时还可以根据需要在抗体分子上连接治疗或诊断用的药物及其他分子,使单克隆抗体在科学研究和临床治疗中具有十分重要的地位和广阔的应用前景。基因工程抗体技术的着眼点在于尽量减少鼠源成分,保留原有抗体的亲和力和特异性。基因工程抗体作为检测抗体具有很多优点:①分子量一般较小,可以采用原核、真核和动物细胞等多种表达系统大量表达,易于生产,制备时无批次差异,并大大降低生产成本;②可以根据检测的需要,制备新型抗体;③结构简单,便于体外定向改造以提高抗体与抗原的亲和力和特异性。

第三节　抗原和抗体反应

一、概念

抗原与相应抗体的特异性结合反应称为抗原抗体反应(antigen-antibody reaction)。抗原抗体反应既可在体内作为体液免疫应答的效应机制自然发生,也可在体外作为免疫学实验的结果出现。在体内,可表现为溶菌、杀菌、促进吞噬或中和毒素等作用,有时亦可引起免疫病理损伤。在体外,依相应抗原物理性状(颗粒状或可溶性)以及反应的条件(电解质、补体等)不同,可出现凝集、沉淀、中和补体结合等反应。

血清学反应(serologic reactions)是指相应的抗原和抗体在体外进行的结合反应。由于抗体主要存在于血清中,进行这类反应时一般都要用含有抗体的血清作为实验材料,所以把体外的抗原、抗体反应称为血清学反应。这类反应是根据抗原、抗体具有高度特异性的原理来进行实验的,即用已知的一方来检测另一方的存在。既可定性,又可定量。可用已知抗体来检测未知抗原,如鉴定病原微生物;也可用已知抗原来检测未知抗体,如协助诊断某种疾病。

二、血清学反应的一般特点

(一)特异性与交叉性

特异性:由抗原决定簇和抗体 V 区间的分子引力,以非共价键结合。

交叉性:两种抗原之间含有共同抗原的时候,有时也发生交叉反应,如伤寒沙门氏菌与霍乱沙门氏菌常发生交叉反应。

交叉反应:一类由于甲、乙两菌存在共同抗原引起甲菌抗原(或抗体)与乙菌的抗体(或抗原)间发生较弱的免疫反应的现象,称为交叉反应。

结合力(亲和力):抗原决定族和抗体结合点之间形成的非共价键的数量、性质、距离。

(二)结合的可逆性

抗原与抗体的结合是分子表面的结合。两者的结合虽相当稳定,但是可逆的,在一定条件下可发生解离,解离后的抗原、抗体性质不变。

(三)定比性

抗原、抗体的结合按一定比例,只有在比例适当时才会出现可见反应。若抗原、抗体比例不合适,就会有未结合的抗原或抗体游离于上清液中,不能形成大块免疫复合物,故不能呈现可见反应。

(四)阶段性

血清学反应可分两个阶段进行,但其间无严格界限。在第一阶段,抗原和抗体特异性结合,此阶段反应很快,几秒钟或几分钟即可完成,但无可见反应;在第二阶段,反应进入可见阶段,反应进行得很慢,往往需几分钟甚至几十分钟以至数日方可完成。而且常受电解质、温度、pH 等诸多外界因素的影响。

(五)条件依赖性

抗原抗体反应依赖电解质、温度、酸碱度等。一般最适合条件为:pH 为 6~8,温度为 37~45℃。适当振荡,以及用生理盐水作电解质。

电解质作用:中和胶体粒子上的电荷,使胶体粒子的电势下降,促使抗原抗体复合物从溶液中析出,形成可见的沉淀物或凝集物。

三、抗原和抗体反应类型

由于抗原的种类和性质、抗体的种类以及不同的反应条件,会出现不同的反应。常进行的血清学反应主要包括凝集、沉淀、补体结合和中和实验 4 种基本类型。

(一)凝集反应

将颗粒性抗原(完整的细菌细胞、螺旋体或红细胞等)与相应的抗体结合,在一定的条件下，经过一定时间，出现肉眼可见的凝集小块，称为凝集反应。反应中的抗原称为凝集原，抗体称为凝集素。

1. 直接凝集反应

直接凝集反应是颗粒性抗原与相应抗体直接结合所出现的凝集现象。

(1)玻片法是一种定性试验方法。将含有已知抗体的诊断血清和待检菌液各 1 滴在玻片上混合。数分钟后，如出现肉眼可见的细菌凝集现象，即为反应阳性。此法简便、快速，适用于菌种的鉴定和血型的测定。

(2)试管法是一种定量试验。在一系列试管内，加入不同稀释度的等量待检血清(用生理盐水稀释)和等量的抗原，放入 37℃或 56℃水浴内，4 h 后观察结果，再放入冰箱过夜，然后再观察 1 次。血清的最高稀释度仍有明显可见的凝集现象，即为血清的凝集效价。效价越高，抗体含量越多。此法可测定血清中抗体的相对含量，常用来测定患传染病的患者血清中抗体的效价，以协助临床诊断，如测定伤寒及副伤寒患者血清中抗体的肥达氏反应。

2. 间接凝集反应

将分子很小的胶体状态的不易发生凝集反应的抗原(或抗体)，如病毒等，先吸附于一种与免疫无关的颗粒状物体(载体颗粒)的表面，然后与相应的抗体(或抗原)发生结合而出现凝集现象称间接凝集反应。由于这种凝集是借助于载体颗粒，使原来不发生凝集反应的抗原抗体发生结合，出现肉眼可见的凝集现象，故称为间接凝集反应。载体颗粒的作用是增大了抗原的反应面积，因而能使众多的复合物聚集成团，被肉眼所见。间接凝集反应的灵敏度比直接凝集反应高 10～400 倍。

常用作载体颗粒的物质有红细胞、白陶土、聚苯乙烯乳胶颗粒和活性炭等。用红细胞吸附抗原，再与相应抗体结合，出现凝集，称为正向间接血(细胞)凝(集)试验。吸附了抗原的红细胞，称为致敏红细胞。如果用红细胞先吸附抗体，再与相应抗原结合，出现凝集，称为反向间接血(细胞)凝(集)试验。如果先让抗原抗体结合，再加入致敏红细胞，不会发生凝集现象，称为间接血(细胞)凝(集)抑制试验。

(二)沉淀反应

可溶性抗原(如细菌浸出液、外毒素、组织浸出液、动物血清等)与相应的抗体发生结合，在电解质的参与下，经过一定时间形成肉眼可见的沉淀物，称为沉淀反应。反应中的抗原称为沉淀原，抗体称为沉淀素。

1. 环状沉淀反应

在小口径试管(内径 2～3 mm)内，先加入含已知抗体的血清，然后沿管壁徐徐加入待检抗原，使之重叠于血清上面(勿使两者混合)。静置于室温数分钟后，两层液面交界处出现乳白色沉淀环，为阳性反应。

此法比较简便、敏感，可用于检查未知抗原，如检测炭疽杆菌的耐热多糖类抗原(ASCOLI 氏试验)、血迹来源等。

2. 絮状沉淀反应

将抗原和相应抗体在试管中或凹玻片上混匀，出现肉眼可见的絮状沉淀颗粒，为阳性反应，如辅助诊断由螺旋体引起的梅毒病的康氏反应。

3. 琼脂扩散反应

可溶性抗原和抗体在半固体琼脂内扩散，进行沉淀反应，称琼脂扩散反应。琼脂扩散可分为单向琼脂扩散和双向琼脂扩散2种类型。

(1)单向琼脂扩散:将一定浓度的抗体与半固体琼脂混合,倾注于平皿或玻片上。凝固后,在琼脂层打孔,再将抗原加入孔中,使其向四周扩散,一定时间后在比例适当处形成肉眼可见的环状沉淀线。该反应也可在试管内进行。

(2)双向琼脂扩散:将半固体琼脂倾注于平皿或玻片上。待凝固后,在琼脂上按一定距离打数个孔,然后将抗原与抗体分别注入小孔内,两者互相呈放射状扩散。一定时间后,相应的抗原抗体在浓度最适当的地方出现白色沉淀线。

该反应也可在试管中进行。但要注意的是,半固体琼脂要放在抗体与抗原之间。

琼脂扩散反应和电泳技术结合起来,进一步发展为免疫电泳技术。免疫电泳技术由于具体操作的不同,又可分成许多种方法,如对流免疫电泳、"火箭"免疫电泳、抗原-抗体交叉免疫电泳等。

琼脂扩散反应在实践中应用很广,主要应用于抗原抗体成分的研究、生物制品纯度的分析或疾病临床的诊断。

(三)补体结合反应

补体结合反应是有补体参加的一种抗原抗体反应。补体结合反应的原理在于补体的作用没有特异性,可与任何抗原抗体复合物发生反应,一旦结合即不再游离。因此,如抗原为已知的,就能根据补体是否被结合而测知血清中是否有与抗原相应的抗体存在。但由于这3种成分全在液体中,补体是否结合,肉眼无法判定。为此通常采用溶血反应作为指示剂,根据溶血现象的有无来判定补体是否被抗原抗体复合物所结合。

1. 补体

本质是一类酶原,能被任何抗原-抗体复合物激活,激活后的补体就能参与破坏或清除已被抗体结合的抗原或细胞发挥溶胞作用、病毒灭活、促进吞噬细胞的吞噬和释放组胺等免疫功能。

2. 补体的特点

①以前体形式存在,是人或动物血清中的正常成分;②补体本身没有特异性,能与任何抗原-抗体复合物结合,一旦结合不再游离;但补体不与单独存在的抗原或抗体结合;③补体性质不稳定,易失活,经56℃,30 min处理即失活;④豚鼠血清中补体含量最高,故常以豚鼠血清作为新鲜补体来源。

3. 补体结合反应分为两个系统

反应系统:又称结合系统,是进行补体结合反应的主要部分。在试管中先后加入抗原、抗体,再加入补体,混合后作用一段时间。如果抗原和抗体是相应的,则补体就被结合,否则就是游离状态。

指示系统:又称溶血系统。在反应系统完毕后,再往试管内加入绵羊红细胞(抗原)和溶血素(抗体)。如不发生溶血,表明补体已被抗原-抗体复合物结合,即为阳性反应。如果发生溶血,表明液体中的抗原抗体不是相应的,没有发生结合,补体依然游离存在。在碰到红细胞和溶血素的复合物时,会发生结合,出现溶血现象,即为反应阴性。

(四)中和试验

抗原和相应抗血清按适当比例混合作用后可被中和而失去毒力,接种实验动物、组织细胞、鸡胚而不出现致病作用。

有生物学活性的抗原包括：细菌外毒素的毒性、酶的催化活性和病毒的感染性等。

1. 终点法中和试验(end-point neutralizing test)

固定病毒稀释血清法：将已知病毒量固定(200 $TCID_{50}$)，把血清作倍比稀释，测定血清中抗体的中和效价。

固定血清稀释病毒法：将病毒原液作 10 倍递进稀释，分装两列试管，第 1 列加等量阴性血清(对照组)，第 2 列加待检血清(中和组)，混合后置 37℃ 1 h，分别接种动物(鸡胚、细胞培养)，记录死亡数，用 Reed 法 Muench 计算半数致死量(LD_{50})。

2. 空斑减少试验(plague reduction test)

应用空斑技术使空斑数减少 50%的血清量作为中和滴度。将已知空斑单位(PFU)的病毒稀释成每一接种剂量含 100 PFU 加等量递进稀释的血清，37℃ 1 h。接种细胞后，覆盖琼脂，培养数天后，计算空斑数，计算血清的中和滴度。

第四节　免疫标记技术及其应用

一、概念

将抗原或抗体用小分子的标记剂如荧光素、酶、放射性同位素或电子致密物质等加以标记，以提高其灵敏度和便于检出的一类新技术。

二、特点

特异性强，灵敏度高，应用范围广，反应速度快，容易观察；既可用于定性、定量分析，又可用于分子定位等工作。

三、类型

很多免疫学技术依赖于标记抗体的使用。对抗体进行标记主要是用于抗原的定位分析，在某些情况下，也可以对混杂有大量其他分子的样本中的抗原进行定量检测。常见的免疫标记技术有：免疫荧光技术，免疫酶技术，生物素-亲和素标记抗体技术，放射性同位素标记技术，发光免疫技术，胶体金标记技术。

(一)荧光抗体技术

荧光物质在紫外线照射下，能够发出可见的荧光。某些荧光物质在一定条件下，能与抗体发生结合，形成荧光标记抗体，荧光标记抗体再与抗原结合后，在荧光显微镜下观察，抗原-抗体复合物呈现荧光而明显可见，称为荧光抗体技术。

目前常用的荧光物质有异硫氰酸荧光素(发绿色荧光)和罗丹明(发橙黄色荧光)。荧光抗体染色方法主要有直接法和间接法 2 种。

1. 直接法

将待测抗原制成显微镜标本，在其上滴加已知荧光标记抗体。一定时间后，用缓冲液冲洗，再放在荧光显微镜下观察，若有相应的抗原存在，则会发出荧光。此法可用于鉴定组织、细胞中

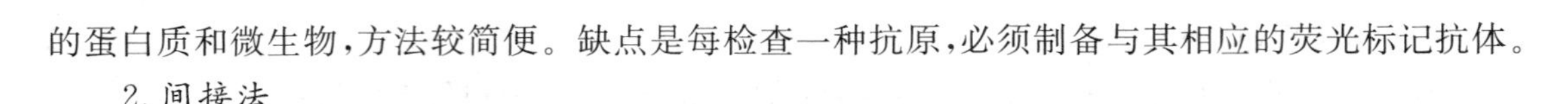

的蛋白质和微生物，方法较简便。缺点是每检查一种抗原，必须制备与其相应的荧光标记抗体。

2. 间接法

先用未标记的特异性抗体处理涂片标本。如有相应抗原存在，则会与抗体形成复合物。然后再滴加荧光标记的抗免疫球蛋白抗体（或称抗抗体），则荧光标记抗抗体与复合物中的抗体结合，从而显出荧光，为阳性反应。由于荧光物质不是直接标记抗体，而是标记抗免疫球蛋白的抗体，所以称为间接法。间接法用一种荧光标记抗抗体，可以研究某种动物的各种免疫血清，灵敏度也比直接法高。

（二）放射免疫测定

放射免疫测定（radio immuno assay，RIA）技术是用放射性同位素作为标记物，将同位素分析的灵敏性和抗原抗体反应的特异性结合起来的一种标记技术。RIA 原理是标记抗原和未标记抗原对有限量抗体的竞争性结合（competitive binding）或竞争性抑制（competitive inhibition）反应。在 RIA 反应系统中，标记抗原（$Ag^{标}$）、未标记抗原（Ag）和特异性抗体（Ab）三者同时存在时，由于两种抗原有相同的决定簇，互相竞争结合抗体的能力相同，结果形成 $Ag^{标}$-Ab 和 Ag-Ab 复合物。当 $Ag^{标}$ 和 Ab 的竞争结合能力强时，Ag-Ab 复合物的形成量就增加，$Ag^{标}$-Ab 复合物则相对减少；反之，当 Ag 含量低时，对 Ab 的竞争结合能力弱，$Ag^{标}$-Ab 复合物的形成量即增多。因此，$Ag^{标}$-Ab 复合物的形成量与 Ag 含量之间呈一定的负相关函数关系。该方法测定灵敏度高，适用性广，速率较快。但需专门设备，价格昂贵，同时 RIA 测定还会产生不可忽视的放射性污染。

（三）免疫磁珠法

将食源性病原菌的抗体包被在磁性固体颗粒上，然后将其与食品样品的提取液或预培养液进行混合，样品中的病原菌特异性地与抗体结合而被固定在颗粒上，磁场分离磁珠，即可获得高纯度的病原菌，以便进一步进行分析，这一过程通常被称为免疫磁珠分离。免疫磁珠分离方法和通常的选择性培养富集很相似，但是它无须使用选择培养基和/或苛刻的培养条件，也无须进行较长时间的培养，具有快速、经济的优点。

（四）酶联免疫吸附技术（ELISA）

酶联免疫吸附技术是把抗原抗体反应的特异性和酶的高效催化性能结合起来的一种标记技术，将酶以共价方式与抗体（抗原）连接，形成酶标抗体（抗原）。它既不影响酶的催化性质，又不改变抗体（抗原）的特异性。

1. 原理

以 96 孔、48 孔的聚丙乙烯塑料微孔板为载体，在适当的条件下使抗原或抗体包被在酶标板微孔的内壁上成为所谓的包被抗原或抗体，没有被吸附（游离）的抗原或抗体通过洗涤除去，然后直接加入酶标记抗体或抗原（或先加入适当的抗体或抗原与包被抗原或抗体反应后，再加入相应的酶标记抗体或抗原），形成酶标记的抗原-抗体复合物固定在微孔内，没有吸附的酶标记物洗涤去除，加入酶底物溶液（通常没有颜色）于微孔中，复合物上的酶催化底物使其水解、氧化或还原成为有色的产物。在一定的条件下，复合物上酶的量（也反映了固定化的抗原抗体复合物的量）和酶产物呈现的色泽成正比，因此可以用酶标仪进行测定，从而计算出参与反应的抗原和抗体的含量。用于 ELISA 标记的酶有辣根过氧化物酶、碱性磷酸酶、葡萄糖氧化酶和 β-半乳糖苷酶等，最常用的是辣根过氧化物酶。见表 8-1。

表 8-1　常用于 ELISA 标记的酶

常用酶	底物	加终止液前颜色	加终止液后颜色
辣根过氧化物酶(HRP)	邻苯二胺(OPD) 四甲基联苯胺(TMB)	橙黄色 蓝色	棕黄色 黄色
碱性磷酸酶(AP)	对硝基苯磷酸酯(ρ-NNP)	黄色	黄色

2. 分类

常用于病原微生物检测的 ELISA 可以分为直接法、间接法和夹心法等。

直接法(direct ELISA)是指酶标抗原或抗体直接与包被在酶标板上的抗体或抗原结合形成酶标抗原-抗体复合物，加入酶反应底物，测定产物的吸光值，计算出包被在酶标板上的抗体或抗原的量，见图 8-3(a)。

间接法(indirect ELISA)是将酶标记在二抗上，当抗体(一抗)和包被在酶标板的抗原结合形成复合物，再以酶标二抗和复合物结合，通过测定酶反应产物的颜色可以(间接)反映抗体和抗原的结合情况，进而计算出抗原或抗体的量，见图 8-3(b)。

夹心法(sandwich ELISA)是先将抗体包被在酶标板上，用于捕获抗原，再用酶标的抗体与抗原反应形成抗体-抗原-酶标抗体复合物；也可以像间接法一样应用酶标二抗和抗体-抗原-抗体复合物结合，形成抗体-抗原-抗体-酶标二抗复合物，前者称为直接夹心法，后者称为间接夹心法，见图 8-3(c)。

直接法又可以分为竞争法和非竞争法。图 8-3 所示均为非竞争反应方法，这些方法不存在抗原抗体的竞争反应。所谓竞争法就是在抗原抗体反应过程中有竞争现象存在。以下以直接法中的酶标抗原竞争法为例进行说明。首先将包被了抗体的酶标板的微孔分为测定孔和对照孔，在测定孔中同时加入酶标抗原和非酶标抗原(通常来自待测样品)，标记抗原和非标记抗原互相竞争包被抗体的结合点，如果结合到包被抗体上的量非标记抗原的量越多，则酶标记抗原结合在包被抗体上的量就越少，相反，非标记抗原浓度越低，则结合到包被抗体上的标记抗原的量就越多；对照孔中不加入非标记抗原，只加标记抗原。这样对照孔中结合的酶标记抗原的量最多，酶反应产物的颜色越深，而测定孔中颜色越浅则反映了非标记抗原(待测物)浓度越高。同样间接法也有相应的竞争法，其中以间接竞争法最为常用。

3. ELISA 的操作过程

ELISA 中主要的试剂有抗原或抗体、酶和底物等。抗原和抗体是所有的免疫学反应中都必须具备的。酶标抗原或抗体是 ELISA 的核心试剂。

前面已经讲过 ELISA 的种类很多，不同 ELISA 的具体操作过程不完全相同，但是基本过程一致。下面以间接夹心 ELISA 测定沙门氏菌为例，对 ELISA 的具体操作过程叙述如下：

(1)包被：将纯化后的抗沙门氏菌多克隆抗体 1∶5 000 稀释，100 μL/孔，4℃包被过夜，取出恢复至室温，倾出微孔内包被液，以含有 0.05%的吐温-20 的 pH 7.4，0.01 mol/L 磷酸盐缓冲液(PBST)洗涤 3 次，扣干，即得到包被有抗沙门氏菌多克隆抗体的酶标板。

(2)封闭：所谓封闭是指酶标板被抗原包被后，在微孔中加入一定浓度的封闭溶液以封闭微孔内没有被抗原包被的空隙，避免抗体非特异性吸附于这些空隙，以提高实验结果的准确性和可靠性。常用的封闭剂包括脱脂牛奶、牛血清白蛋白(BSA)、卵蛋白(OVA)或明胶等，其中

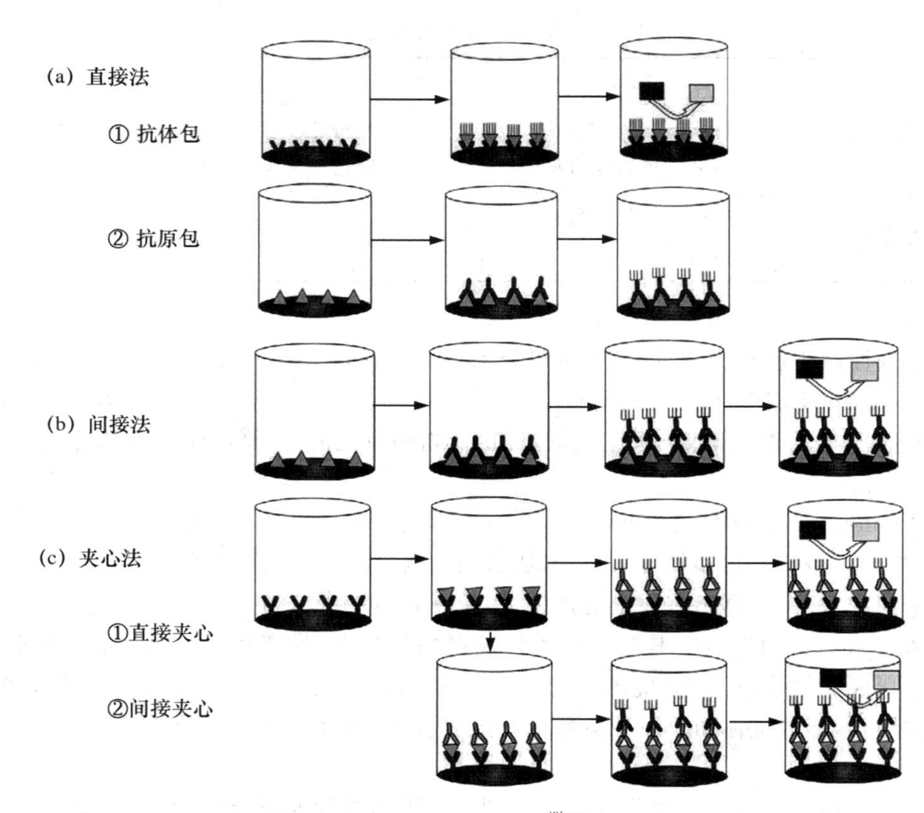

图 8-3 ELISA 原理示意图

以脱脂牛奶较为便宜，而且封闭效果和其他几种封闭剂没有明显的差别。因此在实验时在微孔中加入 3%的脱脂奶粉为封闭液，300 μL/孔 37℃孵育 1 h，弃去封闭液，用 PBST 洗涤 3 次。

(3)抗原抗体的反应：酶标板上分别加入不同稀释倍数的沙门氏菌培养液，37℃孵育 45 min，弃去上清液，用 PBST 洗涤 3 次，将游离多余的抗原去除。

(4)抗体-抗原-抗体的反应：取与包被抗体配对的检测抗体稀释液(1∶8 000)，100 μL/孔，37℃孵育 45 min，弃去上清液，用 PBST 洗涤 3 次，将游离多余的检测抗体去除。

(5)酶标二抗与抗原抗体复合物的反应：将羊抗鼠二抗 1∶5 000 稀释配置为二抗溶液，100 μL/孔加入酶标板中，37℃孵育 45 min，用 PBST 洗涤 3 次。

(6)显色反应和吸光值的测定：每孔加反应底物 100 μL/孔(40 mg 邻苯二胺溶于 100 mL、pH 5.0、0.2 mol/L 柠檬酸-0.1 mol/L 磷酸氢钠缓冲溶液，加入 150 μL H_2O_2，现配现用)，37℃保温保湿，避光反应 10 min，50 μL/孔加 2 mol/L H_2SO_4终止反应，5 min 后，以酶联免疫测定仪于 450 nm 测吸光值。

(7)计算：以沙门氏菌浓度为横坐标，以不同沙门氏菌溶度对应的吸光值为纵坐标，绘制 ELISA 的回归曲线。根据样品液的吸光值，利用标准曲线，计算出样品中沙门氏菌的含量。

由于抗原的变异及沙门氏菌与其他肠道杆菌有交叉反应，假阳性大量出现，此法一般用于大规模排除不含沙门氏菌的食品检样。如果是阳性结果，还需要常规法完成检验。免疫法多用于快速筛选含目的菌的可疑样品，进行初步鉴定。

4. 免疫层析技术

免疫层析技术是一种膜固相免疫测定技术。滴加在膜一端的样品溶液受膜的毛细管作用及吸水纸的吸水作用向另一端移动，犹如层析一般。移动过程中被分析物与固定于膜上某一区域的抗原或抗体结合而被固相化，无关物质则越过该区域而被分离，然后通过标记物的显色来判定实验结果。以胶体金为标记物的实验称为胶体金免疫层析技术(图 8-4)。有简单、快速、准确和无污染等优点。由于使用非常快捷方便，此项技术有普及化的趋势。

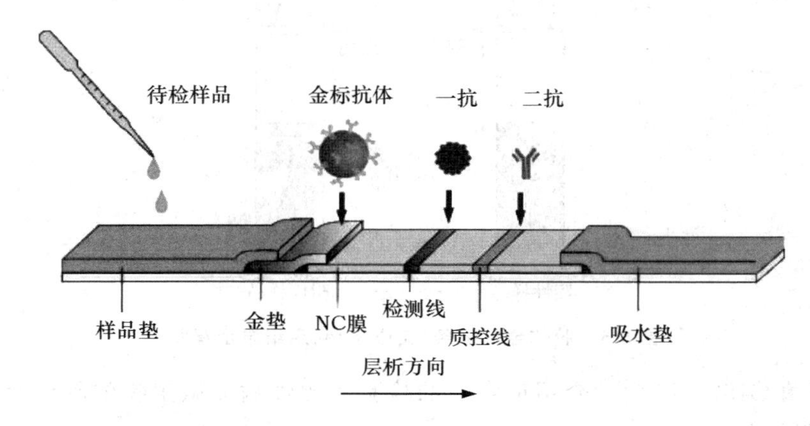

图 8-4　金免疫层析技术示意图

胶体金也称金溶胶，是指由直径为 1～100 nm 范围内的金颗粒所组成的分散体系。胶体金颗粒由 1 个基础金核(原子金 Au)及包围在外的双离子层构成，紧连在金核表面的是内层负离子($AuCl_2^-$)，外层离子层 H^+ 则分散在胶体间溶液中，以维持胶体金游离于溶胶间的悬液状态。胶体金对蛋白质有很强的吸附功能，可以与免疫球蛋白、毒素、糖蛋白、酶、牛血清白蛋白等非共价结合，因而在食品微生物检验中成为非常有用的工具。使用胶体金免疫层析技术检验致病菌时胶体金用于标记目的菌的抗体，因具有金的红色而被识别。胶体金呈什么颜色由胶体金粒子的大小决定。最小的胶体金颗粒在 2～5 nm 是橙黄色；胶体金颗粒在 5～20 nm 是葡萄酒红色；颗粒在 20～40 nm 是深红色，60 nm 的胶体金溶液主要吸收波长为 600 nm，溶液呈蓝紫色。

以双抗体夹心法测大肠杆菌 O157:H7 为例，如图 8-5 所示：试板中金标抗体为胶体金标记的大肠杆菌 O157:H7 抗体，硝酸纤维素膜上检测线处包被大肠杆菌 O157:H7 另一种抗体，质控线包被抗小鼠 IgG 二抗体。测试时在样品垫加入目的菌增菌后的小煮液，形成大肠杆菌 O157:H7-金标记大肠杆菌 O157:H7 抗体复合物。通过层析移行至检测线，形成大肠杆菌 O157:H7-金标记大肠杆菌 O157:H7 抗体-另一种抗体复合物，在检测线显示红色线条，为阳性反应。多余的大肠杆菌 O157:H7-金标大肠杆菌 O157:H7 抗体复合物移行至质控线时被抗小鼠 IgG 抗体捕获，而显示出红色对照线条。如样品中不含大肠杆菌 O157:H7，在检测线区不出现红色线条，仅在质控线出现红色线条，实验结果为阴性，如质控线无红色线条出现，表示实验无效。

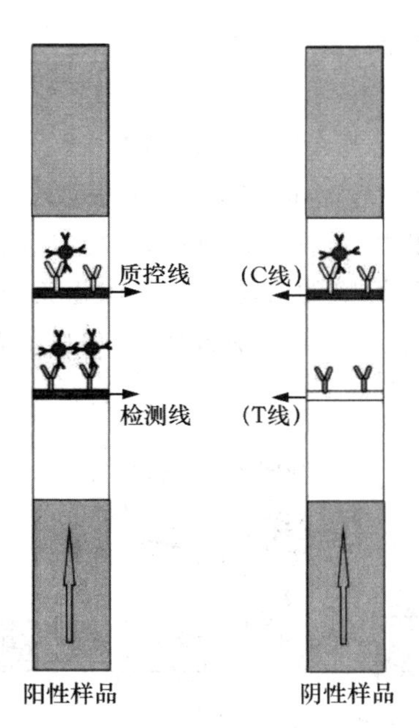

图 8-5 胶体金试纸条(夹心法)判定结果示意图

以大肠杆菌 O157:H7 为例介绍最常见的检验食源性病原微生物的胶体金免疫层析技术,其检验流程如图 8-6 所示。

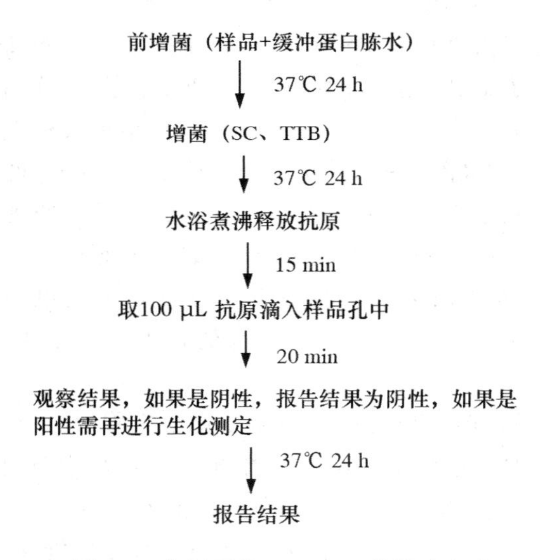

图 8-6 大肠杆菌 O157:H7 的检验方法

在食源性病原微生物的免疫学检测中,尽管各种免疫学方法的具体操作过程不同,但最基本的过程相同:首先进行病原微生物的选择性富集培养,然后再对富集物进行免疫检测和分析,因为食品样品中的病原微生物数量一般比较低,另外,食品样品中的有些成分可以干扰实验结果,直接进行分析往往无法得到满意的结果;所以,在食源性病原微生物免疫检测的全过程中,包括两部分的工作,一部分是样品的富集培养,另一部分是免疫学分析,其中前者通常需要 18～24 h,甚至更长时间,而免疫检测过程则仅需几小时,甚至几分钟。和传统的培养方法相比，免疫学检测具有快速、灵敏、经济、特异等优点，但是通常免疫学方法仅仅用于对大量样品进行筛选分析，对于筛选中发现阳性样品往往还需采用常规的培养方法进行确证。在正常情况下，阳性样品是少数的，阴性样品总是大多数，所以与其他快速检测方法一样，免疫学检测方法非常有应用前景，特别是在当今经济全球化，农产品流通快速的情况下。目前已有很多生化公司针对食品中常见的病原微生物及其产生的毒素研究开发了一系列免疫检测试剂盒。

尽管食源性病原微生物的免疫检测方法具有很多优点，但是仍然存在许多需要改进的方面，主要包括交叉反应比较严重、假阳性多、灵敏度偏低，所以通常不能直接对样品进行分析和检测，检测前需要进行富集培养，这就延长了检测时间，为了克服这些缺陷，研究者们一直不懈地努力，寻找着各种解决方法。在避免交叉反应、减少假阳性方面，采用特异性更强的单克隆抗体替代多克隆抗体，可以增加检测方法的特异性，避免交叉反应，减少假阳性。采用一些新的免疫学方法，例如生物素-亲和素 ELISA、荧光 ELISA 和电化学发光免疫学技术等都可以提高灵敏度。采用免疫磁珠分离方法或免疫膜富集方法，可以直接从样品中或经过简单培养的样品中选择性地富集目标微生物，提高细菌的浓度，同时，也可以消除干扰物质的影响，提高灵敏度。在实际应用中通常是将免疫富集技术与免疫学方法或其他方法，例如分子生物学方法结合起来使用，可以大大地减少检测时间，同时提高灵敏度。

思考题

1. 简述食源性病原微生物单克隆抗体制备的原理和基本过程。
2. 简述抗原抗体反应特性。
3. 简述免疫荧光技术的示踪原理和实验策略。
4. 简述 ELISA 检测食源性病原微生物的基本原理和实验策略。

第九章
食源性病原微生物基因检测技术

学习目标

1. 掌握普通 PCR 和衍生出来 PCR 的种类及原理。
2. 掌握 LAMP 和荧光实时定量 LAMP 的种类及原理。
3. 学习基因检测技术在常见病原微生物检测中的应用。

第一节　PCR 检测技术

一、引言

（一）PCR 技术发明背景

早在 100 多年前，人们就开始研究核酸，1953 年 Watson 和 Crick 提出了 DNA 双螺旋结构及其半保留复制模型，继而得到了证明，20 世纪 60 年代末和 70 年代初，人们主要致力于研究基因的体外分离技术。直到 1985 年，美国 PE-Cetus 公司的人类遗传研究室穆利斯（Kary Banks Mullis）等才发明了具有划时代意义的聚合酶链反应（polymerase chain reaction，PCR），实现了 DNA 体外扩增。1993 年，科学家 Mullis 因 PCR 技术的发明获得了诺贝尔化学奖。

随着热稳定性 Taq DNA 聚合酶的应用和自动化热循环仪的设计成功，PCR 技术的操作程序大大简化，并且很快在世界各国被广泛地应用于基因研究的各个领域。它对分子生物学及其相关学科的基础研究和诊断应用等方面产生了革命性的影响。因此，PCR 技术的发明者 Mullis 与开创了“寡核苷酸基因定点诱变”方法的加拿大籍英国科学家 Michael Smith 共同获 1993 年度诺贝尔化学奖。

（二）分类、进展

近年来，常规技术正逐步完善减少缺点，许多学者根据试验以及实际检测工作中的需要，逐步地对常规技术进行了改进，目前在实际应用中多用其衍生出来的技术，如免疫 PCR、反转录 PCR、巢式 PCR、多重 PCR、实时 PCR 及其与其他技术的联合应用等。

1. 常规 PCR

在 DNA 模板和相应引物的混合物当中加入适量的聚合酶。经过催化之后对 DNA 片段进行扩增。主要是依靠 DNA 模板来完成，其中经历多个不同的周期。每一个周期都会产生相应的 DNA 片段，可以直接作为循环的模板，可见聚合酶链反应的产物在逐渐增加。

2. 反向 PCR

是最早的基因组步移技术，于 1988 年由 Ochman 和 Triglia 发明，方法原理见图 9-1。该方法利用反向互补的特异性引物来扩增未知序列，由于引物的扩增方向与普通 PCR 的方向相反，因此命名为反向 PCR（inverse PCR，IPCR）。

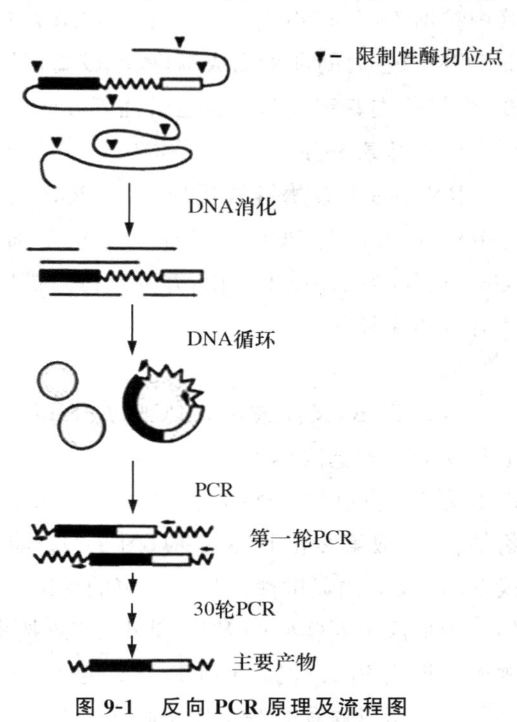

图 9-1　反向 PCR 原理及流程图

反向 PCR 扩增的模板 DNA 首先经过限制性内切酶酶切，形成带有黏性末端的 DNA 片段，然后在 T4 连接酶的作用下 DNA 片段自连成环状，利用特异性引物对环状 DNA 进行 PCR 扩增，得到的 PCR 产物就含有未知序列，最后将 PCR 产物测序便可得到中间的未知序列。随后研究者在利用反向 PCR 分离侧翼序列的同时，也不断改进此项技术，建立了 long range-inverse PCR (LM-IPCR)和 bridged inverted PCR 等。

反向 PCR 方法的成功主要取决于两点：一是限制性内切酶的选择；二是酶切片段成环的连接效率。目前完成全基因组测序的物种较少，选择限制性内切酶时可参考的数据非常少，而且对于基因组较大、结构复杂的物种来说，基因组酶切的效率无法保证，进而影响了反向 PCR 的成功率。经过研究发现，利用自编的软件对 5 种模式生物 13 个常用限制性内切酶的酶切位点进行统计，大多数酶切片段长度都在 0～499 bp；但是，500 bp 以下的 DNA 片段自连成环率远远小于 1 000～3 000 bp 的片段，以上也就解释了反向 PCR 成功率较低的原因。

反向 PCR 是一种有效的扩增未知片段的方法，其基本原理是用适宜的限制性内切酶消化基因组 DNA，再将消化产生的片段在连接酶催化下连接成环；以环化后的片段作为模板，用一对与核心区两侧序列互补的引物进行 PCR，引物的延伸方向是从核心区出发，沿环状分子向两侧的未知序列区进行。将反向 PCR 产物进行克隆和测序，就可得到核心区上游的序列。

3. 多重 PCR

多重 PCR(multiplex PCR)即在同一反应体系中加入多对引物，扩增同一模板的几个区域或不同基因模板。多重 PCR 可同时检测多个突变位点或病原生物，有利于遗传病和感染性疾病的诊断。这种检测方法和常规的检测方法之间存在着一定的相似性。不同的是，在整体的反应体系中需要加入更多的引物。如果混合物中存在着呈现互补关系的引物，就可以在反应管中扩增不同的 DNA 片段。多重 PCR 反应具有单个 PCR 反应的特异性和灵敏度，但是比普通 PCR 节省时间和检测成本，效率较高，目前在病原微生物的检测与鉴别、基因诊断、肿瘤诊断、生物分类鉴定和基因表达研究等方面有广泛的应用。

4. 反转录 PCR

RNA 的多聚酶链式反应(RT-PCR)是以 RNA 为模板，联合逆转录反应(reverse transcription, RT)与 PCR，可用于检测单个细胞或少数细胞中少于 10 个拷贝的特异 RNA，为 RNA 病毒检测提供了方便；并为获得与扩增特定的 RNA 互补的 cDNA 提供了一条极为有利和有效的途径。

5. 巢式 PCR

巢式 PCR，又称嵌套式 PCR，是 Mullis KB 和 Faloona FA 于 1987 年在常规 PCR 的基础上建立的一种基因体外扩增技术。巢式 PCR 反应中包含两对引物：内引物和外引物。在巢式 PCR 的反应过程中，外引物先与模板 DNA 结合，完成第 1 轮反应；内引物与第 1 轮的 PCR 产物结合，完成第 2 轮 PCR 反应(图 9-2)。巢式 PCR 反应需经过 2 轮的扩增来完成，这使得巢式 PCR 反应的灵敏性得到了大幅的提高。对于鉴定 DNA 模板量少、成分复杂的样品十分适用。为适应不同实验的需要，巢式 PCR 技术也出现了不同的类型，并且被运用到越来越多的领域。巢式 PCR 比常规 PCR 灵敏度大大提高，同时第 2 次扩增又可鉴定第 1 次扩增产物的特异性。所以这种方法常用于临床检验，如目前血清中丙型肝炎的监测多用这种方法。

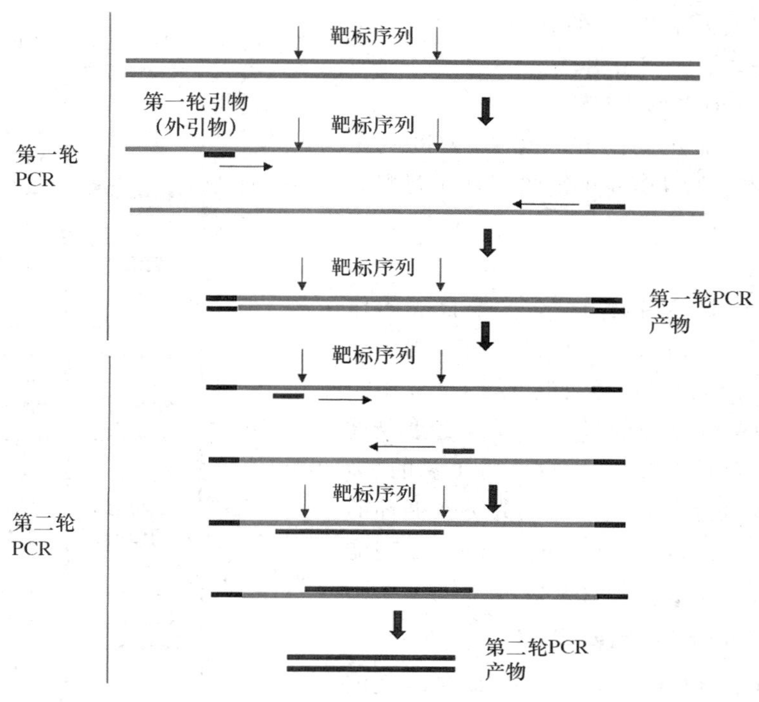

图 9-2　巢式 PCR 反应过程

6. 荧光定量 PCR

所谓实时荧光定量 PCR(real-time quantitative PCR)技术，是指在 PCR 反应体系中加入荧光基团，利用荧光信号积累实时监测整个 PCR 进程，最后通过校正曲线对未知模板进行定量分析的方法。该技术不仅实现了 PCR 从定性到定量的飞跃，还具有特异性更强、有效解决了 PCR 污染问题、自动化程度高等特点，目前已得到广泛应用。

7. 免疫 PCR

是由 Sano 等 1992 年首次创立和应用，其原理就是在连接分子的作用下将 1 段序列连接到抗体上，利用产生的抗原抗体反应，就能在抗原和分子之间建立起相对应的关系，这样一来就将对蛋白质的检测转化为对核酸的检测。由于免疫技术中结合了抗原抗体反应和 PCR 技术，所以它既有前者的特异性又有后者的高度灵敏性，成为一种极为灵敏的抗体依赖的抗原检测技术，甚至可检测到质量浓度极低的抗原物质。

二、基本原理

(一)常规 PCR

PCR 在试管中进行 DNA 复制反应。基本原理与体内相似，不同之处是耐热的 Taq 酶取代 DNA 聚合酶，用合成的 DNA 引物替代 RNA 引物。用加热(变性)、冷却(退火)、保温(延伸)等改变温度的办法使 DNA 得以复制，反复进行变性、退火、延伸循环。就可使 DNA 无限扩增。其基本原理可以按下列 3 个连续过程描述(图 9-3)。

1. 模板 DNA 的变性

模板 DNA 经加热至 90～95℃一定时间后，使模板 DNA 双链或经 PCR 扩增形成的双链

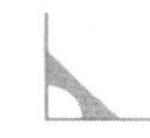

DNA 解离,使之成为单链,以便它与引物结合,为下轮反应作准备。

2. 模板 DNA 与引物的退火(复性)

模板 DNA 经加热变性成单链后,温度降至 50～60℃,引物与模板 DNA 单链的互补序列配对结合。

3. 引物的延伸

DNA 模板-引物结合物在 DNA 聚合酶的作用下,于 70～75℃,以 dNTP 为反应原料,靶序列为模板,按碱基配对与半保留复制原理,合成 1 条新的与模板 DNA 链互补的半保留复制链重复循环变性—退火—延伸 3 过程,就可获得更多的"半保留复制链",而且这种新链又可成为下次循环的模板。每完成 1 个循环需 2～4 min,2～3 h 就能将待扩目的基因扩增放大几百万倍。

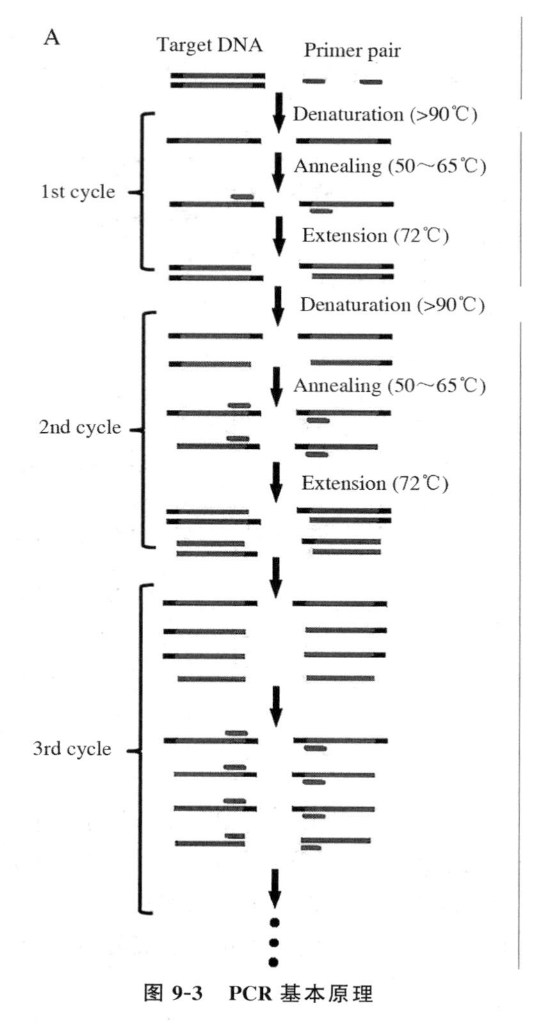

图 9-3 PCR 基本原理

(二)实时荧光定量 PCR

实时荧光定量 PCR 是通过对 PCR 扩增反应中每一个循环产物荧光信号的实时检测从而实现对起始模板定量及定性的分析。在实时荧光定量 PCR 反应中,引入了一种荧光化学物质,随着 PCR 反应的进行,PCR 反应产物不断累积,荧光信号强度也等比例增加。每经过 1 个循环,收集 1 个荧光强度信号,这样我们就可以通过荧光强度变化监测产物量的变化,从而得到 1 条荧光扩增曲线。

传统实时荧光定量 PCR 的原理图 9-4 所示。

1. 基于 TaqMan 探针法的实时荧光定量 PCR

这种方法产生荧光的原理是依赖于 PCR 扩增酶的内切活性使探针上的荧光基团与淬灭基团分离,从而实现使体系产生荧光的目的。这种方法是现阶段应用最为广泛的定量 PCR 方法,其相对较高的稳定性,较低的荧光背景值,较强的敏感性,进一步增加了结果的可信度,见图 9-4(A)。

2. 基于双链结合染料的实时荧光定量 PCR

这种方法产生荧光的原理是通过双链结合染料与 DNA 双链结合后可以产生荧光信号,当染料处于游离态时,其释放的荧光处于相对较低的水平。这种方法具有成本低,引物设计简单等优点,但是其容易受到引物二聚体等因素的干扰,所以其精准检测的稳定性和灵敏度相对于探针的方法有所差距,见图 9-4(B)。

3. 基于分子信标的实时荧光定量 PCR

这种方法的荧光产生原理是通过发卡状、两端标记有荧光基团和淬灭基团的长探针,在原始状态下,两个基团靠在一起从而不产生荧光,但是当体系中存在有可以与探针序列相互补的

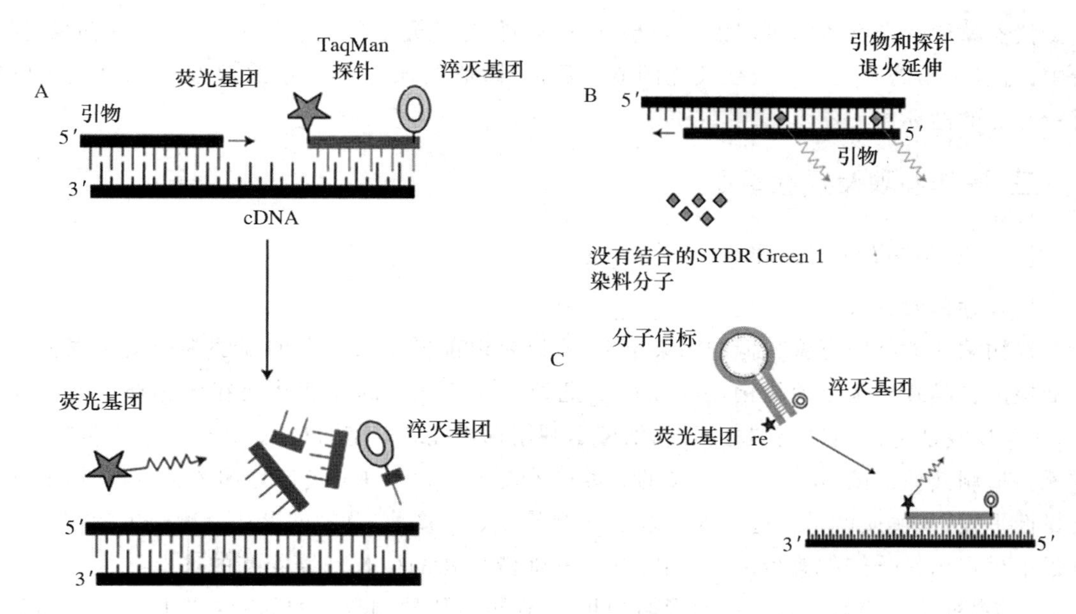

图 9-4　实时荧光定量 PCR 原理图

核酸序列时，探针打开，荧光基团与淬灭基团远离，从而发出荧光信号。这种方法与前两种方法不同点在于，其通过杂交产生荧光，而不是引物的扩增，因此这种方法不会受到 PCR 扩增效率的影响，见图 9-4(C)。

常见的定量 PCR 结果的分析方法包括终点定量分析法和实时荧光分析法，但是由于终点荧光分析法受到 PCR 扩增因素的影响太大，所以现在主流数据分析方法是实时荧光分析法。通过实时荧光法对定量 PCR 结果分析之前需要确定数据分析的荧光阈值和阈值循环，确定方法如图 9-5 所示。

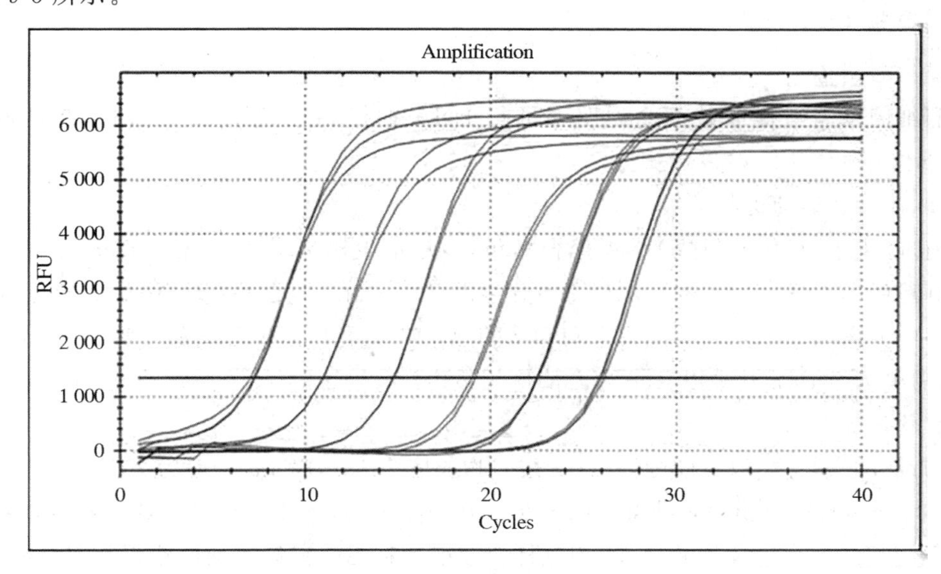

图 9-5　荧光阈值与阈值循环

仪器默认荧光阈值的确定依据为基线(背景)信号荧光信号偏差的10倍,在后续的数据分析中,可以根据需要人为地改变荧光阈值的数值;阈值循环的定义为PCR反应达到荧光阈值时所经历的循环数。

三、操作步骤及注意事项

(一)食品样品的前处理

1. 目标菌的富集

致病菌在食品中有着较低的污染水平,所以要以前增菌或增菌的步骤为前提来根据国家标准检测食品致病菌。前增菌的实质就是把处于濒死状态的致病菌放在无选择性的培养基中,使其恢复活力。而增菌与之不同,增菌是利用选择性培养基,目的是让微生物大量繁殖,这样就会抑制其他细菌,从而为下一步的分离培养奠定基础。在分离待检测的微生物时,要选用选择性平板,其实质就是在选择性平板上把增菌液划线接种,目的就是让待测微生物在生长的过程中呈现出易分辨的典型菌落,同时抑制其他微生物的生长。培养基的选择在这一步骤中尤为重要,对结果的判定有直接的影响。此外,还可将待检测微生物的特异性抗体标记到磁珠上,制备免疫磁珠,采用免疫磁珠的多种方式吸附目的菌,通过磁场分离收集大量菌体。

2. PCR抑制剂的去除

食物样品中致病菌的检测受到多种成分的抑制,包括食物本身的成分、大量的背景微生物、富集培养基和提取用试剂,许多研究工作者致力于研制与之相容的样品处理方法,这些方法包括离心、过滤、稀释等物理方法,免疫吸附捕获目标菌法、商用提取试剂盒法、酚氯仿提取法等化学方法,以及微生物增殖培养法,通常需要多种方法联用以稀释或除去样品和培养基中的抑制剂,并要后续处理除去提取时加入的各种有抑制作用的溶剂。

(二)常规PCR

1. 模板的制备

按照细菌基因组提取试剂盒说明书进行DNA抽提,并溶于100 mL TE缓冲液中,于−20℃下保存。

2. DNA聚合酶的选择

目前,已用于PCR的耐热DNA聚合酶包括:从水生栖热菌中分离的Taq DNA聚合酶;从嗜热栖热菌(*Thermus thermophilus*)中分离的Tth DNA聚合酶;从litoralis栖热球菌(*T. litoralis*)中分离的VENT DNA聚合酶和从酶热浴硫化裂片菌中分离的一种耐热DNA聚合酶(该酶命名为Sac)。其中以Taq聚合酶应用最广泛。

3. 引物设计

引物设计必须遵循以下原则:寡核苷酸引物长度为15~30 nt,一般为20~27 nt;GC含量一般为40%~60%;引物中4种碱基的分布最好是随机的,不要有聚嘌呤或聚嘧啶的存在,尤其3′端不应超过3个连续的G或C,因这样会使引物在GC富集序列区错误配对(GC碱基有较高的键能),T_m值在55~65℃,从而产生非特异性扩增。根据靶基因序列,采用Primer Premier 5.0设计引物。

4. 反应体系及浓度

10×PCR 缓冲波	1/10 体积
dNTP	各 200 μmol/L
引物	各 1 μmol/L
DNA 模板	10^2～10^5 拷贝
Taq 聚合酶	1 μmol/L
ddH_2O	补至终体积 50 μL

5. 反应条件优化

PCR 必须具备下述基本条件：①模板核酸(DNA 或 RNA)；②人工合成的寡核苷酸引物；③合适的缓冲体系；④Mg^{2+}；⑤三磷酸脱氧核苷酸混合物；⑥耐热 DNA 聚合酶；⑦温度循环参数(变性、复性和延伸的温度与时间以及循环数)。另外，还有一些其他因素，如二甲基亚矾、甘油、石蜡油、明胶或小牛血清白蛋白等也影响某些特定 PCR。

6. 扩增产物的检测

PCR 产物可通过琼脂糖凝胶或聚丙烯酰胺凝胶电泳检测，以前者最常用，通过电泳可以判断扩增产物的大小。在某些情况(待检靶序列拷贝数多，且仅扩增出一条带)下，仅通过凝胶电泳判断扩增片段大小即可满足检测的需要。

(三)实时荧光定量 PCR

1. 引物设计原则

(1)上下游引物要保守，为了能够扩增出所需要的保守片段，必须对保守的 100～200 bp 片段进行 PCR 扩增。所以引物的选取也要非常的保守。

(2)上下游引物的长度一般为 18～30 bp，且 T_m 值在 58～62℃，上下游引物的 T_m 值相差最好不超过 2℃。

(3)确保引物中 GC 含量在 30%～80%。应避免引物中多个重复的碱基出现，尤其是要避免 4 个或超过 4 个的 G 碱基出现。引物的 3′端最好不为 G 或/和 C。引物 3′端的 5 个碱基不应出现 2 个 G 或/和 C。

(4)避免引物内出现反向重复序列形成发夹二级结构，同时也应避免引物间配对形成引物二聚体。

(5)反应体系中，引物浓度一般要求在 0.1～0.5 μmol。浓度太高，容易生成引物二聚体，或非特异性产物。

2. 探针设计原则

(1)保守。探针要绝对的保守，有时分型就仅仅依靠探针来决定。理论上有一个碱基不配对，就可能检测不出来。

(2)TaqMan 探针的长度最好在 25～32 bp，且 T_m 值在 68～72℃，确保探针的 T_m 值要比引物的 T_m 值高出 5～10℃，这样可保证探针在退火时先于引物与目的片段结合。

(3)确保探针中 GC 含量在 30%～80%。

(4)避免探针中多个重复的碱基出现，尤其是要避免 4 个或超过 4 个的 G 碱基。

(5)探针的 5′端不能为 G，因为即使单个 G 碱基与 FAM 荧光报告基团相连时，也可以淬灭 FAM 基团所发出的荧光信号，从而导致假阴性的出现。

(6)TaqMan 探针应靠近上游引物，即 TaqMan 探针应靠近与其在同一条链上的上游引物。两者的距离最好是探针的5′端离上游引物的3′端有1个碱基。

(7)避免探针与引物之间形成二级结构。

(8)对于多重定量PCR,例如SNP分型检测时,SNP位点应设计在探针的中间位置,并且两种探针的T_m值应相近。

引物/探针二聚体:在使用杂交探针进行实验时,必须注意防止探针-引物二聚体的形成和其本身在反应过程中的延伸。引物-探针二聚体的形成,主要是因为探针可与引物的3′末端杂交,其形成以后,会致使此二聚体扩增,从而同目的基因竞争反应的原料,导致反应的效率下降。探针其本身能同目的基因相结合,且其解链温度高于引物,所以它可能作为引物而引发延伸反应,为了防止出现这种现象,通常是将其3′末端完全磷酸化,使之不能延伸,若此磷酸化不完全或是没有磷酸化,就会产生目的基因的副产品,从而干扰实验结果。鉴于以上这两点,所以应对探针精心设计,并将其末端完全磷酸化。

引物和探针浓度:通常所用的探针和引物浓度分别为250 nmol/L和900 nmol/L,绝大多数反应都可以在这个浓度下进行,但为了寻找最佳的浓度,重新将引物和探针配制至正确的储存液浓度。另外还应当考虑在建立实时荧光定量PCR实验时,需要从引物和探针的储存液移液的体积(我们推荐至少≥5 μL)。引物的储存液浓度通常范围为10~100 μmol/L,而探针则为2~10 μmol/L。将引物的质量浓度正确地换算为摩尔浓度对于重新配制是必须的;引物浓度应该在50~900 nmol/L范围内进行优化,探针浓度应该在50~250 nmol/L范围内优化,选择最小C_t值和最高反应扩增的曲线做后续试验。

C_t值(threshold cycle):指每个反应管内的荧光信号到达设定的域值时所经历的循环数。每个模板的C_t值与该模板的起始拷贝数的对数存在线性关系,起始拷贝数越多,C_t值越小。利用已知起始拷贝数的标准品可做出标准曲线,其中横坐标代表起始拷贝数的对数,纵坐标代表C_t值。因此,只要获得未知样品的C_t值,即可从标准品检测出的C_t值与起始拷贝数得到的线性回归标准曲线上计算出该样品目标分子的起始拷贝数。

实时荧光定量PCR仪:目前,荧光定量PCR仪生产的厂家不太多,主要有美国应用生物系统公司(Applied Biosystems, ABI)生产的荧光定量PCR仪,在我国广泛使用的共有4种型号。按推出时间的先后顺序,依次为7700型、570型、7900型和7000型。其中7700型为苹果操作系统,7000型为Window 2000操作系统,其余为Windows NT操作系统。7700型、7900型和7000型都具备多色检测能力,除了定量RCR外还可以进行SNP分析等应用,并可设置管内对照,将定量分析的误差降低到最低限度。7900型和7000型还可以在同一反应管内对多个目标基因同时进行定量检测。

四、在食源性病原微生物中的应用

(一)常见食源性致病菌的特异性靶基因概况

PCR技术检测食源性致病菌的特异性,取决于所选择的扩增靶序列是否为其待检菌高度保守的特异性序列。因此,选择靶序列直接影响方法的特异性和灵敏性,食源性致病菌PCR检测中常用的靶基因概况如表9-1所示。

表 9-1　主要食源性致病菌的特异性靶基因

序号	大肠杆菌	沙门氏菌	金黄色葡萄球菌	志贺氏菌	单增性李斯特菌
1	*Stx*	*ttrC*	*nucA*	*IpaH*	*Hly*
2	*rfbE*	*invaS*	*vicK*	*Ial*	*InlA*
3	*fliC*	*Inva*	*nuc*	*acrR*	*Iap*
4	*Eae*	*Sef*	*Sea*	*marOR*	*prfA*
5	*hlyA*	*ViaB*	*Coa*	*ShET-1B*	
6	*Slt 1*	*hns*	*clfaA*	*ShET-2*	
7	*Alr*	*sefA*	*FnbpA*		
8	*Per*	*ttrRSBCA*	*Seb*		
9	*phoA*	*prot6E*	*Sec*		
10	*rfbE*	*fimC*			

除了以上主要食源性致病菌之外，还有一些常见食源性致病菌的特异性靶基因(表 9-2)。

表 9-2　常见食源性致病菌的特异性靶基因

菌种	绿脓杆菌	化脓链球菌	霍乱弧菌	副溶血性弧菌
靶基因	外膜脂蛋白表达基因 *oprL*	*sPyMSl* 755	*CTX*	*Tlh*

(二)常见食源性致病菌的检测

1. 沙门氏菌

(1)DNA 模板的制备。

(2)引物和探针设计：根据 GenBank 公布的丙型副伤寒沙门氏菌的基因序列，设计引物和 TaqMan 探针，进行特异性实时荧光定量 PCR 扩增。引物和探针用 Oligo 6.0 软件设计，序列如下：

SPF：5′-AGTTGAAGCTGAACAGTCGC5-3′；

SPR：5′-TCGCCAACAGAGACTTTGATC-3′。

探针：SPP：5′-FAM-AGCCTCTATGGAAGTTCCGTCTCCT-TAMRA-3′。

(3)实时荧光定量 PCR 反应体系：实时荧光定量 PCR 反应体系为 30 μL，模板 DNA 1 μL、10×TaqMan 缓冲液 4 μL、5 mmol/L $MgCl_2$ 2 μL、2.5 mmol/L dNTPs 3 μL、TaqMan 探针 20 μmol/L 1 μL、正向和反向引物20 μmol/L 各 1 μL(共 2 μL)、UNG 酶(0.55 U)0.2 μL、Taq 聚合酶(2.5 U/μL)3 μL、去离子水 13.8 μL。

(4)实时荧光定量 PCR 反应参数：95℃ 30 s 、95℃ 5 s、60℃ 34 s、40 个循环。

(5)结果判断：实时荧光定量 PCR 扩增曲线指数期明显，C_t<37 为阳性判定原则。其中以C_t<35 且扩增曲线指数期明显可直接判定为阳性。C_t 值在 35～37 之间判断为可疑，需要加大模板量进行重复试验，如出现指数期明显的扩增曲线方可判定为阳性，否则为阴性。

2. 大肠杆菌

(1)DNA 模板的制备。

(2)引物的设计与合成：参考 GenBank 公布的大肠杆菌 O157：H7 的 *rfbE* 基因(参考序列

S83460)，应用 Primer Premier 5.0 生物学软件设计1对引物，预计扩增长度为 327 bp 引物的序列如下：

rfbEF：5'-TCAAAAGGAAACTATATTCAGAAGTTTGA-3'；

rfbER：5'-CGATATACCTAACGCTAACAAAGCTAA-3'；

rfbEP：5'-AATAAATTTGCGGAACAAAACCATGTGCAA-3'。

(3)实时荧光定量 PCR 反应体系：实时荧光 PCR 反应体系为 30 μL，模板 DNA 1 μL、10×TaqMan 缓冲液 4 μL、5 mmol/L $MgCl_2$ 2 μL、2.5 mmol/L dNTPs 3 μL、TaqMan 探针 20 μmol/L 1 μL、正向和反向引物20 μmol/L 各 1 μL(共 2 μL)、UNG 酶(0.55 U)0.2 μL、Taq 聚合酶(2.5 U/μL)3 μL、去离子水 13.8 μL。

(4)实时荧光定量 PCR 反应参数：94℃预变性 5 min；94℃ 5 s，60℃ 15 s，共扩增 40 个循环。

(5)结果判断：实时荧光定量 PCR 扩增曲线指数期明显，C_t<37 为阳性判定原则。其中以 C_t<35 且扩增曲线指数期明显可直接判定为阳性。C_t 值在 35～37 之间判断为可疑，需要加大模板量进行重复试验，如出现指数期明显的扩增曲线方可判定为阳性，否则为阴性。

3. 副溶血弧菌

(1)DNA 模板的制备。

(2)引物与 TaqMan 探针设计：从 GenBank 数据库中获得所有弧菌属的 *toxR* 基因序列，采用 Vector NTI Suite 9.0 软件对其进行同源性分析。针对副溶血弧菌 *toxR* 基因的特异性序列，采用 Primer Premier 5.0 生物学软件设计特异引物和探针，引物序列为：

Forward：5'-ATTGACGCCTCTGCTAATGAG-3'；

Reverse：5'-TACGCAAATCGGTAGTAATAGTG-3'。

探针序列为：5'-(FAM)AGCCGCCTTTAACGACGACTTCTGA(Eclipse)-3'。

(3)实时荧光定量 PCR 反应体系：体系总体积 20 μL，Premix(Takara) Ex TaqTM (2×) 10 μL；PCR Forward Primer (10 μmol/L)0.4 μL；PCR ReversePrimer (10 μmol/L) 0.4 μL；ROX ReferenceDye Ⅱ(50×) 0.4 μL；Taqman 探针(10 μmol/L) 0.4 μL；DNA 模板 2.0 μL；去离子水 6.4 μL。

(4)实时荧光定量 PCR 反应参数：退火温度为 60℃，反应程序为：95℃预变性 10 s；95℃ 5 s，60℃ 34 s(收集 FAM 荧光信号)扩增 40 个循环。

(5)结果判断：实时荧光定量 PCR 扩增曲线指数期明显，C_t<37 为阳性判定原则。其中以C_t<35 且扩增曲线指数期明显可直接判定为阳性。C_t 值在 35～37 之间判断为可疑，需要加大模板量进行重复试验，如出现指数期明显的扩增曲线方可判定为阳性，否则为阴性。

(三)常见食源性病毒的检测

1. 诺如病毒

(1)病毒核酸的提取：采用 QIAGEN 公司 ReansyMiniKit，按照试剂盒说明书进行 RNA 提取，采用 Primescript™反转录试剂盒合成 cDNA，按照试剂盒说明书进行，−20℃保存备用。

(2)引物与 TaqMan 探针设计：对诺如病毒 GⅡ进行检测，采用 Primer Premier 5.0 生物学软件设计特异引物和探针，引物序列为：

COG2F：5'-CARGARBCNATGTIYAGRTGGATGAG-3'；

COG2F：5'-CARGARBCNATGTIYAGRTGGATGAG-3'；

COG2R：5'-TCGACGCCATCTTCATTCACA-3'。

ProbeRING2-TP：5′-FAM-TGGGAGGGCGATCGCAATCT-(TAMRA)-3′。

(3)实时荧光定量PCR反应体系：反应体系为25 μL，每个反应组分如下：2×onestep RT-PCR buffer 12.5 μL，ExTaqHS 0.5 μL，R TenzymeMixⅡ 0.5 μL，上下游引物各0.8 μL，探针0.4 μL，RNA模板9.5 μL。

(4)实时荧光定量PCR反应参数：42℃ 30 min；95℃ 5 min；95℃ 15 s，56℃ 1 min，45个循环。

(5)实时荧光定量PCR扩增：将待扩增的反应管放在荧光定量PCR仪进行扩增，根据实时荧光PCR扩增曲线判断结果。

2. 轮状病毒

(1)病毒核酸的提取：采用QIAGEN公司ReansyMiniKit，按照试剂盒说明书进行RNA提取，采用Primescript™反转录试剂盒合成cDNA，按照试剂盒说明书进行，−20℃保存备用。

(2)引物与TaqMan探针设计：根据GenBank上已提交的多株猪轮状病毒VP6基因编码序列利用Primer Premier 5.0软件设计引物和探针。

RV6F：5′-GGATCCCACAGTTGGACTTACATTAC-3′；

RV6R：5′-GAATTCCTTCTAATGGAAGCTACTG-3′。

探针序列：5′-FAM-TACGTATTCGCTACACAGAGTAATCA-(BHQ1)-3′。

(3)实时荧光定量PCR反应体系：反应体系为50 μL，每个反应组分如下：上下游引物各3.5 μL(10 μmol/μL)，探针0.25 μL(10 μmol/μL)，Taq酶1 μL(5 U/μL)，反转录酶1.25 μL(20 μ/μL)，预混buffer 25 μL、模板2 μL、DEPC H_2O 15.5 μL。

(4)实时荧光定量PCR反应参数：48℃ 10 min，95℃ 10 min；95℃ 15 s，60℃ 45 s，40个循环。

(5)实时荧光定量PCR扩增：将待扩增的反应管放在荧光定量PCR仪进行扩增，根据实时荧光PCR扩增曲线判断结果。

(四)隐孢子虫的检测

1. 微小隐孢子虫DNA的提取

取保存在2.5%重铬酸钾中的分离纯化微小隐孢子虫卵囊，用蒸馏水洗涤3次，以1 500g离心10 min，反复冻融3次，按试剂盒(QIAGEN公司)说明书提取隐孢子虫卵囊的DNA，−20℃保存备用。

2. 引物和探针的设计与合成

根据隐孢子虫SSU rRNA序列设计引物。

正向引物：5′-TGGTGGGCATTCCTTT-GC-3′；

反向引物：5-CCGTTTGTCCTTCTGGTTTTG-3′。

探　针：5′-(FAM)-GCTGAATTAGAATCGACAT-GCCCACC(DABCYL)-3′。

3. 实时荧光定量PCR反应体系

总体系为25 μL，内含5 μL模板，10×PCR缓冲液2.5 μL，3 mmol/L $MgCl_2$ 2.5 μL，0.2 mmoL/L dNTP 2.0 μL，1 U rTaq酶1.2 μL，引物用量为0.1 μL，探针用量为0.2 μL。

4. PCR反应参数

95℃预变性3 min；95℃变性10 s，58℃退火20 s，72℃延伸15 s(共5个循环)；94℃变性10 s，55℃退火20 s，72℃延伸15 s(共40个循环)。

5. 实时荧光定量 PCR 扩增

将待扩增的反应管放在荧光定量 PCR 仪进行扩增，根据实时荧光 PCR 扩增曲线判断结果。

第二节　LAMP 检测技术

一、引言

(一)LAMP 发明背景

等温扩增是一种新型的扩增方式。这类扩增技术与传统 PCR 方法不同的是，其不通过热循环步骤实现目的片段的扩增，而只需要在恒温的条件下进行温浴，从而实现扩增目的片段的目的。目前，等温扩增技术主要包括环介导等温扩增技术(loop mediated isothermal amplification，LAMP)，链置换扩增技术(strand displacement amplification，SDA)，切口酶扩增技术(nicking endonuclease mediated amplification，NEMA)，嵌合引物介导核酸等温扩增技术(isothermal and chimeric primer-initiated amplification of nucleic acids，ICAN)等。其中，LAMP 技术是应用最广的等温扩增技术。

LAMP 技术是日本学者 Notomi 等在 2000 年发明的一种全新的核酸体外扩增新技术。LAMP 作为一种快速准确且敏感度高的诊断方法备受瞩目。它是利用一种链置换 DNA 聚合酶(Bst DNA polymerase)和 2 对特殊引物，特异地识别靶序列上的 6 个独立区域，在等温条件下(65℃左右)保温几十分钟，即可完成核酸扩增反应。反应结果可直接靠扩增副产物焦磷酸镁的沉淀浊度进行判断，也可以借由添加 SYBR Green Ⅰ、溴化乙啶(EB)或其他核酸染剂进行显色后观察。

与传统的 PCR 相比，LAMP 具有更高的扩增效率，可以更快地进行目的基因的扩增从而达到检测的目的。并且 LAMP 作为一种等温扩增技术，不需要依赖于昂贵的热循环扩增仪。

随着 LAMP 的优点逐渐为研究者所熟知，它在越来越多的领域中被使用，包括病毒病原体的检测、细菌病原体的检测、真菌病原体的检测、寄生虫的检测、肿瘤的检测等。当然，不同需求的研究者在使用 LAMP 的时候，针对各自的研究需要对 LAMP 进行了不同程度的改进、提高及延伸。

(二)LAMP 分类

1. RT-LAMP

LAMP 也同样适用于 RNA 模板，在反转录酶和 DNA 聚合酶的共同作用下，实现 RNA 的一步扩增。研究者利用 RT-LAMP 检测前列腺癌特异抗原(PSA)，将 1 个表达 PSA 的 LNCaP细胞与 1 000 000 个不表达 PSA 的 K562 细胞混合，提取 RNA，RT-LAMP 也能够检测得到。

2. 原位 LAMP

将 LAMP 技术和原位杂交技术相结合。研究者想要检测携带一种编码毒素的基因 *stx*2 的大肠杆菌 O157:H7。利用细胞原位固定法，用不同荧光抗体标记大肠杆菌与无 *stx*2 特异基因的细菌混合物，从而区别出携带特异性基因的大肠杆菌。与原位 PCR 相比，温和的渗透性及低的等温条件使得原位 LAMP 对细胞的损伤减小，准确性提高。

3. 多重 LAMP

有研究者利用多重 LAMP 检测牛巴贝虫属寄生虫，分别设计 *B. bovis* 和 *B. bige* 的引物，检测灵敏度分别是传统 PCR 方法检测 *B. bovis* 和 *B. bige* 的 10^3 和 10^5 倍。

二、基本原理

（一）常规 LAMP

LAMP 技术依赖于能够识别靶序列上 6 个独立区域的两对特异性引物（内引物：FIP 和 BIP；外引物：F3 和 B3），和一种具有解旋功能且呈瀑布式扩增的 Bst DNA 聚合酶，在等温条件下，一边合成与模板 DNA 互补的 DNA 链，一边置换掉 FIP 引起的 DNA 单链。这条单链在 5′链端存在互补的 Flc 和 Fl 区段，于是发生自我碱基配对，形成环状结构。BIP 引物与被置换掉的 FIP 引起的 DNA 单链杂交结合，形成的环状结构被打开，B3 引物在 BIP 外侧进行碱基配对，在聚合酶的作用下形成新的互补链。被置换的单链 DNA 两端均存在互补序列，从而发生自我碱基配对，形成类似哑铃状的 DNA 结构。LAMP 反应以此 DNA 结构为起始结构，进行再循环和延伸，靶 DNA 序列大量交替重复产生，形成的扩增产物是有许多环的花椰菜形状的茎-环结构的 DNA，数量级可达 10^9 水平。电泳后可见扩增终产物由大小不等的 DNA 片段组成，呈梯度条带。

LAMP 技术原理图如图 9-6 所示。

（二）实时荧光 LAMP

实时荧光环介导等温扩增（real-time fluorescence loop-mediated isothermal amplification technology，Real Amp）技术，就是在普通 LAMP 的理论基础上，向 LAMP 反应体系中加入荧光染料（SYBR Green Ⅰ），SYBR Green Ⅰ会和双链 DNA 发生结合，使荧光强度大大增强。当反应开始进行，DNA 不断发生扩增，反应体系中的荧光信号也随之发生变化，通过电脑软件对整个 LAMP 反应进行实时监测，扩增曲线就会被显示出来，扩增曲线开始出峰的时间越早、峰值越高，说明实时荧光 LAMP 反应扩增效率也相对越高。

三、操作步骤及注意事项

（一）常规 LAMP

1. 模板的制备

增菌培养后利用细菌基因组试剂盒提取基因组 DNA。

2. DNA 聚合酶的选择

一般选择 Bst DNA 聚合酶。

3. 引物设计

引物设计是建立食品致病菌 LAMP 检测技术的关键。由于需要针对目标基因的 6 个不同的区域设计 4 条引物，因此对于引物设计特异性要求很高，根据靶基因序列的不同，利用 Primer Explorer V4 软件设计 4 条 LAMP 引物，由外引物 F3 和 B3，内引物 FIP 和 BIP 组成

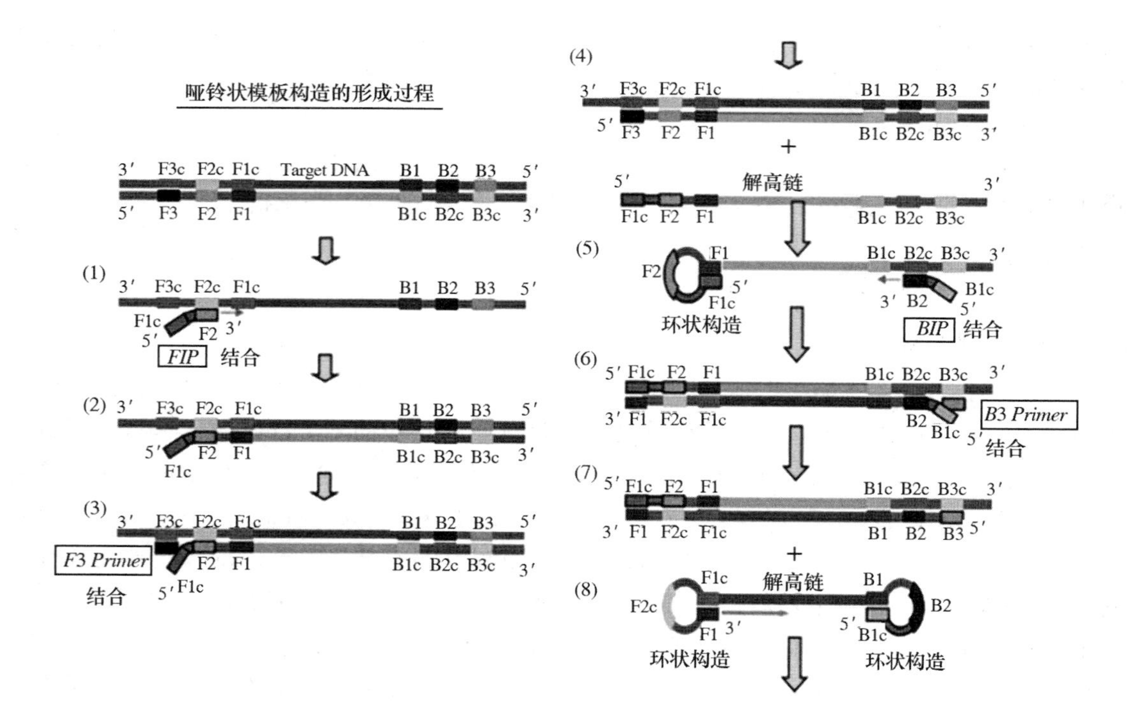

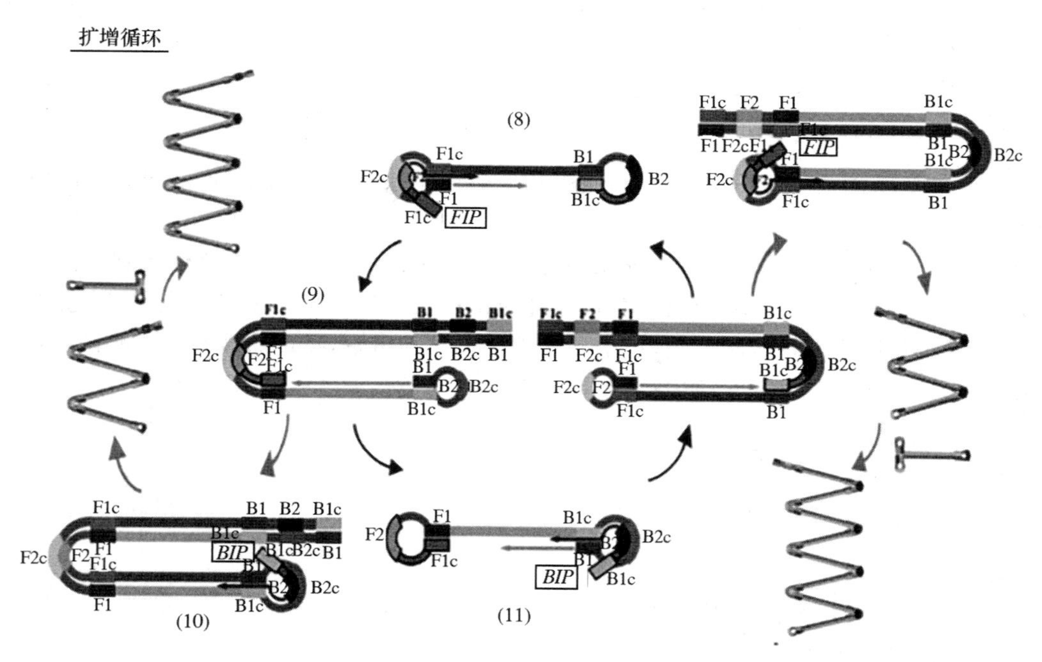

图 9-6 环介导等温扩增技术原理图

(图 9-7)。

LAMP 引物在设计的时候主要考虑 4 个因素:①各引物之间的距离。F2 与 B2 之间为 120～180 bp,F2 与 F3、B2 与 B3 之间为 0～20 bp,F2 的 5′端到 F1 的 5′端之间为 40～60 bp;②引物的 T_m 值,F1c 和 B1c 的 T_m 值在 64～66℃之间,F2、F3、B2、B3 的 T_m 值在 59～61℃之

间；③引物末端的自由能。F1c、B1c 的 5′端，F2、B2、F3、B3 的 3′端自由能 dG<−4 kcal/mol；④引物的 GC 含量。GC 含量在 40%～65%之间，并且 50%～60%最好。

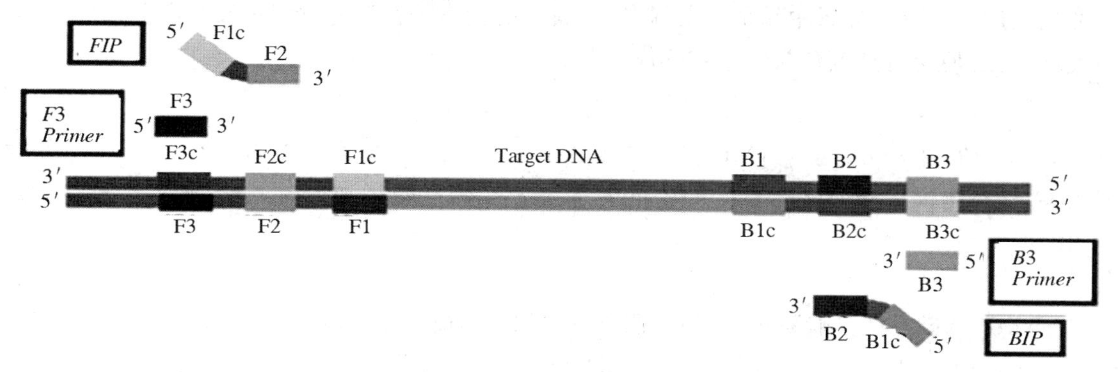

图 9-7　LAMP 引物设计

4. 反应体系及浓度

实时荧光 LAMP 法的反应体系(25 μL)：内引物 FIP 和 BIP 各 2.5 μL，外引物 F3 和 B3 各 0.5 μL，dNTPs 5 μL，$MgSO_4$ 1 μL，10×Bst DNA 聚合酶反应缓冲液 2.5 μL，1 μL 的 Bst DNA 聚合酶，1.5 μL 的 DNA 模板，甜菜碱 1 μL，灭菌的去离子水补足体系。

5. 反应条件优化

由于 LAMP 技术反应体系是比较复杂的，分别由引物、底物、模板、Bst 聚合酶、酶缓冲液组成，另外反应的时间、温度等都会影响最终的试验结果；因此在实验中必须进行 LAMP 扩增反应体系的不断优化，寻求最佳的反应条件。

6. 扩增产物的检测

核酸扩增产物可以通过琼脂糖凝胶电泳进行鉴定，但是 LAMP 是循环扩增，产物多样，故不能用对应目的基因长短的条带来判定产物是否存在。根据 LAMP 反应原理可知，扩增产物是大小不一的哑铃状 DNA 组成的混合物，因此，LAMP 的扩增产物在 2%的琼脂糖凝胶上呈现的是阶梯状条带。但是琼脂糖凝胶电泳的操作烦琐、分辨率低、耗时长、存在有毒物质并且容易产生交叉污染。

在 LAMP 反应过程中，dNTPs 中析出的焦磷酸根和镁离子结合产生焦磷酸镁白色沉淀，可以通过肉眼判断扩增反应。普通的 PCR 反应中也有焦磷酸镁的产生，但是含量比较小，几乎不可能通过沉淀进行产物检测。所以，焦磷酸镁白色沉淀是 LAMP 反应的标志性产物，但由于视觉误差，导致结果判定存在一定的误差。鉴于此，日本荣研株社研制出浊度仪，用于 LAMP 产物的检测。同时还有实时监控浊度仪，可以实现对 LAMP 全程监控，从而实现 LAMP 定量检测。但是浊度仪的稳定性和重现性较差，在定量检测方面还需进一步改进。

(二)实时荧光 LAMP

1. 荧光染料

荧光染料和探针也常被用于 LAMP 产物的检测。荧光染料和探针能与体系中大量存在的特定 DNA 产物结合从而发生颜色变化，通过检测反应体系的荧光值来判断扩增反应进行与否以及靶基因是否存在。最常用的染料有 SYBR Green Ⅰ，HNB 以及钙黄绿素。SYBR Green Ⅰ染料与双链 DNA 的小沟嵌合后，发出的荧光比之前强 800～1 000 倍，同时颜色会由橙色变成荧光绿色。羟基萘酚蓝(hydroxyl naphthol blue,HNB)是一种新型的核酸染料,可以加入反应体系中并不抑制反应,出现阳性扩增时,溶液颜色由紫罗兰色变为天蓝色,具有较高的灵敏度。在反应体系中添加钙黄绿素,染料中的锰离子在反应过程中被镁离子替代,从而激发出荧光,使得溶液颜色从绿色变化成黄色。

2. T_t 值的设定

T_t 值为实时荧光定量 LAMP 的时间阈值,LAMP 的扩增时间一般为 45～60 min,利用荧光 LAMP 检测仪每分钟读取荧光数值,根据荧光值出现指数增加的时间绘制曲线,最终设定 T_t 值。

3. 仪器

LAMP 基础方法具有易污染、易呈假阳性等缺点,而荧光 LAMP 检测仪可以通过收集荧光信号生成曲线,15～30 min 即可完成曲线报告,使结果更具客观性和简便性。

四、在食源性病原微生物中的应用

(一)常见食源性致病菌的检测

1. 沙门氏菌

(1)DNA 模板的制备。按照试剂盒说明书提取细菌基因组 DNA。

(2)引物设计与合成。根据 GenBank 公布的沙门氏菌 *invA* 基因(登录号:EU348365)中保守序列,设计一套特异性的 LAMP 引物,包括外引物 F3、B3,2 条内引物 FIP、BIP 和 2 条环引物 LF、BF,引物序列如下:

F3:5′-GAACGTGTCGCGGAAGTC-3′;

B3:5′-CGGCAATAGCGTCACCTT-3′。

LF:5′-GGCCTTCAAATCGGCATCAAT-3′;

BF:5′-AAGGGAAAGCCAGCTTTACG-3′。

FIP:5′-GCGCGGCATCCGCATCAATATCTGGATGGTATGCCCGG-3′;

BIP:5′-GCGAACGGCGAAGCGTACTGTCGCACCGTCAAAGGAAC-3′。

(3)LAMP 反应体系。反应体系包括反应缓冲液 12.5 μL,Bst DNA 聚合酶 1.0 μL,DNA 模板 2.0 μL,外引物 F3、B3 各 5 pmol,内引物 FIP、BIP 各 40 pmol,环引物 LF、BF 各 20 pmol,最后加入去离子水至总体积为 25 μL。

(4)LAMP 反应条件。置于 LA-320CE 浊度仪,于 63℃保温 60 min,80℃灭活 2 min。

(5)结果判定。反应过程中,LA-320CE 浊度仪对反应体系的浊度进行实时测量,每 6 s 检测一次体系在 650 nm 处的吸光度,生成浊度变化曲线,当反应体系浊度超过 0.25 以及浊度的变化速率大于 0.1 时,结果判定为阳性。也可通过肉眼观察反应体系的浊度变化判定结果。

2. 大肠杆菌

(1)DNA 模板的制备。按照细菌提取试剂盒说明书进行基因组 DNA 的提取。

(2)引物设计与合成。根据 GenBank 中公布的大肠杆菌 *malB* 基因序列(EU118059.1),利用在线引物设计软件 PrimerExplorer V4 设计 LAMP 引物,4 条引物分别为 2 条内引物(FIP/BIP) 和 2 条外引物(F3/B3),序列如下:

F3:5′-CCGTTTCTCACCGATGAACA-3′;

B3:5′-GCTGTCGATGACAGGTTGTT-3′。

FIP:5′-GTTTGTCGGACCGTCTGGCTGGTCTCAAGCCCGGCAATC-3′;

BIP:5′-TTCGATACCACGACCTCGCCCCAAAGGGAGAAGGGCATGG-3′。

(3) LAMP 反应体系。F3/B3 (0.4 μmol /L) 1.0 μL，FIP/BIP (2.4 μmol/L) 3.0 μL，Bst DNA 聚合酶(8 U/μL)1.0 μL，甜菜碱(4 mol/L)0.75 μL，酶缓冲液 2.5 μL，dNTPs (0.2 mmol/L)2.0 μL，DNA 模板(10 ng/μL)2.0 μL，补水至 25 μL。

(4)LAMP 反应条件。60℃ 60 min，80℃ 5 min 终止反应。

(5)结果判定。应用荧光染料剂 SYBR Green Ⅰ进行显色，在紫外光下观察检测扩增结果，并将产物进行琼脂糖凝胶电泳检测。

3. 副溶血性弧菌

(1)DNA 模板的制备。按照试剂盒说明书提取细菌基因组 DNA。

(2)引物设计与合成。根据 GenBank 公布的副溶血弧菌 *T1h* 基因序列(Accession number:M36437)中的保守序列，设计一套特异性的 LAMP 引物，包括 2 条外引物 F3、B3 和 2 条内引物 FIP、BIP。

FIP:5′-GCCCATTCCCAATCGGTCG-TTTT-CTATGTTTCGCTGTTGGTATCG-3′

BIP:5′-GTTCTACACCAACACGTCGCA-TTTT-TCGCCAAATCTAATGTTGCT TC-3′。

F3:5′-CAGCACGCAAGAAAACCA-3′;

B3:5′-ATTGTCAGCGGCGAAGAA-3′。

(3)LAMP 反应体系。配制 LAMP 反应体系 25 μL，包括：$MgSO_4$(100 mmol/L)1.5 μL、dNTPs(10 mmol/L)2.5 μL、betaine(5 mol/L)4 μL、内引物(20 μmol/L) 各 1.5 μL、外引物(10 μmol/L)各 0.5 μL、Bst DNA 聚合酶大片段(8 U/μL)1 μL、10×ThermoPol buffer 2.5 μL、DNA 模板 2 μL 以及 ddH_2O 7.5 μL。

(4)LAMP 反应条件。于 65℃温育 60 min，80℃灭活 10 min。

(5)扩增产物的检测。反应过程中，LA-320CE 浊度仪对反应体系的浊度进行实时测量，每 6 s 检测一次体系在 650 nm 处的吸光度，生成浊度变化曲线，当反应体系浊度超过 0.25 以及浊度的变化速率大于 0.1 时，结果判定为阳性。也可通过肉眼观察反应体系的浊度变化判定结果。

(二)常见食源性病毒的检测

1. 诺如病毒

诺如病毒基因为单链 RNA，而感染人的诺如病毒可分为 3 个基因型，GⅠ、GⅡ与 GⅣ，其中以 GⅡ最为常见。

(1)病毒 RNA 的提取和纯化。采用病毒 RNA 的提取和纯化试剂盒按说明书提取食品样品中的病毒 RNA，提取 RNA 溶于 50 μL 洗脱缓冲液中，进行 rRT-LAMP，也可暂时于－80℃保存备用。

(2)引物的设计。用 LAMP 引物设计软件 PrimerExplorer4.0 设计相应的 RT-LAMP 引物，其中包括 2 条外引物(F3 和 B3)，2 条内引物(FIP 和 BIP)。

F3:5′-GAAGGTGGCATGGAYTTTTA-3′;

B3:5′-TCTAGAGCCATGACCTCCTT-3′。

FIP:5′-AGATTGCGATCGCCCTCCCATTTTGCCCAGACAAGAACCAATGTT-3′;

BIP:5′-TGAGAATGAAGATGGCGTCGATTTTTTGGCCTCTGGTACGAGGTT-3′。

(3)rRT-LAMP 检测。建立如下 25 μL 扩增反应体系:2 μL RNA 样品、2.5 μL 10×Bst DNA 聚合酶缓冲液、1 μL Bst DNA 聚合酶(8 U/μL)、0.4 μL AMV 逆转录酶(25 U/μL)、2.5 μL dNTPs(10 mmol/L)、1 μL Betaine(2.5 mol/L)、6 μL $MgSO_4$(25 mmol/L)、1 μL HNB(3 mmol/L),对应的 6 条引物各 1 μL(引物浓度 F3、B3 均为 5 pmol/μL,FIP、BIP 均为 40 pmol/μL,LF、LB 均为 20 pmol/μL)、2.6 μL dd H_2O。

(4)LAMP 反应条件。混匀后 65℃反应 60 min,加热至 80℃ 5 min 以终止反应。

(5)扩增产物的检测。观察反应管的颜色变化。

2.轮状病毒

(1)病毒 RNA 抽提。采用 Mini BEST Viral RNA 提取试剂盒制备 RNA。步骤按说明书进行,制备的 RNA 于-80℃保存。

(2)引物的设计。LAMP 引物设计采用 Loo pamp 公司的 LAMP Primer Explorer 软件,以轮状病毒标准株 E201U59106 模板设计引物。

F3:5′-ACCACTCCTTAATGCACAA-3′;

B3:5′-GCCATCCTTTGATTAAAAATAGCT-3′。

FIP:5′-CCTCTCGCGTTGAGTTCGTATGGAATAAATCTTCCGATTACTGG-3′;

BIP:5′-ATGTTTGTATTACCCAACTGAAGCAAGAAAGTGTATCCTTCCATGAA-3′。

(3)反转录反应。20 μL 反应混合物含:4 μL $MgCl_2$,4 μL 5×反应缓冲液,5.5 μL RNase Free dH_2O,2 μL dNTPs,0.5 μL RNase 抑制物,1 μL AMVase,1 μL 随机引物和 2 μL RNA 样品。反应条件:反应液 30℃温育 10 min 后,置于 42℃水浴 45 min,然后 99℃沸水浴加热 5 min 终止反应。

(4)rRT-LAMP 反应体系。0.2 μmol/L rF3 与 rB3;6 μmol/L rBIP 与 rFIP;其他反应组分终浓度为 dNTP 1 mmol/L,Betaine 1 mol/L,$MgSO_4$ 6 mmol/L,2.5 μL 10×Bst-DNA Polymerase Buffer,8 U Bst-DNA Polymerase,5 μL 人轮状病毒质粒;补水至 25 μL,混匀。

(5)LAMP 反应条件。65℃,恒温反应 1.5 h。

(6)扩增产物的检测。观察反应管的颜色变化。

第三节 基因芯片检测技术

一、引言

目前,人类基因组测序工作的完成是研究人类基因及其疾病预防治疗的一个重要里程碑。但是,如此巨大数目的基因和序列所对应生物学意义及其功能至今对我们仍然是个谜团,基因组测序的完成表明我们还仅仅停留在认识人类生命活动的初步阶段。在生命体内,基因的相互作用的网络图非常复杂,依靠传统的基因研究方法往往很难完成这一艰巨的任务,为此,需要一种新型的具有多功能的研究基因组及蛋白质信息的加工与处理的技术解决这一难题。生物芯片技术的出现为解决这一科学难题提供了极大的帮助，在研究生物体内基因的结构与功能中表现出了极大的发展潜力。1997年世界上第一块全基因组基因芯片在斯坦福大学实验室完成，从此，基因芯片技术在世界上得到了迅速发展。

基因芯片是将一定数目的具有特异性的基因探针分子通过化学手段或其他方法固定于芯片的表面，根据碱基互补配对原则与待检测的核酸分子进行杂交，最后通过检测杂交信号的强度和灵敏度来进行检测。基因芯片的最显著的特点是微型化，在单位平方厘米的芯片表面上固定的分子数可达数十万个，从而使芯片信息的重现性和准确性得到了大大的提高。基因芯片是生物芯片中最先获得商品化的产品。目前，基因芯片主要应用于基因表达研究、基因组研究、病原微生物检测、基因突变检测、药物开发以及环境科学研究等方面。

二、基本原理

基因芯片的测序原理是杂交测序方法，即通过与一组已知序列的核酸探针杂交进行核酸序列测定的方法，可以快速得到所测DNA碎片的基因序列，在一块基片表面固定了序列已知的核苷酸的探针。当溶液中带有荧光标记的核苷酸序列与基因芯片上对应位置的核苷酸探针产生互补匹配时，通过确定荧光强度最强的探针位置，获得一组序列完全互补的探针序列。在专用的芯片阅读仪上就可以检测到杂交信号。

三、操作步骤及注意事项

基因芯片技术主要包括4个主要步骤：芯片制备、样品制备、杂交反应、信号检测和结果分析。

(一)芯片制备

目前制备芯片主要以玻璃片或硅片为载体，采用原位合成和微矩阵的方法将寡核苷酸片段或cDNA作为探针按顺序排列在载体上。芯片的制备除了用到微加工工艺外，还需要使用机器人技术。以便能快速、准确地将探针放置到芯片上的指定位置。

(二)样品制备

生物样品往往是复杂的生物分子混合体，除少数特殊样品外，一般不能直接与芯片反应，有时样品的量很小。所以，必须将样品进行提取、扩增，获取其中的蛋白质或DNA、RNA，然后用荧光标记，以提高检测的灵敏度和使用者的安全性。

(三)杂交反应

杂交反应是荧光标记的样品与芯片上的探针进行的反应产生一系列信息的过程。选择合适的反应条件能使生物分子间反应处于最佳状态中，减少生物分子之间的错配率。

(四)信号检测和结果分析

杂交反应后的芯片上各个反应点的荧光位置、荧光强弱经过芯片扫描仪和相关软件可以分析图像，将荧光转换成数据，即可以获得有关生物信息。

四、在食源性病原微生物中的应用

(一)常见食源性致病菌的检测

1. 沙门氏菌

(1)DNA 模板的制备。按照细菌提取试剂盒说明书进行基因组 DNA 的提取。

(2)引物和探针的设计。参照 GenBank 已发表细菌的 16S rRNA 序列,应用 Primer Premier 5.0 软件设计探针。沙门氏菌引物序列:

上游引物序列:5′-GGTCCA GATCC TACGGGAG-3′;

下游引物序列:5′-GGCTGCTGGCACGAGTTAG-3′.

探针序列:5′-AGGAAGGTGTTGTGGTTATA-3′。

同时对下游引物的 5′端进行荧光标记,探针在 3′端进行—NH_2 修饰,以便与醛基玻片的表面共价结合,可以很好地固定在玻片上。

(3)PCR 反应。试验采用 25 μL 的反应体系,其中 10×PCR buffer 2.5 μL,dNTP Mixture 2 μL,上游引物 1 μL,下游引物 1 μL,细菌 DNA 提取液 4 μL,Taq DNA 聚合酶 0.2 μL,ddH_2O 14.3 μL;先预混合该体系中除下游引物的其他成分,最后在暗室中加入下游引物,充分混匀后置于 PCR 仪进行扩增反应。PCR 反应条件:94℃预变性 5 min;94℃变性 30 s,58℃退火 30 s,72℃延伸 30 s,共 35 个循环;最后 72℃延伸 10 min。

(4)基因芯片的制备。用点样缓冲液将合成的冻干探针稀释至终浓度为 50 μmol/L,通过基因芯片点样仪将稀释过的探针按预先设定的阵列点在醛基玻片上,探针点间距为 1.3 mm,湿润环境下室温放置 30 min 后保存备用。

(5)基因芯片的杂交。取 5 μL PCR 产物和 5 μL 杂交液加于离心管中,混匀后置于 PCR 仪 95℃变性 5 min,立即取出冰浴 5 min,将全部混合液加于芯片的点样区,盖上盖玻片,放入杂交盒,置于 42℃水浴中杂交 1 h 后取出,用双蒸水轻轻冲掉盖玻片,将芯片放在玻片架上,立即用洗脱液 1、2、3 各洗涤 1 min,离心干燥后可用于信号扫描分析。以上过程均应在暗室中进行。

(6)信号扫描与分析。使用 InnoScan 700A 高性能激光共聚焦扫描仪,将芯片置于扫描仪上进行信号扫描,并用 MAPIX 软件对扫描结果进行判定。

2. 大肠杆菌

(1)DNA 模板的制备。按照细菌提取试剂盒说明书进行基因组 DNA 的提取。

(2)引物和探针的设计。参照 GenBank 已发表细菌的 16S rRNA 序列,应用 Primer Premier 5.0 软件设计探针。沙门氏菌引物序列:

上游引物序列:5′-GGTCCAGATCCTACGGGAG-3′;

下游引物序列:5′-GGCTGCTGGCACGAGTTAG-3′。

探针序列:5′-TGTAAGTAACTGTGCACTCT-3′。

同时对下游引物的 5′端进行荧光标记,探针在 3′端进行—NH_2 修饰,以便与醛基玻片的表面共价结合,可以很好地固定在玻片上。

(3)PCR 反应。试验采用 25 μL 的反应体系,其中 10×PCR buffer 2.5 μL,dNTP Mixture 2 μL,上游引物 1 μL,下游引物 1 μL,细菌 DNA 提取液 4 μL,Taq DNA 聚合酶 0.2 μL,ddH_2O 14.3 μL;先预混合该体系中除下游引物的其他成分,最后在暗室中加入下游引物,充分混匀后置于 PCR 仪进行扩增反应。PCR 反应条件：94℃预变性 5 min；94℃变性 30 s，58℃退火 30 s，72℃延伸 30 s，共 35 个循环；最后 72℃延伸 10 min。

(4)基因芯片的制备。用点样缓冲液将合成的冻干探针稀释至终浓度为 50 μmol/L，通过基因芯片点样仪将稀释过的探针按预先设定的阵列点在醛基玻片上，探针点间距为 1.3 mm，湿润环境下室温放置 30 min 后保存备用。

(5)基因芯片的杂交。取 5 μL PCR 产物和 5 μL 杂交液加于离心管中，混匀后置于 PCR 仪 95℃变性 5 min，立即取出冰浴 5 min，将全部混合液加于芯片的点样区，盖上盖玻片，放入杂交盒，置于 42℃水浴中杂交 1 h 后取出，用双蒸水轻轻冲掉盖玻片，将芯片放在玻片架上，立即用洗脱液 1、2、3 各洗涤 1 min，离心干燥后可用于信号扫描分析。以上过程均应在暗室中进行。

(6)信号扫描与分析。使用 InnoScan 700A 高性能激光共聚焦扫描仪，将芯片置于扫描仪上进行信号扫描，并用 MAPIX 软件对扫描结果进行判定。

3. 副溶血弧菌

(1)DNA 模板的制备。按照细菌提取试剂盒说明书进行基因组 DNA 的提取。

(2)引物和探针的设计。参照 GenBank 已发表细菌的 16S rRNA 序列，应用 Primer Premier 5.0 软件设计探针。

(二)诺如病毒的检测

1. 病毒核酸的提取

采用 QIAGEN 公司 ReansyMiniKit，按照试剂盒说明书进行 RNA 提取，采用 Primescript™反转录试剂盒合成 cDNA，按照试剂盒说明书进行，−20℃保存备用。

2. 引物与探针设计

对诺如病毒 GⅡ进行检测，采用 Primer Premier 5.0 生物学软件设计特异引物和探针，引物序列为：

上游引物序列：5′-TGCACTGCAGCARGARBCNATGTTYAGRTGGATGAG-3′；

下游引物序列：5′-ATCTGAGCTCCCRCCNGCATRHCCRTTRTACAT-3′。

探针序列：5′-TCGACGCCATCTTCATTCAC-3′。

3. PCR 反应

PCR 反应体系 20 μL，包括 10 ×PCR Buffer 2 μL、25 mmol/L $MgCL_2$ 2 μL、2.5 mmol/L dNTP mix 1.6 μL、p1（未标记 5 μmol/L）0.5 μL、p2（生物素标记 40 μmol/L）0.5 μL、cDNA 2 μL、LA-TaqE(5U/U1)0.2 μL、ddH_2O 11.2 μL。在 Biorad PCR 循环仪上进行扩增，反应条件：94℃ 10 min；94℃ 30 s，51℃ 30 s，72℃ 30 s，40 个循环；72℃ 5 min。

4. 基因芯片的制备

探针和对照样本以点阵（微阵列）的形式分布在芯片上，每个芯片上有 4 个点阵。这样 1 张芯片可以同时检测 4 份样品。4 个点阵的设计完全相同，包括检测探针、核酸固定阳性对照、空白对照、杂交阳性和阴性质控。

5. 基因芯片的杂交

杂交体系每个点阵约 12 μL，包括 20×SSC 1.8 μL、10% SDS 0.24 μL、甲酰胺 3 μL、50×Denhardt's 1.2 μL、杂交阳性对照 0.2 μL、PCR 产物 5.5 μL。杂交结束后，进行芯片清洗（洗液Ⅰ：2×SSC，0.2% SDS；洗液Ⅱ：0.2×SSC。清洗前先将洗液预热至 42℃），快速将芯片从

杂交盒中拿出，将芯片转移到盛放洗液Ⅰ的清洗盒中，杂交面朝上，放在水平摇床上清洗4 min，以洗去没有与探针特异结合的样本。在洗液Ⅰ中清洗结束后，迅速用镊子将芯片转移到盛放洗液Ⅱ的清洗盒中，杂交面朝上，放在水平摇床上清洗 4 min。芯片清洗后，放在50 mL锥形离心管中 1 500 r/min 离心 1 min。

6. 信号扫描与分析

使用 InnoScan 700A 高性能激光共聚焦扫描仪，将芯片置于扫描仪上进行信号扫描，并用MAPIX 软件对扫描结果进行判定。

思考题

1. 简述常规 PCR 的基本原理。
2. 简述荧光定量 PCR 的基本原理。
3. PCR 过程中如何设计引物？
4. 检测食品中的病原微生物为什么要富集目的菌？如何富集？
5. 进行 PCR 检测时，有哪些 PCR 抑制剂？如何去除抑制剂的影响？
6. 简述 PCR 技术检测食品中病原微生物的操作步骤。
7. 简述食品中沙门氏菌的 PCR 检测方法。
8. 什么是 LAMP？简述 LAMP 的原理。
9. 简述 LAMP 的操作步骤。
10. 什么是基因芯片技术？叙述其基本原理。
11. 简述基因芯片技术检测食品中病原微生物的操作步骤。

第十章

罐头食品的微生物检验

学习目标

1. 掌握罐头食品微生物腐败类型，了解罐头食品微生物污染的来源。
2. 掌握罐头食品商业无菌检验的程序与判定方法。

第一节　罐头食品的微生物污染

一、罐头食品的微生物腐败类型

由于微生物作用而造成罐头的腐败变质，可分为嗜热芽孢细菌、中温芽孢细菌、不产芽孢细菌、酵母菌和霉菌等引起的腐败变质。

（一）嗜热芽孢细菌引起的腐败变质

发生这类变质大多数是由于杀菌温度不够造成的，通常发生3种主要类型的腐败变质现象。

1. 平酸腐败

平酸腐败也称平盖酸败，变质的罐头外观正常，内容物却已变质。呈轻重不同的酸味，pH可下降0.1～0.3。导致平酸腐败的微生物习惯上称为平酸菌，大多数是兼性厌氧菌。如嗜热脂肪芽孢杆菌（*Bacillus stearothermophilus*），耐热性很强，能在49～55℃温度中生长，最高生长温度65℃，一般pH 6.8～7.2的条件下生长良好，当pH接近5时不能生长。因此，这种菌只能在pH 5以上的罐头中生长。另一类细菌是凝结芽孢杆菌（*Bacillus coagulans*），它是肉类和蔬菜罐头腐败变质的常见菌，它的最高生长温度是54～60℃，该菌的突出特点是能在pH 4.0或酸性更低的介质中生长，所以又称为嗜热酸芽孢杆菌，在酸性罐头，如番茄汁或番茄酱罐头腐败变质时常见此菌。

平酸腐败无法通过不开罐检查发现，必须通过开罐检查或细菌分离培养才能确定。平酸菌在自然界分布很广，糖、面粉、香辛料等辅料常常是平酸菌的污染来源。平酸菌中除有专性嗜热菌外，还有兼性嗜热菌和中温菌。

2. TA菌腐败

TA菌是不产硫化氢的嗜热厌氧菌（*Thermoanaerobion*）的缩写，是一类能分解糖、专性嗜热、产芽孢的厌氧菌。它们在中酸或低酸罐头中生长繁殖后，产生酸和气体，气体主要有二氧化碳和氢气。如果这种罐头在高温中放置时间太长，气体积累较多，就会使罐头膨胀最后引起破裂，变质的罐头通常有酸味。这类菌中常见的有嗜热解糖梭状芽孢杆菌（*Clostridium thermosaccharolyticum*），它的适宜生长温度是55℃，温度低于32℃时生长缓慢。由于TA菌在琼脂培养基上不易生成菌落，所以通常只采用液体培养法来检查，如用肝、玉米、麦芽汁、肝块肉汤或乙醇盐酸肉汤等液体培养基，培养温度55℃，检查产气和产酸的情况。

3. 硫化物腐败

腐败的罐头内产生大量的黑色硫化物，沉积于罐内壁和食品上，致使罐内食品变黑并产生臭味，罐头的外观一般保持正常，或出现隐胀或轻胀，敲击时有浊音。引起这种腐败变质的菌是黑梭状芽孢杆菌，属厌氧性嗜热芽孢杆菌，生长温度在35～70℃，最适生长温度是55℃，耐热力较前几种菌弱，分解糖的能力也较弱，但能较快地分解含硫的氨基酸而产生硫化氢气体。此菌能在豆类罐头中生长，由于形成硫化氢，开盖时会散发出一种强烈的臭鸡蛋味，在玉米、谷类罐头中生长会产生蓝色的液体；在鱼类罐头中也常发现，该菌的检查可以通过硫化亚铁的培养基55℃保温培养来检查，如形成黑斑即证明该菌存在，罐头污染该菌一般是因原料被粪便污水污染，再加上杀菌不彻底造成的。

（二）中温芽孢细菌引起的腐败变质

中温芽孢细菌最适的生长温度是37℃，包括需氧芽孢细菌和厌氧芽孢细菌两大类。

1. 中温需氧芽孢细菌引起的腐败变质

这类细菌的耐热性比较差，许多细菌的芽孢在100℃或更低一些温度下，短时间就能被杀死，少数种类芽孢经过高压蒸汽处理而存活下来，常见的引起罐头腐败变质的中温芽孢细菌有枯草芽孢杆菌、巨大芽孢杆菌和蜡样芽孢杆菌等，它们能分解蛋白质和糖类，分解产物主要有酸及其他一些物质，一般不产生气体，少数菌种也产生气体。如多黏芽孢杆菌、浸麻芽孢杆菌等分解糖时除产酸外还有产气，所以产酸不产气的中温芽孢杆菌引起平酸腐败，而产酸产气的中温芽孢杆菌引起平酸腐败时有气体产生。

2. 中温厌氧梭状芽孢杆菌引起的腐败变质

这类细菌属于厌氧菌，最适宜生长温度为37℃，但许多种类在20℃或更低温度下都能生长，还有少量菌种能在50℃或更高的温度中生长。这类菌中有分解糖类的丁酸梭菌和巴氏固氮梭状芽孢杆菌，它们可在酸性或中性罐头内发酵丁酸，产生氢气和二氧化碳，造成罐头膨胀变质。还有一些能分解蛋白质的菌种，如魏氏梭菌、生芽孢梭菌及肉毒梭菌等，这些菌主要造成肉类、鱼类罐头的腐败变质，分解其中的蛋白质产生硫化氢、硫醇、氨、吲哚、粪臭素等恶臭物质并伴有膨胀现象，此外往往还产生毒性较强的外毒素，细菌产生毒素释放到介质中来，使整个罐头充满毒素，可造成严重的食物中毒。据目前的研究证明，肉毒梭菌所产生的外毒素是生物毒素中最强的一种，该菌也是引起食物中毒病原菌中耐热性最强的菌种之一。所以罐头食品杀菌时，常以此菌作为杀菌是否彻底的指示细菌。

（三）不产芽孢细菌引起的腐败变质

不产芽孢细菌的耐热性不及产芽孢细菌。如罐头中发现不产芽孢细菌，常常是由漏气造成的，冷却水是重要的污染源。当然不产芽孢细菌的检出又是由杀菌温度不够而造成的。罐头污染的不产芽孢细菌有两大类群：一类是肠道细菌，如大肠杆菌，它们的生长可造成罐头膨胀；另一类主要是链球菌，特别是嗜热链球菌、乳链球菌、粪链球菌等，这些菌多发现于果蔬罐头中，它们生长繁殖会产酸产气，造成罐头膨胀，在火腿罐头中常可检出粪链球菌和尿链球菌等不产芽孢细菌。

（四）酵母菌引发的腐败变质

这些变质往往发生在酸性罐头中，主要种类有圆酵母、假丝酵母和啤酒酵母等。酵母菌及其孢子一般都容易被杀死。罐头中如果发现酵母菌污染，主要是由漏气造成的，有时也因为杀菌温度不够。常见变质罐头有果酱、果汁、水果、甜炼乳、糖浆等含糖量高的罐头，这些罐头酵母菌污染的一个重要来源是蔗糖。发生变质的罐头往往出现浑浊、沉淀、风味改变、爆裂膨胀等现象。

（五）霉菌引起的腐败变质

霉菌引起罐头腐败变质说明罐头内有较多的气体，可能是由于罐头抽真空度不够或者漏罐，因为霉菌是需氧性微生物，它的生长繁殖需要一定的气体。霉菌腐败变质常见于酸性罐头，变质后外观无异常变化，内容物却已经烂掉，果胶物质被破坏，水果软化解体。引起罐头变质的霉菌主要有青霉、曲霉、橘青霉属等，少数霉菌特别耐热，尤其是能形成菌核的种类耐热性更强。如纯黄丝衣霉菌是一种能分解果胶的霉菌，它能形成子囊孢子，加热至85℃ 30 min或87.7℃10 min还能生存，在氧气充足条件下生长繁殖，并产生二氧化碳，造成罐头膨胀。

二、污染罐头食品的微生物来源

(一)杀菌不彻底致罐头内残留微生物

罐头食品在加工过程中，为了保持产品正常的感官性状和营养价值，在进行加热杀菌时，不可能使罐头食品完全无菌，只强调杀死病原菌、产毒菌，实质上只是达到商业无菌程度，即罐头内所有的肉毒梭菌芽孢、其他致病菌以及在正常的储存和销售条件下能引起内容物变质的嗜热菌均被杀灭，但罐内可能残留一定的非致病微生物。这部分非致病微生物在一定的保存期内，一般不会生长繁殖，但是如果罐内条件或储存条件发生改变，就会生长繁殖，造成罐头腐败变质。一般经高压蒸汽杀菌的罐头内残留的微生物大都是耐热性芽孢，如果罐头储存温度不超过43℃，通常不会引起内容物变质。

(二)杀菌后发生漏罐

罐头泄漏是指罐头密封结构有缺陷，或由于撞击而破坏密封，或罐壁腐蚀而穿孔致使微生物侵入的现象。一旦发生泄漏则容易造成微生物污染，其污染源如下。

(1)冷却水：冷却水是重要的污染源，因为罐头经热处理后需通过冷却水进行冷却，冷却水中的微生物就有可能通过漏罐处进入罐内。杀菌后的罐头如发现有不产芽孢的细菌，通常就是由于漏罐，使得冷却水中细菌伺机进入引起的。

(2)空气：空气中含有各种微生物，也是造成漏罐污染的污染源，但较次要，外界的一些耐热菌、酵母菌和霉菌很容易从漏气处进入罐头，引起罐头腐败。

(3)内部微生物：漏罐后罐内氧含量升高，导致罐内各种微生物生长旺盛，其代谢过程使罐头内容物pH下降，严重的会呈现感官变化。如平酸腐败就是由杀菌不足所残留的平酸菌造成的。

罐头食品微生物污染的最主要来源就是杀菌不彻底和发生漏罐，因此，控制罐头食品污染最有效的办法就是切断这两个污染源，在保持罐头食品营养价值和感官性状正常的前提下，应尽可能地杀灭罐内存留的微生物，尽可能减少罐内氧气的残留量，热处理后的罐头需充分冷却，使用的冷却水一定要清洁卫生。封罐一定要严，切忌发生漏罐。

第二节　罐头食品的商业无菌及检验

一、罐头食品的商业无菌

胖听：由于罐头内微生物活动或化学作用产生气体，形成正压，使一端或两端外凸的现象。

低酸性罐头食品：除酒精饮料之外，凡杀菌后平衡 pH 大于 4.6、水分活度大于 0.85 的罐头食品，原来是低酸性的水果、蔬菜或蔬菜制品，为加热杀菌的需要而加酸降低 pH 的食品。

酸性罐头食品：杀菌后平衡 pH 等于或小于 4.6 的罐头食品，pH 小于 4.7 的番茄、梨和菠萝以及由其制成的汁，以及 pH 小于 4.9 的无花果罐头均属于酸性罐头食品。

二、罐头食品的商业无菌检验

罐头食品的商业无菌检验是建立在罐头食品的商业灭菌行为之上的一种检验标准。所谓罐头食品的商业灭菌，是指罐头食品经过适度的热杀菌以后，不含有致病的微生物，也不含有通常温度下能在其中繁殖的非致病性微生物(图 10-1)。

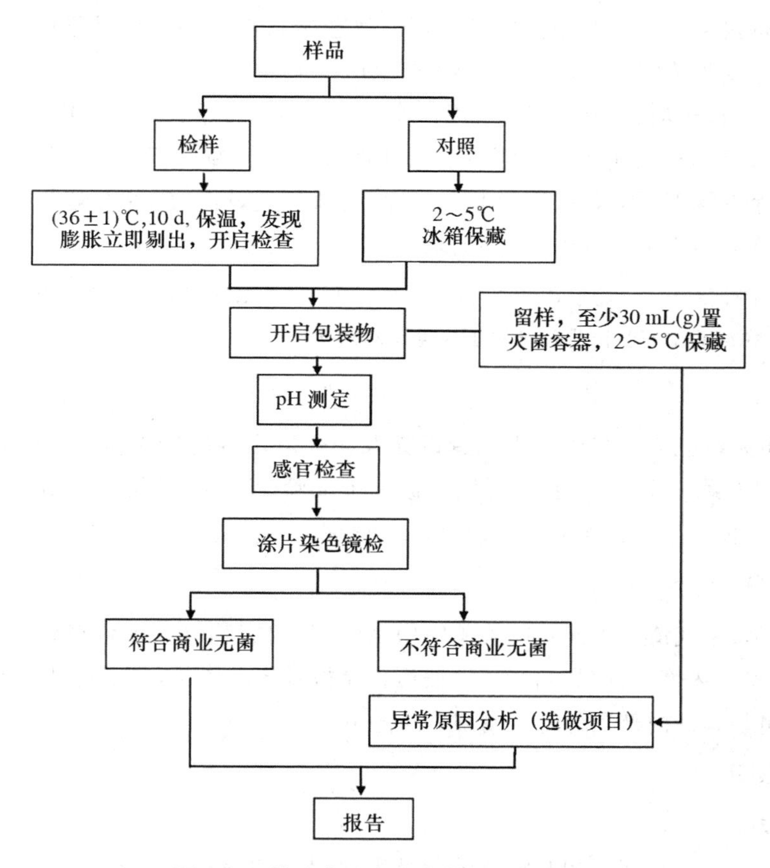

图 10-1　罐头食品商业无菌检验流程图

(一)样品准备

去除表面标签，在包装容器表面用防水的油性记号笔做好标记，并记录容器、编号、产品性状、泄漏情况、是否有小孔或锈蚀、压痕、膨胀及其他异常情况。

(二)称重

1 kg 及以下的包装物精确到 1 g，1 kg 以上的包装物精确到 2 g，10 kg 以上的包装物精确到 10 g，并记录。

(三)保温

(1)每个批次取1个样品置2～5℃冰箱保存作为对照,将其余样品在(36±1)℃下保温10 d。保温过程中应每天检查,如有膨胀或泄漏现象,应立即剔出,开启检查。

(2)保温结束时,再次称重并记录,比较保温前后样品重量有无变化。如有变轻,表明样品发生泄漏。将所有包装物置于室温直至开启检查。

(四)开启

(1)如有膨胀的样品,则将样品先置于2～5℃冰箱内冷藏数小时后开启。

(2)如有膨胀,用冷水和洗涤剂清洗待检样品的光滑面。水冲洗后用无菌毛巾擦干。以含4%碘的乙醇溶液浸泡消毒光滑面15 min后用无菌毛巾擦干,在密闭罩内点燃至表面残余的碘乙醇溶液全部燃烧完。膨胀样品以及采用易燃包装材料包装的样品不能灼烧,以含4%碘的乙醇溶液浸泡消毒光滑面30 min后用无菌毛巾擦干。

(3)在超净工作台或百级洁净实验室中开启。带汤汁的样品开启前应适当振摇。使用无菌开罐器在消毒后的罐头光滑面开启一个适当大小的口,开罐时不得伤及卷边结构,每一个罐头单独使用一个开罐器,不得交叉使用。如样品为软包装,可以使用灭菌剪刀开启,不得损坏接口处。立即在开口上方嗅闻气味,并记录。

注:严重膨胀样品可能会发生爆炸,喷出有毒物。可以采取在膨胀样品上盖一条灭菌毛巾或者用一个无菌漏斗倒扣在样品上等预防措施来防止这类危险的发生。

(五)留样

开启后,用灭菌吸管或其他适当工具以无菌操作取出内容物至少30 mL(g)至灭菌容器内,保存于2～5℃冰箱中,在需要时可用于进一步试验,待该批样品得出检验结论后可弃去。开启后的样品可进行适当的保存,以备日后容器检查时使用。

(六)感官检查

在光线充足、空气清洁无异味的检验室中,将样品内容物倾入白色搪瓷盘内,对产品的组织、形态、色泽和气味等进行观察和嗅闻,按压食品检查产品性状,鉴别食品有无腐败变质的迹象,同时观察包装容器内部和外部的情况,并记录。

(七)pH测定

1.样品处理

液态制品混匀备用,有固相和液相的制品则取混匀的液相部分备用。对于稠厚或半稠厚制品以及难以从中分出汁液的制品(如糖浆、果酱、果冻、油脂等),取一部分样品在均质器或研钵中研磨,如果研磨后的样品仍太稠厚,加入等量的无菌蒸馏水,混匀备用。

2.测定

将电极插入被测试样液中,并将pH计的温度校正器调节到被测液的温度。如果仪器没有温度校正系统,被测试样液的温度应调到(20±2)℃的范围之内,采用适合于所用pH计的步骤进行测定。当读数稳定后,从仪器的标度上直接读出pH,精确到0.05 pH单位。同一个制备试样至少进行2次测定。2次测定结果之差应不超过0.1 pH单位。取2次测定的算术平均值作为结果，报告精确到0.05 pH单位。

3.分析结果

与同批中冷藏保存对照样品相比，比较是否有显著差异。pH相差0.5及以上判为显著差异。

（八）涂片染色镜检

1.涂片

取样品内容物进行涂片。带汤汁的样品可用接种环挑取汤汁涂于载玻片上，固态食品可直接涂片或用少量灭菌生理盐水稀释后涂片，待干后用火焰固定。油脂性食品涂片自然干燥并火焰固定后，用二甲苯流洗，自然干燥。

2.染色镜检

上述涂片用结晶紫染色液进行单染色，干燥后镜检，至少观察5个视野，记录菌体的形态特征以及每个视野的菌数。与同批冷藏保存对照样品相比，判断是否有明显的微生物增殖现象。菌数有百倍或百倍以上的增长则判为明显增殖。

（九）结果判定

样品经保温试验未出现泄漏：保温后开启，经感官检验、pH测定、涂片镜检，确证无微生物增殖现象，则可报告该样品为商业无菌。

样品经保温试验出现泄漏：保温后开启，经感官检验、pH测定、涂片镜检，确证有微生物增殖现象，则可报告该样品为非商业无菌。

若需核查样品出现膨胀、pH或感官异常、微生物增殖等原因，可取样品内容物的留样进行接种培养并报告。若需判定样品包装容器是否出现泄漏，可取开启后的样品进行密封性检查并报告。

（十）异常原因分析

1.低酸性罐藏食品的接种培养（pH>4.6）

（1）对低酸性罐藏食品，每份样品接种4管预先加热到100℃并迅速冷却到室温的庖肉培养基内；同时接种4管溴甲酚紫葡萄糖肉汤。每管接种1～2 mL(g)样品（液体样品为1～2 mL，固体为1～2 g，两者皆有时，应各取一半）。培养条件见表10-1。

表10-1　低酸性罐藏食品（pH>4.6）接种的庖肉培养基和溴甲酚紫葡萄糖肉汤

培养基	管数	培养温度/℃	培养时间/h
庖肉培养基	2	(36±1)	96～120
庖肉培养基	2	(55±1)	24～72
溴甲酚紫葡萄糖肉汤	2	(55±1)	24～48
溴甲酚紫葡萄糖肉汤	2	(36±1)	96～120

（2）经过表10-1规定的培养条件培养后，记录每管有无微生物生长。如果没有微生物生长，则记录后弃去。

（3）如果有微生物生长，以接种环蘸取培养液涂片，革兰氏染色镜检。如在溴甲酚紫葡萄糖肉汤管中观察到不同的微生物形态或单一的球菌、真菌形态，则记录并弃去。在庖肉培养基中未发现杆菌，培养物内含有球菌、酵母、霉菌或其混合物，则记录并弃去。将溴甲酚紫葡萄糖肉汤和庖肉培养基中出现生长的其他各阳性管分别划线接种 2 块肝小牛肉琼脂或营养琼脂平板，一块平板作需氧培养，另一平板作厌氧培养。培养程序见图 10-2。

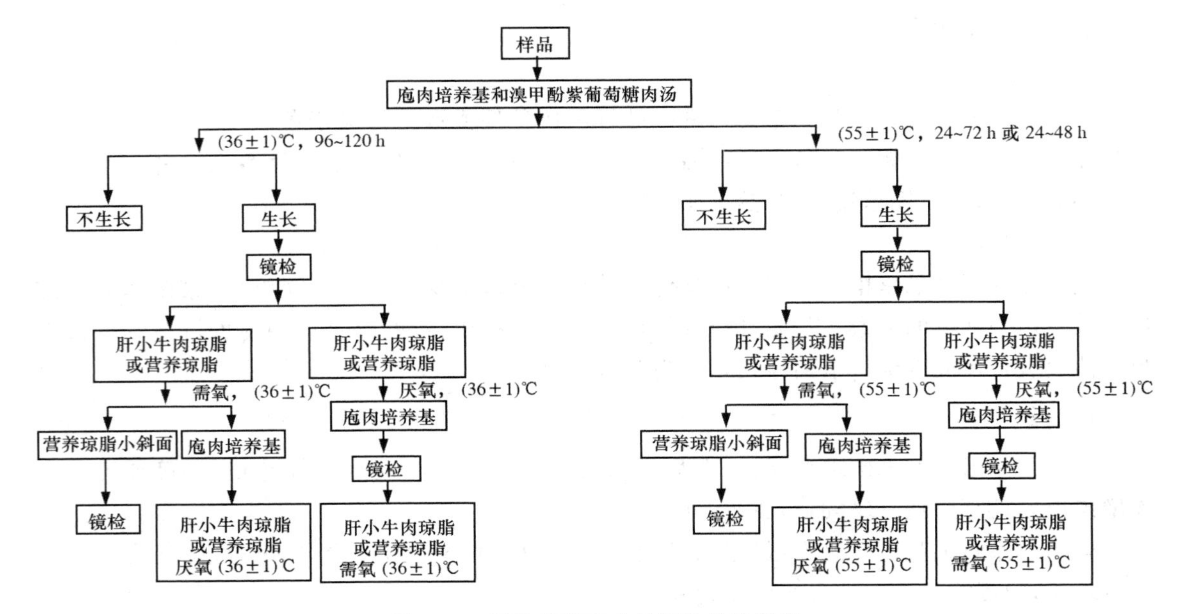

图 10-2 低酸性罐藏食品接种培养程序

(4)挑取需氧培养中单个菌落，接种于营养琼脂小斜面，用于后续的革兰氏染色镜检；挑取厌氧培养基中的单个菌落涂片，革兰氏染色镜检。挑取需氧和厌氧培养基中的单个菌落，接种于庖肉培养基，进行纯培养。

(5)挑取营养琼脂小斜面和厌氧培养的庖肉培养基中的培养物涂片镜检。

(6)挑取纯培养中的需氧培养物接种肝小牛肉琼脂或营养琼脂平板，进行厌氧培养；挑取纯培养中的厌氧培养物接种肝小牛肉琼脂或营养琼脂平板，进行需氧培养。以鉴别是否为兼性厌氧菌。

(7)如果需检测梭状芽孢杆菌的肉毒毒素，挑取典型菌落接种庖肉培养基作纯培养。36℃培养 5 d，按照 GB 4789.12 进行肉毒毒素检验。

2. 酸性罐藏食品的接种培养(pH≤4.6)

(1)每份样品接种 4 管酸性肉汤和 2 管麦芽浸膏汤。每管接种 1～2 mL(g)样品(液体样品为 1～2 mL，固体为 1～2 g，两者皆有时，应各取一半)。培养条件见表 10-2。

表 10-2 酸性罐藏食品(pH≤4.6)接种的酸性肉汤和麦芽浸膏汤

培养基	管数	培养温度/℃	培养时间/h
酸性肉汤	2	(55±1)	48
酸性肉汤	2	(30±1)	96
麦芽浸膏汤	2	(30±1)	96

(2)经过表 10-2 中规定的培养条件培养后，记录每管有无微生物生长。如果没有微生物生长，则记录后弃去。

(3)对有微生物生长的培养管，取培养后的内容物直接涂片，革兰氏染色镜检，记录观察到的微生物。

(4)如果在 30℃培养条件下在酸性肉汤或麦芽浸膏汤中有微生物生长，将各阳性管分别接种 2 块营养琼脂或沙氏葡萄糖琼脂平板，一块作需氧培养，另一块作厌氧培养。

(5)如果在 55℃培养条件下，酸性肉汤中有微生物生长，将各阳性管分别接种 2 块营养琼脂平板，一块作需氧培养，另一块作厌氧培养。对有微生物生长的平板进行染色涂片镜检，并报告镜检所见微生物型别。培养程序见图 10-3。

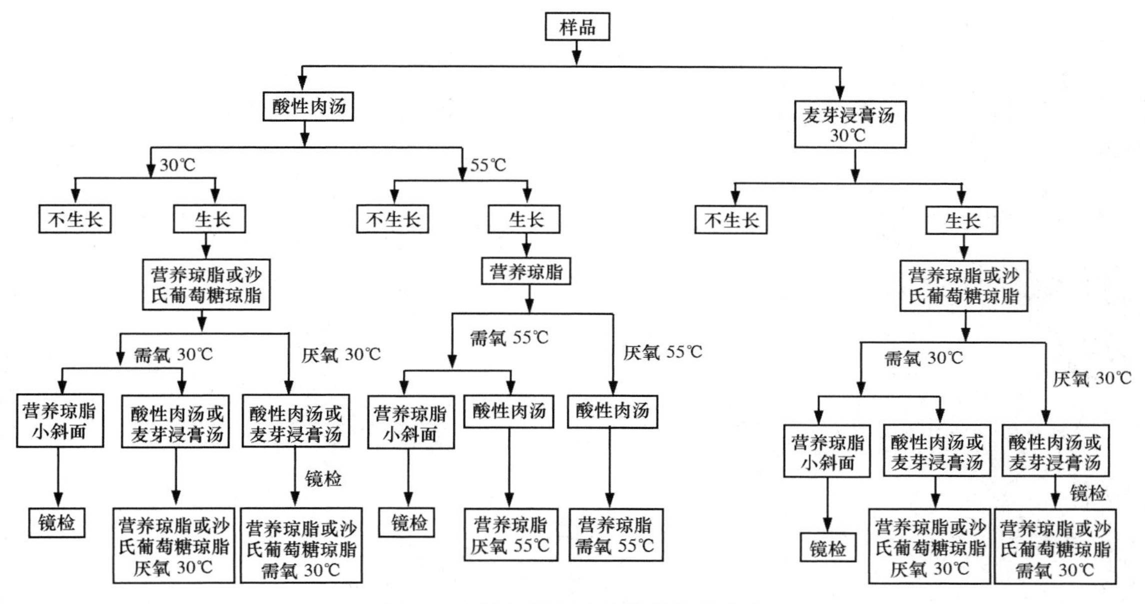

图 10-3　酸性罐藏食品接种培养程序

(6)挑取 30℃需氧培养的营养琼脂或沙氏葡萄糖琼脂平板中的单个菌落，接种营养琼脂小斜面，用于后续的革兰氏染色镜检。同时接种酸性肉汤或麦芽浸膏汤进行纯培养。挑取 30℃厌氧培养的营养琼脂或沙氏葡萄糖琼脂平板中的单个菌落，接种酸性肉汤或麦芽浸膏汤进行纯培养。挑取 55℃需氧培养的营养琼脂平板中的单个菌落，接种营养琼脂小斜面，用于后续的革兰氏染色镜检。同时接种酸性肉汤进行纯培养。挑取 55℃厌氧培养的营养琼脂平板中的单个菌落，接种酸性肉汤进行纯培养。

(7)挑取营养琼脂小斜面中的培养物涂片镜检。挑取 30℃厌氧培养的酸性肉汤或麦芽浸膏汤培养物和 55℃厌氧培养的酸性肉汤培养物涂片镜检。

(8)将 30℃需氧培养的纯培养物接种于营养琼脂或沙氏葡萄糖琼脂平板中进行厌氧培养，将 30℃厌氧培养的纯培养物接种于营养琼脂或沙氏葡萄糖琼脂平板中进行需氧培养，将 55℃需氧培养的纯培养物接种于营养琼脂中进行厌氧培养，将 55℃厌氧培养的纯培养物接种于营养琼脂中进行需氧培养，以鉴别是否为兼性厌氧菌。

思考题

1. 罐头食品的生物腐败类型有哪些？各种腐败类型多是由哪些微生物所造成的？
2. 污染罐头食品的微生物来源有哪些？
3. 什么是商业无菌？简述对罐头食品进行商业无菌检验的意义。
4. 描述罐头食品商业无菌检验的主要步骤。
5. 对于罐头食品，如何判定为商业无菌？如何判定为商业有菌？

参 考 文 献

[1] 李志明. 食品卫生微生物检验学[M]. 北京:化学工业出版社,2009.

[2] 刘用成. 食品检验技术(微生物部分)[M]. 北京:中国轻工业出版社,2006.

[3] 金培刚,丁钢强,顾振华. 食源性疾病防制与应急处置[M]. 上海:复旦大学出版社,2006.

[4] 李自刚,李大伟. 食品微生物检验技术[M]. 北京:中国轻工业出版社,2016.

[5] 苏世彦. 食品微生物检验手册[M]. 北京:中国轻工业出版社,1998.

[6] 食品伙伴网 http://www.foodmate.net

[7] 周德庆. 微生物学[M]. 3 版. 北京:高等教育出版社.

[8] 陈卫平，王伯华，江勇. 食品安全学[M].北京:华中科技大学出版社,2013.

[9] 史贤明. 食品安全与卫生学[M]. 北京:中国农业出版社,2003.

[10] 张志美，付石军，郭时军，等. 霉菌毒素检测方法的研究进展 [J]. 家畜生态学报,2015,36(1):87-90.

[11] 柴竹林，王岩，王庆峰，等. 食品中常见霉菌毒素的污染及其检测技术[J]. 食品安全导刊,2015,(27):107.

[12] 周玉庭，任佳丽，张紫莺. 粮食中霉菌污染检测方法现状及发展趋势[J].食品安全质量检测学报，2016,7(1):244-250.

[13] 朱军莉，冯立芳，王彦波，等. 基于细菌群体感应的生鲜食品腐败机制[J]. 中国食品学报,2017,17(03):225-234.

[14] 张晓伟. 探讨食源性疾病控制与餐饮食品安全管理[J]. 中国农村卫生,2017,(02):9+12.

[15] 尹德凤，张莉，张大文，等. 食品中沙门氏菌污染研究现状[J].江西农业学报,2015,27(11):55-60.

[16] 范晓攀，王娉，陈颖，等. 肉类调理食品中细菌多样性的分析[J].现代食品科技，2017,33(1):237-242.

[17] 林万明. PCR 技术操作和应用指南[M]. 北京:人民军医出版社,1993.

[18] 姜军平. 实用 PCR 基因诊断技术[M]. 世界图书出版公司西安公司,1996.

[19] 何浩明. 标记免疫分析与 PCR 在医学中的应用[M]. 合肥:安徽大学出版社,2002.

[20] 朱水芳. 实时荧光聚合酶链式反应 PCR 检测技术[M]. 2 版. 北京:中国计量出版社,2003.

[21] 李金明. 实时荧光 PCR 技术[M]. 2 版. 北京:科学出版社,2017.

[22] 黄流玉. PCR 最新技术原理、方法及应用北京[M]. 2 版. 北京:化学工业出版社,2011.

[23] ICMSF. Microorganisms in Foods Number 7. Microbiological Testing in Food Safety

Management[R]. Netherlands:Kluwer Academic/Plenum Publishers,2002.
[24] 姜昌富，黄庆华.食源性病原生物检测技术[M]. 武汉:湖北科学技术出版社,2003.
[25] 陈福生,高志贤,王建华. 食品安全检测与现代生物技术[M]. 北京:化学工业出版社,2004.
[26] 陈薇. 食品微生物检测的质量控制措施分析[J]. 食品安全导刊，2015(4X):82.
[27] 刘雯静，邱少富，刘雪林,等. 沙门氏菌的分子分型方法[J]. 现代生物医学进展，2010，10(20):3948-3950.
[28] 吴根福. 芽孢与芽胞[J]. 微生物学杂志，2016，36(1):76-79.
[29] 姚楚水. 消毒与灭菌效果监测技术及注意事项[J]. 中国消毒学杂志，2005，22(1):98-99.
[30] 商颖. 转基因作物分子特征鉴定及多重检测新技术的研究[D].中国农业大学,2014.
[31] 朱水芳. 实时荧光聚合酶链反应(PCR)检测技术[M].北京:中国计量出版社,2003,14.
[32] 张欣. 家畜日本血吸虫病巢式 PCR 检测方法的建立及初步应用[D]. 中国农业科学院，2017.
[33] 朱鹏宇.基于数字 PCR 的转基因成分与重金属离子新型检测技术的开发与应用[D].中国农业大学,2016.
[34] 蔡哲钧,冯杰雄,朱圣禾.核酸环介导等温扩增技术[J].国际检验医学杂志，2006，27(12):1092-1093.
[35] Kohda T，Taira K. A simple and efficient method to determine the terminal sequences of restriction fragments containing known sequences[J]. DNA Research，2000，7(2):151-155.
[36] Shang Y，Zhang N，Zhu P，et al. Restriction enzyme cutting site distribution regularity for DNA looping technology[J]. Gene，2014，534(2)：222-228.
36、Kong RYC，Lee SKY，Law TWF，et al. Rapid detection of six types of bacterial pathogens in marine waters by multiplex PCR[J]. Water Research，2002，36(11):2802-2812.
[37] Malc8zov M，Schwartz T，Mei-Raz N，et al. Multiplex nested PCR for preimplantation genetic diagnosis of spinal muscular atrophy[J]. Fetal Diagnosis and Therapy，2004，19(2)：199-206.
[38] Tanaka K，Kurebayashi J，Sonoo H，et al. Expression of vascular endothelial growth factor family messenger RNA in diseased thyroid tissues[J]. Surgery Today，2002，32(9)：761-768.
[39] Noell CJ，Donnellan S，Foster R，et al. Molecular discrimination of garfish Hyporhamphus (Beloniformes) larvae in southern Australian waters[J]. Marine Biotechnology，2001，3(6)：509-514.
[40] Ding C，Cantor CR. A high-throughput gene expression analysis technique using competitive PCR and matrix-assisted laser desorption ionization time-of-flight MS[J]. PNAS，2003，100：3059-3064.
[41] Ikbal J，Lim G S，Gao Z. The hybridization chain reaction in the development of ultra-

sensitive nucleic acid assays[J]. Trac Trends in Analytical Chemistry, 2015, 64:86-99.

[42] Bustin S, Benes V, Garson J. The MIQE guidelines: minimum information for publication of quantitative real-time PCR experiments[J]. Clinical Chemistry, 2009, 55(4): 611-622.

[43] Maeda H, Kokeguchi S, Fujimoto C, et al. Detection of periodontal pathogen Porphyromonas gingivalis by loop-mediated isothermal amplification method[J]. FEMS Immunology and Medical Microbiology, 2005, 43(2): 233-239.

[44] Fukuta S. and Y Mizukami, et al. Real-time loop-mediated isothermal amplification for the CaMV-35S promoter as a screening method for genetically modified organisms[J]. European Food Research and Technology, 2004, 218 (5): 496-500.

[45] Boehme C C, Nabeta P, Henostroza G, et al. Operational feasibility of using loop-mediated isothermal amplification for diagnosis of pulmonary tuberculosis in microscopy centers of developing countries[J]. Journal of clinical microbiology, 2007, 45(6): 1936-1940.

[46] Cardoso T C, Ferrari H F, Bregano L C, et al. Visual detection of turkey coronavirus RNA in tissues and feces by reverse-transcription loop-mediated isothermal amplification (RT-LAMP) with hydroxynaphthol blue dye[J]. Molecular and cellular probes, 2010, 24(6): 415-417.

[47] Luo L, K Nie, et al. Visual detection of high-risk human papillomavirus genotypes 16, 18, 45, 52, and 58 by loop-mediated isothermal amplification with hydroxynaphthol blue dye[J]. Journal of clinical microbiology, 2011, 49 (10): 3545-3550.

[48] Storari M, Rohr R, Pertot I, et al. Identification of ochratoxin a producing Aspergillus carbonarius and A. niger clade isolated from grapes using the loop-mediated isothermal amplification (LAMP) reaction[J]. Journal of applied microbiology, 2013, 114(4): 1193-1200.

[49] Eiken Chemical Co. Ltd. The principles of LAMP method. http://loopamp. eiken. co. ip/e/tech/index. html. 2003-10.